世图心理

博客：http://blog.sina.com.cn/bjwpcpsy
微博：http://weibo.com/wpcpsy

破碎的镜子：为什么我总觉得自己丑？

[美]凯瑟琳·菲利普斯（Katharine A. Phillips, M.D.） 著

周艺新 译

世界图书出版公司

北京·广州·上海·西安

图书在版编目（CIP）数据

破碎的镜子：为什么我总觉得自己丑？/（美）凯瑟琳·菲利普斯著；周艺新译.—北京：世界图书出版有限公司北京分公司，2018.1

书名原文：The Broken Mirror

ISBN 978-7-5192-4207-7

Ⅰ.①破… Ⅱ.①凯…②周… Ⅲ.①病态心理学—研究 Ⅳ.① B846

中国版本图书馆 CIP 数据核字（2018）第 001487 号

书　　名	破碎的镜子：为什么我总觉得自己丑？	
	POSUI DE JINGZI	
著　　者	［美］凯瑟琳·菲利普斯（Katharine A. Phillips, M.D.）	
译　　者	周艺新	
策划编辑	王　洋	
责任编辑	王　洋　于　彬	
装帧设计	刘　岩	
出版发行	世界图书出版有限公司北京分公司	
地　　址	北京市东城区朝内大街 137 号	
邮　　编	100010	
电　　话	010–64038355（发行）　64037380（客服）　64033507（总编室）	
网　　址	http://www.wpcbj.com.cn	
邮　　箱	wpcbjst@vip.163.com	
销　　售	新华书店	
印　　刷	北京博图彩色印刷有限公司	
开　　本	787mm × 1092mm　1/16	
印　　张	31.5	
字　　数	485 千字	
版　　次	2018 年 3 月第 1 版	
印　　次	2018 年 3 月第 1 次印刷	
版权登记	01–2017–4192	
国际书号	ISBN 978-7-5192-4207-7	
定　　价	79.80 元	

致谢

我要感谢为本书提供帮助的许多人和机构。

感谢我的许多同仁在本书所讨论的研究工作上的合作。虽然无法一一提及，但是我要对我的一些早期合作者致以特别的感谢。二十世纪八十年代末期到九十年代早期，当我还在哈佛医学院（Harvard Medical School）和麦克林医院（McLean Hospital）接受精神病学训练时，是他们帮助我在躯体变形障碍（body dysmorphic diserder，BDD）方面的研究中取得了进展。他们是苏珊·麦克尔罗伊（Susan McElroy）、哈里森·波普（Harrison Pope）、吉姆·赫德森（Jim Hudson）和约翰·冈德森（John Gunderson）。我还要感谢我在巴特勒医院（Butler Hospital）和布朗医学院（Brown Medical School）的同事们，包括史蒂文·拉斯穆森（Steven Rasmussen）、简·艾森（Jane Eisen）、雷·杜福瑞斯（Ray Dufresne）和劳伦斯·普赖斯（Lawrence Price），还有我的系主任马丁·凯利特（Martin Keller）和巴特勒医院的院长帕特里夏·雷库佩罗（Patricia Ryan Recupero）。还要感谢埃里克·郝兰德尔（Eric Hollander）、安德鲁·尼伦贝格（Andrew Nierenberg）、斯科特·劳赫（Scott Rauch）、詹姆斯·肯尼迪（James Kennedy）和戴维·卡斯尔（David Castle）。还要特别向就职于麻省总医院和哈佛医学院的萨拜因·威廉，以及悉尼新南威尔士大学的罗科·克里诺（Rocco Crino）致谢。我对认知行为疗法（cognitive behavior therapy，CBT）的认识大多来自他们，在使用CBT治疗BDD方面，他们提供了审慎而有价值的建议。他们还对本书有关CBT的章节做了适当的修订。我还要向罗贝多·奥利佛迪亚（Roberto Olivardia）和戴维·维尔（David Veale）表达我的谢意，他们分别对本书和本书第一版的有关CBT的章节做出了贡献。同样感谢芭芭拉·诺本（Barbara van Noppen）和莱斯利·夏皮罗（Leslie Shapiro），他们对"家庭成员和朋友"一章做出了贡献。我还要感谢我的研究人员和志愿者以及他们多年来做出的努力，特别是威廉·梅纳德（William Menard）和克里斯蒂娜·费伊（Christina Fay），他们在我的一些研究中与来访者进行面谈。

如果没有下面这些机构的支持，就没有我的研究和你看到的这本书。我要感谢美国国立精神卫生研究院（National Institute of Mental Health）多年来对我的BDD研究以及治疗研究的宝贵支持，还要感谢美国精神分裂症和抑郁症研究联盟（The National Alliance for Research on Schizophrenia and Depression，NARSAD）、巴特勒医院、布朗医学院、麦克林医院和哈佛医学院。森林制药（Forest Pharmaceuticals）、苏威制药（Solvay Pharmaceuticals）和礼来公司（Eli Lilly and Company）给予的无限制的教育资助对治疗研究提供了巨大支持。

我还要感谢很多媒体，因为是它们把BDD带入了公众视野。很多新闻工作者、制片人、电视节目主持人以及其他人制作了有关BDD的新闻报道或节目，这些节目引人注目，提供的信息准确且有帮助。正是这些至关重要的努力，使BDD从幕后走到了台前，数以百万计的人了解了这种障碍，很多人因而获得了有效治疗。这项工作使人们的生活发生了巨大的变化。

最重要的是，我要感谢我这些年来治疗过的患者，感谢每一位参与我的研究以及其他研究的BDD患者。正因为你们的参与，才使我们对这种毁灭性的疾病及其治疗方法有了更多了解。通过参与研究，你们帮助无数人减轻了痛苦，是你们使本书的出版成为可能。

Contents 目录

第一章 | **为什么要重视躯体变形障碍?** …………………… 001

第二章 | **患者讲述** ……………………………………………… 007

珍妮弗的故事 ………………………………………………… 007

克里斯、基思和安德鲁的故事 …………………………… 014

躯体变形障碍（BDD）的历史以及它在世界各地的情况 …… 018

"没有一个人重视我的问题"：来自BDD患者及其家人的信 …… 021

BDD患者的希望 …………………………………………… 024

第三章 | **躯体变形障碍是什么?** ……………………………… 027

"我的问题不是很严重"：我也有躯体变形障碍吗? ……… 027

严重程度：从轻微到危及生命 …………………………… 032

如何定义BDD? ……………………………………………… 034

标准一：专注 ………………………………………………… 035

标准二：痛苦和功能损伤 …………………………………… 039

标准三：鉴别BDD与其他障碍 ··· 041

"路标" ·· 042

"我最大的心愿是变成隐形人" ·· 042

第四章 | 如何知道自己是否患有BDD? ································· 049

普遍但易被漏诊的BDD ··· 049

为什么BDD会被漏诊? ··· 051

通过提问鉴别BDD ··· 053

线索：照镜检查、整饰、抠抓皮肤及其他 ······························· 057

更多线索：抑郁、社交焦虑及其他症状 ··································· 059

如何避免误诊? ·· 060

第五章 | BDD的表现形式 ··· 063

那些被担心的身体部位和相关的行为 ······································· 063

被厌恶的是哪些身体部位? ·· 067

"我的脸正在往下掉" ··· 073

"我讨厌我外表上的一切!" ·· 074

"我看起来像大猩猩" ··· 075

"我不够有女人味" ··· 075

对未来的担忧："我不久后就会变成秃头!" ····························· 076

"我的脸不对称" ··· 077

"我不够高大" ··· 078

"我看起来很沮丧" ··· 079

"我的手指正在变短" ··· 079

"我担心我的鼻子会坏掉!" ·· 080

"步行的概念消失了" ···················082

"癌症使我逐渐萎缩" ···················083

"我女儿很丑！" ·······················084

"我感觉以前有头发的地方更空了" ·······084

"我就是一颗大痤疮……" ···············085

第六章 | 令人痛苦的强迫观念 ···········087

"我无法把它从脑海里赶出去" ···········087

"就像有一支箭贯穿了我的心脏" ·········090

"每个人都在盯着我！" ·················096

不同程度的确定性 ·····················100

第七章 | 照镜检查、整饰、伪装、节食以及其他BDD行为 ········105

"这是我每天早晨的仪式" ···············105

强迫行为："我无力抵抗" ···············109

镜子的陷阱 ···························113

整饰：修剪、梳理、打毛、拔除以及清洗 ······118

蝙蝠侠面具以及其他形式的伪装 ·········122

购买美容产品和服装："我必须要找有用的！" ···127

换衣服 ·······························128

抠抓皮肤："我无法停止伤害我的外表" ···129

反复求证："我看起来正常吗？" ·········132

比较："她比我好看！" ·················137

四处求医：永无止境地寻找 ·············140

节 食 ·······························142

举重、有氧运动及其他形式的锻炼 ·············· 143

美　黑 ··································· 145

干扰术 ··································· 146

测　量 ··································· 146

阅读和搜寻资料 ····························· 147

触　摸 ··································· 147

其他行为：洗手、祈祷以及触摸门把手 ·········· 148

第八章 ｜ BDD对生活的影响：社交回避、工作问题、自杀 ········· 150

伊恩的经历："它毁掉了我的生活" ·············· 150

卡尔的经历："我要振作起来" ················ 152

社交影响："我孤独一人" ··················· 155

对学习和工作的影响："我无法发挥自己的潜力" ········· 161

其他问题：购物、明亮的光线、休闲活动 ·········· 165

足不出户 ································· 167

低自尊、抑郁、焦虑、惊恐发作 ·············· 168

低质量的生活 ····························· 169

不必要的医疗评估和治疗 ··················· 170

自行手术 ································· 172

身体的伤害 ······························· 173

酒精和药物使用 ··························· 174

事　故 ··································· 175

暴力和非法行为 ··························· 176

住院治疗 ································· 177

BDD的代价 ······························· 179

自杀：最具毁灭性的后果 ·· 180

第九章 | **性别与生命各阶段的BDD** ······················ 183

BDD和性别 ·· 183

生命各阶段的BDD ·· 186

儿童和青少年的BDD ·· 189

老年BDD患者 ·· 199

第十章 | **BDD的病因是什么？通往未解之谜的线索** ·········· 202

患者的观点 ·· 202

BDD病因理论 ·· 203

遗传或神经生物学理论：BDD是一种大脑疾病吗？ ········ 207

心理学理论：BDD是一种精神疾病吗？ ·················· 217

社会文化理论：外表大改造和完美的大腿 ·············· 226

诱发因素：评论、压力和其他可能的诱发事件 ············ 233

哪些因素不是BDD的原因？ ···························· 236

哪些因素会改善BDD症状或使BDD恶化？ ·············· 236

总结思考 ·· 238

第十一章 | **我们不是都担心自己的外表吗？BDD、身体意象以及正常的外表关注** ·········· 240

我们都愿意看起来更漂亮 ······························ 240

如何区分BDD与正常的外表关注？ ···················· 241

什么是身体意象？ ·································· 245

BDD中的身体意象 ·································· 246

第十二章 | 走向康复：治疗指南 260

患者对治疗的反应 261

克服治疗障碍：成功恢复的关键 265

治疗建议要点 270

第十三章 | 如何使用药物成功治疗BDD? 274

5-羟色胺再摄取抑制剂（SRI）：BDD的首选药物 274

SRI发挥作用的证据 277

SRI会改善BDD患者的哪些方面？ 281

如何用SRI治疗BDD? 287

如果SRI作用不充分怎么办？ 297

似乎对BDD不起作用的药物 307

电惊厥疗法、神经外科手术以及其他疗法 309

对药物治疗BDD的建议：推荐工作步骤 310

需要更多治疗研究 313

第十四章 | BDD的认知行为治疗 315

认知行为疗法（CBT）概要 315

更多有关CBT的基础知识 318

CBT发挥作用的证据 320

CBT会改善BDD患者的哪些方面？ 324

CBT治疗BDD的原理 325

使用CBT治疗BDD 329

如果CBT治疗没有效果，该怎么做？ 364

需要更多的治疗研究 365

当与SRI或CBT联合使用时可能有用的疗法 ……………… 366

洞见取向心理治疗 ……………………………………………… 367

支持性心理治疗 ………………………………………………… 367

夫妻治疗和家庭治疗 …………………………………………… 368

团体治疗 ………………………………………………………… 369

职业康复 ………………………………………………………… 369

自助团体 ………………………………………………………… 370

组合治疗 ………………………………………………………… 370

第十五章 │ **不起作用的疗法** …………………………………………… 372

索菲、杰克和凯特的经历 ……………………………………… 372

有多少人使用手术、皮肤科治疗及其他非精神科治疗？ …… 374

这些治疗有效果吗？ …………………………………………… 376

其他没有效果的疗法 …………………………………………… 385

第十六章 │ **神经性厌食症、强迫症、恐缩症及其他障碍：与BDD有什么关系吗？** …………………………………… 388

BDD：是症状还是疾病？ ……………………………………… 389

强迫症：强迫性焦虑和强迫行为 ……………………………… 392

社交恐惧症：社交焦虑、尴尬和回避 ………………………… 398

进食障碍：扭曲的身体意象和有问题的进食行为 …………… 400

抑郁症 …………………………………………………………… 404

疑病症：躯体关注和疾病恐惧 ………………………………… 407

精神分裂症 ……………………………………………………… 408

嗅觉牵连综合征：体臭引发的痛苦 …………………………… 410

恐缩症：对阴茎回缩的恐惧 ……………………………… 411

BDD的妄想变体 …………………………………………… 412

BDD和人格 ………………………………………………… 414

总结思考 …………………………………………………… 415

第十七章｜家庭成员和朋友 ………………………………… 417

你能做些什么？ …………………………………………… 417

"自私的疾病"：丈夫的观点 …………………………… 418

"我知道我女儿有些不对劲"：父母的观点 …………… 422

给BDD患者的家庭成员和朋友的建议性指导原则 ………… 423

第十八章｜为BDD寻求帮助 ……………………………… 440

寻求治疗 …………………………………………………… 440

有关BDD的其他读物 ……………………………………… 443

写给专业人士的参考文献列表 …………………………… 446

结束语 ……………………………………………………… 454

附录一 BDD患者的人口统计学特点 …………………… 457

附录二 相关精神障碍的简要说明 ……………………… 459

附录三 BDD的评估工具（量表） ……………………… 464

附录四 BDD和其他障碍同时出现 ……………………… 477

术语表 ………………………………………………………… 481

第一章

为什么要重视躯体变形障碍

数百万人有这样一个隐秘的强迫观念。他们沉迷于自己看起来如何，沉迷于从自己的外表上所感知到的缺陷。他们担心自己的鼻子太大、胸部太小、皮肤有瑕疵、头发太稀疏、体形太小——身体的任何部位都能成为困扰他们的焦点。对于我们来说，这些担心都是无关紧要的。她这么漂亮，为何还要如此担忧自己的外表呢？他为什么对自己的头发这么苦恼呢——他的头发看起来很好！但是有这种外表困扰的人，他们的内心遭受了极大的痛苦，有些人饱受折磨，一些人甚至考虑自杀。

我们中的很多人都会在意自己看起来如何，思考并试图改善自己的外表。在美国，近期一项对30 000人进行的调查发现，93%的女性和82%的男性担心自己的外表，并会付诸实践去改善。其他调查还显示，我们中的很多人对自己外表的某些方面感到不满——不够漂亮或者不够英俊。谁不喜欢光滑的皮肤、迷人的眼睛、平坦的腹部呢？如果可以让自己更好看，多数人都会付诸行动。实际上，多数人也正是这样做的。我们化妆、买漂亮衣服、在镜中审视自己、仔细地刮脸、烫卷或者拉直头发，希望自己有一个好形象。但是从什么时候开始，正常的担心变成了一种困扰呢？

躯体变形障碍（body dysmorphic disorder，BDD）的担忧与这些正常的担忧相呼应，但是更加极端。躯体变形障碍患者不只是不喜欢外表的某些方面——他们全神贯注于自己的外表。他们过度担心。他们希望少担心一些，但做不到。很多人都称自己无法摆脱。

他们还备受折磨。对外表的担心使他们沉浸在痛苦的情绪中，干扰了生活。尽管痛苦，有些患者还是能维持正常生活——但是没人知道他们是多么不快乐。为面孔上的微瑕和自己的"平胸"而烦恼的凯丽（Carrie），时常因为一直照镜子检查自己的脸而上班迟到。她不参加聚会——她认为自己很难看，不想让别人看到自己。曾经，她也有很多朋友，工作也做得不错。据说大卫（David）因为自己头发稀疏而无法集中注意力在学校的功课上，错过了毕业舞会，但是他仍然在学业上取得了好成绩。

但是当躯体变形障碍变得严重时，患者的友情、亲情和工作会变得支离破碎。"巨大的"鼻子、"畸形的"嘴唇、"硕大的"下巴、"又肥又圆的"臀部和"扁平的"胸部使简（Jane）备受折磨，她因此退学，也无法保住工作。她不再约会，不再去见她的朋友们。因为她认为自己的样子已经丑陋到令人极度震惊的程度，她把自己关在家里整整五年，最后甚至试图自杀。

BDD的有趣之处在于，患者所关注的这些缺陷，其他人根本不会留意到或者认为只是很轻微的缺陷。具有讽刺意味的是，简实际上是一个充满魅力的女人，根本没有她所憎恶的缺陷。大卫的头发看起来也很好，凯丽的胸部从某种程度上来说是偏小的，但不明显。但是对于BDD患者来说，这些问题是可怕而令人厌恶的，心灵的眼睛放大了它们。

在其他人看来，BDD患者的担忧是不合情理的。她怎么会为自己本来很漂亮的头发而烦恼呢？他为什么会为脸上的那点痤疮而焦心不已？他应该立即停止思考这些。"我一直告诉妻子，她看起来很正常，"一位高中老师告诉我，"为什么她就是不能不去担心呢？皱纹没有那么重要！我一直这样对她说，可是一点用也没有。"BDD之所以会成为问题，是因为患者无法停止忧虑；反复保证并不能消除他们的担心。

在我这些年来接诊的众多病人中，BDD患者遭受的痛苦是最严重的。就如一位二十一岁的男患者对我说的一样："这种困扰是最折磨人的，我宁愿瞎掉或者砍断手臂。如果得了癌症，我会很高兴，因为癌症不会像这种疾病一样，让我孤立无援不被理解。人们会相信我的身体出了毛病，他们不会认为癌症是无关紧要的，我能和别人谈起它，别人也能理解。"

自从为凯丽、大卫和简实施治疗以来，我已经见过和治疗过很多BDD患者。他们都遭受了痛苦。而他们的家人、朋友、女朋友和男朋友也同样是受害者。他们为所爱之人担忧，不断地给予患者安慰，帮忙拿镜子，或者为他们四处搜寻生发水——虽然毫无用处。他们照顾所爱之人，为其支付外科手术费用，努力寻求帮助——为了一个他们自己几乎无法理解的问题。有时他们甚至不知道问题出在哪里。他们只是知道他们关心的人情绪低落或者不愿意出门，但是他们不知道为什么会这样。BDD患者对自己所担心的事情感到窘迫，不愿告诉他人，即使对方是自己最亲密的朋友或者配偶。

在了解了凯丽、大卫和简的困扰之后，我决定进一步研究这种令人费解但鲜为人知的疾病。无论是在医学院就读期间，还是在接受精神病学的训练时，我都没听说过这种疾病。我也没有发现任何科学期刊提到过这种疾病。然而，我确实记得曾在精神病学的专业诊断手册上见过BDD。上面的介绍虽然简短，但是足以让我考虑凯丽、大卫和简可能患上了这种神秘的疾病。于是，我开始了对此的进一步研究。

我是一个内科医生、精神病学家，同时也是一个研究者。我研究BDD、与BDD患者打交道迄今已经有十五年了。BDD患者已经不再逃避，我现在不需要刻意去寻找他们了。他们认为自己的脸太宽、肚子太胖、眼睛太丑，又或是面部肌肉松弛、皮肤有斑或疤痕、阴茎太小……这个清单还可以更长。有些人不断地寻求令人难以捉摸的躯体治疗，而实际上这是一种精神障碍。很多人看了一个又一个医生——皮肤科医生、外科医生以及其他医生——痛苦并没有得到缓解。有些人做了一个又一个手术，依然不满意他们的外表。

许多患者保持沉默。通常，BDD患者觉得自己心中的这个沉重的秘密是没有人能够理解的。许多患者都不曾对任何人——包括自己的亲人、伴侣或好朋友——倾诉过自己对外表的烦恼。他们觉得太难堪、太羞耻了。"谈论我的担心让我觉得自己很愚蠢，"一位男士对我说，"他们通常的反应是'什么？！'"他们为别人可能会认为他们爱慕虚荣而感到恐惧。而且，当他们终于说出了心中隐藏的秘密的时候，他们所信赖的人可能根本看不到"缺陷"的存在，或者认为那是微不足道的，他们痛苦、孤独又不被理解。

有位女士已经结婚五十年了，却从未对丈夫说过自己对外貌的忧虑。"这是我们之间的一个隔阂，"她说，"我为此反复思虑、痛苦不已，却无法与丈夫交流，虽然他非常善解人意，我还是担心他不能理解。这是我的一个秘密。"

正如卡桑德拉（Cassandra）所说："要是我能告诉别人这是怎么回事就好了！"她的话反映了许多BDD患者的感受。"我感觉极端愚蠢和徒劳无功！我还感到耻辱和羞愧。我很痛苦，但又没法解释。它就是这样一个秘密。它像癌症一样令人痛苦，但我却无法寻求任何人的帮助。"

BDD并不少见。患者的保密行为和羞耻感是BDD不为人知以及被漏诊的部分原因。研究者发现，在普通人群中，大约有1%的人患有BDD，而针对学生的研究甚至报告了更高的比率（高达13%）。在接受皮肤科治疗或整形手术的人群中，BDD也十分普遍。综上，这些研究表明，单就美国而言，BDD就影响了数百万人口，它至少跟其他许多众所周知的精神障碍——如精神分裂症、双相障碍、惊恐障碍以及神经性厌食症等——一样普遍。BDD从生活的方方面面影响了各个社会阶层的人。BDD同时也发生在世界各地——日本、加拿大、澳大利亚以及其他国家，亚洲、南美洲、欧洲、非洲、中东地区以及其他大洲。

在我刚开始研究BDD时，这种精神障碍还鲜为人知，尽管对BDD的描述早在一百年前就有了。在我的病人鼓起勇气向我讲述他们的担心之前，我对BDD几乎一无所知。为了更了解BDD，我对数百位患者进行了长期访谈，这是此类研究中样本量最大的研究。同时，我治疗过数百位BDD患者。我和其他研究者共同完成了很多额外的BDD研究，这些研究为本书的诸多信息提供了依据。

我写作本书是因为BDD造成了如此多的痛苦，它并不少见，但仍然鲜为人知。它是一种严重的、通常极具破坏性的疾病，有时甚至会导致自杀。我们都应该认识到BDD的存在，了解如何识别和有效治疗它。尽管我的许多病人已经与这种困扰斗争了很多年，却从不知道这是一种有名字并且可以被治疗的障碍。很多人在得知这是一种可识别的障碍，其他一些人也在遭受同样的痛苦之后松了一口气。我将在本书中介绍两种治疗方法，很多患者从中获益——这两种治疗方法分别是被称为"5-羟色胺再摄取抑制剂"（serotonin-reuptake inhibitors，简称SRIs或SSRIs[①]）的药物治疗以及认知行为治疗（cognitive-behavioral therapy，简称CBT）。通过这些治疗，一些患者有了部分改善；还有一些人则用不可思议来描述他们的治疗反应。

这是一个研究的前沿，在BDD领域，还有很多问题有待研究。相比抑郁症等其他主要精神障碍的研究，有关BDD的研究可能已经落后了三十到四十年。尽管我们还不完全了解BDD，但是也已经有了大量的认识。我会对我们已经知道的有关BDD的情况进行介绍——患者们的经历，我和其他研究者对此的了解，哪些治疗方法是有效的，以及如何帮助BDD患者。我也将尽力解答一些患者经常询问但还没有明确答案的复杂问题：什么原因导致了BDD？

---

① "SRIs"或"SSRIs"表示5-羟色胺再摄取抑制剂类药物；后文中的"SRI"或"SSRI"则表示一种或某种与5-羟色胺再摄取抑制剂药物。——编者注

BDD和其他精神障碍有关吗？如何区分BDD的忧虑和大多数人都有过的"正常的"担心？我希望能够转达我的病人希望你知道的一切。我也希望BDD患者和他们的家人可以用这本书去识别和理解BDD的症状，进而寻求有效的治疗，这也是BDD患者的希望。就像简对我说过的："我无法想象有什么能比这个更令人痛苦。如果可以选择，我宁愿自己得的是癌症。你要让人们知道BDD，告诉他们这是一种严重的疾病。"

第二章
患者讲述

"听说其他人也有同样的困扰，我很吃惊。我以为这只是我一个人的问题。"

——亚历克斯（Alex）

珍妮弗的故事

"真的很为难，"珍妮弗（Jennifer）开始诉说，"对我来说，谈论这个问题是非常困难的。我并不愿意到这里来。"她坐在凳子上显得焦虑不安，眼睛看着地板。她的手在颤抖，看上去像是要哭出来了。事实上，珍妮弗曾经两次取消和我的预约。她最终同意到这里来，只是因为母亲的坚持。我曾经通过电话与她的母亲进行过简短的交谈，这位母亲说她感到非常绝望——因为她的女儿有很严重的问题，他们夫妻二人实在没办法应付了。

我问珍妮弗是否可以解释一下是什么使她这么为难。"我不喜欢谈论我的问题，"她说，"你可能会认为我很愚蠢或者我爱慕虚荣。但我不是这样的。"她眼含泪水，说："这是一个非常严重的问题，我根本不知道要怎么告诉你这有多糟糕。"她安静地坐了一会儿，焦虑地低着头，似乎是在决定要讲什么以及怎样讲。"好吧，我想我应该告诉你这到底是什么问题。我认为我真的很丑。事实上，我认为自己是全世界最丑陋的人。"

以任何人的标准来看，珍妮弗都是一个有魅力的姑娘。她二十二岁，有一头长长的带有草莓红的金色头发，绿色的大眼睛，还有迷人的肤色。她让我想起我高中时代的啦啦队队长，一个漂亮活泼的女孩。珍妮弗怎么会认为自己丑陋呢？她怎么可能坚信自己的外表是有问题的呢？我想知道她的问题会是什么。我看不出她任何地方有任何缺陷。

起初，珍妮弗不愿意细谈。"反正我就是认为自己不漂亮，"她说，"这种想法已经持续很长时间了，我无法使自己确信这种想法是错的。我知道你想说什么，你会对我说我看起来很好——每个人都这样说——但我知道那不是真的。我看起来很恐怖！"

"外表的什么方面让你这么苦恼呢？"我问道。"皮肤，"在犹豫了一下之后她这样回答我，"看到这些痤疮、疤痕和斑点了吗？"我真的没有看见她说的这些东西。从我所坐的位置来看，她的皮肤很干净。珍妮弗站起来，走向我。"看见这些斑点了没？"她再次问我，指着她的脸颊和鼻子。在她所指的地方我看到了一些白头痤疮，但是必须要在距离她三十厘米以内的地方才能看到，即使那样，还必须凑近了看。

珍妮弗重新坐下来，继续讲述她是怎样从十多岁就开始担心她刚刚指给我看的那些"痤疮"和"斑点"的。她还认为自己的皮肤太苍白了。她说："我看起来就像鬼。其他人的外表都很正常，只有我显得十分不自然。我就是一个丑八怪。"

"这个问题是从什么时候开始的？"我问她。"大约十一岁的时候，"她答道，"从鼻子开始的。我的鼻孔一边高一边低。我还记得有一天在镜子里看到自己，接着就开始恐慌。我在想，'那就是你的样子吗？你看起来真恐怖，就像一个怪物！'"

"当鼻孔不再干扰我的时候，皮肤又取而代之。现在我想的全是我的皮肤有多糟糕。我一天当中的大多数时间都在想这个。人们在十五米开外也能看到它！"说到这里，珍妮弗哭了——她真的坚信自己是丑陋的，并且全世界都能看到她的丑陋。

谈到这里，珍妮弗不知道是否应该继续讲下去，她太痛苦了。但是在我的鼓励之下，她还是努力继续讲述。"我试着不去想，但我做不到，"她说，"我一天中的大部分时间都在想这件事。这是我每天早晨醒来想到的第一件事。我一边想着'它看起来怎么样了'，一边冲到镜子前。我一整天的状态完全由我的皮肤早晨呈现出来的样子所决定。不幸的是，在80%的时间里，它看起来都很糟糕。"

读高中时，珍妮弗由于过分担心她所谓的"丑陋"，根本无法专心上课。先占观念充满了她的脑子，拖垮了她的精力。"我精心打扮，把皮肤晒成棕褐色，涂蓝色的眼影，不停地折腾头发，以此分散人们对我皮肤的注意。但是这些都不起作用。我无法专注于学业，不想被别人看见。对我来说，待在学校里太艰难了。"她说，"我从中午就开始打电话让我妈妈接我回去。她不愿意来接我，因为我应该上课，但我实在太难过了而且号啕大哭，她只好把我接回家。"

做家庭作业时，珍妮弗会通过摆在桌子上的镜子频繁地审视自己的脸，所以她无法完成学校布置的作业。阅读时，她还是忍不住要照镜子。"我必须得看看我的皮肤怎么样了，"她解释说，"我得看看它们有没有变得更严重。有时候，我会在镜子前待好几个小时查看那些缺陷。"

"我还会用指尖去抠皮肤，"她补充说，"那样反而使它变得更糟。有时，我用蘸了酒精的针反复戳皮肤，试图消除这些痤疮并且把脓挤出来。我什么都不放过——小肿块、黑头、任何斑点或者有缺陷的地方。有时候我会弄到凌晨一两点，然后第二天在课堂上打瞌睡。有时甚至还会弄出血来。那之后就一直感觉极糟。把皮肤弄成这样，我简直要疯掉了。"

由于对皮肤问题的过度担心，珍妮弗的成绩从"A"滑落到"B"再降到"D"，并被编入了专为学习困难学生准备的班级，尽管她很聪明。九年级时，在旷课很多天之后，她辍学了，虽然她很想读大学。"我真的很想留在学校里，并且也尽力了，"她说，"但我做不到。实在是太艰难了。"

珍妮弗还回避聚会，"因为，"她解释说，"我这么丑，没人愿意和我待在一起。"朋友们告诉珍妮弗她有多漂亮，鼓励她出去，但她根本不相信他们。"他们只是为我感到难过，安慰我而已。我看起来这么可怕怎么能走得出去呢？"

辍学后，她曾和一个男孩子约会，但他们大部分时间是在她家里见面。"我很少和他出去，因为我不想让任何人看到我的皮肤。我让他到我家里来。他到了之后，我就放下所有窗帘并且把灯都关掉，那样他就看不到我的皮肤有多糟糕了。但是后来我就不再和他见面了，因为他一旦发现我的丑陋，还是会离开我。"

从高中辍学后，珍妮弗曾先后三次尝试做服务员的工作，但她每一次都因为旷工太多而辞职或被辞退。"即使脸上只有一个痤疮我也不愿意出门。有时候，我中午就离开了，因为我认为顾客在背后取笑我的皮肤。"类似档案管理员这样的工作还是不错的，因为这样她就不必和很多人打交道，但是她在做这个工作的时候还是出现了问题。她整天都在想着皮肤，并且悄悄地通过随身携带的小镜子反复查看。"我努力不这样做，"她解释说，"因为这使我无法工作。但我还是忍不住。我没有办法不去想我的脸，我必须查看。我必须确定自己看起来还好，但我通常觉得它看起来很糟糕。当我在镜子里看到那些痤疮和斑点的时候，我很恐慌。有时候，我甚至不得不半途离开工作岗位，回家卧床休息。这情形就和我以前上学的时候一样。"

当珍妮弗不得不和几个人待在同一间办公室里，而且必须坐在灯光下工作的时候，她辞掉了工作。"和别人坐得那么近实在太难受了，他们会看到我的皮肤有多糟，"她解释道，"明亮的灯光简直就是最后一根稻草。我记得我辞职的那天，当时我正在整理文档，但脑子里想的全是：讨厌的灯光让我脸上的斑点、痤疮和毛孔无处可藏。我看起来像个怪物。我禁不住想到房间里的每个人都在看着我！我试图冷静下来继续工作，但我做不到。我惊慌失措，跑出了房间就再也没回去过。"

从医学角度来说，珍妮弗仍然是失能的，因为她无法工作，而且即使她很想独立生活却依然和父母住在一起。她几乎从不出门，需要的东西大部分由父母帮忙购买。她说："有时候我也出去，但通常都是在晚上，因为那个时候没人能看得到我。"她解释道："我有时会半夜去24小时便利店，因为我知道那个时间那儿没什么人。在相当长的一段时间里，我的衣服基本上都是通过商品目录买来的。我太害怕了，没办法出门——每个人都会看到我有多难看。"如果必须出门，那么她会在出去之前花两个小时的时间来化妆。"我看起来像戴了个面具，但是至少遮住了一些痤疮和斑点。"她说。她还煞费苦心地从头到脚使用古铜色化妆品，以使皮肤看起来不那么苍白，或者说看起来"不那么像幽灵"。如果有任何下雨的可能性，她就无法出门，因为那些画上去的古铜色会被雨水冲掉。

"现在情况越来越糟，"她说，"我以前从来不敢在白天出去，上周我鼓起勇气出去了一趟。我开车去商店，但总是这么倒霉，我遇上了大塞车。四个车道，我一直坐在车里等着周围的车辆移动，但它们都纹丝不动，其他车上的人都在看着我。我脑子里想的全是他们都在注意我的脸，而且他们肯定在想'那个可怜的女孩看起来真丑。皮肤这么糟糕，怎么还跑到公共场合来呢？'我试着说服自己那不是真的，但是心脏狂跳不止，我开始颤抖并且大汗淋漓。'他们正在嘲笑我'，我忍不住这样想。我太恐惧了，我必须离开。于是我把车丢在堵车的路上，不停地跑，直到找到了一个电话亭。我打电话给母亲，并且一直躲在那里直到她来接我。那是多么糟糕的事情——我把自己的车扔在半路上！"

珍妮弗认为她的问题在于身体而非精神，因此她至少拜访了十五位不同的皮肤科医生。一些医生给她开抗生素和其他药物，但是多数医生都告诉她，她的皮肤不需要治疗。"我是每一个皮肤科医生的噩梦，"珍妮弗说，"我反复去找他们，一遍又一遍地向他们询问我的皮肤看起来是否正常。当他们说我的皮肤没问题的时候，我根本不相信。我不会就此离开。我一遍又一遍地询问他们有关我皮肤的问题，并且请求他们为我治疗。很多医生拒绝再见到我。也许因为我的缘故，他们所有人都得去看医生了！"

事实上，其中一位皮肤科医生曾给我打电话提到过对珍妮弗的治疗。他告诉我珍妮弗有很美的皮肤，却因为皮肤问题而备受困扰，也许看心理医生对她而言更有帮助。但那个时候，珍妮弗更倾向去看皮肤科医生。

最终，她说服了一位皮肤科医生给她做磨皮手术，这是一种通常被用来治疗重度痤疮的、令人痛苦的面部手术。"那位医生其实是不愿意给我做的，"珍妮弗说，"但是因为我太绝望了，她最终还是让步了。"在做完磨皮手术之后的几个月内，珍妮弗感觉良好，尽管她的朋友们都在问她的皮肤怎么了。"他们都认为我的皮肤变差了，因为它有一阵子是红的，"她说，"但我当时很兴奋。我根本不在意皮肤是不是红的，因为至少痤疮和斑点都不见了。"但是几个月后，珍妮弗的先占观念又回来了，而且变得更严重。然后，她又做了一次磨皮手术，尽管父母央求她不要去做，皮肤科医生也不愿意再做一次，但拗不过深感绝望的珍妮弗。然而手术并没有让她感觉好些，甚至连"最后的希望"也破灭了，于是她想到了自杀。

珍妮弗第一次来见我时，仍然坚信自己的问题是身体的而非精神的，因此她真正想去看的是皮肤科医生，而非精神科医生。但是她的母亲坚持让她来。"我女儿每天所做的事情就是一遍又一遍地问我她的外表看起来是否还好，"这位母亲告诉我，"她翻看杂志的时候会问我她的皮肤是否和模特一样好。无论我说什么，都不能消除她的疑虑。她明明很漂亮，而我不知道还能做什么！"这位母亲甚至曾经告诉珍妮弗，如果她不能停止提问，就必须从家里搬出去，但是珍妮弗做不到。"我没法不问她，"珍妮弗说，"我一天至少要问上百次。我尽量不这样做，但停不下来。"

珍妮弗还坚持要求母亲帮她拿放大镜，以及从不同的角度照明，好让她在照镜子的时候能够更清楚地看到自己的脸。母亲不愿意这样做，因为这每天至少要耗费一个小时的时间，却对珍妮弗没有任何帮助，但如果拒绝，珍妮弗又会很痛苦。"如果那样做对她有帮助，我会很乐意做下去，"她的母亲说，"但是她只是盯着镜子不停地问我她的皮肤看起来如何，是否有痤疮。医生，对你来说这可能是难以置信的，但这个问题正在摧毁我们的家庭——持续不断的追问和泪水。她根本不出门。我们尽量保持耐心，但是我们做的任何事情看起来都毫无帮助。我们爱女儿，想帮助她，但我们再也承受不住了！"

珍妮弗的故事并不少见。尽管她的躯体变形障碍很严重，但她与这种疾病的漫长斗争经历却很典型，很多人都是如此。相当多的人在读完本书第一版之后告诉我："我就是'珍妮弗'！"躯体变形障碍（BDD），是一种令人痛苦却尚未被普遍接受的精神障碍——相貌正常甚至富有吸引力的人因其外表上的一处或多处瑕疵或缺陷而忧心忡忡。对于其他人来说，这些缺陷通常微小到不可见或几乎不可见。例如，BDD患者可能会认为他们的头发太卷、太直或太少，或是脸颊上有"红血丝"、鼻子上有痤疮、皮肤太红或太苍白，又或是鼻子太大、嘴唇太薄、臀部太丰硕、胸部太扁平。身体的任何部位都能成为他们关注的焦点。事实上，他们通常没有任何缺陷，看起来很正常。即使他们的外表真的有什么瑕疵，这些瑕疵也都非常小——其他人根本不会留意。我和BDD患者见面时，通常看不到他们所谓的缺陷，其他人也一样。他们的"缺陷"更多的是在心理上而非身体上。

BDD患者不仅会关注其他人不会注意到的缺陷，他们还思虑过度。他们担心并深受其扰。这使得他们情绪痛苦，而且干扰了他们的生活。

BDD是一种令人困惑的疾病。一个在外表上几乎没有缺陷或只有细微瑕疵的人怎么会如此关注这些其他人根本不会注意到的问题呢？像珍妮弗这样年轻漂亮的女孩怎么会认为自己看起来特别丑陋呢？她说自己"是全世界最丑陋的人"。

好消息是BDD已经被越来越多的专业人士和公众所了解。坏消息是仍然有很多人不知道BDD，没有意识到这是一种普遍的但可以被治疗的疾病。很多BDD患者换了一个又一个医生——皮肤科医生、整容医生、眼科医生、精神科医生——都没有发现BDD才是他们的问题所在。很多专业人士和非专业人士仍然没有听说过BDD。虽然这种情况正在改变，但是BDD仍未被广泛承认。

克里斯、基思和安德鲁的故事

在我的第一组BDD患者中，有一个名叫克里斯（Chris）的年轻人约我为他做抑郁评估，他羞涩但善于表达。我第一次见他，他就对我说抑郁是他的问题所在——他一直情绪低落、没有活力，以前喜欢的事情现在也提不起兴趣。他有睡眠问题，并且发现自己无法专心工作。他的女朋友最近离开了他。

听起来克里斯的确患有抑郁症，而且这似乎是一个相当明确的抑郁症病例。但当我问到他是否还有其他苦恼的时候，他表现出了不寻常的犹豫和不安。他沉默了几分钟，像是在很费力地决定要不要告诉我。"确实还有些事情在困扰我。我不确定能不能跟你说，但我应该告诉你，因为这是我到这里来的原因，也是我的主要问题。我抑郁，因为我的头发。"

克里斯努力解释道："对我来说，谈论这个是非常尴尬的，我的头发快掉光了，看起来很恐怖。虽然我知道自己的观点可能是扭曲的——我可能看起来没有那么糟糕——但我还是忍不住要担心。"克里斯最近加入了一个头发俱乐部，并且尝试了很多生发水，每月为此耗费约三百美元——这是一项沉重的经济负担。但是这些补救措施都没能解决他的当务之急。现在他打算买一项假发，并且正在为此攒钱。

克里斯还担心他的鼻子——它看起来总是不大对劲。虽然他还是不愿意讲，但依然解释说，他认为自己的鼻子太宽太长了。"我很担心我的鼻子，更担心我的头发，这些都让我无法专心工作。上个月我有一项重要任务，但没时间去做，因为我的头发看起来糟糕透顶，而且比平常掉得更多了。你可能会觉得这些听起来很荒谬，但就是这些想法让我分心，我害怕自己马上就会变成秃头，导致我延迟一周才完成那项任务。对我来说，这是很大的打击，因为我是一个完美主义者。我通常在工作上表现得很好，而且为能按时完成任务感到骄傲。真正糟糕的是，老板叫我去谈谈没能按时完成任务的原因，他问我出了什么问题。我当然不能告诉他真正的原因，那样我真的会很羞愧。我找了个借口，我说是因为一个好朋友生病了，虽然我讨厌撒谎。"克里斯的职业是会计师，需要遵守任务的截止日期。"这听起来很荒唐，我竟然因为头发的问题不能按时完成工作任务。实际上，头发看起来如何真的不要紧，但我就是无法停止焦虑。"

克里斯在和女朋友一起参加聚会或者去酒吧的时候也会非常紧张。"在头发成为问题之前，我并不会因为出门与人交谈这件事感到困扰。虽然我从来不是聚会的活跃人物，但是我会参加聚会。我喜欢看到人们，我从来不会回避那些我愿意参加的社交活动。但是现在，因为外表的问题，这些对我来说已经变得十分艰难了。外出时，我无法和人们很好地交谈——我在交谈中无法集中注意力。我满脑子想的都是我的头发看起来是否还好，他们是否注意到我的头发太稀疏了。我无时无刻不在将其他人的头发和自己的进行比较。通常我都感觉很糟糕，因为我认为他们的头发看起来比我的好多了。这也是女朋友离开我的原因。她喜欢外出，她说她无法跟我一起待在家里或是早早离开聚会——只是因为我的头发。她认为我看起来很好，无法理解我为什么就是不能忘记这件事。"

"上个月她终于忍无可忍了，"他继续说，"上个月真是糟透了——我也不知道为什么。我本来应该去参加她哥哥的婚礼，但在婚礼那天早晨，我走进化妆间，然后变得惊恐万状。我看着镜子想'你的头发在哪里？'我认为我看起来比以前更秃了。我花了大约一个小时，疯狂地在头发上涂发胶、梳理、吹干，试图让它看起来多一点。我甚至让女朋友也来帮忙，尽管她非常懊恼和生气。但是无论我们怎么做，头发看起来依然不对劲。我一直试图说服自己不要在意——人们注意的是新郎和新娘，而不是我的头发。但我最终还是没有去。我感觉非常沮丧、绝望。"

克里斯的问题让我迷惑不解。他的头发和鼻子怎么会给他造成那么大的困难？他的头发稍微有点稀疏，但并没有稀疏到我一见他就会注意到的程度。而他的鼻子看起来挺好的。他为什么这么担心呢？这些担心如何能使一个在工作上始终保持高效的人受到干扰？他为什么无法出门参加聚会？事情怎么会变得如此糟糕：他不但缺席了婚礼，女朋友也离开了他？

在见过克里斯后不久，另外一位叫作基斯的病人给我打电话。他说他有很重要的事情要说，他的声音听上去非常焦虑、不安。"菲利普斯医生，"他开始讲，"我要讲的事情使我非常恐慌。这个问题已经出现一段时间了，但我一直没告诉你。"我问他是什么事情。他说："我不能当面告诉你是因为太尴尬了。但是也许可以通过电话……我……我因为我的头发而烦恼。"我被弄糊涂了。他为什么会因为他的头发而烦恼呢？他的头发一直都很好。同一个月，有两个人都在为头发焦虑，这看起来像是一个不寻常的巧合。

基斯继续解释说，他担心自己的头发太过稀疏。"尽管真相可能并非如此，但我一直很担心，"他解释说，"我努力不去想，但是我做不到。"我怀疑是否存在什么原因使基斯真的在脱发——也许是某种未被确诊的疾病所导致的，但是我错了。基斯继续解释道："实际上也不是所有的头发，而是刘海。我的刘海太稀疏了，而且形状有问题。我并不认为我的头发在脱落，我只是觉得我的刘海很糟糕。"

基斯对此深感不安。"我怕你会认为我是个傻瓜——我这么担心自己的头发，但我就是抑制不住。我觉得自己简直像个白痴！"基斯担心我不够重视他的问题。就在那时，我想到了不久前见过的克里斯，并且怀疑基斯是不是也患有躯体变形障碍。事实的确如此。

令我吃惊的是，后来再次见到基斯，我发现他对自己的外表还有更多的担心。他认为自己的耳朵"太尖"——就像史波克先生（Mr.Spock）①的耳朵，脸上有"皱纹"，眼睛"又圆又小"。最令他无法忍受也最令他感到焦虑的身体部位是他的胸部和臀部——"形状就像女人的一样"。我认识基斯已经两年多了，而且在这两年多的时间里，我们之间在工作中还有密切联系。他和我讨论过很多问题，即使是尴尬的话题也可以谈得相当坦然。但是这些问题对他来说实在太难堪，太难以启齿。正因如此，他对我隐瞒了两年多！而且最初他只愿意通过电话讲，而不是面谈。我需要说明一下，他在谈到其他私人问题的时候是十分自然的，那么到底是什么原因导致他不愿讨论这个问题呢？他回答说，谈论抑郁、躁狂甚至性的问题似乎比较容易，说不清楚为什么特别羞于谈论自己对于外表的担心。他似乎担心我会认为他浅薄和爱慕虚荣，害怕如果跟我谈"丑陋的"身体部位，我就会注意到它们，尽管他认为我一直都在注意它们。他最后总结说："我只是没有勇气告诉你。那是一个讨论的禁区。我能说出来真是难以置信。"

不久之后，我见到了安德鲁（Andrew）。和克里斯一样，他来找我做抑郁评估，而不是BDD评估，因为他非常不愿意透露自己对于外形的担心。如果我不问他对抑郁的原因有什么想法，我也不会发现这一点。他回答说："我的鼻子和下巴做过五次手术，但是看起来并没有任何改善。"

安德鲁患上BDD已经超过二十年了。在一个因鼻部隔膜异位而做的小型手术之后，他认为手术改变了鼻子的形状。绝望之中，安德鲁做了另外五次手术来改善鼻子的外形。但是每次手术完成后，他都认为畸形恶化了。更糟糕的是，在做第二次手术的时候，医生建议他再做一个人造颏骨，这诱发了他的新困扰——下巴太小。"我的生活从此停滞不前，除了一次又一次的手术。"安德鲁说。为了做手术，他辍学了，辞掉了工作。"每次，刚做完手术时我都欣

---

① Mr.Spock，星际迷航里的人物史波克，有一双尖耳朵。——译者注

喜若狂，因为我认为这一次我终于看起来正常了，但当绷带移除之后我都心碎不已——我认为自己看起来更糟了，于是变得更加抑郁。"

他的家人和朋友都努力劝说他不要去做手术，他们告诉他，他很英俊，没有任何明显可见的缺陷，试图让他安心。医生们也不愿意给他做手术。"也许你会疑惑，为什么他们还是给我做了这么多手术，"安德鲁说，"他们只是无法拒绝我。因为我太痛苦了，我必须做更多的手术。我总是希望手术会有帮助——它会改善我的外表，如果我的外表改善了，人们就会更喜欢我、更愿意接受我。"但是每一次手术都使安德鲁变得更加沉默寡言，他从来不约会，也不想去任何地方。"几年前，我差点自杀。"他说，"我把所有事情推到一边，立下了遗嘱。我计划好了一切——哪一天、哪个时刻、在哪里——但最后退缩了。有时我觉得我还是应该通过这个方法结束这种痛苦。"

躯体变形障碍（BDD）的历史以及它在世界各地的情况

二十世纪八十年代末，我开始接触BDD患者，想了解这种疾病已为人所知的一些情况。我遍寻刊载在专业期刊上的文章和从其他语言（如俄语、日语、德语、意大利语、法语等）翻译过来的文章，结果发现有关BDD的研究很少，但是有很多关于BDD的病例报告，这些报告有的是对单独的某个BDD患者的描述，有的是对一小组BDD患者的描述。令人吃惊的是，这些报告的来源相当广泛——英国、意大利、法国、德国、俄罗斯、日本、捷克斯洛伐克，等等。在我读到的病例中，一个德国小伙子认为自己的脸颊"又红又圆"，为了使脸颊消瘦一点而严重节食；一个年轻的英国姑娘因为觉得自己乳房太小想要做隆胸手术，却被拒绝了；还有一个英国女孩，由于过度担心眼睛下面的"细纹"而企图自杀。"我不停地想，想我的脸，想我如何才能改变它的状态。"文章的作者这样描述她的先占观念，"化妆简直就是浪费时间。人生毫无价值。"

一份日本的研究报告描述了几宗病例。一位二十五岁的男性专注于自己"松弛的"鼻子，认为他的眉毛已经"下垂"了。另一位二十八岁的女性也因想象中的鼻子畸形而备受困扰，她将畸形归咎于鼻子曾不慎被画笔碰到，六次鼻子整形手术也没能减少她的担心。第三个病人是一位二十五岁的女性，她抱怨自己的眼睑下垂、鼻子畸形、眼白发黄，四次外科手术没有任何帮助。事实上，她认为其中一次手术让她有了打鼾的毛病。

我发现一百多年前就有关于BDD的描述。让我吃惊的是，这些一个世纪前的描述，和我看到的病人们是如此相似。威廉·斯泰克尔（William Stekel）在1949年提到"这是一种关注躯体的强迫思维"。他写道："这些人持续不断地关注自己的某个身体部位，有的是鼻子，有的是头发，有的是耳朵、眼睛或者（女性）乳房、生殖器，等等。这些强迫观念都非常折磨人。"

精神病学中的一个著名个案——以"狼人"的化名而被众人所知——可能患有BDD。传奇人物西格蒙德·弗洛伊德（Sigmund Freud）是狼人的第一位精神分析师，他在对该病人的描述中甚至都没有提及BDD症状，尽管那是一个很明显的问题。为什么没有呢？狼人向弗洛伊德提到过相关情况吗，还是说他对此守口如瓶？或者是实在难以启齿？也许当时他还不曾担心自己的外表，虽然BDD通常发病于青少年时期。狼人的第二任精神分析师露丝·布伦瑞克（Ruth Brunswick）提到过该病人的先占观念。1928年，她注意到"（他）无暇顾及日常生活和工作，因为他专注于自己的鼻子，除此之外不关心任何事情（他认为他的鼻子有痤疮，有洞和浮肿）"。"他生活的中心就是口袋里的小镜子，他的命运随镜子揭示的或即将揭示的情况而定。"

这段描述和我接触的很多病人的情况是一致的。珍妮弗也是因为过于专注想象中的外貌缺陷而影响了日常生活和工作，她的生活中心也是口袋里的小镜子。毫无疑问，当珍妮弗在工作期间反复照镜子的时候，她正在重复一百多年前狼人的行为。

"躯体变形障碍"是一个比较新的名字，自1987年才开始被使用，也是从那时起，这个词作为一种精神障碍术语，首次被载入精神病学的分类手册。而在一百多年前，针对这种障碍，更常见的术语是畸形恐惧（dysmorphophobia），这个词由天才而多产的意大利精神病学家恩里克·莫斯利（Enrique Morselli）于1880年创造，他见过许多BDD患者。"dysmorphophobia"这个词来源于希腊语"dysmorfia"，意思是"丑陋，丑陋之物（ugliness）"，特别是指面部的丑陋。这个词第一次出现是在希罗多德的《历史》（Histories）一书中。书中提到一个神话故事，是关于"斯巴达最丑的女孩"的，当她被女神之手抚摸之后，变成了"斯巴达最美的女子"，后来嫁给了斯巴达国王。希罗多德写到，"那之后，奶妈每天都要带着孩子去神庙，并把孩子放在神像前，祈求女神把她从不吉的外貌中解救出来。"

在十九世纪晚期，莫斯利发现了很多BDD患者，他用"畸形观念"来描述他们。"畸形恐惧的病人非常不幸，"他写道，"在他们的日常生活中，谈话、阅读、用餐，他们无时无刻不在被畸形恐惧所困扰。"随后，BDD被欧洲一些非常杰出的跨世纪精神病学家记述，例如埃米尔·克雷佩林（Emil Kraepelin）和皮埃尔·让内（Pierre Janet）。让内认为BDD比较普遍。1903年，他描述了一个二十七岁的女性，他叫她纳迪娅（Nadia）。她是一个受人尊敬的法国家庭的女儿，聪慧且富有才华，纳迪娅对自己外表的很多部位感到烦恼：长有斑点的略微发红的皮肤、她的脚、想象中的身高以及"又长又可笑的"手。纳迪娅担心没有人会爱她，因为她是"丑陋而滑稽的"。五年来，她把自己关在一个小房间里很少出门。"如果他们在清晰的光线下看到我，他们会被恶心到的。"让内这样描述纳迪娅的担心。

"美丽疑病症"（Schönheitshypochondrie，德语）和"担心自己长得丑陋的人"（Hässlichkeitskümmerer，德语）是二十世纪三十年代用来描述与"想象中的丑陋"有关的类似BDD先占观念的另一些生动词汇。"皮肤病学疑病症"描述了一种类似BDD的综合征，主要表现为关注皮肤和毛发上的（患者想象中的）缺陷。

这些二十世纪的作者们对病例的生动描述不仅证明了BDD由来已久，而且证明了这样一个事实——来自不同文化的人都曾遭受过BDD带来的痛苦。实际上，在某些国家（例如日本），BDD是广为人知和被承认的，在包括美国在内的很多其他国家，这种病症至今都还未得到充分的认识。

虽然我们并不完全清楚BDD在美国和很多其他国家鲜为人知的原因，但是有一个可能的原因是，病人通常会对此保密。在我的病人中，基斯不是唯一一个等了几年时间才把他所担心的事告诉我的人。虽然也有一些人像珍妮弗一样，把他们的担心告诉了家人和朋友，甚至告诉过一个又一个接诊的医生，但是更多的人选择秘而不宣。

有些人终于鼓起勇气向自己信任的人说出了他们的担心，但是当被安慰说"看起来很好"时，他们感受到了误解。他们可能会把这种安慰理解为倾诉的对象并不把他们的问题当回事，也无法理解他们所遭受的痛苦。结果是，他们也许再也不会提起这些问题了。

还有一些人没有认识到他们的问题是精神上的。他们找了一个又一个外科医生，一个又一个皮肤科医生，一个又一个头发俱乐部，试图寻求非精神病学的方法来治疗精神病学上的问题。这也使得BDD不被重视。即使一个患有BDD的人真的去见了精神科医生，他也可能羞于启齿。尽管这些精神科医生可以帮到他们，但是他们仅能鼓起勇气谈及BDD患者通常体验到的抑郁和焦虑，而对自己在外形方面所遭受的痛苦守口如瓶。

"没有一个人重视我的问题"：来自BDD 患者及其家人的信

BDD并不罕见。虽然我们仅有有限的数据可以证明其流行程度，但是这些数据已经表明BDD远比我们通常认为的要普遍得多。越来越多的研究者的初步数据表明，BDD可能已经影响了1%的普通成人，2%—13%的学生和13%

的精神专科医院的住院病人。在寻求皮肤科治疗的人中，约有9%—12%的人患有BDD，在接受整容手术的人中，这个数字大约为6%—20%。

仅在美国，这些数字就代表了数百万人。虽然这些数据还需要更大规模的研究来确认，但是在我和其他研究者的病例中，我们发现BDD已经占了相当高的比例。当有关BDD的描述被刊登在报纸和杂志上广为传播之后，大量的电话和信件使我应接不暇：有的人想知道自己是否患有BDD进而寻求治疗，有的人认为自己的家庭成员也许正在遭受BDD所带来的痛苦，有的人希望借此途径为家人寻求帮助，也有几位专家为了给自己的病人进行诊断而前来咨询。一位女士在读了本地报纸上有关BDD的文字后，写了如下内容：

我四十五岁，一直以来我都难以跟其他人讨论这件事——似乎没有一个人会重视我的问题，也没有谁的痛苦能与我所感受到的痛苦相比。治疗能使我的其他问题在很大程度上得到缓解，但对这个更严重的问题却无能为力……最让我感到难过的是没有人重视我的问题，永远没有人能理解我。我非常痛苦，这件事已经在很多方面上影响了我的生活。

这种孤独和不被理解的感觉，在下面这封信中被表达得更为直接。这是一位女士在看了1993年的《NBC日界线》（*Dateline NBC*）中关于BDD的报道之后写下的：

我二十九岁，我从来不知道这个世界上还有其他人也在遭受和我一样的痛苦。

另一位女士在信中讲述了她的哥哥与重度BDD的长期斗争：

我哥哥四十九岁了，他的整个成年时期几乎一直被躯体变形障碍所困扰。他经常想象人们取笑他的外表的场景，他也因此在很多年间反复接受精神科治疗，住过院，吃过药，接受过电击，但任何方法都没能帮到他。谢天谢地，这种疾病现在终于得到重视了，终于有被治愈的希望了。

下面这封信告诉我们，这种障碍实际上是可以被有效治疗的。精神病学的治疗方法在一位遭受了几年BDD折磨的年轻女性身上产生了显著效果，这位年轻女性写道：

我的BDD病史比较短，但是非常痛苦！几年前，我的眼皮可能有一点轻微的问题，我做了整容手术而不是局部修复。这让我心神不宁——我确信我的眼皮看起来更糟糕了，而且相当不正常。我简直被它毁掉了。我又做了六次整容手术，不敢照镜子。我足不出户，从早到晚，只要醒着，我就在想这件事。那真是个噩梦。像我这样的情况你肯定见过很多。无论如何，这已经是两年前的事情了，在我获得帮助之前……我得说我的BDD已经好了85%，这真是一大解脱！

我还收到了一封非常悲伤的信，与这封充满希望的信形成鲜明对比。信的作者是一位女士，她的儿子曾因自己头部的形状而心事重重。她在当地的一份报纸上看到了有关BDD的报道，继而意识到曾长期折磨他的正是这种障碍。信的开头这样写道：

在我亲爱的儿子因极度绝望而上吊过世的一个月后，我读到了这篇文章。在读到这些报道之前，我们之中没有一个人意识到我的儿子当时遭受了什么，也没有一个人给予他足够的理解……那些年，他曾告诉过我们他的感受，而且说过他不想活了。

最后这封信让我震惊不已，很长时间都无法忘却。我和那位女士进行了交谈，她向我讲述了她的儿子、她的家庭所遭受的巨大痛苦，以及他们四处寻求诊断和有效治疗却始终未果的漫长经历。没有人能告诉她，她的儿子出了什么问题。同时她也认为没有谁能真正理解她的儿子所遭受的巨大痛苦。她为此而自责。她觉得自己本应该能理解的。虽然事后回想起来，儿子所遭受的痛苦和绝望是如此清晰，但在当时，她真的难以理解——他是一个很英俊的年轻男孩，他的头看起来完全正常。她为儿子的死自责不已，痛苦万分。

这个年轻人死亡的悲剧，还有一些我听说的其他故事，使我研究这种严重却未得到广泛认知的障碍的决心更加坚定——进行更多的研究，我们才能知道哪些人患有这种障碍，如何识别和治疗这种障碍。

BDD患者的希望

从很多方面来看，我们当前对于BDD的认识还只是初步的理解，还需要更多的研究。因此，在这种情况下，问题多于答案。BDD是由什么因素引发的？它来源于人类的基因、生活经历还是社会压力？这是一种大脑的疾病还是心理障碍或社会问题？为什么有的人患有这种障碍，有的人却没有？它与进食障碍（例如贪食症和神经性厌食症）有关吗（进食障碍也涉及对体形的偏执认知）？它与强迫症有关吗？强迫症的特征是强迫思维（例如对于污染的担心和被伤害的担心）和强迫行为，强迫行为通常包括反复查看和反复求证，这与BDD患者的行为很相似。

BDD和恐缩症有怎样的关系？恐缩症是指男性对于阴茎退缩进腹部进而引起死亡的恐惧。我们如何准确地区分作为一种疾病的BDD和很多人都有的对于外表的正常担心？BDD只是这种正常且常见的担心的夸大吗？它只是一种更强烈的、有问题的担心吗？它们之间有什么区别呢？

虽然进一步的研究是必不可少的，但目前我们也并非一无所知。事实上，我们已经知道BDD患者的体验，他们身上其他常见的问题和障碍，以及BDD对人们生活的影响。我们还知道特定的精神科治疗通常可以对这种障碍产生影响。这些治疗方法使许多BDD患者（包括珍妮弗、克里斯和基斯）的症状得到了明显缓解。一些人从使他们备受折磨的担心中完全解脱了出来。

珍妮弗在服用氯丙咪嗪（clomipramine，氯米帕明）之后症状减轻，这是一种被称为5-羟色胺再摄取抑制剂的抗抑郁药物。在服用这种药物几个月后，她发现自己不再频繁想到自己的皮肤了——以前整天被皮肤问题所困扰，现在这个时间已经缩短为每天大约一个小时。她也不再那么依赖镜子，不再为先占观念而感到痛苦。同时，她感觉自己看起来比以前好多了，虽然她仍然认为自己脸上有"一些痤疮"，但是已经觉得那些痤疮不是特别明显了。它们对她来说不再是破坏性的。就像她解释的那样："这只不过是一种正常的不喜欢，它不再干扰我的生活。我现在能客观地看待这个问题。我不喜欢我的皮肤，但是我能接受它，不会因为皮肤而受到伤害。"她也不再问母亲有关外貌的问题，而且能走出家门，去购物、去工作。

基斯则对一种叫氟西汀（fluoxetine，百优解）的5-羟色胺再摄取抑制剂和认知行为疗法的联合治疗有反应。他几乎完全不再担心外表了。就像珍妮弗一样，他现在可以比较容易地出现在公共场合，因为他不再认为每个人都在注意他了。5-羟色胺再摄取抑制剂——具有抗强迫思维性质的抗抑郁药物——似乎都对治疗BDD有特别的效果。当前美国市场上的这种药物有西酞普兰（citalopram）、艾司西酞普兰（escitalopram，来士普）、氟西汀（百优解）、氟伏沙明（fluvoxamine，兰释）、氯丙咪嗪（氯米帕明）、帕罗西汀（paroxetine）、舍曲林（sertraline，左洛复）等。在对BDD的治疗中，认知行为疗法似乎也有效。这种疗法帮助人们停止强迫行为，直面恐惧情境，帮助人们形成更准确的、更有益的与外表相关的信念。

精神病学领域正在迅速发展，例如我们现在已经知道了大脑的工作原理，而这在十年前是不可想象的。许多精神病学领域（如脑成像和遗传学）的发展将会被应用到BDD上，而且极有可能会让我们的知识内容指数式增长。著名的神经科学家、诺贝尔奖获得者埃里克·坎德尔（Eric Kandel）对自己的研究领域所发表的看法打动了我，因为这句话特别适用于描述BDD领域的研究："我们正站在高山的脚下。"

第三章
躯体变形障碍是什么？

"有一天，我从某个角度看到自己的脸，突然很恐慌。我想，'你就长这样吗？真是太可怕了！你怎么还活着？'"

——劳伦（Lauren）

"我的问题不是很严重"：我也有躯体变形障碍吗？

萨拉（Sarah）是一个二十四岁的医学生，在看了1993年的《NBC日界线》有关BDD的报道后，打电话给我。"我的问题不是很严重，我不确定自己是否有躯体变形障碍。"她在电话上这样告诉我，"我对外表的担心没有那么极端，但可能的确是过度的。这对我来说是一个问题。"

我希望能见一见萨拉。因为到目前为止我接触的都是重度BDD患者（例如珍妮弗珍妮弗和安德鲁），很少遇到轻度BDD患者，而且我对她的话产生了兴趣。她说她有轻度BDD？她真的患有BDD吗？同时我也希望能给她提供帮助。因为她说这个问题已经对她造成困扰了。

第一次见到萨拉时，我在猜测她会担心外表的什么地方。她是一个非常有吸引力的人——看起来很安静但又生气勃勃，有着可爱的笑容。她的下巴上有几颗很小的痤疮，而且非常少，在我看来一点也不明显。然而，这是很多BDD患者都会担心的，或许她也是。

但是，根本不是。我们从医学院和她正在就职的医院的轮值工作谈起。她缺乏睡眠，但是她很热爱她的工作和学业。她正在考虑选什么科室——或许是儿科。"我的工作做得不错，"她说，"但是我的社交生活有问题，对我来说，人际关系太难处理了。对于外表的焦虑使我孤立了自己。"

萨拉继续描述她的烦恼。"我不喜欢我的大腿，"她说，"肌肉松弛，看起来皱巴巴的，一点也不紧致。我还很担心脚踝和腿上的静脉曲张，它们看起来真的很糟糕——黑紫色，还有一些血管凸起来。我太难受了，只要想到这些事我就非常烦躁——紧张、焦虑。它们使我的情绪起伏不定。它们有时候看起来很糟糕，有时候又没那么可怕，但是我真的非常苦恼。"

我问她是否还有其他烦恼。"还有头发，"她回答说，"有时候太趴了，有时候又不对称。我要花很长时间去梳理。我对我的体重也从来没有满意过。我一直在节食。实际上，上个月我胖了几斤，因为我现在工作的病区总是有糖果。但是体重问题并不会像其他问题一样给我造成困扰。我不喜欢我的体重，而且会努力减重，但是它对我来说确实不是一个大问题。"

"其他问题会给你造成困扰吗？"我问。"是的，当然会。"她回答说，"尽管我很喜欢海滩，但是我不会去。如果去了，我会整天担心大腿和那些血管印，一点也不快乐。而且，即使是炎热的夏天我也穿着长裤——32摄氏度也不例外。那真的很不舒服，而且看起来很奇怪。同时也让我感到自己很虚伪——我为什么不能做自己？我为什么要这么担心外表？我无法回答这些令人沮丧的问题。我努力说服自己不要担心，但是我做不到，这也增加了我的挫败感。"

"我非常想移居到寒带，"她补充说，"等住院医师实习期开始，我可能就会这样做。新英格兰地区的夏天虽然比较短，但是对我来说还是太长了！如果在一个比较冷的地方，我每天穿着长裤就不会看起来那么奇怪了，并且我也不用拒绝去海边的邀请了。我想那样我会更自在。"

"更大的问题是，这些原因使我抗拒约会。后来我终于鼓足勇气和一个男孩子约会，我们现在还在交往。我很喜欢他，想继续跟他交往。但是外表问题是一个干扰。这听上去很愚蠢，但我真的担心当他看到我的大腿和腿上的那些血管印之后会拒绝我！这种担心已经成了我的负担，严重妨碍了我。我害怕我会因为这个问题而永远无法结婚。"

这时，萨拉停了下来，看上去很苦恼。"我真希望有一天能结婚，"她说，"我不希望这是个阻碍。麻烦的是，我到现在还没有告诉男友这些事情。我们很难有亲密行为。虽然我想方设法遮住腿，但是当你和一个人相恋，长时间待在一起的时候，这真的太困难了。"

我问萨拉，是否有其他因素（而非外表因素）导致了这些恋爱关系问题，她说她也经常这样问自己。"我一直有点害羞和内向，"她说，"但是我愿意和男孩子约会，也一直强烈希望有一天能结婚。但是在亲密关系问题上，也许还有其他原因。我父母的婚姻很糟糕，也许我在潜意识里担心自己的婚姻也会很糟糕。我一直对'被拒绝'很敏感，因此我认为在和男人亲密交往之前要有某种程度的保留。但是同时，我也很容易对别人产生依赖。我真的不知道该如何回答你的问题。也许这样说比较恰当——对外表的担心是我在亲密关系中遇到的一个比较大的问题。我想，如果不担心外表，我在亲密关系中会更自如。"

"有人说我很有魅力，那些男孩子也认为我有吸引力，但是我很难相信他们的话。我的焦虑无法消除。实际上，我认为自己总体上看起来还好。但是我告诉你的那些事情使我非常烦恼。我妹妹曾看见过我的大腿，认为挺正常的。她也很喜欢去海边玩，总是让我跟她一起去，但我几乎没去过。我觉得太难为情了。"

听起来，萨拉的确患有BDD。她为她的担忧感到痛苦，而且这种情况已经影响到了她的亲密关系。我很疑惑她所描述的缺陷到底糟糕到什么程度。它们是轻微的还是根本不存在，或者真如她说的那样怪异得不堪入目？我看不到她的腿，因为她穿着长裤，但是可以推测那些缺陷并不像她认为的那样严重——至少她妹妹认为很正常。

她曾提到头发也是她的烦恼之一，对此我也很困惑。那是一头漂亮的深褐色时尚短发，我根本看不出来有什么问题。我要求她跟我谈谈头发的问题。"是的，我的头发也是一个问题。"她说，"我真的快疯了，它从来都没有让我满意过。首先，它太服帖了，其次，一边总是比另一边高一些。"她指着头发解释说，"它不是只有某一天让我不开心。它一直是我的烦恼。"

接着，萨拉描述了她为了使发型看起来自然，是如何长时间在镜子前梳理头发的。"我一遍又一遍地梳理，反复定型，用摩丝，用喷发定型剂，再用卷发夹。如果看起来还是不满意，我就打湿头发再做一遍。有时候，我要在这件事情上花几个小时的时间。"

我很疑惑，作为一个三年级的医科学生，她是怎么应付这些的。因为这些学生每天都要在病区照看病人，而且他们都非常忙。如果她每天都要在镜子前耗几个小时，她是怎么工作的？"会妨碍工作吗？"我问她。"我尽量不影响工作。"萨拉回答。她看起来很焦虑，声音开始颤抖，"我在工作的时候尽量不照镜子，因为如果照镜子，我就挪不动脚了。如果我的头发看起来很糟糕，我一定无法忍受，然后整个梳理仪式就开始了。一旦开始，我就必须完成它。事实上，我上课和轮值都曾为此迟到过。我的朋友甚至来盥洗室找我，因为轮值的时候我没到，整个小组的人都在等我。真是惭愧极了！我刚才告诉你这不会影响工作，但是我想还是有一点的，因为有时候我会迟到。"

很多BDD患者不愿意承认他们的困难是由症状引起的。许多人尝试忽视这些症状，继续工作，抚养孩子，继续他们的生活。有的人鼓起勇气咬牙坚持，但是这通常意味着痛苦的挣扎——即使他们的症状相对较轻。

"一个大问题是病人的房间里都有镜子。我如果能在进房间的时候不去瞟镜子，情况就会好很多。我的关注点就会得到较好的控制，也不会被它困住。镜子就像一个开关。一旦我往镜子里看，困扰就会出现，几乎无法控制。"

尽管萨拉回避照镜子的策略很有效，但是每天早晨起床的时候，她还是会遇到一个问题。"我需要照一下镜子为一天的开始做准备。"她解释说，"每当那时，我就无法从镜子前离开，上班也会迟到。"然而在几个月之前，她找到了一个不错的解决方法，那就是淋浴后不戴隐形眼镜就照镜子。"那时候镜子上布满水蒸气，而且不戴隐形眼镜的我几乎看不见什么。这样我就根本看不清楚自己，但是这样真好。我梳好头发就出门，不用一直看着镜子。但是我会因为担心头发看起来很吓人而焦虑不已。我告诉自己，也许我的头发看起来挺好的，而且与不停整理头发的感觉相比，这种焦虑又算得了什么呢。"

萨拉还会避免去有很多镜子的商场购物，在买衣服的时候也与镜子保持一定距离。"理发尤其可怕——我憎恨理发，"她说，"我会一直看报纸或杂志，这样我就不会太心烦。我很想看镜子，但是我不能看。"

和萨拉一样，很多BDD患者与镜子之间存在着一种特殊且痛苦的关系。多数患者过度检查，有的人每天要在镜子前待几个小时，一方面，他们希望能够摆脱他们所看到的毫无吸引力的形象，另一方面，他们又强迫性地检查和改善，但结果往往得不偿失。因为过度照镜子会引发难以忍受的焦虑，那些能够找到办法回避镜子的人，通常会声称他们的情况有所好转。"但是，要回避镜子实在太不容易了，"萨拉补充说，"我感觉当我接近它们的时候，身体就不由自主地向它们靠拢——好像它们有一股魔力一样。我需要有很强的意志力才能不去看镜子。"

萨拉重新谈到症状对工作的影响。"腿的问题对我的工作影响较小，因为我能把它们遮起来，而且我在镜子里也看不到它们。但是我仍然为此烦恼。当我看到病人的腿时，就会想起自己丑陋的双腿，真的很心烦。但是我对待工作非常认真，我努力把心思放在我正在做的事情上。我通常就是这样应付的。"

实际上，萨拉在学业中的表现非常优秀，病人也都很喜欢她，尤其是她能对病人的痛苦感同身受。"也许是因为我自己就在遭受这种痛苦，"她说，

"你可能会觉得这听起来很糟糕——事实上，是非常的不近人情。"她笑着说，"我怎么能把自己外表上的痛苦与那些要么患癌症要么截肢的病人的痛苦相比呢？我知道这听起来很荒谬，即使只是说一下也让我感觉很内疚。这让我觉得自己是个娇生惯养且爱慕虚荣的人。但是你知道，虽然我认为我的BDD症状非常轻微，却依然很痛苦。我努力告诉自己这是愚蠢的，它不应该对我造成如此大的困扰，但我还是很困扰。我担心BDD会使我孤独一生。"

严重程度：从轻微到危及生命

轻度BDD（如萨拉的情况）会使个体遭受痛苦，而且会在一定程度上干扰个体的生活，但它不是毁灭性的。严重的BDD则几乎会破坏个体生活的方方面面。一些人（像珍妮弗一样）会停止工作并且足不出户，这种情况可能持续很多年。一些青少年从高中或者大学辍学。一些父母也许无法照顾他们的孩子，因为过于在意外表，他们可能根本注意不到孩子的需要。一些BDD患者认为自己太难看了，可能永远也不会约会或者结婚。一些人甚至不去购买食物，因为他们无法离开自己的住所。还有一些人，他们为了使自己看起来更好，把体重减到了几乎危及生命的程度。

一些人甚至卷入会危及生命的事故中。珍妮弗不顾一切地闯红灯，因为她无法忍受在等待交通灯变色的时候被别人注视。有个人在擦窗户时，因为过于专注自己在窗玻璃中的倒影，从三楼摔了下来。还有的人因为在开车的时候不停地从后视镜中检查自己的脸而出车祸。有个认为自己长得像"外星人"的男人曾计划了一场车祸。他对面部的"缺陷"太绝望了，于是计划撞毁自己的车，这样就能毁掉自己的脸，然后就可以彻底地做一个面部修复手术。他说他必须制造车祸，因为十五位外科医生都拒绝了他的手术申请，即使有医生愿意给他做手术，他的保险公司也不会为此支付费用。还有一位女士也曾这样绝望，她为自己的胸型深感苦恼，以至于用刀反复切割自己的乳房。还有一些患者因为无法忍受这种痛苦而企图自杀，有的患者甚至已经自杀身亡。

但是，多数BDD患者不会自残或卷入危险的事故。那些患有轻度BDD（如萨拉）的人过着相对正常的生活。他们工作、访友、约会、组建家庭。在我治疗过的患者中，有取得好成绩顺利毕业的大学生，有将孩子和家庭打理得井井有条的家庭主妇，有能够如期完成工作的会计师，也有把病人照顾得非常周到的医生。BDD的很多患者都是有效率的，有些甚至取得了非常高的成就。他们都遭受折磨，但都努力应对，有时候取得了良好的效果。

我的一位精神科医生同事怀疑她的一位病人患有BDD，但又不确定，因为患者的功能良好。这位同事曾经治疗过很多重度BDD患者，这些患者的功能都因BDD症状而被严重损伤，因此她认为所有BDD患者在工作、社交以及生活的其他方面都存在着严重的困难。但是这一结论被这个病人推翻了。这个病人是一位大学教授，的确患有BDD。他努力排除症状的干扰，在工作中表现得很出色。然而这名患者认为目前的状态并不是最佳状态。他没有去申请他渴望的工作机会，因为他害怕自己会因"可怕的"外表而遭到拒绝。他曾经拒绝过一次晋升，因为那需要承担更多工作，而他的先占观念已经使他不堪重负。"虽然我工作努力，而且取得了成功，"他解释说，"但是我没有竭尽全力，没人会知道这一点。"

因此，BDD的严重程度跨越了一个范围——从相对温和到危及生命。从这一角度来说，BDD与其他医学问题相似。重度糖尿病患者需要住院治疗而且会出现严重的并发症（比如失明），然而轻度糖尿病患者仍然能够正常生活。心脏病也一样，它可以严重到限制人的工作能力、阻碍人参加业余活动，也可以轻微到对人的活动和生活只有较少干扰或者没有干扰。

精神病学问题没有什么不同。抑郁症可以严重到危及生命：重度抑郁症患者也许不能进食，不能睡觉，或者不能下床，甚至可能自杀。但是抑郁症也可能是温和的：很多抑郁的人尽管痛苦但依然努力应对，也能够生活得很正常，没人知道他们抑郁。重度恐惧症患者可能无法离开自己的屋子，而轻度恐惧症患者尽管会感到恐惧，但还是能够外出。同样，严重的BDD也会和其他重度精神障碍或者躯体疾病一样带来严重危害；相对轻微的BDD会被正常的生活掩盖，患者能够正常生活，而症状不为人知。

一些听过或读过重度BDD病例的人对我说，他们认为自己没有这种障碍，因为他们的症状"没有那么严重"。另一些患有重度BDD的人也认为他们应该没有这种障碍，因为他们的症状如此严重，没有人会和他们有一样的问题，没有人会像他们一样遭受那么多痛苦。但是，他们都患有BDD。

BDD在不同的人身上有不同的表现。一些人担心的是头发，一些人担心的是臀部，还有一些人担心的是腿、睾丸或者眉毛。身体的任何部位都可能成为他们关注的焦点。即使他们关注的身体部位相同，他们厌恶的内容也是有差别的。可能某个人认为她的头发太服帖，而另一个人却觉得自己的头发太蓬松；某个人认为他的皮肤太红，而另一个人却觉得自己的皮肤太白。

虽然任何一个BDD患者的体验都不会和其他患者的体验完全一样，但是他们之间却有一些重要的共同点。也许他们担心的身体部位不同，症状的严重程度不同，由此而产生的行为也不同，但是他们有很多共通之处。每一位BDD患者都会担心外表的某些方面，认为那些方面是丑陋的、没有吸引力的，或者在某种意义上来说是"不对劲的"；每一位BDD患者都因为他们的先占观念而痛苦，或者无法正常工作。虽然每一个人的情况在细节上各有不同，但是这些最基本的主题却是共有的。

如何定义BDD？

我在BDD诊断标准中描述了BDD的基本特征——每一位BDD患者都具有的特点。表3–1列出的诊断标准出自《精神疾病诊断与统计手册》（*The Diagnostic and Statistical Manual of Mental Disorders*，简称DSM）的第四版（DSM-Ⅳ）。DSM-Ⅳ是世界上很多国家的精神健康专家进行精神病学诊断时使用的手册。这些标准看起来有些简略，却很有用，因为它为鉴别人们是否患有BDD这个问题给出了指导标准。简而言之，这些诊断标准表明，BDD患者通常外表正常，但是他们专注于一个信念，即他们的外表在某种程度上是有缺陷的。这种专注引发了显著的痛苦，干扰了他们的功能。

表3-1　躯体变形障碍的定义[①]

1. 专注于某些想象的外表缺陷。如果个体存在轻微的外表异常，那么他的担心明显是过度的。

2. 这种专注引起具有临床意义的痛苦，或导致工作、社交或其他重要方面的功能损伤。

3. 其他精神障碍无法对这种专注做出更为合适的解释（例如神经性厌食症患者对体形和身材的不满）。

接下来我将对表3-1中所列出的诊断标准进行逐条讨论，这将有助于你判断自己或者你认识的人是否患有BDD。

标准一：专注

标准一描述了在BDD中经常出现的"专注（preoccupation）[②]"。BDD患者担心自己外表的某些方面存在着某种程度上的缺陷。他们可能把某个身体部位或区域描述为丑陋的、没有吸引力的、有缺陷的、"不对劲的"、畸形的，甚至是奇形怪状的、可怕的、令人厌恶的或者恐怖的。BDD患者并非只是偶

---

① 《精神疾病诊断与统计手册（第五版）》（简称DSM-V）对该定义进行了更新：第一项稍作修改，被修改为"专注于一处或多处感知到的外表缺陷，但他人未观察到或认为轻微"；增加了一项，"在病程中，个体对于外表的担心导致其出现重复行为（例如照镜检查、过度整饰、反复求证等）或心理活动（将自己的外表与他人进行比较）"；其他项目未做更新。——译者注

② 我将此处的"preoccupation"译为"专注"，原因有二：（1）在DSM-Ⅳ中，"preoccupation"被定义为"extreme or excessive concern"（极端或过度关注）；（2）有人将该词译为"先占观念"，但我认为作为定义描述不够直接明了。此外，在本书中，根据语境的不同和表述的需要，有的地方译为"专注"，有的地方译为"先占观念"。——译者注

然认为自己看起来不正常——他们一直被这个问题困扰。他们对想象中的外表问题思虑过度，实际上，一些人发现他们很难不去想这些问题。他们对此的描述通常是"我很多时候都在想这个问题""它一直在我脑海里""它就像秒针一样，一直在不停地转动"或者"我沉迷于此"。BDD患者通常每天至少花一个小时的时间来思考这些想象中的缺陷。平均而言，他们每天花在这个问题上的时间为3—8小时。

同时，定义规定了这种缺陷是患者"想象的"或是"轻微的"。一些BDD患者会"想象出"他们的缺陷，也就是说，他们所专注的"缺陷"，其他人根本感知不到。另一些BDD患者的外表的确有一点小问题，例如轻微的痤疮、小疤痕或者头发稍微有点稀疏，但是这些问题明显是轻微的。尽管如此，他们依然专注于此，并且认为这些缺陷很丑陋且引人侧目。一项英国研究使用被称之为结构分析的客观方法来分析人的面部外观，结果发现BDD患者所讨厌的身体部位通常都是正常的。根据我的经验，只有三分之一的BDD患者有轻微的缺陷，大约三分之二的患者所担心的身体部位是完全正常的。整体而言，几乎所有BDD患者的外表吸引力处于平均水平甚至高于平均水平。

但是"想象"这个词是复杂且容易造成困惑的。尽管一些BDD患者已经意识到他们的缺陷是自己想象出来的——他们的外表的确正常，只是自己过分夸大，但是依然有很多人坚持自己的观点。他们认为自己的相貌看起来真的很可怕，并且拒绝使用"想象"这个词。他们担心如果缺陷只是幻想出来的，自己也许会被贴上"疯狂"的标签。一些人坚持认为，他们的缺陷不是想象出来的，他们一定没有BDD，但是他们的确有。有人问我："我的问题就摆在这，它是真实的。你处理的是真实的事还是想象的事？"他认为，如果我处理的是"想象的事"，那我就不是他要找的医生。

目前还不清楚为什么BDD患者眼中的自己与其他人看到的不同。他们看到的和其他人看到的是一样的，只是理解上的不同吗？还是说他们看到的身体部位本身的确与其他人看到的有所不同？问题的重点不是缺陷是"真实的"还是"想象的"，而是为什么BDD患者对他们外表的认知异于他人。

这里还有一个关联问题，如果缺陷的确存在，那么应该如何确定这种缺陷是BDD定义中所描述的"轻微的"呢？如果这种缺陷对其他人来说也是显而易见的，那么依照定义，这个人没有BDD。但是如果这种缺陷非常微妙呢？应该由谁去判断它是轻微的还是严重的？这些问题把我们带进了主观领域，在那里，真实和扭曲永远是混沌的。从某种程度上来说，这就像"情人眼里出西施"。如果某位患者认为自己的腿太粗了，而我认为它们只是"稍微"有点粗，谁的认识是正确的呢？一个身高180厘米的女性对身高有先占观念，我们能说她只是"稍微"有点高吗？在一些病例中，我初见那些患者时没有注意到他们的缺陷，但是当他们指出来后，我发现缺陷的确是存在的。像这样的缺陷是"轻微的"还是"不是轻微的"呢？

考虑大多数人的评论是有帮助的。我常常从其他人（患者的临床医生、家人或者朋友）那里得到证据，他们会认为患者的缺陷是不存在的或者轻微的。其中最有力的证据是BDD患者遭到外科医生或其他医生的拒绝，因为医生根本无法观察到缺陷或认为缺陷太轻微，无须治疗。一位皮肤科医生曾这样描述一位病人——"一个皮肤很美的女人"。我的许多病人是由他们的家人带来的，他们认为自己的亲人对于缺陷的严重程度的认识是错误的。我和几位皮肤科医生做了一项研究，我们先是各自独立对皮肤缺陷的严重程度进行分级评价，然后发现，总体而言我们对皮肤缺陷的严重程度的判断非常接近。这表明，我们基本可以对此做出具有良好一致性和客观性的合理判断。

偶尔，BDD患者也同意他们的缺陷实际上只是轻微的，承认他们对缺陷的严重程度的看法有误。在接受精神科治疗之后，他们更倾向于这样的认识。就像一个小伙子告诉我的，"我对自己外表的看法是不合理的——实际上我知道自己看起来还好，我把鼹鼠丘夸大成了山峰。"

根据BDD定义的描述，患者既要符合"缺陷是轻微的"，又要符合"担心是明显过度的"——即他们沉浸其中。另外，就这些轻微缺陷对生活的影响而言，他们对此的反应是明显过度的。查尔斯（Charles）是一个脸上有痤疮的大学生，当这些痤疮变得严重的时候，他两星期内只出过一次门。他逃课并且回避一切社交活动，甚至拒绝探望得了癌症的好友。查尔斯的确有一些丘疹，这是事实，但他没有充足的理由采取极端回避的态度。查尔斯无疑患有BDD，因为他的缺陷虽然确实存在却并不明显，而他的反应是过度的。

如果患者存在缺陷的部位较为隐蔽或隐私，不便评估其严重程度，该怎么办？这是诊断BDD的另一个挑战。许多有"不便评估"的缺陷的患者，通常还有另外一种可以被观察和评估的缺陷，我们可以据此做出诊断。例如，虽然我不能评估病人臀部的缺陷，却能观察到他所担心的"斜眼"是不切实际的。在一些病例中，对于不便评估的缺陷，我们还可以根据其他人的观点来做出评估：担心阴茎有缺陷的人通常会说妻子和医生认为他的阴茎大小是正常的。因此我们仍然可以根据这类信息做出一个推论性的诊断。如果个体由于用手抠抓皮肤（BDD常见症状）导致了显著疤痕，诊断也会变得棘手。如果能够确定在他抠皮肤之前，他的痤疮或疤痕十分轻微，那么他很可能患有BDD。

应该指出的是，根据我的经验，那种很难做出判断的情况并不常见，可以说较为罕见。在我接诊的病人中，仅有3%的人有不便评估的缺陷同时又没有可以被评估的缺陷；约三分之一的人有真实存在的缺陷，其中只有少数病例的缺陷的严重程度难以判断。我认为大多数病人是没有缺陷的。在一些病例中，被担心的身体部位实际上非常有吸引力。有位女士为"难看的"头发而烦恼，但实际上她的头发很美。当她为自己"卷曲而丑陋的"头发而绝望的时候，其他女士却在询问她的理发师是谁，她们也要去做同样的发型。还有位曾被邀请去做模特的年轻女孩，她还很小的时候就有人说她将来会成为美国小姐，然而就是这个女孩，却认为这些邀请和预言只是对（丑陋的）她的怜悯和同情。

值得思考的是，那种有引人注目的、"显而易见的"缺陷（因为具有明显的畸形，不符合BDD诊断标准）的人是否也有BDD的特征？那些天生有缺陷的人和有明显身体损伤的事故受害者是否和BDD患者有相似的体验？他们都专注于身体缺陷吗？他们会遭受同样的痛苦吗？他们的功能也受到了干扰吗？他们在社交场合中也会非常不自然吗？

我见过一些有明显缺陷的病患，他们对这些问题做了肯定的回答。同时，相关研究也显示出同样的结果。虽然从BDD定义的角度来看，他们并非BDD患者，因为他们有很明显的缺陷，但是对于外表的担心使他们遭受痛苦、饱受困扰，有时甚至失去某些功能。本书中的大部分内容对他们是有帮助的。另外，那些拥有某些自己不喜欢的身体特征（例如不喜欢的文身）的人，从严格意义上来讲，他们的身体不存在缺陷和瑕疵，他们中的某些人是否也有BDD的特征？一些人看起来的确有。这是另外一个需要研究的重要问题。

标准二：痛苦和功能损伤

我在BDD的定义中已经简要说明了表3-1中的标准二（痛苦和功能损伤），但是需要注意的是，痛苦和损伤是多种多样的。这个标准对痛苦和损伤做出了诊断要求，对防止过度诊断很有帮助。不是每个担心外表的人都患有BDD。毕竟，对于外表的担心实际上很普遍，尤其对于青少年而言。研究表明，绝大多数人对自己的身体都有不满意的地方，并且这些不满意之处无疑可以从时尚杂志、服装广告和化妆品广告传递的信息中得到证实。杂志、电视、电影、广告牌都充斥着美丽且极富魅力的人物形象，这些形象无意间已成为我们对于外貌的标准。

因此，标准二（与标准一一样）在正常担心与过度担心之间划了一条界线，提示我们不要将那些对外表有正常担心的人诊断为精神障碍。但是这条标准也存在一个问题，那就是它没有清晰而精确地指明那条界限应该在什么地方。具体什么程度的痛苦和损伤才符合诊断要求？什么是区分"正常"和"异常"的界限？这个同样存在于其他精神障碍和医学疾病中的问题对BDD来说尤其复杂，因为BDD的症状与大多数人对于外表的普遍担心非常相似。在什么情况下，这种担心是不正常的，是属于BDD症状的担心？有时候要做出这种判断是很困难的。

不过，如果一个人因为感知到的缺陷而体验到了至少中等程度的痛苦（与无痛苦或轻微痛苦相对），那么他就符合BDD诊断。如果这种痛苦更为严重（极端痛苦、会导致失能的痛苦），则明显符合BDD诊断。至于损伤，如果一个人回避约会、上学等任何社会情境，即与BDD的诊断一致。但是，如果一个人对于外表的担心以其他方式干扰了功能（例如使工作或学习受到了至少中等程度的损伤），那么即使他不回避任何事物，他仍然符合BDD诊断。这是因为他们注意力无法集中，工作或学习被BDD的想法或行为打断，导致来不及做这些事情。在中度或重度BDD病例中（例如珍妮弗、克里斯和安德鲁），他们的功能损伤是十分显著的，因此适用诊断。

BDD患者通常会在如下方面体验到干扰。他们可能会部分回避或完全回避这些情境，或者在这些方面遇到其他形式的干扰：

- 与朋友相聚
- 约会
- 亲密关系
- 参加公共集会和社交活动
- 与家人一起做事
- 每天上学或上班
- 按时上学或上班
- 旷课或旷工
- 专注于学习或者工作
- 有效学习或者工作

· 完成家庭作业或者保持成绩

· 日常活动

· 做家务，购物

标准三：鉴别BDD与其他障碍

制定标准三（其他精神障碍无法对这种专注做出更为合适的解释）的目的是确保患有神经性厌食症和其他精神障碍的人不被误诊为BDD。神经性厌食症患者（通常是年轻女性）会过度减重以避免变胖。有时他们已经骨瘦如柴了，却仍然担心自己很胖或将会变得很胖。根据DSM-Ⅳ的定义，那些只是担心自己太过肥胖、体重有明显减轻（15%以上）且同时符合厌食症的其他标准的患者应该被诊断为神经性厌食症，而不是BDD。

但是，如果考虑到以下情况，BDD和厌食症之间的关系就变得复杂了：有研究者认为神经性厌食症的核心问题不是进食或者食物，而是身体意象。事实上，厌食症的人完全符合BDD的标准一，因为他们专注于其他人不会感知到的外表缺陷（肥胖）。这是一个非常有趣又异乎寻常的问题，厌食症会不会是BDD的一种形式？如果是，我们就应该删掉BDD的诊断标准三。我将在第十六章再次讨论进食障碍与BDD之间的这种有趣的关系。然而，如果现在有一个人对自己的外表仅有"我太胖了"这样的担心，而且在其他方面全部符合进食障碍（见附录二）的诊断标准，那么就应该被诊断为进食障碍，而非BDD。但是，一个人可能同时患有这两种疾病。如果一位女士认为自己太胖而且鼻子有很多坑洞，那么她可能同时患有这两种障碍。事实上，很多有进食障碍的女性都患有BDD。换句话说，她们对于外表还有其他有问题的担心，而这些担心与变胖或超重无关。

"路标"

DSM-Ⅳ中的BDD诊断标准为病人、临床医生和研究者提供了一种通用语言。它帮助研究者确定他们所研究的是同一种现象。当我称其为BDD的时候，其他研究者也称其为BDD，这一点很重要——有助于使这种障碍的研究形成一个知识体系。诊断标准还可以帮助临床医生做出诊断，并相应地指导治疗。这一标准对病人也有帮助。就像一位BDD患者曾对我说，"通过阅读DSM，我发现了自己的问题所在，然后松了一口气。我终于找到了路，而路标标明了我所处的位置。"

正如我们前面所讨论的，虽然BDD的诊断标准是很有用的指导原则，但它的确存在一些局限。此外，它无法传达BDD患者的体验。它不能告诉我们BDD患者的生活中那些无法言传的痛苦、恐惧和孤独，它也不能反映出每一个患者独特的感受。

患者的体验会比诊断标准告诉我们的更多。简的情况和珍妮弗、萨拉在某些方面是相似的（稍后会讲述简的故事）。她们都符合BDD的诊断标准：她们都专注于根本不存在的（或轻微的、通常不被人注意的）缺陷，她们都因为对外表的担心而非常痛苦或者功能受到损伤。但是在某些方面，她们的体验又十分不同。萨拉的症状相对较轻，而且功能良好。简的症状则非常严重，她无法工作而且曾住院治疗。她认为自己太丑陋了，以至于人们会通过望远镜盯着她看。她甚至认为路过的司机会因为她的丑陋而分心，从而导致车祸。

"我最大的心愿是变成隐形人"

我清楚地记得见到简时的情景。当她从候诊室的椅子上站起来的时候，我被她那又黑又长的头发、柔美的容貌和深蓝色的眼睛一下子吸引住了。她三十五岁，穿着时尚，身材高挑、苗条，气质端庄。她看起来友好而真诚，但又害羞且焦虑。她走进办公室向我解释，她的一个朋友开车送她过来，她因太恐惧而无法单独开车——这是她来见我的全部原因。

"我最大的心愿是变成隐形人。"她说。尽管她很焦虑，但还是鼓起勇气直入问题的核心。许多来见我的患者会因为过度焦虑而无法立即谈及他们的外表。"你为什么想变成隐形人？"我问道。"那样就没有人嘲笑我、认为我丑了，"她回答，"那是我最害怕的。"一方面，简的陈述令人费解，因为无论外貌还是举止，她都是一个令人赏心悦目的女人。但同时，我也能理解。目前为止，我已经见过很多BDD患者，并且知道这就是他们大部分人的感受。

"我认为我患有你正在研究的那种障碍，"她继续说道，"我完全不知道该怎么办，情况真的很严重。这些年来我一直无法工作。也许你会觉得难以置信，但是我几乎六年没出过家门。这也是我不能单独来见你的原因，我太害怕了。"我曾听很多人说起他们会因为觉得自己丑陋而不出家门，但是六年？

简从最初的事情讲起。"我从十二岁开始就憎恶自己的外表了。"她说，"鼻子令我很苦恼，我认为它又大又油光闪闪。这是从我们班上的一个男生对吉米·杜兰特（Jimmy Durante）的评价开始的，我甚至都不记得他说了什么，但是他一直在窃笑，因此我很清楚他的意思。我认为他也许是在取笑我——我的鼻子。虽然不能确定他的意思，但是我开始不断担心我的鼻子可能的确有些不正常，我之前从来没有担心过。那之后，我开始撅起嘴唇以此抬高鼻子，让它看起来不至于那么大。不久，我就无法待在学校里了，因为我满脑子想的都是鼻子。我没有完成八年级的毕业设计，因为我无法忍受站在全班同学的前面让他们看到我的鼻子。那天，我从学校逃走了，并且得了'F'。我所有的成绩都直线下降——从'A'到'D'再到'F'，我变得非常内向，不再见朋友。"

"在那之前，你觉得自己怎样？"我问。"我真的没有关心过自己的相貌，"她回答，"我以前非常活泼，是一个好学生，而且很自信。但是我一直都很敏感，而且对男孩子没什么兴趣，本来应该有兴趣的，因此我怀疑自己是不是有什么问题。不过总的来说挺好的。然后鼻子的问题就出现了，我的生活开始走下坡路。从那之后，我每天都在想着鼻子的问题。"

"我十六岁的时候，情况变得更加糟糕，"她继续说道，"我很小的时候曾摔下来撞在桌子上，嘴唇上留下了一个轻微的疤痕，但它并没有对我造成困扰，直到我去做那个外科修复手术之前。现在我认识到那是一个错误。当然，我去修复的目的是为了使疤痕不那么明显，尽管它本来就很微小，但是手术使它变得更糟了。手术过后，我注意到它从某个角度看起来歪歪扭扭的很滑稽，从那时起，它简直就是一场灾难。我每天二十四小时想着它，甚至做梦也会梦到它。在梦里，人们会问我'你嘴唇上是什么东西啊？'这样的问题，还会恶意评论它。"

简开始担心嘴唇上的轻微疤痕的时候，正是她和男朋友的关系出现问题的时候。"也许是压力，"她补充说，"我不想让你误解。我的一些临床医生试图使我相信，我对外表的担心只是其他问题的症状之一，也就是说，对外表的担心不是我真正的症结所在。多年以来，我一直试图弄明白这到底是怎么回事，最后得出结论，他们都错了。我的强迫观念有它们自己的生命，它们就是问题本身，而不是其他问题的症状。"说到这，简开始哭泣。

"当被告知这不是我真正的问题时，我非常非常沮丧，我一定要弄明白自己到底出了什么问题。"她说，"但是这实际上就是问题本身。我的确还有其他问题，我不想让你认为这是我唯一的问题。我和父母之间也有问题，和兄弟之间的关系也不好。我们家有一些严重的经济问题。但是强迫观念才是我生活中最大的问题。这个问题使我六年都无法走出家门。我不知道这是否跟我的童年有关。有时候感觉它与化学有关，完全不受我的控制，就好像是某种生物学的东西在驱使着它。"简幸运地找到了一位治疗师和一位精神科医生，他们认真严肃地对待她的问题，并且把她的BDD看作一种合理存在的障碍来治疗。仅医生们的这种态度就在极大程度上帮助了简。

简继续讲她的故事。但是她先是拉起绒面革外套盖住下巴和嘴，这样我就不能看到她鼻子以下的部分。尽管还有眼泪，但她还是勉强笑了一下。"我在讲这个之前必须把脸盖住。"她说，然后变得十分严肃，"事情开始于我二十多岁那几年。我之所以开始担心下巴，是因为为了做鼻子整形，我去见了一位外科医生，他说我的鼻子正常，但是下巴太大了。他的说法对于我来说完全是灾难性的，那之后我就一直备受困扰。为什么这么简单的一个评论会激起我强烈的困扰呢？"

多年来，简还担心着其他事——胸太小、屁股"又大又圆"。"我努力学习，想成为一名时装设计师——我一直被认为在这方面很有天赋——但最终还是放弃了。我无法走出去。我不能让别人看到我长得这么丑。我身上的很多部位都见不得人。然后我尝试着工作，但是每个地方我都只能待几个星期。我觉得我真的很丑，很令人讨厌，我不能让人们看到我。情况越来越糟。我停止约会，然后就完全不出门了。我想我这辈子都不会结婚了。我怎么可能结婚呢？我从不见任何人。我完全与世隔绝。"

"我开始整天待在父母的房子里，姐姐和外祖母会帮我买衣服和食品。我有时候会看电视，但更多的时候是在三楼的卧室之间走来走去，一直想着我是多么丑陋。如果有亲戚来，我就躲在楼上不见他们，即使是节日（比如感恩节）也不会跟他们见面。我感到绝望无助并且失去控制。有时候我惊恐万分，觉得自己再也不能忍受了。我就要死掉了。我必须杀了自己。我唯愿长睡不醒。"

简再次哭了起来。她的痛苦已经令她无法承受。"在所有这些问题中，最难熬的是孤独。两年来我没见过妈妈，虽然她和我住在同一所房子里。由于对自己的外表感到羞耻，我不得不从学校逃离，也无法工作，所以我时刻都躲着妈妈。家人对我的问题一无所知，因为我对此守口如瓶。我如此担心外表是不成熟的，我羞于告诉他们。"

然后，简描述起六年中的一次外出。"那时我生病了，"她解释道，"我打算推迟就医的时间，但是疼痛变得十分剧烈，外祖母鼓励我去看医生。

最终，我出门的时候用绷带缠住了脸，那样就没人能看到我的长相了。"

此时，我想到了一个人，我曾在居住的小镇上见过他很多次。他的脸有很明显的缺陷——伤疤又红又深，鼻子和嘴唇都很畸形。他看起来好像有天生的缺陷，并且遭受过三度烧伤。这就是简对自己外表的感知——如此畸形，以至于要在离开房子的时候用绷带缠住自己的整张脸。

"因此，对我来说，今天来这里是件大事。我很长时间没有出过门，害怕自己开车。有时候，只要开车，我就极度焦虑，因为我感觉人们在开车的时候会盯着我看，而且会想'这个人多丑啊'！有时候我认为自己的脸可能会使他们受到极大惊吓，以至于他们都要撞坏自己的车了。"

简接受过很多治疗，包括外科手术和精神科治疗。第一次鼻部整形手术并没有使她感觉情况有所改善，于是她又做了一次。但是第二次手术同样没有任何帮助。而修复唇部疤痕的手术实际上又引发了新的困扰。她继续寻求外科手术治疗，在遭到四位医生拒绝之后终于停了下来。

"虽然后来我认识到自己的问题并不是身体上的，而是精神上的，但这并没有使我好过一点。"简说，"我第一次住院治疗的时候，精神科医生和护士还没听说过BDD，因此他们很难理解我，或者认真严肃地对待我的问题。我想他们已经尽力了，但是他们真的没有理解，没有人理解我内心的痛苦。他们尽力打消我关于外表的担心，告诉我我看起来很正常。但是这些安慰只会让我感觉自己悲哀又可怜，像是需要被怜悯似的。如果我是其他问题，他们就不会采取那样的方式了，因为他们知道那样是不起作用的。"

简接受过认知行为治疗。这种疗法主要帮助病人对抗强迫行为（如反复查看镜子），直面恐惧情境（如社交场合），还能帮助人们建立更准确的、有助益的与外表相关的信念。她还接受过精神疾病药物治疗，服用过包括抗精神病药、锂盐（lithium）、镇静剂、抗抑郁药等在内的很多种药物。一种被称为单胺氧化酶抑制剂（monoamineoxidase inhibitor）的抗抑郁药在前几年对她很有帮助，但后来也不再起作用。因为由外表引起的抑郁变得更加严重了。她还接受过电惊厥疗法（electroconvulsive therapy，ECT），又称休克疗法（shock therapy）。这种疗法通常对重度抑郁十分有效，它在某种程度上暂时减轻了她的抑郁症状，但是并没有减轻BDD症状。"它仍然在我心里，"她说，"因此我一直想要自杀。"

简还加入过一些专门为各种精神健康问题（如抑郁、焦虑）的人设立的互助小组。"每个人都完全公开自己的问题，而我只会公开一部分。我会谈论我的抑郁和家庭问题，但不会谈论外表。我会告诉他们有件事让我感到非常焦虑，但不会告诉他们是什么事，虽然我在那个小组里待了四年。因为那实在太丢脸了，我也担心他们不能理解。我担心他们从此会更加关注我的外表，那样他们将会看到多么可怕的画面！我担心他们的反应，害怕听到任何负面的东西。这种情况经常会发生。如果有人说我看起来很美，我会认为他实际的意思是说我在其他时间看起来糟糕透了；如果有人说我有一双漂亮的眼睛，那无疑是在说我的其他部位是丑陋的；如果下次他们看到我的时候没有再次对我的外表做出积极的评价，我就确信他们的意思是说我现在看起来很可怕！我最害怕他们会证实我的担心。我不能冒这个风险。因此我依然是孤独的。"

简来见我的时候，她正在考虑咨询一个脑扣带回切除手术。这种脑外科手术是那些有重度精神障碍的患者在其他治疗方法都不起作用的时候才会使用的手术。我尚不清楚这种手术对BDD的治疗效果如何，因为还没有相应的研究。"我其实并不想做脑外科手术，"她说，"但是我再也无法承受了。"

我没有治疗简，但是在我们见面之后，我曾多次跟她交谈，给她提出建议，并且推荐医生给她。她推迟了脑外科手术，并且尝试了一种新的联合药物治疗。新的药物［在比她以前服用过的剂量更高的氟西汀中添加了一种名为丁螺环酮（buspirone，又称布斯帕）的药物］使她渐渐感觉好些了。那次见面的四个月之后，她给我打了电话。"你可能不会相信，"她说，"药物治疗给了我极大的帮助。我现在能走出屋子，而且我正在做接待员的志愿者工作。"真是难以置信，她有了如此大的进步！同样难以置信的是，她在做一个要求与人近距离接触的工作。"我仍然会有BDD的感受,"她说,"但是我现在能更理性地看待它。我告诉自己,别人并没有在看我。这是一个真正的胜利——容许别人如此接近我的脸。"

六个月之后,简又有了消息。虽然她的BDD症状没有完全消失,但是她感觉好多了,而且一直能够胜任志愿者工作。但是大约一年之后,她通过电话告诉我,她感觉很疲惫而且更抑郁。这表明她的抑郁又复发了。她决定停止药物治疗,接着她的BDD症状也再次出现。但是之后我和她再次联系,她带来了好消息:她尝试了另一种药物——舍曲林,并重新开始了认知行为治疗,而且感觉很好。

我希望这些故事和本书后面的其他故事,既能传达BDD的一般性主题(凡有这种障碍的人都具有的共性),又能提供每一个人的独特体验。虽然BDD患者有很多共同点,但是每个人的体验都是他或她自己独有的。并且,尽管BDD的症状与人们对于外表的正常担心在某些方面十分不同,但是它们仍然有相似的地方——放大、夸张,有时甚至十分扭曲,我们中的大多数人都有这样的体验。

第四章
如何知道自己是否患有BDD？

普遍但易被漏诊的BDD

BDD并不罕见，表4-1的数据表明这种障碍实际上相当普遍。调查研究发现，在美国和意大利的普通人群中，大约1%的成人患有BDD。这些研究以《精神疾病诊断与统计手册》作为标准，通过面对面访谈的方式做出诊断，因此这些数据应该很准确。针对学生的研究发现，这一比例在学生群体中更高——超过2%的高中生和多达13%的大学生患有BDD。一些学生组研究在诊断中使用的是自陈量表，而不是面对面访谈，因此该结果在某种程度上可能存在过度诊断。我们需要更大规模和更严谨的科学研究来更准确地确定BDD在普通人群和学生中的普遍程度。但是，目前的研究结果已经表明，仅美国就有数百万人患有BDD。

临床方面的研究同样表明BDD十分普遍。明尼苏达州的一项针对122位精神科住院病人的研究发现，BDD的患病率出奇的高（13%）。BDD比精神分裂症、强迫症、社交恐惧症、进食障碍以及很多其他精神障碍更为普遍。分组评估显示，在接受精神治疗的门诊病人中，虽然BDD症状在各类疾病患者中的发生比率各不相同，但通常都较高。例如，一项对神经性厌食症病人的研究发现，其中39%的人同时患有BDD。几项对抑郁症门诊病人的研究发现，在抑郁症患者中，共病BDD比共病其他精神障碍更为普遍（这些研究的摘要见附录四）。

BDD的症状在其他类型的病人中也很常见。我和同事对皮肤科病人进行了调查研究，发现其中12%的患者可能同时患有BDD。针对寻求整容手术的人的研究则发现，其中6%—20%的人患有BDD。

表4-1　研究发现，BDD的发生率大约为……

普通成人，0.7%—1.1%
学生，2.3%—13%
住院精神疾病患者，13%
非典型重性抑郁症门诊病人，14%—42%
社交恐惧症门诊病人，11%—12%
强迫症（OCD）患者，3%—37%（平均约为17%）
神经性厌食症住院病人，39%
向皮肤科医生寻求治疗的病人，9%—12%
寻求整容手术的病人，6%—20%

注：对非典型重性抑郁症、社交恐惧症、强迫症、神经性厌食症等障碍的定义见附录二；门诊病人是指寻求治疗但不住院的病人。

我的一些患者确信这些关于BDD的比率被人为降低了。"那些都是坦白承认了的人，"一位男士告诉我，"如果有人做调查来问我是否患有BDD，我会否认的。这太难堪、太羞耻了。而且，如果我一直待在家里，怎么会调查到我呢？我不会去开门的。"

然而，显而易见的是，卫生技术人员通常不会检查BDD。结果，BDD患者无法知道自己患有BDD，他们得到的治疗也不是针对BDD的，因此治疗不会产生效果。有五项研究对这一重要问题进行了考察。在这些研究中，研究者对人们进行了有关BDD的调查：他们发现并确诊了BDD患者，因为他们系统地对参与研究的每一个人都进行了有关BDD症状的询问。接着，研究者查看了这些患者的医疗记录，看他们的临床医生是否正确地诊断出了BDD。结果令人沮丧，在这五项研究中，医生或治疗师没有诊断出一例BDD。对明尼苏达州住院病人进行的研究，情况也是如此。在那项研究中，所有的BDD患者都说BDD是他们最重要的问题或主要问题。而在我对200例BDD患者进行的研究中，这些使用精神病药物治疗的患者，有一半的人从未向他们的医生透露过他们的BDD症状。

这些研究结果与我十多年来从我的病人以及参与我的研究的人那里所了解到的情况非常一致。相当高比例的人虽然患有BDD很多年甚至数十年，但是从未被诊断为BDD，尽管他们见了很多医生和治疗师。

那么，为什么BDD会被漏诊呢？可能的原因如下：

为什么BDD会被漏诊?

保密和羞耻

BDD通常是一种隐蔽的疾病。如果保健专业人员没有询问，BDD患者就不会透露他们对于外表的担心。我接诊过的许多病人从来没有向别人提起过这种担心。很多寻求精神健康专家治疗的人也从不谈及他们的BDD症状，即使他们的问题已经很严重了。在对明尼苏达州住院病人进行的研究中，所有BDD患者都希望他们的医生清楚他们的情况，但是他们不会主动提及，除非医生专门询问，因为他们觉得太丢人了。在一项研究中，39%的神经性厌食症病人同时患有BDD。这些同时患有两种疾病的病人都表示他们不会向治疗者透露他们的BDD症状，除非被专门问起。提及和讨论这种担心是需要勇气的。如果没有人问，他们就不会说。

BDD患者对症状感到羞耻并且保密的原因有如下几种：

担心会被认为肤浅、愚蠢或者虚荣；

担心一旦提及自感缺陷，其他人将会注意到它并且越发关注它，结果会使自己更尴尬、更羞耻；

害怕说出自己的担心后，得到的却是"你看起来很好"的安慰。许多BDD患者把别人的这种回应理解为"你的问题很愚蠢"，或是自己的痛苦没有得到重视和理解，虽然对方的回答是真诚和善意的。如果他们得到的是这样的回答，或许就再也不会提起这些问题了。

对BDD缺少认识

包括卫生技术人员在内的很多人都没有意识到BDD是一种已知的疾病，通常对精神科治疗产生反应。尽管BDD有很长的历史，但是它近期才被列入《精神疾病诊断与统计手册》。在我的研究刚开始时，我询问过的绝大多数精神健康专家都没听说过BDD。幸运的是，这种情况已经有了改变，但是BDD仍然是一种尚未被大众了解的精神障碍。

BDD可能被轻视

BDD容易被轻视。为什么他如此担心那几个痤疮？她这么漂亮，为什么还要为她的脸焦虑不已？事实上，BDD患者通常外表正常，结合"对于外表的担心在普通人群中十分普遍"这个事实，导致BDD易被轻视。BDD的症状很容易被误解为爱慕虚荣的表现。但是任何一个人，如果他认识像珍妮弗或简一样的人，就知道这种障碍有多么严重，它甚至会危及生命。

误诊

BDD患者可能同时还有抑郁、社交恐惧等其他症状，讨论这些症状通常不会使患者感到难堪。结果是他们可能会被诊断为抑郁症或者社交恐惧症，而不是BDD。另外，那些透露过BDD症状的患者有时会被告知这些症状不是他们"真正的问题"——他们真正的问题是低自尊、人际关系问题或其他问题。虽然这些问题与BDD也许是共存的，但是如果存在BDD，BDD本身也应该被诊断和治疗。有时，这些问题（例如抑郁、社交焦虑、低自尊）实际上源于BDD。在这些病例中，BDD的诊断甚至更重要。

寻求非精神科治疗和手术治疗

许多BDD患者去见皮肤科医生、整形外科医生和其他医生，而不是精神健康专家。他们用整容手术去解决身体意象问题，通常徒劳无功。很多人不知道BDD是一种通常可以被精神科疗法有效治疗的精神障碍。虽然整形医生和皮肤科医生渐渐对BDD有所了解，但是还有很多人没有这方面的认识。2001年，一项对美国美容整形外科协会（American Society for Aesthetic Plastic Surgery）265位会员的调查发现：整形医生认为，在首次寻求整容手术咨询的病人中，只有2%的人患有BDD，而研究却显示这一比例实际上是7%—20%。

通过提问鉴别BDD

如何知道自己或者你认识的人是否患有BDD？目前，精神病学诊断（包括BDD的诊断）主要以提问为基础，这些问题在制定的时候要满足DSM-Ⅳ的诊断标准。尽管人们正在开发血液检测、大脑扫描技术及其他工具，但这些工具还不足以用来诊断精神障碍。

我为BDD开发了一些"诊断工具"，它们由一些问题构成。躯体变形障碍问卷（Body Dysmorphic Disorder Questionnaire，简称BDDQ）采取自我报告的形式，即它是一份由病人填写的问卷。BDD诊断组件（见附录三）是用来让临床医生提问的。两个工具都反映了我们在前一章中讨论过的DSM-Ⅳ中关于BDD的诊断标准（见表格3-1），因此我们可以通过这两个工具来评估患者的症状是否符合诊断标准。

躯体变形障碍问卷
（Body Dysmorphic Disorder Questionnaire，BDDQ）

姓名＿＿＿＿＿＿＿

本问卷用于评估你对于外表的担心，请仔细阅读每一个问题，圈出最能描述你感受的答案，并在相应的横线上做出回答。

1. 你是否非常担心外表的某个（些）部位，因为你认为这个（些）部位特别丑陋？

是　否

如果你的回答是"是"：这种担心是否一直困扰着你？你是否会经常想到它（们），同时又希望自己少想一点？

是　否

如果你的回答是"是"：

（1）它（们）是哪个（些）部位？＿＿＿＿＿＿＿＿＿＿＿＿

［如皮肤（痤疮、疤痕、雀斑、皱纹、苍白、发红），头发（脱发、变少），鼻子的形状或大小，嘴，下巴，嘴唇，腹部，臀部，手，生殖器，乳房或其他任何身体部位］

（2）外表的这个（些）部位对你造成的具体困扰是什么？

（详述）＿＿＿＿＿＿＿＿＿＿＿＿＿＿＿＿＿＿

＿＿＿＿＿＿＿＿＿＿＿＿＿＿＿＿＿＿＿＿＿＿

（注意：如果你对上面任何一个问题的回答是"否"，就结束这个调查。否则请继续。）

2. 你主要担心的是不够苗条或者变得太胖了吗？

是　否

3. 对外表的担心对你的生活产生了什么影响？

（1）这个（些）缺陷让你很苦恼、很痛苦，感觉备受折磨吗？

是　否

（2）这个（些）缺陷明显地干扰了你的社交生活吗？

是　否

如果你的回答是"是"：它（们）是如何干扰你的？

_____

_____

（3）这个（些）缺陷明显地干扰了你的学习、工作或者干扰了你的角色能力（如作为主妇的角色）吗？

是　否

如果你的回答是"是"：它（们）是如何干扰你的？

_____

_____

（4）因为这个（些）缺陷，你有要回避的事情吗？

是　否

如果你的回答是"是"：那是一些什么事情？

_____

（5）你的生活、家庭的日常事务或者你的朋友有受到这个（些）缺陷的影响吗？

是　否

如果你的回答是"是"：它（们）是如何影响你的？

_____

_____

4. 你每天平均要花多长时间思考你的缺陷？（在下列选项中选择）

A. 少于1小时　　　　　B. 1—3小时　　　　　C. 超过3小时

如果你对躯体变形障碍问卷中的问题做出了如下回答，那么你可能患有BDD：

· 问题1：对两个问题的回答都是"是"。

· 问题3：对任一个问题的回答是"是"。

· 问题4：选择"B"或"C"。

问题1用来确定你是否存在对外表的先占观念，问题3用来确定你是否存在显著的苦恼或痛苦。至于问题4，虽然BDD的诊断标准中没有提到个体对于缺陷的担心每天需要达到一定的时间，但是这个问题是有意义的。如果你每天至少花一个小时的时间在想你的缺陷，那么我会更倾向于做出BDD的诊断。实际上，如果个体思考自感缺陷的时间每天总计少于一个小时，那么在进行BDD诊断时，我会倾向于保留意见，因为我认为他们可能并不满足诊断标准一。被我诊断为BDD的患者，他们对于外表的担心的程度至少要达到这个时间标准。

需要注意的是，BDDQ只是一个筛查工具，不是诊断本身。也就是说，BDDQ只能提示我们BDD的存在，还不足以给出一个决定性的诊断。最好还是由训练有素的临床医生经过面对面的诊断，然后给出结论。有这样几个原因。首先，在一般情况下，临床诊断可以用来确认个体存在自陈问卷答案所显示的障碍。例如，问卷中所报告的痛苦或者损伤是否已经达到了精神障碍的程度？其次，如果要做出BDD诊断，还必须确定个体身体上的缺陷是不存在的或者是轻微的。最后，依照DSM-Ⅳ标准三，临床医生还需要确定个体对于外表的担心是否应该归因为进食障碍。如果个体对问题2的回答为"是"，那么进食障碍可能是一个更加准确的诊断。然而这个问题是复杂的，因为个体对于体重的担心既可能是进食障碍的表现，也可能是BDD的表现（见第十六章）。

其他有关BDDQ的资料（包括BDDQ的心理测量学特点）可参见附录三。该附录同时还包括临床医生专用的BDDQ（BDD诊断模板）——用以确定个体是否患有BDD的一组问题。此外，在附录三中还有一个专门用来评估BDD症状严重程度的临床医生专用工具——耶鲁－布朗强迫症量表BDD修改版（the Yale-Brown Obsessive Compulsive Scale modified for BDD）。

线索：照镜检查、整饰、抠抓皮肤及其他

BDDQ中的问题主要针对BDD的核心特征——这是应诊断所需。但是BDD还有其他特征，包括频繁照镜检查、过度整饰、抠抓面部皮肤、反复求证等。这些行为特征能够在没有诊断的情况下为BDD的存在提供线索。

有时候我会观察一些陌生人的行为，这些行为让我怀疑他们可能也患有BDD。有一次在停车场，我看到一位年轻男子站在他的车外通过车侧边的后视镜反复查看头发，一遍又一遍地疯狂梳理。他不是像大多数人那样只是简单地瞟一眼，而是"卡"在那里，看起来非常不安，对自己的头发感到极端苦恼。我曾在车辆川流不息的公路上见到一位女性司机，她经常通过后视镜整理头发，而不是看路，我开着车跟了她大约三十千米，她一直如此。在一场棒球比赛中，我见过一位年轻女子，她有正常的体毛，但手臂除外。为什么她的手臂上完全没有体毛呢？她是过度"整饰"，把它们清除以试图改善"过度多毛"的手臂吗？这些人患有BDD吗？由于没有和他们交谈，我无法下结论。但是我怀疑他们的行为已经可以作为诊断的线索了。

表4-2列出了BDD的一些常见线索。表中的很多提问都与行为有关，例如照镜检查和反复求证，很多BDD患者都有这些行为（见第七章）。其他提问则与BDD造成的结果有关——例如足不出户（见第八章）。如果你对表4-2中任何问题的回答为"是"，并不意味着你一定患有BDD，但是"是"的回答（尤其是很多个"是"）表明你极有可能患有BDD。在这种情况下，最好的办法是找了解BDD的专业人员进行评估。

表4-2　BDD存在的线索

1. 你经常利用镜子或者任何其他反光物（例如窗玻璃）查看自己的外表吗？你会不用镜子但频繁地直接查看你不喜欢的身体部位吗？

2. 你会因为讨厌自己的外表而避免照镜子吗？

3. 你会经常把自己和别人进行比较，并且通常认为自己的外表比别人的糟糕多了吗？

4. 你经常问（或想问）其他人你的外表是否正常（或是否和其他人的外表一样正常）吗？

5. 你曾试着说服别人认同你外表上有缺陷吗（事实上他们认为缺陷根本不存在或微不足道）？

6. 你会花很长时间整饰（例如梳理或整理毛发、拔掉或剪去毛发，化妆或修面）自己吗？你经常整饰自己吗？你早晨会花很多时间准备吗？是否曾有人抱怨你在盥洗室花了太长时间？

7. 你曾为了使自己的皮肤看起来好一点而抠抓皮肤、挑破痤疮或者试图去除黑头或瑕疵吗？

8. 你曾试图用帽子、衣服、化妆品、太阳镜来掩饰或者隐藏自己的头发、手或其他部位吗？如果不这样做，你会觉得和其他人在一起很不自在吗？

9. 你会为了找到合适的外套来遮住或改善外表上不喜欢的部位而频繁换衣服吗？你会为了找到一件使自己看起来更好看的外套而花很长时间挑选吗？

10. 你会为了掩饰外表的某些部位而保持特定的身体姿势（例如面对别人的时候转过脸去）吗？如果不这样做，你会感到不舒服吗？

11. 你会认为其他人会因为你的外表而以消极的方式关注你吗？当你在街上走的时候，你会认为其他人都在注意你不美的部位吗？

12. 你会认为其他人会因为你的外表而对你有消极的想法或者嘲笑你吗？你会因此而"多疑"吗？

13. 你会因为外表而很难走出家门（或者根本足不出户）吗？

14. 你会经常测量身体的某些部位，希望发现它们变小了、变大了或者变匀称（你喜欢的样子）了吗？

15. 你会花很多时间搜寻有关你外表问题的信息或阅读相关内容，希望借此获得保证或者找到解决问题的方法吗？

16. 你曾想去做整容手术、皮肤治疗或身体治疗来改善外表，但其他人（例如朋友或医生）却告诉你没有必要做这种治疗吗？医生是否因为缺陷太微小或担心你会不满意手术结果而不愿意为你做整容手术？

17. 你曾做过整容手术或接受过皮肤科治疗，但又对结果很失望吗？或是你已经做过多次手术，总是希望接下来的一次能最终解决你的外表问题？

18. 你会费尽心思改善外表吗？

19. 你节食吗，即使其他人告诉你那是没有必要的？

20. 你曾因为觉得自己丑而避免照相吗？

21. 你曾因为担心自己外表不好看或者努力改善某个外表问题而迟到过吗？

22. 你会因为外表而感到沮丧或焦虑吗？

23. 你会因为外表而觉得生活不值得过吗？

24. 你会因为外表而感到失落或愤怒吗？

25. 你会因为对外表的担心或与之相关的行为（如照镜子）而分心，使你在做事情的时候花更多时间吗？

26. 相比白天，晚上出去你会感觉更舒服吗？或者你会更倾向于坐在房间较暗的地方，因为这样缺陷不容易被其他人看见吗？

27. 你在照镜子的时候会因为外表的问题而惊恐发作或者非常焦虑吗？

更多线索：抑郁、社交焦虑及其他症状

很多BDD患者有抑郁倾向，一些患者有酒精或药物滥用问题。BDD患者大多很焦虑，有的人还会出现惊恐发作。实际上，BDD通常伴随或者会导致其他精神障碍，这些障碍的存在能为BDD的诊断提供更多线索。

我和一些研究者仔细评估过其他精神障碍（例如抑郁症）在BDD患者中的发生率，也研究了BDD在其他精神障碍患者中的发生率（这些研究结果详见附录四）。这些研究结果表明，在BDD患者中，重度抑郁症是最常见的伴随疾病。它的特点是情绪低落、兴趣减退、愉快感减少及其他症状，如睡眠、饮食失调（我在附录二中对重度抑郁症和其他精神障碍有进一步的描述）。重度抑郁症非常普遍，在普通人群中就有10%—20%的人在他们一生中的某段时间曾受其影响，而至少80%的BDD患者在他们一生中的某段时间会受其影响，并且他们中的很多人的情况都相当严重。在一些病例中，抑郁症和BDD似乎是"互不相干"的，而在多数病例中，抑郁症似乎主要是由BDD导致的。

我的同行安德鲁·尼伦贝格（Andrew Nierenberg）博士和我所做的一项研究发现，在抑郁症患者中，BDD的流行程度大约是强迫症的两倍以上。在意大利的一项针对抑郁症患者的研究中，BDD比很多其他精神障碍（包括强迫症、社交恐惧症、广泛性焦虑障碍、特定恐惧症、神经性贪食症、物质滥用或依赖等）都更为普遍。这些研究结果引人注目，因为作为一种鲜为人知的障碍，抑郁症患者身上的BDD通常都未被发现。另外我们发现，那些同时患有BDD的抑郁症患者的发病年龄通常较早，而且持续抑郁。这些研究结果意味着，我们应该询问那些抑郁（特别是长期抑郁）的人是否有BDD症状。

某些精神障碍通常与BDD组合出现，将为BDD的存在提供线索。社交恐惧症（又称社交焦虑障碍）就是其中之一。社交恐惧症患者通常对社交或需要表演的场合感到极端恐惧，他们害怕自己会做出令人难堪或丢脸的事。另一种常与BDD组合出现的精神障碍是强迫症，其特点是强迫观念（经常性的、侵入性的、不必要的想法，这些想法令人讨厌却难以消除）和强迫行为（试图消除强迫观念引起的焦虑的重复行为）。很多BDD患者有酒精或药物滥用问题。据我所知，针对明尼苏达州住院病人的研究是仅有的评估BDD在物质滥用障碍病人中的普遍程度的研究。这项研究发现，比例相当高（26%）的物质（药物和酒精）滥用障碍病人同时患有BDD。

因此我们有必要询问这些障碍的患者是否还有BDD的症状。我们必须询问的原因是BDD患者可能因为太尴尬或太羞耻而不愿主动提及他们的症状。在前文提到的关于抑郁症和物质滥用的研究中，没有一个人会在医生或治疗师特地问起前透露他们的BDD症状，这反映了BDD的隐蔽性。

如何避免误诊？

除了被漏诊，BDD还容易被误诊为其他精神障碍。这是因为BDD的某些症状与其他障碍（例如社交恐惧症）的症状很像。我在表4-3中列举了一些特别容易与BDD相混淆的精神障碍。

需要注意的是，表4-3中所列出的所有障碍都有可能与BDD组合出现。换言之，BDD患者除了BDD之外同时可能患有其他障碍。实际上，BDD患者通常还患有抑郁症、社交恐惧症或者强迫症（更详细的信息请参见附录四）。如果BDD患者同时患有其他精神障碍，那么BDD和其他精神障碍都应该被诊断并得到有针对性的治疗。

如果你记住了BDD被漏诊和误诊的原因，以及我在本章中提到的诊断BDD的线索，你通常可以识别出BDD。但最重要的是，我们要认真对待自己或者他人对于外表的担心。如果你仅仅是简单地安慰BDD患者他们看起来挺好的（即使事实如此），他们会把你的安慰理解为你没有认真倾听或者没有理解他们的问题。询问、倾听并且认真对待他们的担心是最好的理解BDD的方法。

表4-3　误诊以及如何避免误诊

障碍名称	简明定义[①]	BDD被误诊为该障碍的原因	如何避免误诊
重度抑郁症	表现为情绪低落、兴趣减退及睡眠和饮食紊乱（至少持续数周）等。	BDD与重度抑郁症组合出现，抑郁症被诊断，BDD被漏诊，或者BDD的症状被误认为是抑郁症的症状，导致BDD未得到诊断。以我的临床经验来看，这种误诊最为常见。	①在抑郁症患者身上寻找BDD的特征；②避免假定患者对于外表的担心只是抑郁症的症状之一；③只要患者存在BDD症状，就要对其进行诊断。
社交恐惧症（社交焦虑障碍）	由于担心做出令人尴尬或丢脸的事情而过分恐惧社交或需要表演的场合。	BDD通常会引发社交焦虑、退缩及回避。患者的社交焦虑症状可能十分明显，但是BDD症状可能被保密。这将导致我们把BDD误诊为社交恐惧症或回避型人格障碍。	①不要假定社交焦虑或社交回避一定是由社交恐惧症所引起的；②如果社交焦虑或社交回避主要源于BDD，那么应该将其诊断为BDD，而非社交恐惧症；③当患者同时患有BDD和社交恐惧症时，这两种障碍都应该被诊断。

---

① 对这些障碍的更详细的定义请参见附录二。

表4-3 误诊以及如何避免误诊（续）

障碍名称	简明定义	BDD被误诊为该障碍的原因	如何避免误诊
广场恐惧症	对置身于难以逃离的、令人尴尬的或者无法获得帮助的地方或场所感到焦虑。在这种情况下，患者会有惊恐发作或类似惊恐发作的症状。	一些BDD患者会回避出现在类似的场所，因为他们会认为自己太过丑陋而不愿意离开家，或者担心别人会特别注意他们的自感缺陷而感到焦虑。	应该询问那些具有广场恐惧症特点的人：对某些场所感到焦虑、回避某些场所是因为自己的外表吗？如果他们回避的主要原因是与外表相关的问题，就应该被诊断为BDD，而非广场恐惧症。
强迫症	以消耗时间的、令人痛苦的、损害性的强迫观念和（或）强迫行为为特征。	强迫思维和反复出现某些行为是BDD和强迫症共同具有的特点，因此BDD可能会被误诊为强迫症。	如果患者的强迫观念（先占观念）和强迫行为集中于身体外观，那么将其诊断为BDD会更加准确。
惊恐障碍	表现为反复的、突然爆发的惊恐发作，以及对于随后可能出现更多惊恐发作的担心，对于惊恐发作可能带来的后果的担心，和与发作相关联的行为的显著改变。	BDD患者的惊恐发作是由BDD引发的。他们会感到强烈的不安和恐惧，并且体验到身体症状（例如剧烈的心跳、流汗、呼吸困难）——因为他们对自己的外表感到非常烦恼。这些伴随着极端焦虑的惊恐发作会被镜子或"有人在盯着我""有人在嘲笑我的外表"的想法触发。	①如果要做出惊恐障碍的诊断，那么患者的惊恐发作必须是"突然的"，而不是由BDD或其他疾病引发的；②如果BDD是惊恐发作的原因，那么应该做出BDD的诊断。惊恐发作可能是诊断BDD的初步线索。
拔毛发癖	习惯性地拔扯毛发，导致显著脱发。	有些BDD患者会拔除他们的毛发（头发或躯干、面部的毛发）以改善外观。	如果患者拔毛的目的是为了改善外表的自感"缺陷"，那么就应该被诊断为BDD，而非拔毛发癖。
精神分裂症	表现为妄想、幻觉、言语混乱、行为严重紊乱或失常等症状	BDD患者的信念通常是妄想性的，很多BDD患者认为其他人会特别注意他们（牵连观念）。	如果患者的妄想信念和牵连观念仅限于外表，并且不存在精神分裂症的其他症状，那么将其诊断为BDD更为准确。

第五章
BDD的表现形式

"我是世界上最丑的人。我憎恨我的皮肤和头发，我的屁股太肥大了。我讨厌我的长相，它令人厌恶。我每天早晨起床想到的第一件事就是'我今天看起来怎样'。"

——珍妮丝（Janice）

那些被担心的身体部位和相关的行为

每次见到BDD患者，倾听他们讲述自己的经历，我听到的总是熟悉的主题。这些BDD患者的经历在某种程度上是相似的，但是每个人的情况在某些方面又是独特的。

在表5-1中，我列举了十五个被担心的身体部位以及对于这些部位的担心所伴随的行为和产生的后果。患者可能厌恶身体的任何部位，并且做出无限种行为来处理这种厌恶。虽然每个人的经历是独一无二的，但这些经历会呈现出特定的形式和主题。

表5-1中的第一例介绍适用于卡萝尔（Carol）——一个认为自己鼻子畸形、大腿肌肉松弛的年轻女孩。实际上，她的大腿肌肉紧致，她的鼻子只有在凑近观察的情况下才能看到不明显的轻微变形。但是她坚信别人很容易看到这些缺陷并且会特别注意这些缺陷。她避免照镜子，因为镜子中的形象让她太过苦恼。她也避免游泳，回避包括约会在内的很多社交活动。

表5-1　先占观念、行为及影响示例

对身体外观的担忧	相关的行为和影响
1. 大腿太松弛 　　鼻子畸形	1. 认为他人会特别注意 　　回避镜子 　　回避游泳和社交活动 　　做鼻部手术 　　节食
2. 头发稀疏	2. 过度梳理 　　过度查看镜子 　　和女朋友相处困难 　　社交回避 　　寻求皮肤科治疗
3. 头发"永远不对劲" 　　体形不正常（臀部太宽，肩膀太窄，腰部太高、太宽）	3. 过度查看镜子和窗玻璃 　　大量购买与头发相关的产品 　　多次理发、烫发 　　询问他人有关外表的问题 　　穿宽松的衣服 　　回避体育课、游泳和社交活动
4. 胡须左右不匀称 　　眼睛太小 　　"斑痕点点"的皮肤	4. 认为他人会特别注意 　　过度查看镜子 　　把自己和别人进行比较 　　过度刮胡须 　　戳弄皮肤 　　用有色眼镜遮挡眼睛遮住眼睛 　　留长发遮住脸 　　回避杂志、社交活动和约会 　　足不出户
5. 嘴部周围有皱纹 　　脱发 　　下巴太突出、左右不对称 　　牙齿太大、不整齐、弯曲 　　面颊凹陷 　　鼻子太大	5. 认为他人会特别注意 　　过度查看镜子、回避镜子 　　把自己和他人进行比较 　　向他人反复求证 　　寻求安慰 　　回避社交活动和约会 　　工作困难 　　多次使用牙套

表5-1　先占观念、行为及影响示例（续）

对身体外观的担忧	相关的行为和影响
6. 面部皮肤和肌肉松弛 　头发太卷 　黑眼圈 　痤疮	6. 过度查看镜子和其他反光物 　频繁烫发（烫卷和拉直） 　经常使用化妆品 　把自己和他人进行比较 　回避购物、上学、社交、约会和性
7. 手术后鼻子不平和鼻尖太小 　面部和身体毛发太多和太黑 　一颗牙齿比另一颗牙齿长 　体形太胖	7. 认为他人会特别注意 　过度查看镜子 　回避约会 　锉牙 　寻求内分泌科专家评估体毛 　电蚀除毛 　节食 　过度锻炼
8. 头发稀疏 　面部肌肉萎缩、松垂松弛 　面部皮肤太松弛 　嘴唇太薄 　颧骨不对称 　阴茎太小 　体形太小	8. 回避镜子 　反复触碰球形门把手以紧致皮肤 　过度举重 　戴帽子 　在短裤里塞填充物、穿齐膝长的衬衫以遮挡胯部 　留胡须遮住脸 　逃学 　回避购物和社交活动 　只在晚上离开房间 　大量使用生发水
9. 面部丑陋 　面部疤痕	9. 过度查看镜子、过度查看汽车保险杠及窗玻璃上的反射影像 　掩饰疤痕 　上学迟到 　工作面试困难
10. 阴茎太小 　腕关节太小 　体形太小 　腹部隆起	10. 认为他人会特别注意 　过度查看镜子 　把自己和他人进行比较 　回避在健身课上淋浴 　用长衣服和肥大的衣服遮挡胯部 　过度举重 　回避约会和性 　向泌尿科医生要求做阴茎手术

表5-1　先占观念、行为及影响示例（续）

对身体外观的担忧	相关的行为和影响
11. 鼻子太大 　　头发太卷 　　前额太高 　　脸太长、太瘦 　　乳房太小	11. 认为他人会特别注意 　　过度查看鼻子、梳头发、使用化妆品 　　向他人反复求证 　　穿有衬垫的胸罩 　　让头部保持某些姿势以使鼻子看起来较小 　　用刘海遮住前额 　　花费大量金钱购买美发产品 　　无法上学、工作、游泳或者应酬
12. 腰部赘肉 　　鼻子太宽 　　胸毛不匀称 　　阴毛、腋毛和腿毛丑陋 　　皮肤太白	12. 认为他人会特别注意 　　过度查看镜子以及商店、汽车的窗玻璃 　　频繁更换衣服 　　采取特定的姿势坐或站，以使衣服完全遮挡腰部 　　刮体毛 　　涂抹古铜色化妆品 　　回避有"美人"的电视和报刊广告 　　回避约会、性、游泳、购物和公共交通工具 　　做过几次鼻部整形手术和吸脂手术
13. 有眼圈和眼袋 　　面部有细纹 　　腹部肥胖 　　臀部畸形	13. 认为他人会特别注意 　　过度查看镜子和其他反光物 　　向他人反复求证 　　把自己和他人进行比较 　　回避太咸的食物 　　服用利尿剂 　　使用化妆品进行掩饰 　　回避游泳 　　做过吸脂手术
14. 头发稀疏 　　臀部太瘦 　　痤疮疤痕 　　面部毛孔太多 　　肩膀太宽	14. 认为他人会特别注意 　　把自己和他人进行比较 　　回避理发 　　戴假发 　　抠抓皮肤

表5-1 先占观念、行为及影响示例（续）

对身体外观的担忧	相关的行为和影响
15. 鼻子丑陋 　　下巴和脖子太大、太宽 　　面部有疹子和痤疮 　　体形太胖	15. 认为他人会特别注意 　　回避镜子及反光物 　　担心鼻子会断或以某种方式被损坏 　　把自己和他人进行比较 　　用手遮脸 　　向他人反复求证 　　抠抓皮肤 　　通过睡觉和醉酒来逃避对于外表的担心 　　回避餐厅和其他公共场合、回避约会 　　足不出户

注：虽然这些示例描述的都是BDD患者的经历，但并不包括所有BDD患者可能会出现的担心。

被厌恶的是哪些身体部位？

有趣的是，威廉·斯泰克尔在半个世纪之前的观察报告得到了近期研究的证实，他注意到患者对鼻子、头发、耳朵、眼睛、乳房和生殖器的担心。我和其他研究者在研究中发现的BDD患者通常会担心的那些身体部位，他几乎都提到了。

表5-2的数据来自参与我研究的五百余位患者，该数据表明BDD可能涉及任何身体部位。皮肤、毛发和鼻子是最常被讨厌的部位。患者平均会担心约五个身体部位，但是具体到每位患者，这一数量可能是一个，也可能是几乎所有身体部位。患者很可能不会报告他或她对某些身体部位（例如乳房和生殖器）的担心，因为会感到难为情。因此，某些身体部位的真实比率应该比表5-2中列出来的更高。

有些BDD患者对某些身体部位还存在"亚临床"担心。也就是说，除了一直困扰他们的身体部位外，他们还不喜欢某些其他部位，但是这些部位还没有达到困扰他们的程度，或他们还没有因此而感受到苦恼和痛苦。例如希瑟

（Heather）不喜欢她的"宽"鼻子和体重，但她对体重的担心并不显著，这一问题也不会一直困扰她。"体重问题远远没有鼻子问题严重，"她说，"虽然我不喜欢自己的体重，但这真的不是一个问题。"在我的研究中，我一直致力于识别患者担心的身体部位。在表5-2中，我仅列出了那些被过度担心的、已经造成问题的身体部位。如果我能识别出令患者感到不舒服的所有身体部位，那么表格中的每个身体部位的比率都将增加很多。

表5-2　BDD患者的自感缺陷部位

身体部位	患者百分数（%）
皮肤	73
毛发	56
鼻子	37
体重	22
肚子	22
乳房（或胸部、乳头）	21
眼睛	20
大腿	20
牙齿	20
腿（整体）	18
体形或骨架	16
面部（整体）	14
面部大小或形状	12
嘴唇	12
臀部	12
下巴	11
眉毛	11
胯部	11
耳朵	9
手臂或手腕	9

表5-2　BDD患者的自感缺陷部位（续）

身体部位	患者百分数（%）
腰部	9
生殖器	8
脸颊或颧骨	8
小腿	8
身高	7
头部大小或形状	6
额头	6
脚	6
手	6
颌	6
嘴	6
背部	6
手指	5
颈部	5
肩部	3
膝盖	3
脚趾	3
脚踝	2
面部肌肉	1

注：百分数总和超过100%，因为患者担心的身体部位通常不止一个。

　　有些BDD患者认为他们的外表有时看起来还不错。就像一位女士所说，"当头发看起来正常的时候，我觉得自己是有吸引力的。但是当头发看起来很糟糕的时候，实际上它通常都是糟糕的，我就会认为自己真的很丑。"那些担心轻微痤疮的人，当他们皮肤状况好的时候，他们会认为自己看起来是正常的，但是当痤疮"突然爆发"的时候，那简直就是一场灾难。

　　我发现最常见的是对皮肤的担心。在担心皮肤的人中，有三分之二的人被感知到的痤疮或疤痕所困扰，三分之一的人被斑所困扰，四分之一的人被肤色困扰（比较常见的是认为自己的皮肤太红或太白）。但是几乎皮肤的任何方面都可能成为被厌恶的对象——（在患者眼中）格外粗大的面部毛孔、看起来很明显的静脉和毛细血管以及其他皮肤缺陷。一些人认为自己皮肤的颜色不好（如太红或太白），还有一些人专注于细纹、皱纹、松弛、萎缩或者萎缩纹，认为这些是衰老的象征。

就像同时被痤疮、疤痕、色斑以及"像鬼一样的"肤色所困扰的珍妮弗一样，一些人对皮肤的担心是多重的。困扰埃伦（Ellen）的是想象中的面部痤疮、疤痕以及静脉，实际上别人几乎看不到这些。像珍妮弗一样，埃伦过度查看镜子，反复询问妈妈以获取保证——例如"你说这些痤疮会消失吗""我这儿是不是有一个疤痕"。为了改善皮肤状况，埃伦花费大量时间化妆和抠抓皮肤，有时候甚至会用大头针。她还强迫性地洗手，以避免在抠抓皮肤的时候引发新的痤疮。通过皮肤科治疗，埃伦所担心的那些缺陷暂时消失了，但是，就像她自己所说，她变得"对轻微缺陷更加敏感"，因此她的焦虑没有任何改善。

对毛发的担心也非常普遍。最常出现的是对头发脱落、稀疏的担心，或者担心秃顶（三分之一担心毛发的患者有这种困扰）、面部或躯体毛发过重。但是患者对于毛发的困扰可能涉及毛发的任何方面——太卷、太直、太多、太少、不均匀、乱糟糟或色泽黯淡。詹姆斯（James）是一名教师，他认为自己的头发"从来没正常过"，他担心头发太过稀疏，别人会嘲笑他，因为他就快变成秃子了。他每天都用生发水，这一项支出每月就要数百美元。虽然朋友们都说他的头发看起来挺好的，但是他太苦恼了，因此买了一顶上千美元的假发。可是这并没有给他带来帮助。正如他所说，"我一点也不满意，我仍然在和自己做斗争，想摆脱假发。"事实上，由于詹姆斯对假发非常不满意，他已经一怒之下把它撕碎了。

担心头发稀疏的女性虽然比男性少，但是也有。一位女士因为母亲的头发稀疏而担心自己的头发以后可能会比母亲的更糟糕，甚至完全变成秃头。这位患者对与我见面感到困难，因为她担心每次来见我，她都会变得"比前一次更秃一些"。

对于担心毛发的人来说，理发通常是一件令人痛苦的、甚至会造成精神创伤的事情。"我很害怕理发，"乔恩（Jon）告诉我，"对于我来说，头发理得合适是至关重要的。因为BDD，我的生活一点也不舒心。我的感受和行为完全取决于理发的质量和我当时的模样。"

对于毛发的担心可能也包括对于其他体毛的担心。男性可能会专注于想象中的不均匀的、颜色过浅的或过于浓重的胡须。男性或女性都有可能认为自己的体毛过多或过少。二十四岁的玛丽（Marie）是一位漂亮的护理专业学生，她担心鼻子和手臂上的"过重的""浓密的"汗毛。为此，她几乎"每天所有时间"都在想这件事，并且反复地查看手臂，工作的时候就用镊子拔毛，每天要花一个小时在特殊光线下照镜子查看面部汗毛。她曾尝试过用化妆品遮住汗毛、电蚀除毛、在夏天穿长袖衣服、用手遮住脸。玛丽用"极端痛苦"来形容她的先占观念，并且感觉自己"像个男人"，甚至"像一个怪物"，谁也不会喜欢她。

对于鼻子的担心也非常普遍。在担心鼻子的人中，60%的人认为自己的鼻子太大了，超过25%的人担心鼻子不够平整或者畸形，很少有人认为自己的鼻子太小（有时做过鼻部手术后的人会这样认为）。一位女士认为她的鼻子"不平整而且浮肿"，一位中年男性认为他的鼻子过于"肥大"。在担心鼻子的患者中，进行手术治疗的人较多，并且他们通常会反复做多次手术。我治疗过的一位女士最初认为自己的鼻子过大，手术后又觉得鼻子过小。一位大学生最初认为自己的鼻子过长，手术后又觉得鼻孔太宽。

我和一位精通BDD的日本精神病学专家进行过一次有趣的谈话。在得知我发现美国人通常会担心鼻子过大之后，他很吃惊。因为根据他的经验，在日本，人们通常会担心鼻子太小。此外，在日本，担心脱发的病例并不多。这些观察结果引发了一个有趣的问题——文化因素是否对人们担心的内容有影响？

BDD患者的担心可能还会涉及更多身体区域。很多男性会担心他们的体形太小或不够强健。这种形式的BDD被称为"肌肉上瘾综合征（muscle dysmorphia）"。他们会穿多件衣服以增大体形，他们会过度举重或服用有潜在危险性的合成类固醇（anabolic steroids）以使身体看起来更强壮。另一些人（通常是女性）则担心体形太大或超重。在我的研究中，约22%的患者过度担心体重。

BDD患者平均会担心约五个不同的身体部位，随着时间的推移，有些人会担心几乎每个身体部分。有些患者对不同身体部位的担心是同时发生的，有些则是相继发生的。我发现了三种常见的模式：

1. 约30%的人在整个病程中只担心一个身体部位或一组身体部位。一个人只担心自己后缩的下颌，除此之外没有对其他部位的担心。另一个人则同时担心"凹陷的"眼睛和"膨胀的"乳头，并且除这两个部位之外没有其他的担心。

2. 约40%的人最初只担心身体的一个部位，随着时间的推移，他们还会继续担心之前担心的部位，并且会增加新的担心。特德（Ted）十三岁时担心自己的耳朵向外凸出，十八岁时又被扭曲的唇部所困扰，二十五岁时开始担心脖子上的疤痕。因此，二十五岁的他有三个担心的身体部位。

3. 第三种模式更复杂，约占病患人数的30%。随着时间的推移，患者先前对身体某个或多个部位的担心逐渐消失，但是出现了其他担心。我在第三章中讲到的简就属于这种类型。最初，她担心的是鼻子，接着是嘴唇上的疤痕，随后又变成了下颌、乳房和臀部，但是后来她不再担心臀部了。一种担心消失之后，新的担心就开始了。一位男士在做完鼻部整形之后宣称自己的鼻子看起来不错，但是他的"肚子取代了鼻子"。

虽然有些BDD患者希望变得非常美丽或者希望自己看起来"完美"，但是根据我的经验，多数患者并不这样想，他们只是希望自己看起来是正常的。他们也许并不在意自己看起来是不是像猫王或者梦露，这不是他们痛苦的原因。令他们感到困扰的是：什么时候才能消除缺陷，恢复正常？他们希望自己看起来不再像象人①（the Elephant Man），他们希望自己在人群中不再那么引人侧目。"我并不想把皮肤弄成乔治·汉密尔顿（George Hamilton）②一样的棕黄色，我只是希望它看起来不那么苍白。"他们说，"变成普通的样子就好了。我的目标只是被他人接受。"一位男士说，"我并不关心自己是否有吸引力，我只是想看起来正常一些。我并不希望自己看起来像小兵贝利（Beetle Bailey）一样，我对自己的脸没有什么特别的要求。"

BDD患者使用各种术语来描述他们感知到的外表问题。他们将外表问题表述为"缺陷"，而更普遍的说法则是"丑陋的"或"令人厌恶的"。他们也会说他们的外表是"不完美的""有瑕疵的""不正常的""奇怪的""不对劲的""难以忍受的"。一些人用"令人震惊的"或"令人惊骇的"等词语来描述他们感知到的缺陷。一位男士说自己看起来像卡通人物，而一位女士则说自己看起来像达利画中扭曲的人物。

为了便于叙述，在提到这些对于外表的担心时（包括对于外表的多处担心，笼统的、不容易精确定位的担心，或者针对某个或某些特定身体部位的担心），我将使用"瑕疵"或者"缺陷"这两个词。

"我的脸正在往下掉"

相当多BDD患者在描述自感缺陷的时候使用了十分特别但是可以理解的语句，如"我的耳朵是凸出来的""我的脖子上有一个疤痕""我的发际线正

---

① the Elephant Man，1980年大卫·林奇导演的电影《象人》（*The Elephant Man*）的主人公，因头部严重畸形似大象而被称为"象人"。——译者注

② 美国影星。——译者注

在后退"或"我的腰太粗了"。但也有些人的表述是含混不清、难以理解的：一位男士担心他"不坚定的眼神"；在一份已被发表的病例中，一位女士抱怨自己"滑稽而起皱的鼻子"；还有人称"我眼睛下面与鼻子连接的皮肤很奇怪"。我曾访谈过一位极端痛苦的女士，她认为自己的脸正在往下掉。我很努力地想弄清楚她的意思。在很长时间的谈话之后，我才明白她认为她的面部肌肉日渐萎缩，皮肤越来越松弛。但是她认为"我的脸正在往下掉"的描述能够最准确地表达她的担心。

"我讨厌我外表上的一切！"

一种常见的关于BDD的错误观念是，认为患者只会厌恶一个或几个具体的身体部位。但是有些人不喜欢的身体部位如此之多，以至于他们讨厌自己的整个身体。一位男士非常讨厌他的33个"不正常的"身体部位，并且深受其扰！还有一些人因为不喜欢的身体部位过多而无法逐一描述。他们会说"我的整个身体都是丑陋的"或"我讨厌我外表上的一切。"

一些人在谈论对于外表的担心时会使用比较笼统的词汇，因为他们觉得太过尴尬而不愿透露和讨论他们不喜欢的具体部位，或者担心把问题说得太具体会引起更多注意。毕竟"我的样子出了问题"比"我认为我的生殖器太小"更容易说出口。就像一位女士所描述的，"我会告诉医生我对衰老的恐惧，但绝口不提皱纹和毛发问题。笼统地讲要容易得多。"

在最初与拉里（Larry）进行的两次面谈中时，他告诉我"我只是不喜欢我的脸，不喜欢它的样子。我觉得它和其他人的脸都不一样。""有哪些具体的部位让你不喜欢吗？"我问他。"没有，没有具体的部位。我只是不喜欢这张脸本身。"他答道。直到第三次面谈，他感到足够放松的时候，才讲得比较具体：鼻子太宽、前额太小、眼睛又小又圆。"如果之前就对你说这些，我会觉得很尴尬，"他说，"我觉得差耻。"

"我看起来像大猩猩"

一些人认为用动物来描述他们对于外表的担心更容易也更准确，甚至有些人会用食物来描述。在我见到的第一组BDD患者中，一位患者担心外表的多个身体部位，其中之一就是他的"蛋形头"。另一位患者则称自己看起来像鸡。这是在他看来最为恰当的描述，生动而具体地传达了他的担心——皱巴巴的瘦长的脸、大鼻子、凹陷的颧骨。在一份已被发表的报告中，一位患者抱怨自己的脸颊"像金花鼠一样"。一位担心自己脸上汗毛过重的女士说自己像个大猩猩。这些直白的描述反映了他们对于自己外貌的认知，有助于我们理解BDD患者是如何看待他们自己的，以及他们认为其他人是怎样看待他们的。

一些人把自己和他人进行比较，说自己看起来像被烫伤的人、钟楼怪人、"傻子派尔"或者象人。一位讨厌自己的头发的男士称自己看起来像电视剧《宋飞正传》（*Seinfeld*）里的克雷默（Kramer），但其实一点也不像。也有一些BDD患者会把他们的自感缺陷与某个家庭成员或亲戚联系起来。"我的样子会让我想起我父亲，我不喜欢他。"一位40岁的女士这样对我说，"他的内在和外在都是丑陋的。"一些担心头发稀疏的人会说他们看起来像他们秃头的叔叔或越来越像他们秃头的父亲。一些患者说他们总是被告知他们看起来像某个亲戚，因此他们的担心就会集中于那位亲戚外表上的某个（他们认为）毫无吸引力的部位。

"我不够有女人味"

一些BDD患者会把他们的自感缺陷与一些他们认为消极的特质联系起来，比如衰老或缺少男性气质或女性气质。例如，他们会同时提到对皱纹和衰老的担忧，当他们担心皱纹本身的丑陋时，也会为"皱纹是开始衰老的征兆"而苦恼。我曾见过一位不得不住院治疗的年轻女士，她非常绝望，因为她坚信自己的外貌发生了变化，她坚信面部新增的皱纹使她看上去比实际年龄老了十岁。

一些女性担心自己不够有女人味。她们通常会担心乳房太小或面部汗毛颜色过重、数量过多，这让她们认为自己看起来像个男人。担心自己不够有女人味和自感缺陷本身一样令人痛苦。一位担心自己乳房太小的年轻女性说她觉得自己"不是真正的女人，因为乳房是女性的象征"。尽管她经常收到约会邀请，被称赞很有女人味，但是她不相信他们。

一个受面部汗毛困扰的护理专业学生玛丽（Marry）告诉我："脸上的汗毛让我看起来很阳刚。我小时候留短发，有时人们会误以为我是男孩，也许那个时候起有些事情就不太对了。我觉得自己很男性化并且像个怪物。"

同样，担心生殖器太小的男性通常认为自己缺乏男子气概，担心异性会发现他们不够性感。"这让我感觉自己不够有男子气概，就像我不是个真正的男人一样。"一位年轻男士这样告诉我，"这真让人难堪，我总感觉自己需要掩藏什么。我的痛苦在于我只能算是半个男人。"另一位男士说："我的生殖器虽然不丑，但是它看起来没有吸引力，也不够有男子气概。我所有的担心都与此有关。作为一个男人，我感到很羞耻。"

一位非常年轻的男性对我说："丑并不重要，重要的是我看起来令人厌恶。我在学校里一直表现很好，但是在运动上表现不佳。我小时候很瘦，戴着一副厚眼镜。我希望自己的鼻子可以看起来更男性化——长鼻子让我看起来像个书呆子。"

对未来的担忧："我不久后就会变成秃头！"

对于一些BDD患者来说，对未来的担忧是一个突出的主题。他们担心他们的自感缺陷会随着时间的推移而变得更糟糕、更丑陋。"我一直担心将来，"一位漂亮的年轻女士告诉我，"我害怕我的皮肤会越来越糟糕。"

"因为外表，我变得非常抑郁。我确信它会随着年龄的增长而变得更加糟糕，"卡梅拉（Carmella）说，"如果头发继续减少，皱纹变得更加严重，我肯定无法接受自己。我还怎么活下去？如果我的问题（就像我的牙齿一样）不会变得更糟糕，我就不会如此恐惧。"奥利维娅（Olivia）担心她将来无法工作——因为随着年龄的增长，她的外貌可能会越来越丑。"当我变得又老又丑的时候，没有人会愿意雇佣我的。"她说。埃里克（Eric）担心自己的头发会越来越少，不久后就会变成秃头。"秃头的人肯定是被排斥的，"他告诉我，"当我的头发全部掉光时，我的生活也就结束了。"

有时，患者对未来的恐惧基于这样的信念：我以前看起来还不错，但是现在变糟了，而且会越来越糟。"有时候，我会觉得镜子里的自己跟从前一样，"埃德（Ed）说，"但通常只会持续短短几分钟的时间，然后我就看到了自己现在的样子，接着开始担心下个星期、下一年，我是不是会变得更丑？"

"我的脸不对称"

对于不对称的担心很常见。在我的研究中，约有三分之一的人会担心至少一个身体部位的对称问题。他们担心身体的一侧与另一侧不对称，或某个器官的两侧不均匀、不和谐，而最常见的是对于毛发、胸部和鼻子等部位的担心。一位女士担心自己一侧面部的雀斑多于另一侧的。一位25岁的男士担心自己的两侧脸颊不对称，即面部骨骼不对称。还有一位男士因想象中的不对称的眉毛（一侧眉毛略高于另一侧）而苦恼。一位少年担心自己一只眼睛的眼睑比另一只的下垂更多。

有些人担心头发不够均匀，因此每天要花很长时间修剪，以使其完全均匀。一位大学生告诉我："我的痛苦在于要让头发的长度均等。它们的长度必须一样。为此，我忍不住要修剪它们。我每天早晨都要修剪头发，而且还会随身带上剪刀以便随时修剪。我尝试过不去修剪它们，为此扔掉了很多把剪刀，但还是忍不住。我甚至用锤子砸自己的手、用手狠狠地摔车门，想控制住双手，不去修剪头发，但这些都不起作用。我必须要把头发弄均匀，那样我才会好看一点。"

"我不够高大"

害怕自己的身材过于矮小、肌肉不够发达是BDD的一种变体，主要影响男性。二十多岁的马克（Mark）是一个强壮的男人，但是他却坚信自己上身太瘦了，不够高大强壮，肌肉也够不发达。他认为自己"又矮又弱小"。为了强健身体，他每天都喝蛋白饮料，并且花很多时间举重，他说他已经"上瘾了"。他每天至少问父亲二十次："我看起来正常吗？我是不是变高大了一些？"

马克一直穿长袖上衣来遮挡"瘦骨嶙峋的"手臂。他避免去海滩，因为那会更多地暴露自己。他还避免和其他人接触，因为他对想象中的矮小的自己感到难堪。我见到马克时，他穿了五件长袖上衣——为了使自己看上去高大一些。

马克患有肌肉上瘾症［muscle dysmorphia，以前使用的是"reverse anorexia（反向厌食症）"］。患有这种类型BDD的男性会为体形大小而烦恼，会出现典型的BDD行为，例如用服装掩饰（以隐藏身体或使之看起来更高大）、照镜检查、反复求证。他们还会服用膳食补充剂，会强迫锻炼（有时候几乎会伤到自己）。为了变得更强壮，一些男性甚至会使用非法的、有潜在危险性的合成类固醇。

"我看起来很沮丧"

雅各布（Jacob）和 麦克斯（Max）的经历在BDD患者中不常见。"我因外表的问题而沮丧，"雅各布告诉我，"我觉得我的嘴巴很丑，它使我的表情看起来总是很沮丧，不招人喜欢。人们不想看到令人讨厌的沮丧表情。"雅各布因为嘴巴下垂而认为自己看起来很沮丧，于是考虑用手术拉直唇部。

麦克斯除了认为自己的嘴巴太小之外，还觉得自己的面部表情不好。"我尽力使自己的表情看起来更合适，就像受欢迎的年轻人那样。"他说，"我困在镜子前一直想'要怎么做才会使我的嘴看起来最恰当、最自然、最有吸引力？'我的嘴又丑又不对劲。我怕我的外表会令人感到不快。"

"我的手指正在变短"

"有时候我觉得我的手变胖了，而且所有的手指都在变得更短，"吉姆（Jim）对我说，"实际上，我看见了它们的变化——我能感知到这个过程。它们并不是一直在变胖、变短，而是一天发生两三次变化。当我和其他人，尤其是漂亮的人在一起的时候，它们就会发生变化，我紧张的时候它们也会变。一些医生认为我可能患有癫痫或其他神经方面的疾病，但是我没有。我知道这种事情有些不可思议，但是我见到的就是事实。"

偶尔有人会有像吉姆一样的经历——有时，他们的身体部位的形状或大小会发生改变，这个过程使他们变丑。有时，吉姆会看见他的双眼变得更加靠近，脸颊由瘦变胖再由胖变瘦。"肥胖的脸颊看起来很糟糕"他说，"靠在一起的双眼看起来很奇怪。"

虽然很少有BDD患者报告他们的身体部位频繁地以剧烈的方式发生大小或形状上的改变，但是类似的体验却提出了一个问题：他们是否存在某种神经障碍？他们的说法与一些BDD患者的说法相呼应——他们的样子时好时坏，或者他们对缺陷的知觉会发生变化。例如，在某些情况下，面部疤痕会看起来更严重，毛孔会看起来更粗大。这些病例引发了一个有趣的问题：BDD患者看到的是否真的与其他人看到的不同？他们是否经历了视错觉？另一个可能的解释是，他们在查看身体部位时，有时候靠得更近，有时候离得较远，这导致他们在不同的时间看到的自感缺陷在某种程度上存在差异（见第十章和第十一章）。

"我担心我的鼻子会坏掉！"

BDD患者还存在对于其他身体部位的担心。约15%的患者认为难看的身体部位（例如鼻子）是脆弱的，处在危险之中，易受伤害，或者认为它们无法正常发挥作用。例如，有的患者认为自己腿太瘦，因此无法正常走路；有的患者认为自己嘴唇畸形，因此讲话急促不清；有的患者认为鼻子是歪的，因此呼吸时会发出口哨一样的噪音。还有一些人认为自己有潜在的疾病（比如癌症），而这是造成他们外表问题的原因。

朱莉（Julie）患有这些BDD主题变体中的一种。"我的鼻子有问题，我希望你是一个鼻科专家。"我们第一次面谈时，她这样对我说。我猜测她和我见过的大多数人一样，是在担心自己的外表。事实上，朱莉过去的确担心鼻子太大而且不平整，但是她现在担心的内容变了。"真的非常丢脸，因为这听上去太蠢了。我的担心是不理性的，我害怕你会认为我疯了。"她说，"没有一个人理解我的问题。我总是担心我的鼻子脆弱得快要坏掉了。这令我十分痛苦。"

"我整天担心会伤到它。无论什么时候，只要我碰到了它或者让它接触到了什么东西，我都会很惊恐，认为它受伤了。如果擦鼻涕的时候看到了血，我就会认为我伤到了它。有时我甚至认为皱鼻子或者靠近香烟也会对鼻子造成伤害！我经常照镜子查看它有没有受伤，如果看到任何问题——哪怕是一个小点、一颗痤疮或很微小的细纹，我都会认为那是鼻子受伤的证据。任何情况都可以成为证据：有时是黑头或者擦破的血管，有时是毛孔。有时候我会觉得鼻子发麻或者疼痛，这也意味着我一定弄伤了鼻子。我试图劝阻自己，比如我会对自己说'你得用锤子敲它才会使它受伤'，但是完全没用。"朱莉还出现了她称之为"吸鼻子强迫"的行为。"每当我想弄明白鼻子有没有受伤的时候，我就会一直吸鼻子。因为如果受伤了，吸鼻子的时候就会有感觉。所以我经常吸鼻子，看鼻子是不是还是好的。这是我检查鼻子是否受伤的一个方法。"

朱莉的问题开始于二十年前为了移除鼻子上一个小肿块而做的手术。手术之后，医生告诫她说："我花了很大力气修复你的鼻子，你以后要小心点，不要伤到它。"朱莉把这句话理解为她的鼻子是脆弱的，并由此引发了她的困扰。在接下来的八年里，她每周两次私下拜访她的手术医生。"我从没向其他人提起过这件事，包括我的丈夫。这太难为情了。我一直问医生关于鼻子的问题，想从他那里得到鼻子没有受伤的保证。这已经成了一种强迫行为。我有时甚至会带上我的三个孩子，并为此等待两个小时。医生办公室的工作人员都认为我疯了，他们试图不让我见到我的医生。当医生为我消除疑虑后，我会感觉好一些，但这种感觉只会持续几分钟。"

朱莉第一次来见我时，她比平常更加担心鼻子，因为她刚刚看过一个关于"搞砸了"的鼻部整容手术的电视节目。"我脑子里想的都是这些事，我根本无法做好家务或者继续工作。"她说，"我不喜欢社交活动，甚至讨厌在外面待太长时间。我的注意力全在鼻子上，根本无法思考其他任何事。我没有社交活动计划，因为我担心鼻子问题会突然发作，那样我就不能出门了。"

"这个问题还严重影响了我的婚姻，"她补充说，"我的第一任丈夫就是因为这个离开我的。我把他逼疯了！我每天都在问他关于鼻子的问题，问他我的鼻子是否受伤了，然后让他帮我拿着镜子，在明亮的灯光下查看鼻子。"

由于非常担心鼻子受到伤害，朱莉甚至在生孩子的整个过程中都没有感觉到分娩的痛苦。做牙齿整形时，她担心医生会碰到鼻子给自己造成伤害，但是如果自己被麻醉了就无法及时知道，因此拒绝使用普鲁卡因（Novocain）①。她宁愿忍受无麻醉牙齿整形所带来的身体痛苦，也不能忍受因担心鼻子受到伤害而产生的焦虑情绪。

"步行的概念消失了"

有时，BDD患者担心想象中的丑陋的身体部位无法正常发挥作用。本（Ben）担心的不仅仅是他的腿"看起来很可笑"，还担心自己无法正常走路。在青少年时期，他专注于想象中的过薄的上嘴唇，几年后，他不再担心嘴唇了，"腿取代了嘴唇"。他的问题开始于右脚的疼痛，他咨询了医生，医生的诊断为扁平足。这个诊断吓坏了本，而且他错误地认为他再也不能走路了。接着，他开始"整天"担心走路的问题，怀疑自己会变得不正常。

终于，本开始认为他无法正常走路了。"步行的概念消失了，"他说，"就像我做了一个前额叶白质切除术一样。"他还担心腿上的肌肉"会越来越单薄，变得像牙签一样，直至完全消失。"尽管很多医生向本保证，他的行走能力和腿的外观都是正常的，但是仍然不能消除本的担心。"我感觉我的腿是跛的，"他说，"损伤一直都存在。"

这些担心（和那些对于脆弱的身体部位的担心一样）看起来和典型的BDD担心很像，因为患者的痛苦都来源于对身体的过度关注。与之不同的是，他们担心的不是外表本身。在我接诊过的患者中，很多人除了这种担心之外还对同一身体部位有典型的BDD担心。也就是说，他们认为那些脆弱的或功能失常的身体部位也是没吸引力的或畸形的。虽然这些并不典型的担心明显与BDD的担心有相似之处，但目前还不清楚它们是否可被看作BDD的症状，还是应该被划分到其他障碍（如疑病症或强迫症，见附录二的定义）的症状之中。

---

① 一种局部麻醉剂。——译者注

"癌症使我逐渐萎缩"

在我接触过的患者中，一些人会把感知到的外表缺陷归咎于潜在的身体疾病。一位女士认为她的双肩和上半身正在萎缩，并且把这种想象出来的变化归咎于癌症。她见过无数医生，做过大量检查，但是结果都是正常的。本，我在前文中提到的那位一直担心自己的双腿正在萎缩、变细的年轻人也怀疑这些变化是由多发性硬化引起的。

罗伯特（Robert）认为他的外表问题是由甲状腺功能减退引起的。最初，他担心的是脱发问题，并为此看了很多皮肤科专家。其中大多数人认为他的头发是正常的，但是有一位医生给他开了类固醇，后来被另一位医生中断了。接着，他去见了一位营养师，这位营养师给他开了维生素和碘。结果导致他摄取了过量的碘，出现了甲状腺功能减退，于是停止服药。尽管罗伯特后来的甲状腺检查显示他的甲状腺功能是正常的，但是他坚信自己得了甲状腺功能减退症，并且坚持认为这一问题导致他眼睛凹陷、皮肤"松弛、缺乏弹性"。最终，他使自己深陷于"整个外表都改变了"的不安中，整天被这件事困扰并且自责，因为他认为甲状腺功能减退问题是自己造成的，而正是甲状腺功能减退导致了现在的外表问题。

这三位患者除了被诊断患有BDD之外，还患有疑病症——认为自己患有严重的疾病。有趣的是，国际疾病分类第十版（International Classification of Diseases，ICD-10）与DSM-Ⅳ一样，将BDD作为疑病症的一种类型。然而，正如我将在第十六章中探讨的，BDD和疑病症之间实际上有一些重要的区别，而且它们可能是两种不同的疾病，而非同一种疾病。在我见过的数百位BDD患者中，只有少数人把对于外表的担心归咎于生理疾病。

"我女儿很丑！"

一次，我接到一位女士的电话，她说女儿的鼻子令她非常苦恼。"我觉得她的鼻子看起来不正常，我担心它是歪的。"她对我说，"尽管每个人都说我女儿鼻子是正常的，她自己也从不担心这个问题，但是我很担心！我对此非常焦虑，并且给女儿造成了一些麻烦。我总是推她的鼻子想把它弄直，我恐怕已经伤到了她的自尊心。"

像这位女士一样，有些人并不担心自己的外表——他们担心的是其他人的外表。令他们感到痛苦的是儿子的耳朵"凸出来了"，或者男朋友的头发"看起来很糟糕"，但是实际上这些人的这些身体部位看起来很正常。他们可能会强迫他们所关心的人去做手术，即使根本没有做手术的必要。我把这种现象叫作"BDD代理（BDD by proxy）"，即过分担心他人的外表，这种担心可能会、也可能不会引起他们对自己外表的担心。

我知道一个非常凄惨的病例，一位五十多岁的男士坚信由于自己的问题，女儿就要变秃了。他对此非常绝望，最后自杀了。这就是这种BDD可能给家庭带来的严重后果。

"我感觉以前有头发的地方更空了"

有些人对自感缺陷部位有微妙的、难以捉摸的感觉。约25%的BDD患者会有诸如"有血管印的地方发痒""有痤疮的地方变紧绷了""脂肪挤在一起的地方越来越粗糙了"或"头发稀疏的地方更空了"等体验。通常，这些感觉都很轻微，不会造成问题。

但是在一些病例中，这种感觉会带来麻烦，因为它提醒了缺陷的存在，或者这种感觉本身就是痛苦的。一些认为自己的嘴唇不正常的患者会感觉到嘴唇干裂，这种感觉令人烦恼。那位担心由癌症导致的双肩和上半身正在萎缩的女士，就有明显的、持续的肩痛症状。这种疼痛本身就是问题。

"我就是一颗大痤疮……"

BDD患者一般会认为他们外表的其他方面都是正常的。由于过于注意自感缺陷的身体部位，他们会觉得其他身体部位没那么重要。他们认为他们有缺陷的部位是外表上最显著、最重要的部位。他们不会觉得自己是"一个鼻子上有小肿块的漂亮的人"，而倾向于认为自己最鲜明最突出的特征就是怪异的鼻子。因此，他们中的很多人认为自己在总体上就是惹人讨厌的（见第十一章）。

一些BDD患者会因为强烈地专注于想象中的缺陷而忽略外表的其他方面。马修（Matthew）一直被面部的轻微痤疮所困扰，因此他只能"看到"痤疮。他告诉我："在服药和状况有所好转之前，我就是一颗大痤疮，没有脚也没有脚趾头！"

一些BDD患者似乎不会注意多数人可能会担心的外表问题，或者被其困扰。相反，BDD患者所关注的缺陷通常是其他人完全注意不到或认为微不足道的。杰里米（Jeremy）三十多岁，他的头发几乎完全掉光了，但他并没有为此感到困扰。困扰他的是鼻子上几乎看不见的小肿块。他解释说，他并不担心头发，因为脱发是自然的，而痤疮早在十年前就应该被消除掉。我接诊的另一位年轻女士的情况与他相似，她的腿上有因为生理疾病而导致的又大又深的溃疡，但这些溃疡并没有给她造成特别的困扰。她经常穿短裤，即使天气很冷。相反，她关注的是她想象中的宽鼻子和"凹陷而呆滞的"眼睛——这些在其他人看来漂亮的地方。另一位关注乳房的女士告诉我："我丈夫对我说，与其继续为外表而苦恼，不如担心我的那一片色斑。但是我能对色斑做什么呢，所以我为什么要去担心色斑？"

这些观察报告引发了一些关于BDD的有趣的问题，我将在下一章继续讲述。为什么一些BDD患者担心这个部位，而另一些患者则担心那个部位？换言之，这些被担心的身体部位是如何"被选择的"？BDD患者实际上看到了什么？他们看到的是和其他人一样，还是有所不同？一些BDD患者强烈关注的缺陷，其他人却看不见或者认为很轻微；而那些对于其他人来说十分显眼的身体部位（例如腿上的溃疡），BDD患者却会忽略，为什么会是这样？

第六章
令人痛苦的强迫观念

"它一直在我心里，给我带来了难以想象的痛苦。其他人无法理解这种痛苦。如果我告诉他们，他们一定会认为我疯了。"

——马特（Matt）

"我无法把它从脑海里赶出去"

"我一直受到外表问题的困扰，"一位五十岁的秘书告诉我，"我整天想着它，这真的很疯狂。这些想法折磨着我……对外表问题的困扰一直埋在我心里，挥之不去。就像钟表的嘀嗒声，它一直在那，嘲弄我、纠缠我。"另一位女士是这样描述她的占先观念的："它就像一块磁铁。我没办法不想它。我一直在跟它做斗争。"

实际上，许多BDD患者每天至少花一小时思考他们的外表问题。在我研究的患者中，约35%的人每天思考外表问题的时间在一到三小时之间，约40%的人每天为此花费的时间在三到八小时之间，约25%的人每天为此花费的时间超过八小时，其余10%的人虽然每天思考外表问题的时间少于一小时，但他们在过去的大部分时期每天在此事上耗费的时间不少于一小时。

有些人"每天、整天"都在想他们的自感缺陷，这个问题总是盘踞在他们心里，使他们无暇顾及其他。一位女士说，"BDD就是一个阴影，它一直笼罩着我。我躲不开它。"还有一些人说他们"主动"思考外表的时间并不多，但是他们一直能"意识到"他们对于外表的担心——它一直潜伏在他们心里。有的人说他们一直有"两套思维"，一套用来处理日常事务，另一套则用来思考外表问题。

一位男士这样描述他对自己"小"脑袋的担心："它一直都在脑海里，我无法把它赶出去。就像有一只猴子趴在我的背上一样。我从未停止过思考这件事，哪怕一天或者一小时。它甚至已经影响了我的睡眠。"另一个人说："它一直在那里。即使我正在专心做其他事情，它依然在那里。就像一台始终开着的收音机。你也许有那么一瞬间听不到它的声音，但是如果稍微停顿下来想一想，你就知道它一直在那里。"雷（Ray）对我说："我的先占观念十分强烈，它是我思想的全部内容。我的心思像溜溜球一样在头发和胸部之间来来回回辗转不停。"

苏珊（Susan）把她对面部雀斑的想法描述为"侵入性的"，"这些想法一直占据着我的内心"。然而，也有的人发现他们的想法虽然不是侵入性的，却"一直在那里"。简单说来，那些想法已经成了他们的一部分。

多数BDD患者认为他们花在思考外表问题上的时间太多了，但是还有一些人不这样认为。因为这些想法已经成了他们生活的一部分，以至于他们并不认为自己的担心是过分的。他们认为所有人都会每天花些时间来思考自己的外表。

这些想法由什么构成？多种多样，但通常都十分消极。例如"你的脸上有一个痤疮，每个人都能看到，大家都会认为你很丑"，或者"我被毁容了，真丑，我是个怪物"。有个人是这样想的："你在人群里太显眼了，看起来很可笑。因为你的耳朵，人们都在盯着你看，嘲笑你。"简告诉我："我的脑子里一直有两种声音，一个说'不要担心'，另一个说'你太丑了'。"

有些人把注意力集中在他们所认为的糟糕的手术结果上。"我一直在想我在鼻子上做过的手术，"格雷格（Greg）说，"我觉得现在的鼻子不是我的鼻子，它太短太窄了，看起来像女人的，而不是男人的。我现在对那个医生很生气，后悔当初去做手术。我还经常回想起不同医生对我说的话。比如'你的确应该做些什么，但是做手术不是一个好主意'，还有'不要去管它，不然它会变得更糟'。"

有些人还会做关于外表的噩梦——他们备受折磨，即使在睡觉的时候。在梦里，巨大的恐惧变成了现实。一位女士这样描述她的梦："我做了一个关于理发的噩梦，梦见前面的头发都被剪光了。我被吓醒了。"另一位女士告诉我："我梦见自己走在大街上，突然间我的脸上长满了汗毛。人们对我指指点点，嘲笑我脸上浓重的汗毛。"一位讨厌自己头发的女士这样描述她的梦："我梦见我的一个朋友在结婚的时候有一头美丽的长发。除我以外的其他伴娘也都有一头美丽的长发。新郎对我说，除非戴假发，否则我就不能参加他们的婚礼。因为头发的缘故，我甚至连教堂也不能进，必须离开。"

这些对缺陷的先占观念之所以会消耗大量时间，一个原因是这些观念很难对抗和控制。很多人努力对抗这些观念，试图把它们抛开，然后集中精力做其他事情。但是有的人发现他们的先占观念太强烈了，根本没有多余的力气去转移注意力。我发现，约25%的BDD患者会想方设法去对抗这些观念，约35%的人会为此做出一些努力，但是还有25%的人极少对抗这些观念，而另外15%的人从来不采取任何措施对抗这些观念——他们简直就是允许这些想法侵入内心。虽然人们对抗先占观念的程度各不相同，但是努力的人还是比听之任之的人多一些。

大多数人仅能在有限的范围内控制先占观念。没有一例未经治疗的BDD患者报告说他可以完全控制先占观念。约50%的人能稍微控制先占观念，而约25%的人几乎完全无法控制。这是BDD的一个特别困难的方面。"我努力忽略它们，但是我做不到。"一位男士告诉我，"它们不会离开我。就像治疗头痛一样，你无法马上让它们停下来。"一位对于想象中的双肩萎缩充满担心的女士说："我满脑子都是对它的担心——它一直控制着我。这非常可怕。我没办法阻止它。"另一位女士说："患上这种疾病，最艰难的地方就在于我不能控制自己的想法！这些想法有它们自己的生命。面对它们，我无能为力。我努力去对抗它们，想把自己的注意力从它们身上移开。有时候我的确做到了，尽管非常艰难，但是更多时候我做不到。这看起来多么愚蠢、多么可笑！我应该可以不想它们的，但通常都做不到。"

有时，BDD患者被要求停止对外表的担心。如果真的这么简单就好了！BDD的核心特征是对先占观念缺乏控制、对外表的担忧过多。BDD患者当然希望他们的问题全部消失或者至少忘掉那些想法，毕竟他们比任何人都更希望结束这种痛苦。但是他们做不到——这就是BDD的全部。

对卡珊德拉（Cassandra）来说，事实就是如此。"BDD给我带来了极大的痛苦，"她说，"我感觉完全没有自由，就像被关在笼子里的动物。它让你和自由的生活绝缘。我跑不出来，无法从那些想法中逃离。我希望有什么办法可以让自己活得轻松些。"

"就像有一支箭贯穿了我的心脏"

比尔是一位四十岁的庭院设计师，外表的问题令他相当痛苦，以至于他甚至无法用语言来描述这种痛苦。我第一次见到他，是在医院一间光线很暗的房间里。他戴着一顶棒球帽，帽檐拉得很低，遮住了前额，甚至挡住了眼睛，他把头埋在膝盖上。

他一边盯着地板一边向我讲述他的问题。在讲到这些问题时，他显得很焦虑，很犹豫。他没有朋友，刚刚丢了工作。他觉得生活不值得过下去。我问他对目前的艰难处境有什么想法，他答道："真的不想说，医生。我不知道我能不能说出口。这太难堪、太痛苦了。"

终于，比尔还是告诉了我他的情况——他来医院的原因。他担心自己的鼻子，认为鼻子上满是痘痕和毛孔。他认为如果没有这些痘痕，他看起来会好得多。因此，他坚信这些痘痕使他变得怪异、丑陋，就像象人。在过去的十五年里，他每天都要花很多时间想这些事。他戴上帽子，用帽檐遮住鼻子，坚持在黑暗的房间里见我，因为那样我就无法看清楚他的样子。

"我不知道该怎么对你说，"他说，"既丢脸又尴尬。有那么多人的情况比我还糟糕，我能向谁抱怨呢？对生活失去控制是因为脸上的痘痕？这太丢人了，而且很荒唐！但是每天早晨醒来，我跑到镜子前面，看到那些痘痕，我就想死。我再也无法承受了。每一天，那些痘痕看起来都会变得更大一些。我在镜子和床之间来来回回，绝望极了。我感到痛苦和恐惧。我想'我该如何面对？我这个样子该怎么活下去？'"他试着想象与这种痛苦相似的感受，"就像一个女人被强奸之后的感受，就像一个癌症病人的感受，就像有一支箭贯穿了我的心脏。"

"它毁掉了我的生活。我变得非常抑郁。不愿意出去见人。我备受困扰，无法工作，最后被解雇了。它压得我喘不过气来。在来医院之前，我曾在一家旅馆的房间里准备自杀。当时，我一直盯着镜子里的自己，我觉得我再也无法忍受这些痘痕了。我被吓坏了，因为我想去死。我憎恶自己。我在房间里走来走去，和自己争论，告诉自己过分担心这些痘痕是愚蠢的。但是每个人都能看到它们——我没办法隐藏它们！我再也不能这样活下去了，于是我决定闷死自己。"

很多BDD患者对痛苦的描述都是相似的。一位年轻男士告诉我："这种痛苦是持续不断的，让人难以忍受。我的生活就是一场灾难。我无法用语言表达这种巨大的痛苦。每天都是地狱。"

这些描述听起来似乎很极端，甚至很夸张。但是这些患者并没有夸大其词。多数患者对他们所遭受的痛苦的描述是保守的，而非夸大。他们在描述情绪痛苦的时候都非常不情愿，非常犹豫，甚至会感到抱歉。他们认为他们的痛苦是自私的或者愚蠢的。

但是他们的痛苦是完全真实的，而且是相当严重的。在我工作的这些年里，在我遇到的各种类型的精神障碍患者中，BDD患者是最痛苦、最受折磨的。

一些人的烦恼和情绪痛苦可能没有比尔那样严重。BDD患者的痛苦程度由轻到重呈连续型分布。我发现，6%的患者报告先占观念引起了轻微的痛苦，40%的患者报告感受到了中等程度的痛苦，44%的人感受到了严重的痛苦；10%的人极度痛苦甚至失能。

我试着理解是什么导致了他们的痛苦。原因之一是强迫观念频繁出现而且难以控制。生活中的大量时间被那些不请自来的想法占据，以至于没有办法思考其他事情，而且参与喜欢的或者重要活动的时间被剥夺，这是令人不愉快的。另外，他们所想的内容——坚信自己有缺陷、丑陋、没有吸引力，或者认为自己是丑八怪——令人感到非常痛苦。一位男士努力解释道："想象一下你的鼻子被割掉会是什么感觉。那就是我对自己外表的感觉。"

事实上，很多BDD患者都希望自己担心的是身体的其他部位，认为那样他们的痛苦会少些。一位认为自己正在脱发的年轻女士说，"我希望我担心的是别的什么，比如皮肤。那样我至少可以化妆把它遮住，但是我无法改变头发。"但是一位讨厌自己皮肤的年轻女士却说："我希望我担心的是别的地方，比如头发，因为那样我还可以戴假发。但是我无法改变皮肤，斑点永远都在那里。"

还有一位女士有类似的观点："我宁愿我的问题是鼻子太大。因为那样你可以去做鼻部整容，而且无论如何，你的鼻子本来就应该在那里。但是斑点却不应该，因此斑点对我来说更糟糕。"这种痛苦的根源是基于这样的信念：认为身体的其他部位更容易遮掩或者修复，而被他们讨厌的身体部位却无法被改变，这引起了情绪上的无助和绝望。

使BDD患者感到痛苦的另一个原因是，他们认为其他人把他们看作丑八怪，甚至憎恶他们。此外，他们认为他们难以遮掩缺陷。那些担心面部特征（BDD患者最普遍的关注点）的人指出，面部缺陷尤为令人痛苦，因为缺陷在脸上，而脸是其他人通常注意和目光停留的地方，很难隐藏。

另外，BDD症状通常伴随着低自尊、功能不全、尴尬、丢脸、羞耻等感受。虽然并非每个患者都会出现以上全部感受，但是这些感受非常普遍。许多BDD患者的自我感觉很糟糕，他们感觉受到排斥，认为其他人会对他们做出负面评价。

"我一直都很不喜欢自己，因此我无法想象有人会喜欢我或我的外表，"桑娅（Sonya）告诉我，"对于外表的担心让我感觉非常自卑。这些担心对我来说很合理，因为它们都与低自尊有关。我觉得自己就像一个破损的商品。"一位男性患者说："当我走进商店时，我觉得自己就是商店里最糟糕的人。如果我好看一些，也许人们会更喜欢我，更容易接受我。""脸是我生活中所有痛苦的根源，"一位三十五岁的艺术家说，"我为此感到绝望。我感觉自己不属于任何地方，也从来感受不到快乐。我觉得自己是不被接受的，被外面的世界看作不讨人喜欢的、被排斥的、丑陋的。"

羞耻感在BDD中非常普遍，而且似乎是这种疾病的一个核心方面。历史上最伟大的精神病理学家之一皮埃尔·让内（Pierre Janet）强调了羞耻感在BDD中的重要性。事实上，他认为BDD是一种对于身体感到羞耻的强迫症。1903年，他描述了一位叫纳迪娅（Nadia）的二十七岁女士。他注意到她对"丑陋的身体"的很多部位都感到难堪和羞耻，包括皮肤、手、腿和脚，而且她担心由于她的"丑陋"，没有一个人会喜欢她。

这种深深的羞耻感是有意义的，因为先占观念本身就包含了对自身强烈的负面情绪——认为自己是令人反感的、有缺陷的。这种认为身体部位存在缺陷的思考方式通常会对患者造成更为广泛的影响。一位女士说："无论什么时候，只要看到自己，我就觉得有什么地方不对劲。如果要用一个词来表达我对自己身体的感觉，那就是羞耻。"一位中学老师说："在我对于外表的担心中，羞耻是核心。BDD等同于愚弄。"男性可能会因为觉得自己看起来不够有男性气概而过度担心，并为此感到羞耻。

BDD患者另一个痛苦的来源是，感觉自己为了这种"微不足道的"担心而殚精竭虑是自私的、虚荣的。和萨拉（Sarah）一样，一些BDD患者感觉自己过于担心外表是错误的，甚至是不道德的。我称其为BDD的"双重打击"：BDD患者不仅无法停止那些痛苦的想法，而且他们会为此严厉责备自己。许多人会感到惭愧，并且认为自己道德观念薄弱、有缺陷，因为他们竟然为那些琐事而困扰不已。他们因为这种羞耻感而无地自容。

就像一位女士告诉我的："虽然我知道不应该这么担心，但是我不喜欢自己的样子。对于我来说，谈论这个问题很困难，因为外表并不重要。我不愿意成为那种肤浅的只关注表面现象的人。我为此感到惭愧，所以我甚至不愿意谈这个问题。我在提到它的时候只会说'你是知道的'。"另一位女士有相似的感觉："这听上去很肤浅，但并不是这样的。思考这些问题让我觉得自己很愚蠢，感觉自己就像是个被宠坏了的浅薄的人。我很惭愧，我宁愿自己变成瞎子或者瘸子。我尽力不去想，但是无法控制。"

但是有些BDD患者并不认为对于外表的担心是微不足道的。他们指出，在我们的社会，吸引力很重要而且备受重视，因此他们的担心是合理的。但是下面的这些情绪更为普遍："我觉得自己像是一个令人讨厌的、可怕的人，因为我太担心自己的胸部了。我怎么能这样虚荣呢？我怎么能如此担心外表呢？外表对我来说并没有那么重要。"这位女士在得知好朋友得了乳癌之后更加自责："我甚至强烈感觉自己是一个有问题的人——我的好朋友得了乳癌，必须做乳房切除手术，而我还在为自己乳房的大小而苦恼。我觉得这是一种非常自私的疾病，但是我无法控制。我才是那个应该去做乳房切除手术的人！"

BDD应该像抑郁症、神经性厌食症或心脏病一样被视为一种疾病，而不是一个过度虚荣的问题。这种疾病有它自己的特点，它不是道德缺陷的反映。如果患者可以停止对于外表的胡思乱想，他们早就那样做了。如果他们仅通过意志力就可以使症状消失，结束他们的痛苦，他们也就不会痛苦了。自责只会加重他们的痛苦。

有些人感觉惭愧是因为他们认为自己本应该能够处理那些问题的，例如他们可以节食或者努力工作。还有一些人自责是因为他们认为自己应该为存在的缺陷负责，他们认为是自己做的某些事情使外表受到了损害，而那些事情本来是可以避免的。"我看着镜子对自己说'看看你都做了些什么！？'"蒂娜（Tina）说，"我真的是自作自受，抠抓皮肤毁掉了我的外貌。"

汤姆（Tom）认为自己使用青春痘特效药严重损害了自己的外表，青春痘特效药是一种用来治疗严重痤疮的药物。汤姆在服用了这种药物后，脸上的痤疮消失了，但是药效使他的皮肤变得轻微干燥。在他看来，这是灾难性的。他责怪皮肤科医生，但更责怪自己。"我毁掉了自己的皮肤，"他对我说，"我毁掉了我的外表。真不敢相信我对自己做了这些！"汤姆的愧疚和自责变得更加极端，他无法摆脱，这也进一步加重了他的痛苦。

很多BDD患者会与其他人隔绝，这是BDD中最艰难的事情之一。这些情绪通常源于他们认为其他人会把他们看作有缺陷的和令人厌恶的人。一位大学生放假后不回家，因为她认为家人会因为她的皮肤而排斥她，不再爱她。她说："我害怕变成一个被抛弃的人。"另一位学生说："我担心自己会无法过正常的生活——约会、性交、交友。这缺陷让我觉得自己像个怪物。没有人会喜欢我。"

一位年轻男士告诉我："如果我长得好看点，也许人们——特别是女人——会更喜欢我，更容易接受我。我经常反复思考自己的丑陋，我觉得自己再也不能这样下去了，因为人们是根据相貌选择朋友和伙伴的。我是令人厌恶的、被人排斥的。我完全陷入了孤独。"

他们认为其他人不理解他们或者不会把他们的担心当回事而导致了隔离。毕竟BDD患者看起来和那些对他们的担心感到疑惑、安慰他们的普通人一样好。"说到我的担心，我觉得很愚蠢，"一位男士说，"人们通常的反应都是'什么？！'"当人们有躯体问题时，通常都有明显的证据和"可以理解的"症状，例如化验结果、X光照片或者一片疹子，这些都能证明引起人们痛苦的、使人能力受限的疾病是"真实的"和合理的。其他类型的精神障碍也是一样。一个体重只有32公斤的成人神经性厌食症患者无疑是生病了。惊恐发作也一样,惊恐发作时,患者失去控制是可以被观察到的,而且很明显;惊恐发作引起的急促的呼吸和流汗对于任何一个观察者来说都是显而易见的、"真实的"。尽管其他人也许并不理解这些症状,但是他们知道一定是出了什么问题,知道病人正在遭受痛苦,而且需要治疗。

但是BDD不同,因为BDD患者的外表是正常的。那些先占观念以及由那些观念所引发的痛苦,对于其他人来说实在太难理解了。怎么会有人那么担心在其他人看来根本不存在的问题呢?或者,即使存在轻微的缺陷,怎么会对生活造成那么强大的干扰呢?为什么他们就不能忘记那些问题呢?对其他人而言,这些都难以理解。因此,BDD患者通常感到孤独、不被理解。

"担心使我变得十分孤僻。人们认为我疯了,"一位男士告诉我,"他们不能理解,所以我只能独自承受。这是一种极端私人化的内心焦虑,我感到很孤独。""这种痛苦,就像和我一起生活了十五年之久的狗死了的那种感受一样糟糕。"一位大学生告诉我说,"人们能理解你的悲伤,但是他们不能理解BDD。"

"每个人都在盯着我!"

对于很多患者来说,BDD之所以令人痛苦和难堪的一个原因是,他们认为其他人会特别注意(甚至嘲笑)他们的缺陷。如果有人朝他们的方向看了一眼,他们就会臆断自己正在被人惊恐而厌恶地注视着。那个人的那一瞥反映了这样一个事实——他们的缺陷是令人厌恶的。一位担心脖子上微小疤痕的男士说:"我知道别人在看到我的时候都在嘲笑我。我穿过人行道的时候,汽车里的人肯定在想'他怎么回事,看起来实在太丑了'。"另一位担心轻微痤疮的男士说:"我出门的时候,每个人都在注意我。我觉得他们都在想'他脸上那么丑的东西是什么？' 这就好像你走在大街上，而你的整张脸都被涂上了巨大的红色标记。无论我走到哪里，都感觉霓虹灯招牌正指着我的脸！"

BDD患者通常认为其他人能看见他们的缺陷，但是我在这里讨论的不止这些。我要描述的是一种现象，精神病学术语称之为牵连观念——认为其他人也会特别注意这些缺陷。环境中与BDD患者无关的良性事件（或者即使该事件与他们有关也与他们想象中的缺陷无关）会被消极地理解为与他们的缺陷有关。在我的研究中，约60%的患者有这种体验：认为别人正在注视、谈论或者取笑他们的外表。其中约50%的人认为其他人可能会特别注意他们，而另外50%的人则完全确信这一点。有些人用"妄想狂"这个词来描述他们的感受。

在珍妮弗身上，这个问题非常严重。她把自己的车扔在正在塞车的马路上，因为她认为其他人都在看她皮肤上的缺陷。当她走在大街上时，她坚信其他人正在注视她的皮肤并且想"那个可怜的姑娘，她的皮肤看起来真恐怖！"当她走进餐馆时，她坚信自己的痤疮和色斑引起了正在用餐的人们的注意，而她必须坐在餐馆最阴暗的角落里才能吃得下去东西。即使如此，点餐的时候她也必须把头压得很低看菜单，这样服务员才无法看到她的脸。工作时，她认为同事和顾客都在背后嘲笑她。这些感受使她往往在工作到一半的时候就不得不离开工作岗位，最后只好辞职。

人们的交谈可能会被BDD患者错误地理解为是针对他们的。"无论什么时候，只要有人一谈起刮脸或者胡子，我都认为他们可能在说我的胡子，"巴特（Bart）告诉我说，"这的确就是他们的意思。"一些BDD患者认为其他人能看到他们的缺陷，即使对方与他们的距离远到几乎不可能看到。一位男士认为人们能在二十步之外看到他脸上轻微的痤疮，而珍妮弗认为人们即使在五十步之外也能看到她的缺陷。一位唱诗班的男士认为所有的听众都能看到他脖子上那个很小的疤痕。

这些感受在某种程度上与我们的感受有相似之处。所有人都曾有过被注意的感觉。当有人注视我们时，我们会疑惑这是为什么：是不是我让他想起了他认识的某个人？是因为他对我正在阅读的书感兴趣吗？他注意我的眼镜是因为他也打算也买一副相似的吗？他可能在注意我的外表——也许是因为我的外表有什么奇怪的地方，但也有可能是他觉得我好看。他真的在注意我吗？也许他恰好朝我这个方向看，但是正在想其他事情，例如到超市来要买什么东西。可能的解释无穷无尽。但是，多数BDD患者通常不会认真思考甚至只是稍微想一下这么多的可能性。他们臆断别人正在细看他们的缺陷，而且对这些缺陷有负面的想法。

并不仅仅是BDD患者存在这样的想法。那些有确切可见的、明显的身体畸形的人也有相似的想法，他们断定其他人的行为举止是对他们身体畸形的一种负面反应，尽管事实并非如此。另外，研究发现，身体正常的个体也可能会这样想。罗伯特·克莱克（Robert Kleck）和克里斯托弗·斯特（A. Christopher Strenta）做过一项有趣的实验：那些外表正常的年轻人先是被告知他们的脸上被用化妆品涂上了一个显著且逼真的疤痕，但是后来那些"疤痕"在他们不知情的情况下被擦掉了。随后，这些被试坚信脸上的"疤痕"强烈地而且是负面地影响了其他人对待他们的行为，他们因脸上的"疤痕"而遭到了其他人的排斥。换言之，被试错误地发现了充足的"证据"，证明其他人对他们的"身体缺陷"（实际上并没有，然而他们并不知道）有负面的反应。这种错误归因与BDD患者的想法惊人的相似。重要的是，研究者指出了错误归因的社会结果：对于那些想象自己身体有畸形的人而言，错误归因会导致他们的低自尊和社会退缩，而这反过来可能会对他们与他人的互动行为产生负面影响。这就是人们在BDD中发生的事情。而这正是认知行为疗法（我将在第十四章中讨论）计划要改变的事情之一。

我试图向患者做出其他可能的解释：也许其他人并不是真的在看你；也许他们正在思考其他的东西；也许他们正在注视你，但是并没有注意你的缺陷；也许他们认为你看起来有动人的气质。但是大多数BDD患者很难相信这种解释，即便事实如此。他们以看待有缺陷的外表的方式来看待他们自己，并且断定别人一定也是这样。通常，只有精神科治疗对他们产生效果之后，他们才会考虑其他解释，进而真正认同其他解释。

有时，他们的牵连观念比较独特。简认为其他人会通过望远镜盯着她的鼻子看。另一位女士认为，当她经过其他人身边时，人们会说"她好丑"或者在他们呼吸的时候咕哝一句"丑女人"。当亚历克斯（Alex）还是个孩子的时候，他就认为母亲在用餐的时候离开餐桌是因为他太丑了。"随着长大，我变得越来越丑，这种情况发生得越来越频繁。"他说。

斯蒂芬（Steven）的体验是牵连观念的一个特别典型的例子。他常常被那些认为他很有吸引力的女性追求，但是他却坚信自己是丑陋的，特别是脸部的结构"不够成熟和丰满"。当周围有人的时候，尤其是有年轻女性的时候，他认为人们会特别注意他，但是是以一种消极的（而不是积极的）方式。他坚信人们正在嘲笑他的脸型，因此他觉得受到了伤害，深感耻辱，有时候还会感到愤怒。我猜测斯蒂芬观察到的笑声多数都和他没什么关系。但是如果有人——特别是年轻女性——真的（以一种积极的方式）在注意斯蒂芬，我一点也会不感到惊奇。

一些BDD患者会以一种"必败变奏曲"的方式来描述这个主题。"如果人们看着我，我会认为那是因为我长得丑，"一位女士告诉我，"如果他们不看我，那一定是因为我实在太丑了。如果他们看了一下我，然后又看向其他地方，他们一定在想'这个人没什么好看的'。我会感觉受到了排斥和拒绝。"

这些类型的体验反映了BDD的一些很重要的方面。第一，很多BDD患者（即使不是绝大多数）会错误地认为无论如何其他人都会以消极的方式看待他们的自感缺陷；第二，BDD患者通常以他们看待自己外表的角度去体验与他人的互动。他们通过"外表有色眼镜"来看待这个世界，也用这个眼镜来看待他们自己，并且断定世界上所有的人都这样。他们很难相信其他人不会注意他们的自感缺陷。一项研究发现，BDD患者比对照组的健康被试更可能错误理解面部表情（例如生气）。这个研究结果与BDD中的牵连观念——尤其是其他人正在嘲笑他们或对他们不怀好意——相符。

治疗BDD的一部分内容是帮助患者理解：绝大多数人在评价他们认识的人、他们所爱的人的时候是从很多不同的方面进行评价的，例如热情、友好的态度以及性格；当其他人注意BDD患者的外表时，他们未必就在注意那些所谓的缺陷。

类似的感受可能与BDD核心的先占观念本身一样，会引发问题、令人痛苦。当人们感到被嘲笑、被排斥的时候，他们更加会觉得自己有缺陷，并且感觉羞耻、被孤立。"人们总是盯着我看，"乔伊斯（Joyce）说，"我觉得这是显而易见的。只要我听到人们在耳语，就会认为他们正在说我的事情，说我的外表。我非常痛苦，所以我远离人群。"

不同程度的确定性

斯蒂芬妮（Stephanie）认识到她关于外表的观点是不切实际的。"我的眼睛几乎是X光，"她说，"没有人会看到我脸上的色斑。我的感觉欺骗了我。它把极其微小的东西放大了！我看着镜子，色斑就会在我眼前醒目地突显出来。我在500米之外就能看到它，但是我知道那很愚蠢。"

哈尔（Hal）也认为他对自己皮肤的观点是不准确的。他的脸上有时候的确有痤疮，但是很轻微，除非他指出来，否则其他人根本看不到。但是在他心里，痤疮会大到令人恐怖的地步，这就是他在注视自己的脸时看到的全部。"我想象出来的东西太疯狂了，"哈尔说，"在我心里，这个小痤疮变成了一个巨大的、丑陋的东西，每个人都在注视它。就好像你在脸上一个很小的不完美的地方画了一个巨大的红圈一样。我就是那样，但是我知道我的观点是扭曲的。"另一位男士也有类似的想法："这是不理性的。这么小的细节，根本没有一个人会注意到。我就像一个厌食症患者。我的观点扭曲了，但是我仍不可抑制地要去想它。"

这些人有良好的自知力——他们能够认识到自己关于外表的观点是不准确的。尽管他们无法停止这些想法，但是他们知道自己事实上并非极端丑陋。正如一位男士所说，"我的大脑戴着一副模糊的眼镜"。

但是大多数BDD患者无法认识到他们的观点与其他人不同。他们认为自己的观点很可能是正确的。还有一些BDD患者则认为他们的观点是绝对正确的，他们完全确信他们的观点是符合事实的、未被扭曲的。那些认为缺陷有可能和他们想象的一样糟糕，但是又能够承认他们的观点可能是扭曲的患者，他们有超价观念（overvalude ideation），也就是说他们只有贫乏的自知力。他们在描述自己的问题时会说"事情可能像我想的那样糟糕，我不认为我歪曲了事实，但也有这样的可能"或者"我非常肯定我的皮肤就像我所认为的那样糟糕，但是我也不太确定"，这里似乎还存在一丝疑问。通常，他们不知道应该相信什么。"我认为自己的样子糟透了，"一个人说，"但是也许事实并不是那样。虽然我可能那样想，但是我脑子里仍有一个疑问。你的头脑不知道怎样分辨真假。"

有些BDD患者并没有良好的自知力，甚至连贫乏的自知力也没有。相反，他们完全确信他们关于缺陷的观点是正确的、未被扭曲的。其他人无法说服他们。他们对此不存在一丝怀疑。他们会说"我百分百确定我是正确的，我没有夸大它的糟糕程度，其他人都是错的，没有人能说服我，毫无疑问"或者"如果你说你看不见它，我不会相信你，因为我看见了"或者"我在照片上看见了，我知道自己看见了什么"。一位男士说："我很确定我在镜子里看到了什么，就像你能看见这桌子上的盒子是长方形的，而不是圆的。"

沮丧的朋友和家人通常需要承受这样的事实，试图劝说BDD患者放弃那些顽固的信念都是白费心机。用精神病学术语来说，BDD患者的这种思维被称为妄想，即个体坚定地持有一种其他人无法认同的信念。无自知力（妄想思维）的患者会尽力说服别人相信他有缺陷的外表是多么糟糕。有些人会带着极大的焦虑拿出照片来证明他们外表上的变化，或者出示"证据"来表示他们是正确的——例如毛巾上或者下水道里的头发，这些会被作为严重脱发的证据。

对此，一种可能的解释是，他们实际上看到的的确与其他人看到的不同；也就是说，他们有一种不同的知觉体验。另一种可能的解释是，他们看到的和我们看到的是一样的，他们之所以认为那非常丑陋，也许是因为他们的标准比较高。还有一种可能，即他们由于过度关注某个微小的缺陷，会导致他们对想象中的缺陷部位或者对于外表的重要性的认识发生扭曲。我会在后面的第十章和第十一章进一步讨论这些可能的解释。

因此，BDD患者的自知力范围从优秀到良好，再到一般，再到贫乏（或超价观念），最后到无（或妄想思维），见图6-1。目前，在我接诊的患者中，只有不到1%的人有优秀的自知力，只有3%的人自知力良好，12%的人自知力一般，31%的人自知力贫乏，而有53%的人缺乏自知力（表现为妄想思维）。然而，几乎所有患者都有BDD症状，在有效治疗后，他们的自知力通常会有所改善（见第十三章和第十四章）。

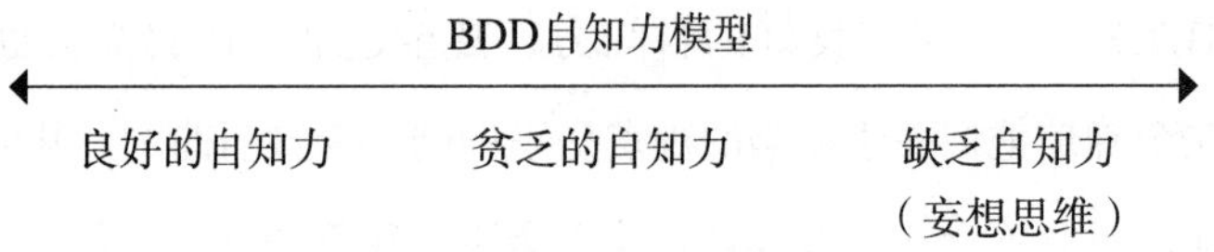

BDD自知力模型

良好的自知力　　　　贫乏的自知力　　　　缺乏自知力
　　　　　　　　　　　　　　　　　　　　　　（妄想思维）

图6-1　BDD自知力模型

因此BDD患者通常十分确信他们关于缺陷的观点是准确的。他们还倾向于认为其他人的观点和他们一样。人们往往很难说服BDD患者放弃他们的观点，而且仅有少数BDD患者会试图说服自己放弃观点。虽然有些人已经认识到他们关于外表的信念存在心理学或精神病学的原因，但是还有很多人没有认识到这一点，并且他们认为自己的观点就是正确的。

一些人的自知力会在图6-1的不同级别之间波动，而非始终保持一个水平。一位商场的店员告诉我："有时候我认为自己的皮肤没有那么差，有时候我又确信自己的皮肤很糟糕。"玛丽通常有相当好的自知力，能够认识到自己的面部汗毛并不浓密，她说："大多数时候我都知道那不是真的，我脸上的汗毛其实没有那么糟糕。我的观点完全扭曲了。"但有时候，她又会认为她的担心是有道理的——"也许我脸上的汗毛真的很多"。一些认为自己也许并没有那么糟糕的人会在照镜子的时候确信他们的样子很恐怖，他们失去了曾有的自知力。卡珊德拉认为自己关于色斑的观点是歪曲的。"是的，那些色斑就在那儿，但是它们并没有那么糟糕。我也知道没有人会认为它们极其丑陋，我夸大了它们的存在。但是有时候，它们看起来真的很糟糕。我看着镜子并且感到惊恐。我在想'它们真是糟透了'！"

当有其他人在场的时候，一些BDD患者的自知力会变低。一位男士告诉我："有时候我的观点是扭曲的，但有时候没有。当我在家的时候，我知道我夸大了痤疮，我知道自己在小题大做。但是一出门，我就变得百分百确信痤疮是丑陋的、令人厌恶的。其他人肯定能看到它。我的这两种观点会在短短的一个小时内变来变去。"有时，各种压力和焦虑似乎也会使患者的自知力暂时降低。但是通过精神科治疗，他们的自知力往往会得到改善。汉娜（Hannah）担心脸上的痤疮和红色的、白色的污点，在服用了氟伏沙明（一种5-羟色胺再摄取抑制剂）后，她认识到自己的观点是错误的。现在，她承认自己的皮肤看起来还不错，她十分确定这个观点，甚至不化妆就出去游泳——这在以前从未发生过。

因此，BDD患者的自知力似乎跨越了一个广泛的范围，包括妄想型和非妄想型思维。[1]不过，妄想型BDD更加严重。研究结果表明，妄想型和非妄想型BDD患者都对相同的药物有反应——5-羟色胺再摄取抑制剂，又被称为

---

① 我发现妄想型BDD患者与非妄想型BDD患者几乎在所有方面都是相似的（例如人口统计学特点、BDD的症状以及治疗反应），尽管有妄想思维的人的BDD更加严重——症状使他们更受困扰、更痛苦、更受伤害，他们也更容易感受到压力，他们的生活质量更低。

SRIs或SSRIs。这些都是具有抗强迫性质的抗抑郁药物。重要的是，一般并不认为SRIs能够有效治疗具有妄想思维的人，但是它对妄想型BDD有效果（我会在第十三章对此做进一步的说明）。这些研究结果是引人注目的，同时也给妄想型BDD患者带来了希望。

第七章
照镜检查、整饰、伪装、节食以及其他BDD行为

"他生活的中心就是他口袋里的小镜子。他的命运取决于镜子展示的或即将展示的画面。"

——露丝·布伦瑞克

"这是我每天早晨的仪式"

阿曼达在一个并不强调外表的家庭长大。"我真不知道我为什么会如此担心外表，"她说，"真丢人！我不应该关心这个，但是我做不到。"阿曼达认为，她的外表从总体上看是可以接受的，但她不喜欢头发，认为头发是竖起来的并且"它的形状看起来很奇怪"。此外，她还担心脸上淡得几乎看不到的疤痕，还认为自己的脖子太粗了。

为了好看一些，阿曼达每天花很多时间梳理头发。"我不会一下子把所有的事情都做了，"她说，"但是如果把我耗在头发上的时间加在一起，就很可观了。这是我每天早晨的仪式：冲一个澡，然后至少在镜子前花一个小时的时间为出门上班做准备。我在浴室里对着镜子反复梳理头发。把头发吹干，喷上发胶，然后再梳理一遍。为了让头发不会在不该竖起来的地方竖起来，我用各种方法整理头发。我至少要重复五到十次这样的过程，我的头发看起来才会足够体面，我才能出门。我努力让头发看起来正常点，但是永远做不到。"

在早晨的仪式期间，阿曼达还会反复化妆遮掩轻微的疤痕。有时候，她还会去抠它。工作的时候，她也会查看镜子。"我去卫生间检查我的外表是否正常，查看妆容和头发。在镜子前，我把自己弄得疲惫不堪。有时我被困在镜子前面梳理头发，无法挪动脚步。这很麻烦，因为这让我很难专心工作。我本来应该去等候顾客的，却站在镜子前面。"

阿曼达在一个服装店做售货员，她有时会让顾客等待很久。"老板对我的表现很不满。有时我没有在柜台前等候顾客，他就会疑惑我到底去哪里了，"她说，"我想他知道我在卫生间里，这真是一件尴尬的事。奇怪的是，他还没有解雇我。其实我不想干了，因为这个工作不适合我。我整天都要见陌生人，他们都可以那么近距离地看到我的脸。他们会怎样看待我的头发和疤痕？我想他们肯定认为我难看极了。我每天都要绷紧神经，不敢直视人们的眼睛，因为我对自己的相貌感到难为情。"

阿曼达想移居到一个较为寒冷的地方去，这样她就能较长时间穿高领衣服来遮住她的脖子。"我不知道我是否会去那么远的地方，但是当温度达到二十摄氏度左右的时候，还穿高领衣服就有点愚蠢了，我有时候就是这样穿的。我的脖子看起来很粗，我需要遮住它，"她解释说，"如果在一个冷的地方，每天穿高领衣服就不会那么奇怪了。但是我在服装店里工作，需要穿着得体，夏天穿高领的我看起来就会十分古怪。"

阿曼达表现出来几种典型的BDD行为：照镜检查、过度清洁、抠抓皮肤以及伪装。珍妮弗、简和萨拉也有这些行为，多数BDD患者都有这些行为。他们用这些行为来检查、隐藏或改善想象中的缺陷，或安慰自己看起来还不太糟。许多人通过镜子或其他反光物来检查感知到的缺陷。还有些人忍不住要抠抓皮肤。多数BDD患者私底下经常把自己和他人进行比较。还有一些人会一遍又一遍地反复询问家人或朋友：我看起来正常吗？别人会看见那个缺陷吗？有时，他们试图让其他人相信他们的缺陷的确是糟糕的，他们常常会这样问："你没看到我脸上的这个……吗？"

BDD患者普遍会用服装、化妆或帽子来隐藏他们所感知到的缺陷，他们还会寻求整容手术、皮肤科治疗或其他治疗。他们可能会频繁地更换医生，要求验血、敷药或者进行手术。有时候，即使是反复治疗也无法达到他们希望的治疗效果。

表7-1总结了常见的BDD行为。我发现超过90%的BDD患者至少存在其中一种行为。他们平均会出现其中的六种行为，有的人会出现多达十三种行为。表7-1列出的行为是BDD患者的普遍行为，但是还有一些其他行为未被列出，例如反复测量"有缺陷的"身体部位（如腰），阅读与缺陷部位相关的资料（如关于生发的书籍），以及上网搜寻解决办法。同样，这些行为的目的通常是恢复信心、改善缺陷或者把缺陷隐藏起来不让其他人发现。

表7-1 常见的BDD行为

行为	具有此行为的患者的百分比（%）
伪装	91%
①利用身体站位或姿势	65%
②利用服装	63%
③利用化妆	55%
④利用手	49%
⑤利用头发	49%
⑥利用帽子	29%
将自己的身体部位与其他人的进行比较，或仔细观察其他人的外表	88%
通过镜子或其他反光物查看外表	87%
寻求手术、皮肤科治疗或其他医学治疗	72%
过度整饰（梳理头发、化妆、刮胡须、脱毛等）	59%
询问和反复求证，或者试图使他人确信自己想象中的缺陷是丑陋的	54%
触摸缺陷部位	52%
换装	46%
节食	39%

表7-1 常见的BDD行为（续）

行为	具有此行为的患者的百分比（%）
抠抓皮肤	38%
回避镜子	24%
过度晒黑	22%
过度锻炼	21%
过度举重	18%

注： "回避镜子" 指至少连续数天回避所有镜子及反光物。

有些行为不太常见而且有些奇特。三十岁的工人罗伯（Rob）专注于想象中的面部皮肤松弛、发际线后退、阴茎短小。为了使皮肤变得紧致，他的行为很罕见——反复触摸球形门把手。尽管他已经认识到这种行为并没有实际意义——触摸球形门把手并不会真的让他的皮肤变得紧致，但他还是乐此不疲，希望这样可以使自己看起来好一些。对于头发，他使用了一种十分普遍的掩饰方法——戴帽子。但是为了减轻对阴茎大小的担心，他用了一个比较罕见的方法——在内裤上缝了一个口袋，这样他就能在里面填充东西，让阴茎看起来更大。有个十几岁的男孩通过在嘴里含球形糖或者纸团的方式来使他想象中的偏瘦的脸颊变宽。

询问和反复求证行为同样也有一些不寻常的形式。绝大多数有反复求证行为的患者，一般都询问家人或朋友，但是一位女士却在女厕所和公共建筑内拥挤的电梯里向完全陌生的人询问。"我问他们，'你能告诉我我的外表看起来是不是正常吗？'我知道我看起来很糟糕，"她告诉我，"但是我无法面对这个，因此我试图让别人来告诉我，我的外表是正常的。"

一位男士为了让小腿变细，会在睡觉的时候用绳子把自己的小腿绑起来。一个十几岁的男孩认为自己的面部器官不对称，为了"修正它们"，他用一只短袜紧紧地裹住了头部。他坚信这种方法可以解决他的问题，还会使他的皮肤更紧致。这些都是他们用以对付那些使他们痛苦的先占观念的独特的（同时也是无效的）方法。

一些BDD患者的行为多数是回避性的，而非强迫性的。他们认为与其过度执行某些行为，不如完全避免某些行为。一些人会避免照相——家庭相册和中学年鉴里没有他们的照片，或者他们会毁掉所有带有他们影像的照片。一位男士因为担心任何活动都会使他的小腿变粗而逃避做家务。一些人会因为担心脱发而避免洗澡或梳洗头发。一位少年拒绝吃冰激凌之类的食物，因为这会弄湿他的嘴唇，使之更红、更引人注目。这些用来减少他们对外表的不适感的策略通常没有效果。

强迫行为："我无力抵抗"

多数BDD行为在某些方面具有共性。这些行为通常都消耗时间，难以对抗或控制（因此通常被称为"强迫行为"）。这些行为有时候会减少情绪痛苦，但是也可能增加情绪痛苦。它们会耗费巨大心力，而且通常会妨碍日常功能。

通常，BDD行为会被一遍又一遍地重复执行。这是因为患者对所见或所做感到疑惑或不满意："我的鼻子看起来真的正常吗？也许我这样做并没有让它看起来更好一点。""我的头发仍然不对劲！如果不弄好我就没办法出门！""我真的不相信我看起来是正常的。她只是说我那个时间的样子比较好看，我必须再问一次！"……人们执行这些行为的另一个原因是为了预防他们所担心的灾难性的后果（例如，利用化妆掩饰痤疮是为了避免被别人仔细端详）。因此，BDD行为有时候又被称为"安全行为"。

BDD患者每天要在某些事情上（例如清洁）耗费几个小时，而很多没有患BDD的人只需要几分钟。或者他们会频繁地做出某些行为（例如反复求证），而多数人几乎极少做出这样的行为。在比较极端的病例中，患者每天会在镜子前耗费十小时甚至十二小时的时间来抠抓皮肤。表7-2显示了BDD患者报告的每天花在BDD行为上的时间。

通常有一种强大的驱力促使BDD患者执行这些行为，因此他们难以对抗或控制。一些人努力对抗，而另一些人放弃对抗——他们"屈服"了，或者只是"自动地"执行这些行为。就像珍妮弗对她照镜子行为的解释一样："我无力抵抗，我必须检查我的脸，我必须弄清楚我的外表是否正常。"这是患者多次重复某些行为或在某些行为上花费很长时间的原因之一。正如一位女士所说："这些仪式化行为就像身上的疥疮，我控制不住地要去抓挠。"

表7-2　BDD行为：耗时、对抗、控制、焦虑和干扰

花在行为上的时间	
无	0%
每天少于1小时	10%
每天1—3小时	42%
每天3—8小时	39%
每天超过8小时	10%
尝试对行为进行对抗	
始终尝试对抗	2%
大部分时间尝试对抗	14%
有时尝试对抗	27%
较少对抗	29%
从不对抗	29%
对行为进行控制	
完全控制	1%
较大程度控制	5%
中等程度控制	23%
控制程度较低	44%
无法控制	27%
如果不执行BDD行为，会产生的焦虑体验	
无痛苦	2%
轻度痛苦	9%
中度痛苦	24%
重度痛苦	39%
极端和失能的痛苦	26%

表7-2　BDD行为：耗时、对抗、控制、焦虑和干扰（续）

行为对功能的干扰	
无	4%
轻度	19%
中度	49%
重度	24%
极重度和失能	5%

注：见用于BDD的耶鲁–布朗强迫症量表（the Yale-Brown Obsessive-Compulsive Scale for BDD，BDD-YBOCS），该量表用于评估BDD思维和行为的严重程度。更详细的介绍请参见附录三。

BDD患者能够在多大程度上控制他们的行为呢？当他们努力对抗这些行为冲动的时候，他们能够在多大程度上取得成功呢？对于这个问题，最常见的回答是：无法控制。44%的BDD患者给出了这样的回答。几乎没有一个患者报告说他能够完全控制自己的行为。

BDD患者对这些行为的对抗或控制程度会根据行为的不同而有所区别。许多BDD患者会对抗反复求证行为：虽然他们有去询问的强烈渴望，但由于事先假定对方会认为他们是虚荣的、他们的问题是奇怪的，所以他们能够成功地对抗这种愿望。与此形成对比的是，他们通常不会抗拒伪装行为，甚至可以说是热衷于此。他们戴帽子或者穿长且宽松的衣服，并且不会试图停止这种行为。这或许是因为伪装不需要花很长时间——通常只要在每天早晨伪装一次就可以了，因此没有必要对抗。又或许是因为人们在伪装之后通常感觉并不糟糕。他们通常会在照镜检查或者抠抓皮肤之后感觉更糟糕，这导致他们想去对抗和控制这些行为。

这些行为通常以令人心烦意乱的想法为先导，例如："它看起来怎么样？""我的外表正常吗？"或者"我知道我的样子很糟糕，我必须得改善一下！"担心、焦虑和紧张的情绪驱使他们做出这些行为。"如果不这样做，你觉得你会有多焦虑？"对于这个问题，26%的患者报告他们会体验到极端和失能的痛苦（见表7-2），39%的患者会体验到重度痛苦，24%的患者会体验到中度痛苦，只有9%的人说他们会体验到轻度痛苦，而另外2%的人认为无痛苦。结论是，许多人在他们的焦虑变得不可处理之前就做出了这些行为，以此来对抗和避免更痛苦的情绪状态。

这些行为使他们的紧张和焦虑得到缓解了吗？有时候是的。一些人偶尔会在照镜子之后感觉焦虑减轻了——如果他们认为自己看起来比平时好一点，或者至少没有像他们担心的那么糟糕的话。如果他们用"好的"镜子、在"好的"光线下或者在一个"好的"日子里检查，他们也会感觉焦虑有所减轻。但是有时他们会更焦虑——如果他们认为自己的外表还是如自己所担心的那样糟糕，或者更糟糕。事实上，许多BDD患者在照镜子之后通常感觉更糟糕了——他们更加担心、紧张和焦虑。他们照镜子的行为虽然是为了使自己安心——确认自己的外表是正常的，但是往往证实了他们最担心的事情。难以忍受的痛苦加剧了他们的绝望，有的人甚至考虑自杀。

为什么一些人经常在照镜子之后感觉更焦虑，却还要继续照镜子呢？常见的解释是：他们偶尔会在照镜子之后感觉焦虑减轻，因此希望这次也是。一位男士告诉我，"我是抱着'这次看起来会好一些'的希望去照镜子的。虽然概率很小，但我还是希望这次照镜子会使我的焦虑减轻。"

有时候，BDD患者在执行某些行为之后，焦虑和痛苦会短暂消失。这种情况虽然并不罕见，但是一段时间之后，不愉快的情绪又会再次出现。例如，抠抓皮肤的患者会在抠过之后的一小段时间内感觉好一些，但是接下来——几小时之后，或者到第二天早晨——在检查到抠抓皮肤造成的伤害之后，他们会感觉更糟。相似地，反复求证的患者在被告知外表正常之后也会暂时（几分钟或者几小时）感觉好一些，但是随着时间的推移，当他们开始质疑对方的回答的真实性时，他们的焦虑又回来了。焦虑和痛苦情绪的暂时减轻实际上会使BDD行为变本加厉，迫使患者重复执行这些行为。

对于一些人来说，这些行为微不足道，不会对他们的功能或生活质量造成干扰。但是对于多数人来说，这些行为使他们疲于应对，带来了很多困扰。

超过75%的人报告这些行为干扰了他们的功能，程度从中度到极重度不等。

每天花两个小时照镜子的家庭主妇是没有多少时间照顾小孩和处理家务的。无法从镜子前离开的年轻人只能孤独地在浴室里和自己约会。销售人员可能会旷工，因为她前一天晚上处理脸上的细小痤疮直至凌晨，又无法承受第二天镜子里看到的受损的面容。有的人因为要戴帽子，所以在有风的日子拒不出门，在固定的餐馆吃饭，或者面试某种特定的工作。

BDD患者的行为会给其家人和其他所爱之人造成问题，甚至使最亲密的人不堪承受。反复求证行为特别容易引发这样的问题——询问太频繁了，以至于家人和朋友无法忍受。要求其他人也加入到这类仪式化的行为中，以及为了维持这类仪式化的行为而逃避日常活动或者特别场合，BDD患者的这些行为同样会使与他们亲近的人感到非常痛苦。这种压力有时甚至会导致友情或婚姻的终结。幸运的是，我在第十二到第十四章中介绍的治疗方法也许可以大量减少BDD患者的这些行为。

镜子的陷阱

最能反映BDD本质特征的典型行为非照镜子莫属。大部分BDD患者与镜子保持着一种特殊且充满痛苦的关系。他们最渴望在镜子中看到自己的影像（正常的外表），也最害怕在镜子中看到自己的影像（外表上有某些"不可救药的"缺陷，对于他们来说，这些缺陷引人注目且至关重要）。

约90%的BDD患者过度照镜检查，他们要么一旦坐在镜子前就要耗上很长时间，要么在一天中反复多次照镜子。大多数人同时具有这两种行为。有些人不会过度查看镜子，取而代之的是回避镜子，通常是回避影像带来的失望、焦虑和挫败感。一些人在过度查看镜子和回避镜子两者之间转换。在BDD患者中，极少有人可以正常处理与镜子的关系。

虽然BDD患者经常通过浴室或卧室的镜子检查自己的外表，但是实际上任何反光物都可以被他们利用，镜子的替代物往往是BDD患者生活中的一个重要部分。商店的橱窗、汽车的保险杠、窗玻璃、手表和时钟的表面、电视和电脑的屏幕、镊子、汤勺的背面，甚至自己的影子都可以成为传递希望和失望的载体。

在研究开始之前，我没有注意到镜子在BDD患者生活中的重要性。在众多有关这种疾病的著作中，镜子甚至从未被提及。但是当我开始与病人交谈，了解到他们的经历时，镜子的重要性逐渐变得清晰。在我研究的第一组病人中，一位病人对自己惊恐发作的描述提醒了我：正是镜子诱发了她的惊恐。

她对我说："我每天至少会有十次去照镜子的强烈冲动，但是我不能那样做。我努力回避镜子，因为我担心如果在镜子中看到我不喜欢的样子，我会很恐慌、很脆弱。但是在很多情况下，我都会无法抗拒地跑去照镜子——我只是希望自己看起来不会太夸张。大约一半的时间，我的感觉不是很糟糕，甚至有些放松。我的外表不是很难看，问题似乎也没有变得更严重。我可以出去工作了。但是另外一半的时间，我觉得自己看起来更糟糕了。有时还会有这样的想法，'虽然今天看起来还算正常，但是明天就不会了'。我被这些想法带来的焦虑压垮了，接着就会惊恐发作，呼吸困难、大汗淋漓，有时还会头晕目眩。有时我觉得太难受了，于是整天都躺在床上。有时我不去上班。"

我已经在无数其他患者那里听到了相似的故事。很多人虽然没有真正意义上的惊恐发作，但他们在镜子前感到了同样的焦虑和恐惧。照镜检查的结果影响了他们的心情，甚至影响了他们的功能。就像珍妮弗所说："我早晨起床想到的第一件事就是照镜子。我会一边想着'我的皮肤看起来怎么样？'一边迅速冲到镜子前。我全天的状态完全由早晨的皮肤状态所决定。"

很多人照镜子是希望外表并没有像他们担心的那样糟糕或者他们看起来会有所改变。他们照镜子是为了获得自我保证。头发正常吗？腿是不是太胖了？妆容有没有被弄花？就像一位女士告诉我的："我照镜子是因为希望发现奇迹——我的外表是正常的。"还有一些人照镜子是为了确定他们关于缺陷的观点是正确的。一位男士说："我照镜子是为了确定我是正确的——痤疮还在那里，一直都在那里——我并不蠢。"很多人通过照镜子来掩饰他们感知到的缺陷，或设法改善他们的外表。

对于很多BDD患者来说，他们有时在照镜检查之后会感觉好一些，但通常会感觉更糟。他们的感觉取决于他们是否喜欢镜中所见，而他们的镜中所见又取决于以下因素：例如灯光、镜子是否"良好"，妆化得有多好，以及衣服看起来如何。很多人几乎总是在检查之后感觉更糟糕。镜子证实了他们最担心的事情——他们的确很丑陋，他们所感知到的缺陷的确是令人厌恶的。很少有人会在照镜检查后感觉更好。珍妮弗的经历十分典型："非常不幸，我觉得我在80%的情况下看起来都很糟糕。"

即便镜中所见可以被接受，它所带来的安慰通常也只是暂时的。怀疑会再次产生，紧随其后的就是再次照镜子的冲动。我的外表真的正常吗？也许实际上还是很糟糕。我需要再看一次来确定。就像一位患者告诉我的："照镜子的时候，我能获得几分钟的安慰，但是通常接下来会感觉更糟。照镜子的次数越多，我就变得越疯狂。总之，我感觉更糟，而且焦虑加剧。有时我被困在镜子前面，一边审视自己一边焦虑不已。我无法离开，就像被超强力胶水粘住了一样。"

杰伊（Jay）在照镜子之后变得更加烦恼、焦虑、抑郁。"我在镜子前无法自拔，"他告诉我，"我会想，'什么方法才能使嘴唇看起来最正常？哪一个姿势才是最自然、最有吸引力的？'毫无疑问，镜子加剧了我的问题——它导致了更多的困扰。"

戴维·维尔（David Veale）和苏珊·赖利（Susan Riley）做了一项研究，他们将BDD患者和没有患BDD的人的照镜子行为进行比较，结果发现BDD患者在照镜子上花费的时间更多，更希望看到不同的自己，想要准确了解自己的外貌特征。如果不照镜子，他们的感觉就会更糟，他们需要利用镜子修饰自己。与没有患BDD的人相比，BDD患者更可能把注意力集中在外表的某个具体部位上，练习最适合在公众场合使用的姿势，使用"心理整容术"来改变身体意象，他们也更可能利用除镜子外的其他反光物检查自己的外表（例如电视屏幕），并且倾向于在照镜子之后感觉更糟。

实际上，还有一些研究结果显示，身体意识的增强和对身体关注的增加往往会降低自尊。个体对身体的关注越多，就对自己越苛刻。反馈的身体信息（如镜子中的影像）增强了身体意识，而这会加剧个体对外表的不满。

BDD患者还会非常凑近地照镜子——通常距离镜子三五厘米。他们凝视被厌恶的身体部位以获得一个非常微观的视角。试着举起手，把手放在离面部约三五厘米的地方，你会看到什么？线条模糊、颜色不均且斑斑点点，任何微小的不完美都被放大了。这就是BDD患者盯着镜子时所发生的事情：他们看到自己扭曲的外表——这与其他人所见到的极不相同。他们通过其他反光物（如汽车保险杠等）所看到的身体影像，还可能被严重扭曲。

和许多其他BDD行为一样，BDD患者照镜子感觉像是"被迫的"——就像必须要做的一样。"我忍不住要照镜子，"阿曼达说，"根本无法抗拒这种强烈的愿望。我必须得看看我的外表是否正常。"他们的这种强烈的愿望（或者说是强迫思维）产生之前或者产生之时，通常还会伴随着类似这样的想法——"我的外表如何？我看起来正常吗？有没有变得更糟糕？"但是照镜子行为也可能是"自动的"——当他们经过一扇玻璃窗或者商店的橱窗时"就这样做了"。许多人的照镜子行为兼有"被迫的"和"自动的"两种特征。

照镜子的时候，他们都在做什么呢？当然，他们通常是在极其仔细地检查想象中的缺陷。一位大学生告诉我："我检查额头的发际线，看头发是不是又变得更稀薄了。我的发际线曾经一厘米一厘米的后退。即使只相隔一天，我也能发现它的变化。"为了尽量获得一个好的视角，他们可能会从不同角度或在不同光线下进行检查。"我经常从一个特别的角度审视自己，"伊丽莎（Eliza）告诉我，"我的浴室里有三面镜子，那样能看得更全面、更细致。"一些人在照镜检查的时候，会努力改善自己感知到的缺陷。他们梳理头发、补妆、重新整理帽子、抠抓皮肤上的痤疮或者拨弄鼻子。一位女士会歪着头，眯着眼睛，并且遮住脸的下半部分。"这样看起来会更像我自己，"她说，"这就是我想要的样子。"一位二十二岁的男士说："我会对着镜子做各种鬼脸，以此来改变我的脸。"

另一些人不需要用镜子检查。他们能直接查看想要查看的身体部位。一位图书管理员整天都在不停地查看自己的手臂汗毛到底有多浓重，他希望看到的是正常的手臂，并以此来安慰自己。一位年轻男士反复检查自己的小腿是否过细，特别是在淋浴的时候，他通常会在浴室里待很久。有些人会反复分析他们的照片或者录像。一位男士告诉我："我经常分析那些照片里的我的脸，我会想'我看起来怎么样'或者'我的发际线在后退吗'。"

检查行为占用了他们原本应该用来做其他事情的时间。一位企业管理者经常盯着脖子上的微小疤痕看到深夜，第二天工作时精疲力竭。一位物理学家每天会花两三个小时照镜子，虽然她的工作做得很好，但是为了完成工作，她每天都要工作到很晚。一位男士每天要检查四十次，平均每隔十五分钟就要检查一次，根本无法工作。照镜子也会妨碍患者的人际关系和社交活动。他们因为感觉自己丑得无法见人而被困在镜子前，拒不外出，这种情况非常普遍。

外出就餐尤其困难。有患者问我是否注意到有多少餐馆里装了镜子。"很多都有，"他告诉我，"或者他们挂有装饰画，而这些画通常用能反光的玻璃罩着。这很容易让我分神去检查我的外表。"去博物馆会遇到同样的问题。"当我走进博物馆时，"他说，"我会通过作品的反光数雀斑，而不是在看那些绘画作品。"

有时候，照镜子行为会引发患者的自杀企图。因为，镜子反射出来的缺陷让他们难以承受。镜子本身就可能成为他们实施自杀企图的工具——用打碎的玻璃碎片自残。

一位男士在十一年中从来没有照过镜子，因为他非常害怕看到自己的皮肤。这些年里，他在没有镜子的地下室梳头发、刮胡子。"在镜子里看到自己，就像看到一张恐怖的照片，"他告诉我，"现在我偶尔会往镜子里看，但是仍然尽量避免照镜子，特别是在餐馆里。这种方法在某种程度上给了我帮助。照镜子会让我感到非常痛苦以及愤怒。我会想'我无法相信这就是我的样子'。镜子就是敌人，我诅咒发明镜子的人。"

整饰：修剪、梳理、打毛、拔除以及清洗

丹尼尔（Daniel）通常在每天午休的时候和女朋友安吉拉（Angela）见面——在他们工作的纺织公司的停车场。然后他们开车去附近的公园。坐在车里，他让安吉拉帮他梳理和设计头发，以使头发看上去浓密些。他还使用昂贵的生发水，因为他认为生发水可以刺激头发的生长。

"是我要求她这样做的，每天至少一次，因为我看不到我后面的头发。她比我更能把握好镜子的角度。而且对于我来说，照镜子是一件十分痛苦的事情。我必须确保每天至少这么做一次。我还会问她有没有发现什么变化。"

要求安吉拉为他做这些，丹尼尔感到很愧疚，但是他又认为这些是必须做的。他患有严重的BDD，并且遭受了极大的痛苦。"她做的这些事给了我鼓励，"他解释说。由于他坚持让她帮忙梳理头发，他们的关系变得很紧张。"她曾经想要离开我，因为我为头发的事情这么烦恼，而且还坚持每天让她帮忙做这些。我每天都在谈论头发，几小时就要提起一次。我们经常为此事争吵。关系甚至已经恶化到了我也想结束的地步。但是我尽力挽留她，因为我需要她帮我弄头发。仍然和她在一起主要是因为她会帮我弄头发，并且能提醒我脱发的情况。"

丹尼尔并非只要求他人参与他的整饰仪式，他还会自己梳理和设计头发，并且使用头发增浓剂和发胶，这样能创造出"头发很多"的"视错觉"。

约60%的BDD患者会过度整饰。他们通常在镜子前整理仪容——可能在车里、家里或其他人的家里，可能是工作或上课的时候。正如一位女士所说：

"我在任何地方都可以整理仪容。"一些人只在出门前过度整饰，而有些人则会随时随地过度整饰。

一位女士每天早晨要花上几个小时的时间处理头发——清洗、调整、梳理以及打毛，弄得家人都无法用浴室。她告诉我："如果不这样做，我的头发就会看起来很恐怖——太服帖了，而且不够多。"托德（Todd）也有相似的仪式化行为。"我每天照镜子的时候都会多次整理头发。我一边想着'拜托，看起来正常一点吧'，一边以各种各样的方式梳头发，用发胶定型。我既会对自己的真头发这样做，也会对我的假发这样做。如果不这样做，我看起来就会像一个怪物。"一位大学生为了使自己的头发看起来正常点，每天要洗三四次头发。还有一位男士认为自己的头发过分卷曲，会先拉直头发，然后烫卷，再拉直，最后整体修剪。劳拉（Laura）为了让头发的缝隙更直，长时间用梳子为头发分缝，甚至会把头皮弄出血。

威廉（William）每天早晨都要执行一套复杂的整饰仪式。"先是洗脸并除去死皮，然后用洗发水和头发增稠剂清洗头发，接着反复梳理头发以消除头发上的卷，再整理头发以使其保持一种特定的发型。然后是胡子：梳理，定型，吹干。接着再弄一次头发——按照前面的整个程序。然后弄皮肤。接着在头发上喷发胶。然后修剪胡须。我严格按照这个顺序来做这些事，如果被打断，我会按照这个顺序再做一遍。我一天的状态是由这些例行程序的结果决定的……我并不想这样，我在努力缩短这个过程。但是我尝试了三十年还是没能做到。我必须得走完整个程序。"

有些人会为了使头发均匀得丝毫不差或者恰到好处，而把头发剪了又剪。有些人随身携带剪刀，以便在工作时或上课时修剪头发。还有一些人是剪发"狂"，会突然强迫性地剪掉头发。有些人最后把头发剪得极短。

苏珊娜（Suzanne）认为她的头发太服帖了，因此她每天要花几个小时的时间修剪头发，试图以此来改善发型，让它变得"恰到好处"。她不信任理发师，但是她也知道自己理发可能会把头发"弄得一团糟"。因此，有一段时间，她会戴着一顶被她称为"奇怪发型"的假发，这是另一种试图让头发变得"恰到好处"的努力。接着，她经历了一个反复烫卷头发以使其蓬松有型的时期。"我必须反复这样做，直到我的头发看起来'刚刚好'。我不能让其他任何人看到我的这些行为，因为这很尴尬。那个时候，这些行为对我来说意义重大，虽然我知道其他人会认为我在头发上消耗这么多时间很奇怪。现在看起来很愚蠢，但那个时候我真的非常痛苦。"

黛安（Diane）每天强迫性剪发的时间长达八小时。"我没办法停下来，"她告诉我，"尽管我还得照顾孩子，但是我必须把头发弄得完全均匀、正常。我每次只剪极少量的头发，这样就不至于把它修剪得过短，但是由于剪得频繁，头发还是变短了。我买了假发，因为头发这么短令我很难堪——实际上就像秃了一样。但是我同样会剪假发，我的钱都花在这上面了。告诉你一件事，让你知道这种状况有多糟糕。有一次，我修剪头发的时候不小心用剪刀割伤了自己，都流血了。但是我一心想着头发，甚至没有停下来处理流血的伤口。"当我问她如果不剪头发她会有什么感觉时，她的回答是这样的："我肯定会变得极端痛苦而不得不住进医院。如果刚好在我的头发最糟糕的时候，即使房子着火了也不能阻止我。"

一些人像苏珊娜和戴安一样，虽然担心头发，但是会避免去美发沙龙和理发店，因为他们无法忍受照镜子，或者担心头发会被弄得更糟糕，或者在其他人凑近看他们的头发的时候会感到不自在。但是还有一些人会频繁出入美容院，甚至一星期去很多次，试图为他们的头发问题找到一种解决方法。一位女士说，"每次去美容院，我都会彻底改变我的发型——而不仅仅是修剪。"

有些BDD患者会花很多时间除毛。那些过度担心体毛的人每天会在除毛问题上消耗数个小时——用以拔除面部、手臂或者身体其他部位的毛发。还有一些人会频繁地使用电动除毛器反复修剪眉毛、胡须以使其形成恰当的形状。为了使自己满意，一些男士刮一次胡须会用很长时间，或者一天会刮很多次。乔希（Josh）担心他的胡须不够对称，在反复修剪两次之前，他拒绝外出。还有一位男士，每天多次修面以消除他想象中的不规则的胡须痕迹，甚至会使那个地方流血。

还有一些人反复化妆。"我使用很多化妆品，而且花很多时间画眼线、涂口红，"艾玛（Emma）说，"如果不这样做我就会非常痛苦。我需要用这些方法来使自己感觉好一点！做了这些之后，我会感觉自己没那么难看了。但是接下来又会担心不小心弄花妆面，于是就一直照镜子检查是否需要再次化妆。我想自己每天反复化妆的次数可能多达三十次。"

很多人有复杂而耗时的针对皮肤的仪式化行为。他们可能每天洗十次脸，每次用半个小时的时间。很多人使用特别的香皂、洁面乳以及痤疮用品。谢拉（Shiela）为了预防痤疮，每天花很多时间洗脸，以至于弄伤了皮肤。"洗脸和抠抓皮肤是一样的，"她说，"二者都是为了减少对于皮肤的强迫思维，但实际上却造成了皮肤问题。有位皮肤科医生不让我再这样洗下去了，但是我做不到。在这三年里，我陷入了恶性循环：洗脸是为了清洁皮肤、预防痤疮，以及清除抠抓皮肤带来的后果——例如血迹，然后我抠得更厉害了。有时候我整晚都在做这些事。"

对于这些行为，人们有不同程度的对抗和控制。一个十几岁的女孩每天花两小时整理头发、梳理睫毛、反复画眼线，她告诉我："我无力对抗做这些事的冲动，尽管这让我的父母很抓狂。我尽量避免这样做，但是我忍不住。"

虽然有整饰行为的人有时候会感觉外表得到了改善，但这通常不是实际情况。我刚刚描述的那个十几岁的女孩，她说有时候在整饰之后会感觉好一些——只有当她把头发整理成她所希望的那种卷曲程度的时候，但是她通常感觉更糟。即使有时她的焦虑有所减轻，也通常只是暂时的。

当BDD患者到别人家里做客时，整饰仪式尤其会成为问题。实际上，一些BDD患者会避免与家人或朋友一起旅行或待在一起，因为要带上他们那多到几乎要用货车来运输的美容产品十分困难，或者他们很难有私人空间执行整套的整饰仪式。"我不会在外面过夜，因为我化妆时需要特定的灯光，"安娜·玛丽（Anne Marie）说，"所以我从不在外面过周末。"另一些人描述了在别人家的浴室里花很长时间整饰的尴尬感受。"因为要整饰，我从不拜访我的姻亲或家人，"一位男士告诉我，"我不能长时间占着浴室，而且我需要在他们面前保守我的秘密。我想那也是妻子离开我的原因之一——我们从没有拜访过她的家人。"

蝙蝠侠面具以及其他形式的伪装

约翰（John）是一位三十四岁的电气工程师，他对自己的外表比较满意，但是皮肤除外。"我喜欢融入人群，"他说，"但是我无法忍受我苍白的皮肤。"他十二岁时开始担心自己的皮肤——他害怕上体育课和去海边，因为在那种情况下，人们会看见他的皮肤。这些年来，他的先占观念使他变得日益痛苦。为了减少因皮肤问题而产生的羞耻感，他所有时间都穿着长衣长裤。"但是那样还远远不够，"他告诉我，"因为其他部位的皮肤仍然露在外面。"

约翰的解决方法是使用古铜色化妆品。"我把它涂在身体上所有会暴露在外面的部位。没有这样做我就绝不出门。"他说。实际上，他来见我的时候就涂着古铜色化妆品。"我每天至少要花一个小时的时间尽量把它涂均匀，这样就不会有人知道我化了妆。我看起来像是患了黄疸病一样，但那也比苍白的皮肤要好。在它的帮助下，我开始工作，我的生活也变得可以被忍受。"

但是这也产生了一些问题。"首先，要把化妆品涂得十分完美，每天都要消耗相当多的精力，"他说，"而且花费也非常昂贵。我觉得在药店里买实在太难为情了，所以都是通过产品目录来订购的。但是最严重的问题是影响到了我的女朋友。"对于约翰来说，谈论这个部分很困难。这显然是一个非常痛苦的话题。

"我无法随心所欲地和她在一起，因为必须把涂化妆品放在第一位，而这通常要花很多时间。就连只是出门随便做点什么，我们也做不到。有几年的时间，我甚至没有告诉她我的情况。最艰难的事情就是把我的情况告诉她……那也是我从来不和她住在一起的原因。在她面前涂化妆品实在是太丢脸了。"

"夏天涂这种东西尤其困难，因为它会融化，"他继续说，"我很喜欢打棒球或者去海滩……但是我不能去。在我的生命中，使我感到最难堪、最沮丧的事情就发生在夏天。我和女朋友正在给草坪浇水，突然水管裂了，我被溅了一身水，那些古铜色化妆品被冲掉了。在我的整个生命中，我从来都没有那么难堪过，我变得非常抑郁，不得不住院治疗。"

"你肯定难以理解我的那种绝望，"他说，"也许因祸得福，在水管事件发生后，我认识到我需要一个更好的方法来解决我的问题。于是我决定服用一些能使皮肤变成棕色的药片。我知道这样做很危险，因为有人告诉我这种药片会损害人的肝脏和胆囊。但是我太绝望了，无论如何都要吃这种药。我有严重的胃痛，但还是坚持服药。一个月后，我不得不切除胆囊。我很确信这是服药导致的。手术前，我必须涂上古铜色化妆品。在手术的前一刻，我想的是我在手术台上看起来会是怎样，而不是我可能会死。"

在我的研究中，91%的人像约翰一样使用伪装。我使用"伪装（camouflaging）"一词是指，他们试图极力缩小或隐藏他们在外表上感知到的缺陷，这样就不容易被人看到或注意到。一些人使用古铜色化妆品或者其他方法来改变肤色。更普遍的方法是通过帽子、特殊款式的服装、头发或化妆来进行伪装。伪装的方法多种多样：有些人戴上假发；有些人采用特定的身体姿势，例如经常伸出想象中的过小的下巴，或者将身体"糟糕的一侧"远离他人。

你可能还记得比尔——那位把棒球帽拉低到前额，试图掩饰鼻子上的"痘痕"的男士。他只有独处的时候才会摘掉帽子。比尔也曾考虑使用化妆品来掩饰那些痘痕，但是他没有那样做，因为使用化妆品就需要照镜子，而照镜子会令他感到非常焦虑。他还用身体姿势来掩饰他的"缺陷"。"我的头会保持一种特定的姿势，"他说，"转向右侧，那样我难看的那一侧鼻子就不会对着别人。而且我总是把灯关掉，这样人们就不容易发现我的痘痕。只有万圣节的时候，我才会真的感觉很不错。我戴着蝙蝠侠的面具给邻居小朋友分发糖果，这个面具完全遮住了我的痘痕。这是唯一我在他人面前感觉还不错的时刻。"

一位六十五岁的老人患上重度BDD差不多有五十年了。他给我讲了相似的故事："如果能戴面具，我的问题就不存在了。但是在这个世界上，我却不能这样做。我喜欢万圣节，因为它会使我感觉到转瞬即逝的自由。"

人们用帽子来掩饰稀疏的头发或其他毛发问题，或前额、眼睛、眉毛、皮肤、鼻子等其他特征。乔（Joe）戴了十五年帽子。"只有睡觉的时候我才会摘下来，"他说，"我在女朋友面前摘下帽子的次数都屈指可数。稀疏的头发令我感到太焦虑了，以至于无法长时间不戴帽子。"

用帽子进行伪装，既有优点又有缺点。一方面，帽子极大地减轻了乔的焦虑，因此他能兼职做卡车司机。工作的时候戴着帽子没关系，但是在某些特定的社交场合，戴着帽子就会成为问题。"有一家很漂亮的餐厅，我女朋友每隔不久就要去一次，"他说，"她一直要求我摘掉帽子，那样我们才能出门。她精心打扮，盛装出行，我却戴着帽子，看起来就很愚蠢。但是我又不能不戴。头发使我感到耻辱。我不能摘掉帽子，所以我总在最后一刻临阵脱逃。有一次，我真的没戴帽子就去了，结果我没吃完饭就离开了，实在太尴尬了。我太焦虑了，坐在餐厅里一直流汗。我担心我的头发，以至于没办法再待下去了。我们为此发生过激烈的争吵。我知道，在一些特定的场合，戴帽子是很奇怪的，"他继续说，"有时候人们可能会谈论我戴帽子的事情。但是让他们觉得我古怪总比让他们觉得我丑陋要好得多。"

"高中时，我总是戴着这顶蓝色的便帽，"一位二十七岁的研究生说，"一个朋友问我为什么一直戴着帽子。我戴帽子是为了使头发服帖，以便形成一种特定的发型，同时也是为了遮住头发。最近我又重新戴上帽子了，我看起来就像一个流落街头的拾荒女人。"

和帽子一样，假发也被用来掩盖稀少的头发或者其他不好看的地方。一些BDD男性患者会加入头发俱乐部并且购买昂贵的假发，尽管他们常常对这些假发感到不满意。有些人为了找到一顶合适的假发，买了一顶又一顶。

人们还常用服装进行伪装。路易莎（Luisa）讨厌她的双腿——尤其是大腿。她认为它们是"松弛的、畸形的、凹陷的"。为了掩饰双腿，她穿"肥大的、走样的服装"，几乎从不穿短裤或泳衣。"我的腿看起来太令人难堪了，我无法忍受让别人看到它们，"她说，"我一直用衣服遮着。"另一位女士专注于"肥胖的"腹部，她只穿那种能让腹部看上去扁平的服装，绝不穿有褶皱的裙子，因为她认为那会使她的肚子看起来很大。

杰西卡（Jessica）厌恶她"平坦的胸部"。她曾在初中时因为胸部被人嘲笑，那以后，她就对自己的胸部感到羞耻。为了使胸部看起来更大些，她从不穿尺码合适的泳衣，并且一直穿有内衬的胸罩。她一直在寻找理想的胸罩——能够使胸部看上去丰满又自然。

男性也会做相似的事情，试图显得更大、更小或更高。有些人会穿很长的衬衫遮住裆部，还有些人会穿增高鞋。有些人为了掩盖"瘦弱的"手腕、手臂或者"畸形的"膝盖，即使在炎热的夏天也只穿长衣长裤。一位男士告诉我，"在我的整个生活中，我从不穿短袖衬衣出门，即使是夏天。"一位患有肌肉上瘾症的男士认为自己的体形太小，所以经常穿肥大的服装或者好几层衣服，以使自己看上去高大一些。我访谈过的一位男士曾同时穿着六件衬衫。但是，同样地，用衣服来解决问题，其结果通常无法令人满意。因为，为了较好地掩饰，他们必须频繁地更换衣服、无休止地购买衣服。

身体的某些部位有时也会被用来伪装其他身体部位。有的人会将头发梳起来以掩盖那些看上去没有多少头发的地方。有的人会留很长的刘海以遮住想象中的低矮或畸形的前额。有的男士会留小胡须或络腮胡来掩饰想象中的奇怪的嘴唇或者疤痕。有时，某个人的伪装物可能正是另一个人的问题所在之处。

例如某个人认为前额的刘海太厚了，而另一个人则可能认为那刚好可以用来遮住前额的疤痕。

很多人用手或身体姿势来掩饰他们讨厌的身体部位。一位男士无论坐或站都会采取一种特定的姿势，以免衬衫贴着身体而暴露了他的"腰间赘肉"。一位非常美丽的女士在自己婚礼的时候以一种特定的方式站着，这样，那些来教堂里的宾客就不会看到她的脸。

有无限多种伪装的方法。化妆、戴墨镜、给车窗着色，这些都是其他形式的伪装。还可以保持灯光黯淡或干脆将灯关掉。一些人从不坐在窗户旁边，因为他们担心光线会让他们的缺陷无处可藏。一些人喜欢冬天，因为那样就可以穿很多衣服来掩饰，而且白天的时间（缺陷能被看见的时间）变短了。

伪装是为了减轻焦虑和情绪上的痛苦，尤其是与他人相处时的焦虑和痛苦。实际上，伪装是一种"安全行为"——为了增加自己在某些场合的信心。许多BDD患者认为这种方法在某种程度上是有效果的。例如，我的一些病人说他们永远也不会放弃化妆，尽管那会占用很多时间，并且需要花很多钱。

但是伪装也有它的局限。因为伪装会占用很多时间，而且这种方法通常只在一定程度上有效。化了妆的男性总是担心会被人看穿。男性和女性都会因为自己的伪装而认为自己是"不诚实的"。"我一点也不喜欢化这么浓的妆，"一位年轻女士告诉我，"我觉得自己像个骗子。胸部的填充物让我觉得不自然、虚伪。"另一个问题是，化了妆的他们无法知道，即使他们不化妆也不会发生恐怖的事情——他们的外表很正常。

还有一个问题是，他们的伪装可能异乎寻常甚至有些怪异。一位做过三次鼻孔缩小手术的年轻男士依然认为自己的鼻孔太宽，于是用头发进行伪装——长长的刘海几乎完全挡住了他的脸，问题是，也挡住了他的视线。还有一位男士，他一定要在出门前把整个头用黑色的头巾罩住，这个装束吓坏了其他人。比尔不能一直用蜘蛛侠面具来解决问题。约翰使用古铜色化妆品和"晒黑用药"的经历体现了伪装的局限性，是一个令人心酸的案例。

购买美容产品和服装："我必须要找有用的！"

美容产业刺激了经济，并且带给了我们性感、年轻、留住美丽的承诺。如果没有这些产品，我们会怎样？所有人都需要肥皂、洗发水这样的物品，而且我们中的很多人无法忍受不化妆、没有发胶、没有保养品的生活。购买这些产品是我们生活中不可或缺的一部分——就像购买食品或早晨喝咖啡一样，是例行公事。不仅女性购买这些产品，据估计，1997年，仅美国男性，购买男性化妆品（染发剂、皮肤保湿产品、牙齿美白产品，等等）的花费就高达三十五亿美元。

尽管这种行为在大多数情况下很正常，但是在一些BDD患者身上可能会变得很极端。为了整饰和伪装，有的人将大量的时间和金钱耗费在了购买相关产品上。有一位女士，她每周仅用于购买洗发水和护理产品的钱就超过一百美元。"我每星期要买很多次美容产品——主要和头发有关，"她说，"我去药妆店从不空手而归。我一直在找理想的产品。"

还有一些人通过订购目录或者网络购买昂贵的化妆品。桑迪（Sandy）从加利福尼亚购买需要的产品。"我为此花了一大笔钱，但是我必须得遮住脸上白色的地方。药妆店和化妆品柜台上销售的每一种产品我都用过。没有一种是令我满意的。它们易被磨损，而且下雨时会脱妆。我必须要找到即使在雨天也能用的化妆品。然而，不停购买这些产品太令人尴尬了，药妆店的售货员会认为我是个疯子。"

肯（Ken）每天去药妆店寻找可以根治痤疮的药物。他每次都要花费数小时查看不同的产品，有时，他每周在这些产品上的花费超过一百美元，这甚至已经超出了他的支付能力。他将自己的行为描述为强迫行为——他必须这样做，如果不这样做就会感到极度焦虑。有几次，他的钱太少了，但他又迫切地想要找到一种解决方案，于是他偷了商店里的护肤品。

购买服装同样耗费时间而且花费不菲。一些人会避免购置服装，因为照镜子或试穿衣服会让他们感到非常焦虑；而另一些人则过度购买，试图找到合适的衣服来改善自己的外表，将他人的注意力从他们的缺陷中转移，或完美地掩饰他们的缺陷。"我花很多时间购物，而且我特别关注衣服，"莫林（Maureen）说，"就像上瘾了一样。这是一种用来对付丑陋之处的方法。我需要用衣服让自己变得好看一些。"

实际上，一些BDD患者被诊断为"强迫性购物"——具有难以抗拒或控制的强烈购买冲动。在一些病例中，BDD引起了购买问题。我治疗过的一位女服务员由于花太多钱购买化妆品而负债9000美元，纵然已经要破产了，她还是到数百公里外的地方去买了更多特殊的化妆品，又花了1000美元。我治疗过的另一位病人，因BDD而产生的购买行为使他负债4000美元，用于购买服装、化妆品及其他美容产品。

购买的强烈愿望（希望这件产品或者这件服装会解决问题）压倒了合乎逻辑的推论（以前没有买到合适的产品或服装，这次也不会例外）。肯对自己购买的抗痘香皂和药物做出了这样的评价："有一些产品还不错，但是我还没发现任何奇迹。"尽管如此，他仍然认为有必要继续购买，以便为给他带来痛苦的问题找到一种解决方法。

换衣服

约50%的BDD患者会强迫性地换衣服。他们疯狂地想要找到一件可以极大限度地隐藏他们所感知的缺陷的外套，以便使他们看起来像样一些。一位女士告诉我："我每天要换四五次衣服，因为它们看起来总是不太对。穿着怪怪的，腿看起来更胖了，肩也更宽了。这让我非常焦虑。我觉得别人肯定在议论我的外表，所以我必须换衣服。有时候，即使我一个人在家，我也要换衣服。我一直照镜子，直到我觉得可以了才停下来。这很浪费时间。"

实际上，这种行为通常每天要耗费患者几个小时的时间。每天早晨，蒂芙妮（Tiffany）要用三个小时来挑选衣服、穿衣服、照镜子、给自己打分，然后脱掉，厌恶地扔到床上。"如果不这样做，我就无法出门，"她对我说，"简直糟透了！我试图停下来，但是我做不到。这浪费了很多时间，而且常常会把卧室弄得很乱！我丈夫指责我有外遇，因为我为了挑选合适的外套费尽心机！但是我没有！我告诉他我只是想找到一个方法让我的身体看得过去。"

抠抓皮肤："我无法停止伤害我的外表"

当帕梅拉（Pamela）来见我的时候，她说的第一句话是："我是一个挖掘者。"帕梅拉认为抠抓皮肤是她在BDD中最棘手的行为。"我无法停止伤害我的外表，"她说，"我强迫性地要去抠抓脸上任何微小的瑕疵。我试图消除脸上任何难看的东西……我觉得我对这种行为已经上瘾了。"

帕梅拉是一个学习音乐的学生，二十五岁，没有任何明显的缺陷。在过去的八年里，她一直都在抠抓她的皮肤，试图消除在她看来"丑得可怕"的瑕疵和缺陷。为了减少长痤疮的可能性，她不放过皮肤下面任何可能的污点。帕梅拉通常每天要在这个事情上耗费好几个小时，有几次她一连十二个小时都在抠皮肤。为此，她偶尔还会熬夜。

我要求帕梅拉描述一下她的行为。"通常是从照镜子开始的，"她说，"我在学校的时候用化妆镜照，在商场的时候用商店的镜子照，在家里就用浴室的镜子照。每次照镜子，我都希望能发现奇迹，但是从来没有发生过——我的皮肤总是有问题。看见任何一个瑕疵，我都会担心自己的皮肤看起来很丑，其他人都会注意到。我想，'我在这里看见了一个痘，别人也会注意到的！我必须得除掉它！'我变得局促不安，然后就开始抠抓皮肤。对我来说，最难熬是早晨——当我为新的一天做准备的时候，还有晚上睡觉之前。有时，我会陷入这些想法无法自拔，根本无法思考其他事。"

"如果不能抠抓皮肤，我就会变得惊慌失措，而且会很焦虑，我必须抠！我被镜子弄得很疲惫——我必须照镜子查看我的外表，然后只要看到任何不对劲的地方我就必须开始抠抓皮肤。尽管我知道可能没有人会看见它，但是我忍不住。接着，我再次检查自己的外表。通常，我的样子看起来非常糟糕，我对自己很绝望……我希望通过抠抓皮肤让皮肤看起来好一点，但结果往往更糟。"

帕梅拉抠抓皮肤的行为已经给她的皮肤造成了明显的损伤，需要皮肤科治疗。"治疗帮助皮肤恢复了健康，但是无法让我停止抠抓，"她说，"一位皮肤科医生告诉我不要抠。如果事情有那么简单就好了！我尝试过上百次，但就是停不下来。我尝试剪断指甲，然后戴上假的指甲和绷带，以免对脸造成更多的伤害。但是这仍然没多大效果。"

最近，帕梅拉的男朋友因为她抠抓皮肤而离开了她，"我再也无法隐藏我对偷偷抠抓皮肤的需要了——但是把这个告诉他，实在是太难堪了。而且我通常要在这件事情上花很多时间——我找不到借口来解释我在什么地方，我为什么不能和他在一起做些什么。"

超过33%的BDD患者会抠抓皮肤。这个比例相对较高，但并不奇怪。因为在BDD中，对于皮肤的担心十分常见。抠抓皮肤的BDD患者通常担心微小的痤疮、疤痕或痂，或者类似"粗大的毛孔""肿块""小黑点""白色的疱疹""丑陋的东西"等其他想象中的缺陷。他们抠抓皮肤是为了改善皮肤的状态——使它变得更光滑、更清爽、更有吸引力。他们抠掉痤疮，挤掉疱疹或黑头，弄平肿块。他们试图清除表皮下面的污物、脓包或者"杂质"。很多人会直接用手去抠、抓或者挤；另一些人则会用镊子、针头、剃刀的刀刃、起钉器或者刀等工具。

每天长时间使用器械抠抓皮肤会导致严重的皮肤损伤。一位女士把鼻子抠出了一个洞。有些人因为在抠抓面部皮肤的时候刺穿了主要血管，必须去要急诊室缝合。一位同事曾对我讲述我一个病例，这个病人用镊子戳脖子上的痤疮，由于戳得太深而刺破了颈动脉——那是头部的主要血管，需要立即进行紧急手术。医生说抠抓皮肤差点要了她的命。

很重要的是，我们要清楚，尽管抠抓皮肤会引起广泛的皮肤损伤，但是BDD患者并没有自残的意图。更确切地说，他们是在试图改善他们的皮肤状态。问题是，他们无法停止这种会给他们带来伤害的强迫行为。

对于一些人来说，抠抓皮肤是BDD中的一个相对不重要的方面。但是对于很多人来说，抠抓皮肤本身就是一个严重的问题，有些人甚至认为这是他们的主要问题。一位女士将她的自杀企图和不得不在精神科住院治疗归咎于抠抓皮肤"毁掉了（她的）脸"。我所知道的两位女士，她们之所以需要精神科治疗，很大程度上是因为抠抓皮肤导致了她们的自杀行为。

很多年前，有专业文献（尤其是皮肤病学文献）曾提到过抠抓皮肤的行为，但是相关研究很少。这种行为在传统意义上被认为是一种"神经官能性皮肤剥落"，这是一个被广泛使用但意义又模糊不清的术语，它被使用了超过一百年，但并没有详细说明患者抠抓皮肤的原因或指出明确的治疗方法。并非所有抠抓皮肤的人都患有BDD。抠抓皮肤可能是强迫症或者其他多种精神障碍的症状。有些时候，抠抓皮肤仅仅是个体的一种习惯，而非疾病的征兆。

为了确定抠抓皮肤是否是BDD的症状，我们应该询问患者做出此类行为的原因。他们抠抓皮肤是为了消除或者极大限度地减小外表上的缺陷或不完美之处吗？例如丘疹、肿块、痤疮或者疤痕。如果是，并且患者同时符合其他BDD的诊断标准，那么就可以认为这种行为是BDD的征兆，并且通常是诊断的线索。

但是，这种行为通常会被保密。很多人对这种行为感到很羞耻，不愿意在他人面前提及。一个因抠抓皮肤而向我求助的年轻人详尽地谈了一些次要问题，最后，当我问起关于抠抓皮肤的问题时，他承认那正是他的主要问题，但是因为觉得太难堪而没有提起。

也有一些人会公开谈论这个问题。我曾见过一位年轻女士，她不仅和其他人谈论这个问题，甚至会抠抓朋友们的皮肤。"我不能忍受他们脸上有任何瑕疵，"她解释道，"我必须要让他们的脸光洁无瑕！每次看见他们，我都会帮他们弄掉那些瑕疵。他们都是我的朋友，所以允许我这样做。"另一位女士告诉我："我寻找任何可以抠的东西。我想抠抓朋友们的皮肤，因为我自己的已经没有什么可以抠的了。尤其在他们被太阳晒过之后，我喜欢去抠他们背上脱皮的地方。"同时她也喜欢抠墙上的油漆、陶罐上的贴片以及手上干掉的胶水。

抠抓皮肤的BDD患者和不抠抓皮肤的患者在很多方面是相似的，但也有一些令人感兴趣的差别。虽然这两个群体的患者普遍存在对皮肤的担心，但是抠抓皮肤的人比不抠抓皮肤的人更有可能担心皮肤问题，他们也更有可能过度整饰和伪装他们需要掩饰的地方，更有可能存在真实的皮肤缺陷。有时候是微笑的皮肤缺陷导致了患者抠抓皮肤的行为，有时候则是抠抓皮肤的行为导致了皮肤的缺陷。一般情况下，缺陷既是抠抓皮肤的原因，也是抠抓皮肤的结果。这是一个恶性循环——微小的缺陷导致了抠抓行为，抠抓行为造成了更严重的缺陷，进而导致了更频繁的抠抓行为。有时候，抠抓行为会使皮肤出现非常明显的缺陷。

抠抓皮肤的患者更可能寻求皮肤科治疗（约有67%的患者），而在不抠抓皮肤的患者中，寻求皮肤科治疗的人数还不到总数33%。虽然这些治疗方法有时会被用来治疗由抠抓行为引起的皮肤损伤，但是通常不会减少患者的BDD症状（与皮肤相关的先占观念和与之关联的抠抓行为）。我将在第十三章和第十四章继续探讨。抠抓行为通常会在患者服用5-羟色胺再摄取抑制剂或者进行被称为"习惯反向训练"的行为治疗之后有所减少。抠抓行为如此耗时，会给患者带来如此多的痛苦和伤害，因此有必要专门对其进行治疗。

反复求证："我看起来正常吗？"

很多BDD患者从不向他人透露自己对于外表的担心，这在很大程度上是因为他们感觉太难堪了而不愿提及。就像一位大学生在提到她的脸的时候所说的那样："人们可能早就已经注意到了，但是我从不问他们。这真是太尴尬了！而且就算他们说没看到，我也不会相信。我会认为他们那样说只是出于善意。"

但是大约半数的BDD患者会向他人询问，他们的外表看起来如何。通常，他们会反复询问："我看起来正常吗？""我的问题明显吗？"他们询问的目的是减轻焦虑和得到保证：他们想象中的缺陷并不像他们担心的那样糟糕或明显。

一些BDD患者不会向他人询问，取而代之的是努力使他人确信"缺陷"和"丑陋之处"是真实存在的。他们提出的问题，与其说是问题，不如说是要求对方做出表态。"难道你看不到我脸上的这个东西吗？""难道你看不出来我很丑吗？"询问的第三种变体是反复要求对方帮助他们改善缺陷——例如询问对方怎样才能拉直"过分卷曲"的头发，或者反复要求做整容手术。

凯文（Kevin）专注于他那"巨大的"嘴唇、"瘦弱的"腿和"稀少的"体毛，他每天会问母亲五到十次，他的样子看起来是否正常。"我需要知道自己看起来是得体的，因此我会问我母亲'你觉得我看起来怎么样？'我也会给我的朋友们打电话问这个问题，所以我需要交很多电话费。他们总是说我看起来挺好的。我有时会觉得好一些，有时不对。当我真的感觉很糟糕时，我认为他们的回答只是出于友好。"

一位担心脸上轻微疤痕的四十四岁家庭主妇，她虽然认识到自己的担心是非理性的，但是仍然向其他人反复求证。"我需要消除我的疑虑，"她告诉我，"这是一种真正的核实。"她反复问丈夫，"你看见它了吗？它有多糟糕？"她还会去美容柜台寻求"一个客观的意见"来消除疑虑。就像她所解释的："我的丈夫爱我，所以他可能在这些问题上存在偏见。"

一位担心脱发和体形过小的年轻人反复询问他的父亲："爸爸，我正在掉头发吗？我看起来高大吗？"他还担心自己的阴茎过小，所以频繁地询问父亲他从一本书上看到的关于阴茎尺寸的图示是否是正确的。

很多人询问的对象限于家人和好朋友。但是还有一些人会询问医生甚至陌生人。一位处于长期治疗中的女士，在治疗中，她用大部分的时间询问咨询师她的鼻子看起来是否正常。"这就是全部内容，"她的治疗师告诉我说，"我试图岔开这个话题，但是没有用。她深受其扰，以至于根本无法停下来。无论我说什么，她都不相信她的外表是正常的。她认为我所说的是善意的谎言。"

有时，BDD患者不会直接询问他人，因为他们担心对方会认为他们很虚荣或他们的问题很奇怪。他们会采用一种比较委婉的方式，而非直接询问他们所关心的问题。一位担心体形的男士解释道："我想问其他人我的外表看起来如何，但是我不想让他们知道我很关心这件事。我认为提出那种问题会被看作脆弱的表现，而我正被那种问题所困扰。取而代之的是，我围绕着那个主题，以一种漫不经心的方式来讨论外表或者体形，希望他们对我说出'你其实很高大'。"

一位教师会直接问她的丈夫有关她"下垂的"眼睛的问题，她会说："你看到它了吗？它有多糟糕？""但是当我和朋友们在一起时，或者在社交活动中，我就不能直接问了，"她说，"那样太难堪了。所以我会把话题转换成哲学探讨，例如我会谈起社会对于外表的过度重视，所有的整容手术都是证据。我希望有人说我的外表看起来挺好的。"

有时候，提问的目的是试图让其他人来证实他们的缺陷是糟糕的。有位妻子努力让丈夫积极评价其他女性的胸部，以此来证明自己的胸部不够美。"我的目的是让他同意我的观点，因为我是正确的。"另一位女士每天把她的三个孩子拉到镜子前，指着她脸上根本看不到的斑点，坚持让孩子们说他们看到了，并且要他们同意那些斑点看起来很丑陋。她对我说："我喋喋不休地要求孩子们，而孩子们只是哭泣。"

有些人用照片来使人相信他们的变化巨大，他们现在的样子非常糟糕。

在我研究的第一组BDD患者中，有一位患者在和我见面的几分钟里就递给了我一张她多年以前的旧照。"你难道看不出来我的变化有多大吗？"她用手指着照片问我。她恳求我同意她的观点，指出她过去的脸颊是多么的丰满，而现在的脱发有多么严重，以及她的眼睛发生了多么大的改变——这些现在都变得多么无趣，多么丑陋！她详尽地描述了照片上所显示出来的变化，尽管我什么也没有看出来。一位年轻男士给我看了一张他的旧照，询问我的意见。"你没看到我的变化吗？这几年，我彻底变了！我的整个脸完全不同了！你没发现吗？！"他看起来迫切希望我能同意他的看法。同时，我感觉到他实际上又担心我会认同他的观点。

一些患者从不同角度侧着脸，或者改变房间的光线，试图说服我，他们关于缺陷的观点是准确无误的。"你没看到它们是凹陷的吗？"一位年轻女士从不同的角度扭转着头部，要求我对她的颧骨发表意见。

还有另外一种询问方式，即询问他人如何改善缺陷（例如，最好的卷发方法是什么）或者讨论改善的方法本身可能存在的缺点以及由此引发的问题（例如，抽脂会引发怎样的后果）。一位男士整天心心念念着他的头发——头发太稀疏了，如果头发没有问题，他的生活会很不同，以及怎样去改善头发。这些内容就是他与女朋友谈话的主题。

反复求证行为通常会造成问题。询问会占用很多时间，并且会让家人和朋友们很为难。照镜子、整饰和抠抓皮肤可以是很私人的事情，而询问却不能不涉及其他人。如果每天只询问有限的一两次，人们通常是可以忍受的。但是如果询问的次数过于频繁，这种行为就会控制和破坏人际关系。

许多BDD患者告诉我，他们的配偶、女朋友或男朋友离开了他们，因为他们耗费太多时间谈论或者询问与他们的外表有关的问题。虽然这种障碍的其他症状（例如回避社交）通常也会导致人际关系问题，但是奇怪的是，频繁询问被认为是导致人际关系问题的主要因素。

四十岁的失业木工彼得（Peter）讨厌自己的耳朵、下巴和眼睛，由于他经常谈论自己的外表、频繁询问妻子有关他外表的事情，妻子离开了他。"我抱怨的所有内容都是关于外表的，我对她说我很想去做整形手术，"他说，"她反复安慰我，但依然无法缓解我的焦虑。她认为那简直就是精神折磨。因为我的这些困扰，我每天都在谈论我的外表，最终，她开始厌恶我了。有一次，我的提问几乎把她逼疯了，她拿出一把刀来，威胁我说，'如果你还是认为你需要做手术，那么你现在真正需要的是这个！'"

一位患者的家人告诉我："最令人沮丧的是，无论我说什么，对他都没有任何帮助。"这也是其他家庭成员的感受。实际上，对于患者的反复询问，你的回应永远会以失败告终。告知他们"正常"，对他们没有帮助，但是相反的回答也一样没有帮助。如果你说他们是正常的，他们通常不相信你，认为你仅仅是出于善意，或者你根本没有仔细观察他们的缺陷，又或者你该换一副新的眼镜了。一个英俊的年轻人告诉我，他能"断定"父母认为他是丑陋的，尽管他们都说他很英俊——因为做出那样的回答是他们"道义上的责任"。还有一个人告诉我："他们的反复保证是没有任何帮助的。如果有，那为什么校园里和更衣室里的每个人都在嘲笑我？"一位非常美丽的女士说："当人们说我长得好看、赞美我的时候，他们都说得很夸张，所以我实际上应该很丑。"

即使BDD患者相信家人或朋友给予的反复保证，这种信任通常也只是暂时的。疑问很快就会回来：他们也许没有看清楚，他们也许只是出于好心，因为他们是你的朋友。于是询问重新开始了。就像朱莉（Julie）说的那样："当医生安慰我的时候，我的感觉会稍微好一些，但只会持续几分钟，不会很久。"然后，她又会再问一次。一位年轻女士告诉我："人们说我长得漂亮，我很喜欢，我需要他们这样的反应。但我的这种感觉通常只会持续几分钟。接着我会再次检查外表，然后感觉特别糟糕。我知道我看到了什么。"在这种情况下，患者的焦虑被缓解，但只是暂时的。实际上，他人的反复保证可能在无意中助长了患者的求证行为——因为短暂缓解的焦虑强化并刺激了他们的求证行为。他们继续反复询问以缓解痛苦，尽管这种缓解只是暂时的。

如果他们得到的是肯定的回应，或者对方回答说缺陷是存在的，而且看起来不太美观，这种回应通常会使情况变得更糟——使患者陷入绝望，因为它没有起到消除疑虑的作用。一方面，BDD患者希望得到肯定的回应，因为人们终于肯承认他们是正确的了；但另一方面，他们最担心的就是他们的观点被确认。

类似这样的回答也是没有帮助的："好吧，现在你指出来了，我确实能看到。但是它真的没什么，在你指给我看之前，我根本没有注意到它。"BDD患者通常听到的是不同的内容。"真的没什么"和"根本没有注意到它"并没有被患者听进去，或者会被患者认为是不真实的回应。这类回答可能会让BDD患者陷入严重的抑郁之中。总之，我们的窘境是：无论你如何回答，通常都对他们没有帮助。

我会在后面的第十七章中探讨，最好的方法是对缺陷不予置评。我让我的病人和病人家属明白这一点：总的来说，对于反复询问的回应是没有帮助的。只要人们对患者有关缺陷的谈论不予回应，随着时间的推移，他们的求证行为会自行消失。

比较："她比我好看！"

"我总是注意别人的鼻子——主要是鼻子上的毛孔。我把自己的鼻子和他人的进行比较，以获得安慰。"比尔说，"我看到其他人虽然也有毛孔，但是依然举止自然，因此我觉得我也应该如此。但我无法使自己感到安心。我只会更厌恶自己。"另一位男士把自己和别人进行比较，并且想："为什么我的皮肤不能像他的一样正常？为什么我没有正常的皮肤？""我比较的目的是看到其他人也有和我一样的问题，这样我能获得安慰，"他说，"但是我从没看见任何人有和我一样的问题。"

在所有BDD的关联行为中，比较行为是最普遍的。超过90%的BDD患者存在比较行为。他们频繁地悄悄将他们"丑陋的"身体部位与其他人相应的身体部位进行比较，他们的想法可能会是："和她相比，我看起来还算得体吗？"他们就像对所担心的身体部位安装了内置雷达一样，和其他人接触时，他们能迅速将注意力集中到对方相应的身体部位上。就像迈克（Mike）描述的："我的注意力总是集中在别人的耳朵上，并且将之与自己的进行比较。"

一位女士频繁地将自己与其他女性进行比较，包括年轻的与年老的，她观察每个人脸上的皱纹。"我清楚每个人脸上的每一条细纹、每一条皱纹。"她说。她通常感觉自己的皱纹看起来比其他人的严重，这导致了她的惊恐发作。"我对自己说'我希望我能有婴儿般光滑的皮肤'。我认为那些脸上没有皱纹的老年妇女真是太幸运了。"另一位认为自己胸部过小的女士，把自己的胸部与她看见的每一位女性的胸部进行比较。她说，"每当看见乳沟，我就恐慌不已。"

在与其他人进行比较时，BDD患者的感受通常不太好。实际上，他们感觉更糟了。亚伦（Aaron）担心轻微的发际线后退问题，他对我说："我审视每个人的头发。所有人——即使是秃头的人——的头发看上去都比我的好。秃头的人至少还有少量头发，那样看起来也挺好。而我的头发看起来很恐怖——又少又细。我是那种不能容忍掉头发，并且想要外表上的任何部位都保持原状的人。"接着，他补充道，"即使那些全秃的人也比我好，因为他们很英俊。但是我不好看，因为我有一张长脸。"

亚伦经历的是典型的"绝无胜算"的情境。BDD患者通常会认为其他人的外貌比他们的外貌更好看，这强化了他们对缺陷的看法。一个英俊的年轻人告诉我："我经常盯着别人的鼻子看，并且将他们的鼻子与自己的进行比较——我是鼻子方面的专家。我认为自己的鼻子很糟糕，但别人的都很好。我嫉妒那些长得好看的人。""你见过看起来像你一样糟糕的人吗？"我问他。"我偶尔会看到像我一样难看的人，我为他们感到遗憾，"他回答，"我不希望别人为我感到遗憾。"

如果BDD患者看到外表像他们一样糟糕的人，他们仍然不会感觉好一点。出于某种原因，他们以一种消极的方式来理解这种情况，比如他们会想："虽然他的头发不多，但是他面带笑意，好像也挺愉快的。为什么我就不能像他那样呢？""她和我看起来一样糟糕，但是她有男朋友。我有什么问题？"一位四十岁的男士说："当我盯着别人的脸时，我想的是，'他也有雀斑，但是他在和人们交谈，为什么我就不能那样做呢？'"BDD患者总是围绕他们感知到的缺陷来理解这些情境，结果通常强化了他们对于缺陷的看法。

"当我在药妆店或百货店排队的时候，为了使自己安心，我会对自己说我的外表并没有那么糟糕，我应该待在队伍里而不是离开。"詹森（Jason）说，"我盯着别人看，并且认为他们比我还要丑还要糟糕。但是接着我的思维转到了消极的一面，我会想，'他确实丑，但是他好像并不在乎，而且看起来挺好的！我哪里出问题了？'我还会审视电视上的所有成功人士——他们中的很多人并没有多好看，但是他们满面笑容，看起来很快乐，所以我认为我也应该很快乐。但是接下来我就会开始厌恶自己，因为我无法像他们那样快乐。"

将自己与电视或者杂志里的人进行比较的行为很常见。"模特的头发比我的浓密得多，"乔丹（Jordan）告诉我，"看杂志的时候，我会想'为什么我不是那个样子'，然后我的感觉更糟糕了。""每个月我都会买时尚杂志，"劳拉告诉我，"因为我需要与模特进行比较。每当我这样做的时候，我都会感觉更糟，因为他们看起来总是比我好，但是我又忍不住要这样做。这是我每个月必须做的事情，就像强制性的一样，我不得不做。"

比较行为会占用大量时间，并且使人难以集中注意力。如果你关注的是对方的身体特征，那么你就很难把注意力集中在你们的谈话上，或是老板向你传达的指示上。一位在社交活动中十分活跃的女性，由于一直全神贯注地分析其他人的皮肤，而无法在聚会中与人交谈。

比较行为是如此不动声色，以至于被比较的人根本不会知道他们正在被审视。我从未意识到比较行为的发生，直到有几次，有人评价我的外表比他们的好看。令我吃惊的是，在我的早期研究中，一位女士说我有"一个十分漂亮的鼻子"。在此之前，我从未被这样称赞过，因此当时我还在琢磨她这样评价我的动机是什么。直到接诊了更多BDD患者之后，我才了解到，在BDD患者中，比较行为是多么常见。这位女士认为几乎每个人的鼻子都比她的好看。

一些有比较行为的人想当然地认为，他们生活中的重要他人也会把他们和其他人进行比较，发现他们没有吸引力。比较行为会严重破坏患者的人际关系。琳达（Linda）将自己的胸部与她所见到的每一位女性的胸部进行比较，并且想当然地认为她的丈夫也是这样做的。她认为她的丈夫也会对她的胸部做出消极评价——就像她的自我评价那样。"这是我们关系中的一个非常严重的问题。因为我认为他一直盯着别的女人看，而且我断定他会认为她们比我更有吸引力。我变得善妒，并且会以各种各样的方式指责他。因为这个问题，我们还去参加过夫妻治疗。现在我认识到，是我把自己的行为投射到了他的身上。不是他在比较我和其他女人，而是我自己！"

四处求医：永无止境地寻找

一天早晨，我接到一个波士顿精神科医生打来的电话，他希望获得一些关于病人的建议。"他看遍了波士顿所有的眼科医生，"他告诉我，"他认为自己的眼睛是斗鸡眼。而且即使告诉他，他的眼睛并不是斗鸡眼，也不能打消他的疑虑。他看了一个又一个医生。所有的医生都告诉他，他看起来没问题。但是他还是四处求医，想改善他的眼睛。"

这个故事并不是特例。许多BDD患者寻求非精神科治疗——通常是皮肤科治疗或者外科治疗。他们找皮肤科医生治疗轻微的或者根本不存在的脱发或皮肤问题，要求尝试各种不同类型的治疗；找外科医生丰唇、垫下巴、矫正耳朵或者隆胸；找内分泌医生治疗他们想象中的过多或过少的体毛；找牙医矫正牙齿；找整形医生治疗他们想象中的脊柱弯曲；找足科医生治疗"弯曲的"脚趾；找泌尿科医生治疗"过小的"阴茎。他们四处求医，试图得到理想的治疗。还有一些人会去拜访非专业人士，尝试电蚀除毛、戴假发、使用生发水等方法。他们对治疗的要求无穷无尽。

"我已经上瘾了，"维多利亚（Victoria）告诉我，"我一直想从医生那里得到一些什么。我会一直去找他们，直到找到我要的答案。我去找过所有类型的医生——通常是专科医生、整形医生和足科医生。我一直在找一个人，一个能告诉我为什么我的脚如此畸形的人。所有医生都告诉我，我的脚没有问题。一位医生说我的问题在于我有身体意象方面的强迫思维。我同意我有身体意象方面的问题，因为我太困扰了，但是我仍然需要找出我的脚到底出了什么毛病。"

BDD患者向医生求助的原因是多方面的：诊断所感知到的外表问题，检查确定缺陷产生的原因，获得外表正常的反复保证，或者得到治疗。他们会要求医生提供多次治疗，或者要求医生本人或请另一位医生重做注定会令他们失望的手术。

珍妮弗至少找过十五位不同的皮肤科医生。她反复去拜访他们每一个人，一遍又一遍地询问他们，她的皮肤看起来是否正常。"他们中的一些人，我会一周拜访好几次，"她说，"他们告诉我，我的皮肤正常，但这并不能消除我的疑虑，我不会离开。我反复地问他们，我的皮肤看起来怎样，并且反复地请求他们提供治疗。很多医生拒绝再见到我。"

通常，他们希望从医生那里反复获得保证。如果见不到自己的医生，那么他们就会询问同一科室的其他医生。有一位患者被她的主治医生的同事们认为"已经疯了"。"我每天跑去询问我的外表是否正常。他们在看到我进来时都装作没看见。我知道他们认为我不可理喻。"

德韦恩（Dwayne）见过五位牙医、四位皮肤科医生和十六位整形外科医生。他讨厌外表上的"一切"。他这样描述他的外表："我看起来这么奇怪，一定是个外星人。做手术是我脑海里的全部，也是我谈话的主要内容，我的女友威胁我说，如果我去做手术，她就离开我。没有一个医生愿意治疗我。牙医说牙齿矫正器对我而言没什么意义。有位皮肤科医生告诉我，我只要经常洗头发就可以了。十五位整形医生拒绝治疗我，因为他们说我看起来没问题。其中一位医生说，我没有太多钱是一件好事，因为如果我有钱，我会严重残害自己的身体。终于，我在一位整形医生那里做了一次鼻部整形手术，但是它并没有使我变得好看一些。"

德维恩迫切地寻求更多手术，以至于他想去其他国家实现这一愿望，或者如果医生拒绝为他手术，他就以自杀相威胁。他还想过要制造车祸以毁掉自己的脸，然后就可以做彻底的整容手术。"那样的话，"他说，"费用就可以由保险公司支付。"

迈克在寻求手术时也曾被拒绝，因为整形医生说他的外表没问题。"我经常回去找他们，还会去找新的整形医生，试图找到一个愿意帮我做手术的医生。我知道他们在看到我的时候会说什么——'哦，不是吧，又是他！'"最后，绝望中的迈克用铁锤砸伤了自己的鼻子，终于有位医生同意给他做手术。就像他解释的，"那样总能做手术了吧。"

一位日本精神科医生在提到反复寻求手术的BDD患者时，使用了"手术瘾君子"这个术语。这个术语很适合一位五十二岁的家庭主妇，她已经做了二十三次不同的手术。"我想要把自己弄得好看一些，"她告诉我，"一个手术接着一个手术，但是没有一个手术的结果是真正令我满意的，我需要更多手术！我对整形手术上瘾了。"

节　食

节食是一种很普遍的行为，不但是进食障碍的特征，而且可能是BDD的症状。当我第一次意识到这一点的时候，我正在阅读有关BDD的文献，那时我还没有开始我的研究。我发现一个来自德国的病例，这是一个年轻人，他认为他的脸颊"又红又圆"，为了使脸颊变瘦，他使自己处于严重的饥饿状态。自此，我接诊了很多因为相似的理由而节食的病人。一位年轻男士多次让自己挨饿，希望借此大幅度减轻体重，以消除脸上的皱纹。还有一个人，为了让自己的脸变窄而节食。

有些BDD患者的节食原因更加常见。他们想让自己的肚子变得更加平坦，或者想使大腿或小腿变得修长。一些人不吃咸的食物，或者服用止渴丸来减少眼睛浮肿、肚腹鼓胀或者面部浮肿。另一些人只吃特定的食物（如拒绝巧克力制品或多脂食品，服用植物性营养补充剂），试图使皮肤更光洁。我治疗过的一位男士，他的体重从七十多公斤减轻到了五十五公斤，因为他认为他只要吃了多脂食品或油腻食品就会出现皮疹。实际上，他拒绝大部分食物。在接受百优解治疗后，他对皮肤的担心消失了，体重也恢复正常。认为自己体形太小的男士，会吃高蛋白低脂食品以增大体形。有位男士就是这样，但是他不允许自己变得太高大、太强壮，因为他担心如果他太高大强壮，那么与身体的其他部分相比，阴茎就会看上去过小。

举重、有氧运动及其他形式的锻炼

一些BDD患者过度锻炼。他们会跑步、做有氧运动以减少脂肪的囤积，避免他们所认为的大腿松弛，或使手臂或双腿变得更纤细或更强壮。还有一些人做仰卧起坐，以使腹部更加平坦。与其他BDD行为一样，这些行为往往都是过度的，走向了一个极端。正如一位三十岁的女士所说，"我全天的计划都是围绕运动而制定的。"我治疗过的一位男士，由于非常担心在来见我的长距离驾驶期间无法锻炼，会导致肌肉萎缩，在从他家到我办公室之间的路程中，他途经五个体育馆，用来沿途锻炼。

他们的锻炼往往不会得到理想的效果，一些人认为锻炼反而使他们看起来更糟糕。一位女士把自己的锻炼称为"极限运动"，她锻炼的目的是为了减少想象中的面部浮肿。"但是锻炼没有达到理想的效果,"她说,"实际上,我的腿还因此变粗了,更难看了。这让我心烦意乱,那段时间我停止了锻炼,等腿变细。"

三十二岁的尼克(Nick)以前是位汽车修理师,因极端的过度举重而严重伤害了身体。他认为自己的体形太小,女性会觉得他没有吸引力或者"不够男人"。为了增大体形,他吃大量的食物,服用增重粉和专门的维生素,还会穿很多层衬衫和有内衬的衣服。"但我主要做的事情是举重,"他说,"我每天花很多时间举重。现在回想一下,我也能意识到在我开始举重之前,我其实看起来还不错,也相信其他人都是这样认为的。那时的我外表正常,八十八公斤,不胖,也不过度强壮。现在我认为那时的我看起来更好,但在当时,我认为自己太瘦小了,渴望变得更高大、更强壮、更有肌肉。我希望自己成为这个星球上最强壮的人!"

"我越来越沉迷于锻炼,每天花很多时间举重。在离开家之前,我必须锻炼。出门之前,我必须感觉自己已经变得更强壮了。我得跟上那些服用类固醇的朋友。而且我真的变强壮了——为此我做了很多强化训练。人们会赞美我。有时,我甚至会在举重的时候感觉自己变高了。但是我仍然认为自己不够高大,必须进行更多锻炼。"

举重是尼克生活的中心。"谈论这个太尴尬了,"他说,"我觉得羞耻。举重干扰了我的生活——我无法工作,我被生活抛弃了……工作时,我无法集中注意力,因为满脑子想着举重。实际上,我已经停止工作了,因为我没有办法在不锻炼的情况下离开家。我不去见我的朋友们——我只是待在地下室里举重。我为此失去了很多。曾经有一次,因为觉得自己不够高大,我特别伤心,于是在地下室里待了一个月,不停地举重。一想到我永远也不会变得更高大了,我就无比绝望,觉得还不如死掉。我不能让任何人看到我的身体。"

由于受伤严重,尼克只好停止运动,也无法继续工作了。他经常处于痛苦之中,连走路都很困难。我见到他时,他正在接受理疗,而且需要借助拐杖行走。"举重彻底损害了我的身体,"他说,"我的肌肉撕裂了。讽刺的是,我现在完全不能锻炼了,甚至连正常人都算不上。"

美 黑

过度美黑是另一种危险的BDD行为。BDD患者晒黑自己的原因有很多,常见的是为了使自己的皮肤不那么"苍白"。另一些人晒黑自己是为了消除他们想象中的痤疮。一位年轻女士反复暴晒,把鼻子晒得脱皮,以使鼻子变小。一位五十岁的男士把头顶晒黑,这样一来,晒黑的头顶就可以与剩下的头发和谐相处,他的头部看起来就不会是"秃顶的"。

阿尼(Arnie)痴迷于把皮肤晒成棕褐色——而不是更黑,目的是为了将女士们的注意力从他自认为 "突出的"下巴上转移开。"当我的皮肤晒成棕褐色之后,看起来就会好一些。"他解释说,"我从人们那里得到了积极的反馈,因此我花了很多时间待在日光浴美容院里。我认为棕褐色的皮肤分散了人们对我那丑陋的下巴的注意力。"

一些BDD患者过度美黑,以至于严重灼伤了皮肤,造成永久性的变色和损伤。晒黑还会使皮肤提早老化,甚至(最令人担忧的是)可能导致皮肤癌。埃莉(Ellie)一直在严重晒黑自己的皮肤,希望使皮肤变得更好看——尽管她经常晒伤,也知道过度暴晒会引发癌症。"皮肤科医生让我停止暴晒,但是我必须要晒黑。即使会得癌症我也不在乎。至少在棺材里的我会看起来不错。那才是我最关心的事。"

一位认为自己太丑而不愿外出的四十岁男士,因为极度想把自己晒黑而出现了严重的酗酒问题。由于他对自己"苍白的"皮肤感到非常不自在,所以每天通过醉酒壮胆,冒险跑到后院去晒黑自己。

干扰术

另一种BDD行为是刻意强调或者改善外表的某些特定部位，以此对他人形成干扰。他们的想法是这样的：通过把满意的或者有吸引力的身体部位变得更好，从而将其他人的注意力转移到那些有吸引力的部位，避免这些人对缺陷部位的关注。约17%的BDD患者会使用干扰术。最常用的方法是化妆（10%），其次是通过着装（9%）、发型（5%）和饰品（4%）进行干扰。

还记得珍妮弗吗？她曾使用很多化妆品来强调她认为较有吸引力的部位，以此分散人们对她皮肤的注意。还有一位女士，她认为自己的胸部看起来还不错，尽管如此，她还是想要通过隆胸来分散人们对她"丑陋的"鼻子的注意。

我见过一位过度梳理头发的男士，他认为头发是他最主要的资本，因此试图通过把发型做得更有吸引力来分散人们对他"凹陷的眼睛"的注意。"人们会注意我的头发而不是我的眼睛，"他说，"很多人都赞美我的头发，这让我感觉自己的眼睛很不自然。"

测　量

测量是另一种形式的反复求证。我的尺寸正好吗？我看起来正常吗？认为自己过于矮小的人会反复测量身高。也许我并不是一个小矮人！认为腰太粗或太细的女士会反复测量腰围。此外，手臂、胸部和阴茎也是经常被测量的身体部位。

有位男士每天用卷尺测量阴茎多达十次，尽管泌尿科医生告诉他，他的阴茎是正常的。当它看起来比平常大一点时，他会感觉好一些。但是如果测量结果证实了他的担心，他就会极度痛苦。我问他，既然测量结果通常是令人失望的，为什么还要继续测量。他回答说，"之所以测量是因为我希望这次它会大一点。"这个回答反映了那些照镜检查、抠抓皮肤和反复求证的人的想法：
这次可能会有所不同。

阅读和搜寻资料

一些BDD患者强迫性地搜寻、购买和阅读任何与他们自感缺陷相关的资料。担心生殖器的男性会经常光顾书店和图书馆，浏览他们能找到的每一本图书和杂志，寻找有关生殖器尺寸的资料。它真的很小吗？它是正常的吗？一些担心头发的人如饥似渴地阅读与生发有关的资料。如何使头发快速生长？掉了的头发还能再长出来吗？他们查阅医学教科书，搜寻传说中的可以使头发增多或快速生长的资料。

担心体形大小的男女每天会花很多时间阅读时尚杂志、举重杂志以及有关饮食或运动的图书。他们或是把自己和模特进行比较，希望借此获得安慰；或是搜寻关于如何使体形看起来更大或更小的窍门，希望发现饮食或运动的养身之道，并最终使他们变成他们喜欢的样子。

触　摸

罗莎（Rosa）经常摸自己的头发，以此来确认头发是蓬松的。一旦感觉不好，她就会冲到镜子前整理头发。还有一位女士经常摸自己的脸颊，以使它"变凉"，那样它看起来就不会太红。扎克（Zach）认为自己的嘴唇太薄、紧绷绷的，而且"它的位置从来都不对"。为了使嘴唇看起来更放松、更自然，他频繁地触摸嘴唇。他每天强迫性地舔嘴唇，上百次甚至上千次。"我必须舔嘴唇，这样它们才不至于太干燥，才能好看点。我试过不这样做，但是那样我会更紧张、更痛苦。如果没有舔过它们，我就无法和别人说话。但是往往我在这样做的时候感觉更糟，因为这看起来很奇怪，别人肯定会认为我十分古怪。"

约50%的BDD患者会频繁触摸不喜欢的身体部位，这是另一种形式的外表检查。触摸同样是以调整身体部位的形式让相应的身体部位更好看。他们可能会推高鼻子，让它看起来短点，或者把鼻子推向一侧，使它看起来不那么歪。朱迪（Judy）为了使两只眼睛更加对称，频繁地触摸其中的一只。由于她用力过大，导致经常被触摸的那只眼睛眼圈发黑。

触摸就像照镜检查以及其他许多BDD行为那样，实际上会助长强迫观念。最好可以避免这种行为。一位女士说："触摸脸证实了缺陷的存在，这让我感觉更糟了。所以我试着不去摸它。"有时，触摸会诱发抠抓皮肤的行为。触摸通常会增加情绪痛苦，耗费更多时间，也会导致更多消除或改善缺陷的无效尝试。

其他行为：洗手、祈祷以及触摸门把手

BDD行为无穷无尽。我接诊过一位女士，她试图通过绷紧和放松自己面部的肌肉使它们不那么"松弛"。还有一位女士揉动眼球以改善它们的形状。一位女士制作了一份自己乳房的剪纸，当她对乳房大小感到烦恼的时候，就用剪纸来检查。

BDD患者身上也会出现强迫症的常见症状。有的人通过洗手来避免弄脏面部皮肤，因为面部皮肤不干净会引发痤疮。有的人可能会过度淋浴，一遍又一遍地洗头发，这是他们头发仪式化行为的一部分，但是这又会毁掉之前的整饰，从而导致更多的整饰行为。他们还可能会执行过度的、仪式化的祈祷行为，或者不停地触摸门把手。例如有位女士试图通过反复触摸门把手以使自己的眼睛更明亮。

这些病例描述了BDD患者的各种不可思议的想法——即他们相信一个人的某种行为会以一种挑战了普遍意义上的因果律的方式，导致或预防某种特定

的结果。这些病例还说明，在BDD与强迫症之间存在着一些有趣的重叠，我将在第十六章进行讨论。它们都是罕见的、各种各样的、富有创意的BDD行为的例子。

类似的行为还有相当多。克劳迪娅（Claudia）以一种特定的方式吞咽水，认为那样就不会使嘴部周围的皮肤下垂，皱纹也就不会变得更糟糕。尼古拉斯（Nicholas）伸长下巴以使颧骨看起来不那么突出。为了改善痤疮，蒂姆（Tim）半夜起来用热毛巾敷脸。为了使脸颊看起来更丰满，弗兰克（Frank）睡觉时不用枕头，吃更多的食物，每天喝超过十一升的水。为了改变脸型，唐纳德（Donald）频繁地用手挤压自己的下巴。担心脱发的丹尼斯（Dennis）每天早晨起床后在枕头上寻找他掉落的头发，收集在一个袋子里，并且开发了一个复杂的数学公式用来计算他掉落的头发的比例。但是有时，他又反常地拔掉自己的头发，查看头发到底有多容易脱落。无论如何，结果总是印证了他的担心。

第八章
BDD对生活的影响：社交回避、工作问题、自杀

"因为外表问题，我逃避婚礼、生日聚会，还有葬礼。我从不外出，而且由此引发的健康问题导致我离开了大学。我是一个丑小鸭。在我的整个生命中，我一直被嘲笑。生活的意义是什么？我以为我会在过量服药之后死掉，但是没有。我很难过。"

——凯伦（Karen）

伊恩的经历："它毁掉了我的生活"

"我看起来简直是一个畸形生物，"伊恩（Ian）告诉我，"我看起来就像是象人。这是引发问题的原因，也是我去加利福尼亚的原因。我努力使自己的外表看起来正常一些。"

在伊恩来见我之前，他的父母发现他跑到加利福尼亚去了，而他去那里的目的是把自己的皮肤晒成棕褐色。为了筹措这次旅行的费用，他在全州各地入室偷窃现金和信用卡。"我不是罪犯，"伊恩说，"在此之前，我从没做过这样的事情。但是我太希望自己能有一身棕褐色的皮肤了，这样能分散人们对我这张丑陋的脸的注意。"他告诉我，"棕褐色的外表看起来要稍微好一些，我极度渴望有一身棕褐色的皮肤。"

"也许我的确有几分想报复社会，因为人们一直取笑我的样子。"伊恩补充道。他还希望能找到一位同意给他做手术的整形医生。"我希望在加利福尼亚找到一位整形医生，能把我的整张脸重新塑形。我在这里见过的医生都不

愿意给我做手术，因为他们说我看起来很正常，不需要手术。但是我根本不相信他们的话。说我外表正常只是他们道义上的责任。"当我问他如何筹到手术费用时，他答道："我会考虑去抢银行。"

伊恩在读高中的时候曾是一个优秀的学生、运动员、乐师，并且从来没有陷入过任何形式的困境。当他进入大学后，问题开始出现。那个时候起，他开始担心自己的外表。他读大一时，某天下课后，他走进男洗手间，然后感觉自己极度丑陋。"我觉得我的整张脸都变了"他说，"我真的很不愿意说那件事……我眼睛下面的皮肤变黑了，脸变宽了，鼻子看起来很畸形。我的脑子里一直回响着一个声音——'我讨厌我的样子'。我看着镜子，那里面的人不是我……我被自己见到的景象击垮了，"他愤怒地说，并用手遮住脸，"这让我的生活支离破碎。我心力交瘁，它毁掉了我的生活。"

由于认为自己太丑，以及会在课堂上感到极度焦虑，伊恩不去上课，大部分时间都独自待在宿舍里。"中学时，我长得好看又受欢迎，"他说，"但是到了大学，我变得难看了，而这里的其他人，每个人都是GQ先生（Mr. GQ[①]）。我并不需要看起来很棒——我只是希望自己看起来正常一些。"

"我脑子里想的全是我的脸。我不去餐厅吃饭，甚至不知道我是否有课要上。我每天晚上都想自杀。"他说。结果，伊恩开始挂科了。他的教授和辅导员找他面谈，鼓励他去上课，但他还是没去。"他们问我出了什么问题，但是我不能告诉他们。我想去上课，但是我不能去。在情感上，我想去，但是我的理智并不配合。"

"这一切事情的发生，都是因为我的外表变了。当人人都嘲笑我的时候，我为什么要去读书、找工作，而且还要富有成效？我应该待在自己的房间里。"伊恩也停止了社交活动。去年他曾与一个女孩约会，但他认为她是因为可怜他才会约他出去。"我不和女孩约会，因为我知道她们会拒绝我。所以在

---

① 杂志 *Gentlmen's Quarterly*，简称GQ。此处意指穿着考究、有品位的男人。——译者注

她们有机会拒绝我之前，我先拒绝她们。我把自己孤立起来。"

伊恩的绝望变得如此严重，以至于曾在照镜子后试图自杀，认为自己再也无法继续活下去了。他被送入医院治疗，后来回到了父母身边。

卡尔的经历："我要振作起来"

当BDD症状很严重时，一些患者会像伊恩一样，症状会使他们丧失某些功能；另一些患者则像卡尔（Carl）一样，尽管情绪痛苦，但是功能正常。Carl是一个聪明的人，将近四十岁了还有良好的幽默感。他以合伙人的身份在法律事务所里工作，在那工作的那些年里，他获得了非常大的成功。"我曾经是一个十分快乐的人，并且生活得不错，"他告诉我，"但是一年之前，所有的一切都变了。"

"一天早晨，我正在照镜子。仿佛晴天霹雳一般，我注意到我的头发非常稀疏。我担心自己正在变秃。我的样子丑得可怕。我惊恐万分，因为我认为，一两年之内，我前面的头发就会掉光。"

卡尔开始从皮肤病学的教科书上阅读有关脱发的资料，而且开始去皮肤科寻求治疗。"我甚至说服一位医生给我开米诺蒂尔，好让我长头发，但是这种药水对我没有任何作用。我一天二十四小时都在想我的头发——它一直在我心里，就像饥饿感一样，总是在那里。每当我梳理头发或照镜子的时候，我会变得很紧张，注意力全部集中在头发上，有时还会惊恐发作。"

实际上，卡尔有一头浓密卷曲的金发。他意识到自己的观点是扭曲的。"我知道是我自己认为我的样子变糟了，而不是别人。"他承认，"我知道自己关于脱发后的外表的观点是扭曲的。对我而言，它是丑的，但对其他人来说不是。我扭曲了自己的知觉。但是我仍然相信我的头发会越来越少。我忍不住要担心。对于其他人的头发，我可以保持正常的心态，但是对于自己的头发，情况就不一样了。"

"年轻时，我从来没有喜欢过自己的外表。我一直认为自己是家族中最丑的人，"他告诉我说，"有时其他小孩会叫我'卷毛'。但是后来，我越来越喜欢自己的样子，特别头发。现在，我觉得我正在失去外表上最好的部分。"由于这些担心，他感到抑郁消沉，而且很难将注意力集中于自己的工作。"它影响了我生活的方方面面，"他说，"我精神不振，对任何事情都漠不关心。这全都是因为我的头发。"

尽管如此，卡尔的功能依然良好。"在工作上，我尽力控制自己。"他说，"早晨梳头发的时候，我会故意不照镜子，那样我就看不到自己了。当我开着车去上班的时候，我会努力避免从后视镜检查自己的头发。"实际上，工作分散了他的注意力，使他思考自己头发的时间变少了。他本来可能会由于效率降低，而必须在律师事务所加班完成工作，但是他完全能胜任自己的工作。"但是，"他说，"我担心如果我的头发继续这样掉下去，我可能会羞于去见客户。"

"在社交方面，它也造成了一些问题。"他补充说，"我太关注我的头发，这影响了我的人际关系。对于别人的问题，我很难感同身受。我认为自己是不受欢迎的，因为我假定人们会以我看待自己的方式看待我，尽管我知道他们不会那样。我在女士面前感到很不自然，但是我会强迫自己走出去。尽管我的外表很恐怖，但我还是会邀请女士约会。不过，我担心当我进入一段认真的关系时，这会成为一个问题。"

尽管伊恩和卡尔患有相同的疾病，情况却截然不同。有些人像伊恩一样，他们的功能几乎完全丧失，而有些人像卡尔一样，他们的功能良好。多数患者的情况处于这两个极端之间。大部分患者认为他们的社交生活不如他们希望的那样好，他们在工作、学习和家务方面也会遇到困难。但是如果能把这些事情做得足够好，对他们自己是有益的，因为那样，其他人就不会发现他们的问题。当这些功能被严重损伤时，其他人就会知道有什么地方出现了问题，但通常不会知道是BDD导致的。

　　许多BDD患者退出了这个世界，至少在某种程度上是这样的。抑郁和焦虑很普遍。意外事故和暴力行为也可能会发生。偶尔，他们会自己动手手术，并且造成灾难性的后果。一些人考虑（并且企图）自杀。一些人已经自杀身亡。

　　表8-1列出的是我对于参与我研究的超过五百例BDD患者发病以来的经历的总结。他们的平均年龄约为三十一到三十二岁，BDD病程平均为十四年。接下来，我会对这些问题及其他问题展开更详细的论述。

　　图8-1显示的是目前参与我研究的第二组BDD患者（二百例）所回避的一些其他具体情境。

表8-1　功能干扰

问题	经历该问题的BDD患者的百分比（%）或平均数
BDD干扰了社交功能（例如与朋友、家人或伴侣的关系）	99%
曾因BDD而回避几乎所有社交关系	95%
BDD干扰了工作或学习功能	90%
曾因为BDD而完全逃避工作、学习或其角色任务（例如维持家庭生计）	80%
因为BDD而旷工的天数	52天
因为BDD而旷课的天数	49天
因为BDD而暂时退学	14%
因为BDD而永久退学	11%
因为BDD而足不出户至少一周	29%
曾因BDD而曾感到抑郁	94%
曾因BDD而有过暴力行为	28%
曾因精神疾病住院治疗	38%
曾至少一次因BDD住院治疗（精神科）	26%
曾考虑过自杀	80%
曾因为BDD考虑自杀	63%
曾企图自杀	25%
曾因为BDD自杀未遂	14%

　　注：①旷课和旷工的天数从BDD发病开始计算；②"自杀"是指不介意死亡，希望自己已经死了，或者曾考虑过自杀。

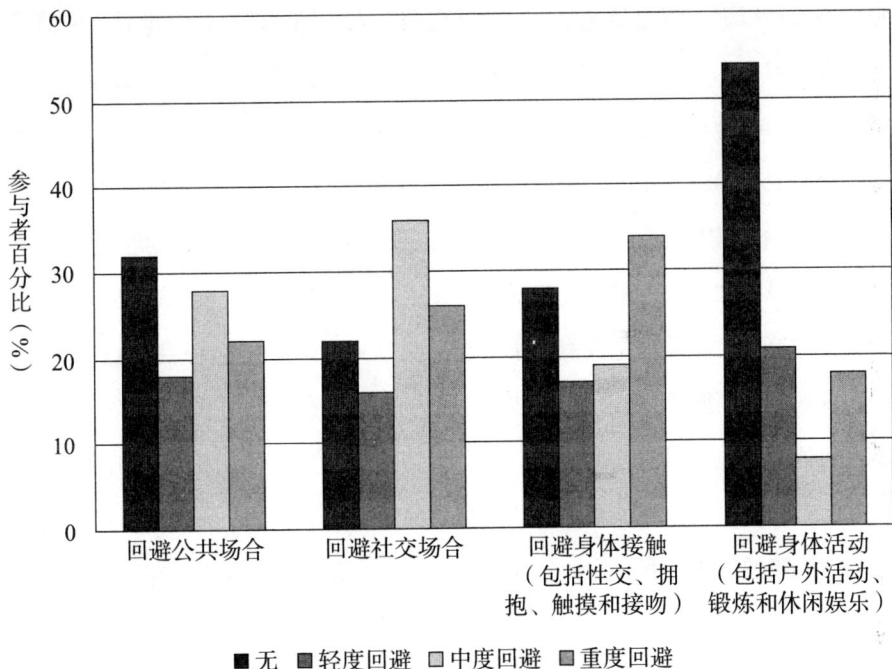

图8-1　回避的活动

注： 评估的是患者过去一个月因BDD而产生回避行为的情境。

社交影响："我孤独一人"

"我的社交生活早就亮起了红灯，"杰克（Jack）在见到我的时候消沉地说，"这个问题毁掉了我的生活。我就像在跟恶魔进行搏斗一样。"

杰克关注的身体部位是手臂和腿——认为它们太瘦了，还有"苍白的"皮肤。"我没有性生活或者爱情生活。我完全被社会抛弃了。我几乎从不出门。如果我真的去了夜总会，我就想自杀……这些年我一直处在'我的外表很可怕'的惊恐之中。令我感到奇怪的是，我坐地铁的时候，居然没有人晕倒。"

杰克曾和一个他不喜欢的女人结婚，后来又离婚。"我对她没有任何感觉。她长得很丑，但是她是唯一一个接受我的人。她可能是这个世界上最糟糕的女人，但是因为我的长相，可能再也没有其他人会接受我了。至少有一个人能接受我，我觉得自己是幸运的。"

萨曼莎（Samantha）不会参加游泳或者任何需要穿短裤的活动。她担心自己苍白的皮肤和手臂、双腿、胸部以及背部的雀斑。"我的肤色难看死了，"她说，"因此我的社交生活也出现了问题。有时候我会回避聚会。即使我去参加聚会，也无法把注意力集中在交谈上，因为我一直在想我的雀斑和苍白的皮肤。我不断地审视别人的皮肤。我一直在注意他们的肤色有多么美，或者在想他们身上都没有任何斑点。只有听到任何有关雀斑或者皮肤的谈话时，我才会把注意力集中在谈话上。我的耳朵都竖起来了。这个问题还干扰了我的性生活。我的丈夫让我一定要把这件事告诉你。我感觉非常不自在，我不愿意他看到我的身体。我不能放松，而且没有任何快感。我的丈夫无法理解我，他努力过但是他做不到，他为此感到愤怒。"

BDD最普遍的影响是对患者的人际关系和社会生活造成干扰。在我的研究中，99%的患者报告他们的症状在某种程度上对这些事情造成了消极影响。当他们的BDD症状最严重的时候，4%的人认为BDD对他们的社会功能只有轻度干扰，29%的人报告了中度干扰，39%的人认为是重度干扰，28%的人认为是极重度干扰。88%的人在他们生活的某段时间因为BDD而几乎回避所有社交。

在我的第二组BDD患者中，119位完成了社会适应量表（Social Adjustment Scale，SAS-SR）。他们的回答显示他们的社会功能在量表评估的所有方面都受到了严重损伤（见图8-2）。实际上，平均而言，BDD患者的得分低于超过95%的普通人。

BDD患者通常不愿意参加聚会、舞会、婚礼以及其他形式的社交活动。由于被别人看见时会感到难堪，他们在社交环境中会感到焦虑和不自在，他们会表现得很安静、心事重重而且沉默寡言。他们通常将注意力集中于自己的外表，以及其他人对其外表的评价。他们注意到它了吗？他们会认为我看起来很糟糕吗？他们会因此而拒绝我吗？或者他们会将自己与别人进行比较。类似的强迫观念和疑问使他们很难把注意力集中在交谈、休闲娱乐以及喜欢的活动上。正如一位男士所说："我90%的心智都沉溺在困扰之中，只剩下10%的心智听人说话。"

BDD行为还会使患者在社交场合中遇到问题。"当我第一次见到某个人的时候，我一点也不希望被对方看见，"杰克说，"我感到极度不安。然后我会审视他们的手臂和腿，我认为他们是幸运的。如果有人看起来比我还糟糕，我会在短时间内感觉好过一些。但是没有几个人看起来比我还糟糕。这就是我和其他人在一起时所想的事情。我并没有在听对方说话，我的全部注意力都集中于他们是否注意到了我的手臂和腿，他们的长相和我比起来怎么样。"

BDD患者经常会感到焦虑不安，尤其是在自己的缺陷可能会暴露于众人面前的环境中。他们会回避游泳池、海滩或者其他需要穿短袖上衣和短裤的情况。担心面部问题的患者在大多数社会情境中都会感到焦虑。很多患者报告自己在与其他人相处时症状加重，这让他们很苦恼，因而避免接触他人。就像一位年轻男士告诉我的："当我一个人的时候，BDD很少让我苦恼，因此我独自一人生活。"

BDD患者的恋爱关系会变得紧张，有时他们甚至完全避免恋爱，也通常会放弃亲密关系。他们中的很多人都很孤独。他们的配偶、男朋友或女朋友通常很难理解他们的羞耻感和回避行为，并且最终会很生气甚至恼怒。"我的丈夫非常沮丧，因为我不能和他一起去那些必须盛装出席的场合，"玛利亚（Maria）告诉我说。她回避聚会、舞会等场合，因为她不能在这些场合穿肥大的运动长裤来遮住大腿。"他不理解我为什么宁愿独自待在家里，也不愿意出去或者和朋友们一起消磨时间。他担心我们会因此失去朋友。"

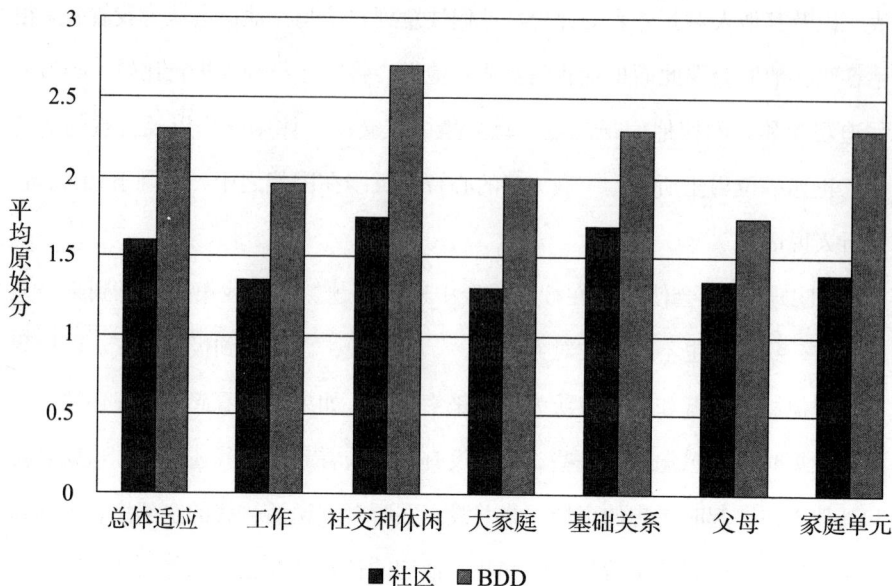

图8-2　BDD样本和社区样本的社会适应得分

注：大家庭，与核心家庭相对。基础关系，指个人社会化早期发生的人际关系，如家庭、邻里、游戏伙伴中的关系。家庭单元是指由基本家庭成员（主要指父母和孩子）组成的家庭单位。——译者注

　　BDD通常会抑制患者的亲密关系。"我不只是逃避约会，"玛莎（Martha）告诉我，"二十年过去了，我终于有了一个男朋友，但是我对自己的脚和大腿的担心干扰了我们之间的关系。它妨碍了性关系——我担心他会因为我的外表而拒绝我。这是一个负担、一个障碍。我担心因为我的外表问题，我永远也无法结婚。"玛莎从未对男朋友说过她对于外表的担心，尽管他们已经订婚了。"我觉得太难堪了，"她告诉我，"我和他讨论任何事情，除了这个。"由于难为情，无论何时，只要她在男朋友面前，就会努力遮掩身体。只有在光线暗淡的情况下，她才会脱掉衣服，而且她从不允许他看她的脚。"所有时间我都穿着袜子。"她说。

　　萨利（Sally）可以和她的丈夫发生性关系。"但是我无法真正放松，"她说，"我一直在担心我的头发——它有没有被弄乱？它看起来还好吗？性爱

之后，我会立即从床上跳起来检查我的头发。我的丈夫认为我疯了！"

阿尼（Agny）认为自己的皮肤太苍白了，和女朋友在一起的时候，他感觉自己从未自在放松过。"它妨碍了我的爱情生活和任何形式的亲密行为。我不能脱掉衣服。穿长袖衬衫的时候，我甚至不能挽起袖子！"兰迪（Randy）将他阳痿归因于BDD。"我总是消极地判断我的阴茎大小。有可能是我的错觉，但是不管怎样，我还是担心。这种感觉非常强烈。我一点也不奇怪自己会阳痿。"

很多人说BDD导致了他们人际关系的破裂，甚至导致了离婚。你或许还记得朱莉，因为BDD，她的第一任丈夫离开了她。"我整天谈的都是我的鼻子，"她解释说，"我每天都说要去做手术。我太困扰了，根本没办法照顾孩子或者做家务。我们离婚了。"

乔纳森（Jonathan）的妻子因为他的BDD而离开了他。"她说那就是离婚的原因，我也是这样认为的。"他说，"对于她的离开，我并不责怪她。我完全被BDD困住了，周末我就一直躺在床上，并且因为我的痤疮，我不会和她一同外出。我太纠结于自己的问题了，以至于她不能有一个实际意义上的丈夫。她把BDD称作'自私的疾病'。"

许多BDD患者根本没有谈过恋爱。在我接诊过的患者中（平均年龄约为三十岁），约66%的人没有结过婚。22%的人处于婚姻关系之中，而12%的人已经离婚。他们中的很多人都希望自己可以拥有感情生活，但是他们没有，原因有很多——因为缺陷而感到难为情、担心被拒绝，害羞，或者低自尊。

沃伦（Warren）从来没有去追求过自己喜欢的女性，也从来不曾与她们建立恋爱关系。"我所有的恋爱关系，都是女性来追求我的，"他说，"因为外表的问题，我不可能和自己喜欢的人建立恋爱关系。我觉得自己是不招人喜欢的。我独身一人生活，这样就没有任何人能伤害到我。""我从来没有和女孩子约会过，"保罗（Paul）告诉我说。"我太害羞了，而且我患有BDD。它影响了我所有的人际关系，尤其是和女孩的关系。我完全不跟女孩交往，也根本没想过会和她们有亲密关系。它使我的社交陷于瘫痪。"

为了避免被拒绝而回避约会和社交活动，这导致了恶性循环，使BDD患者越来越孤立。一位年轻男士因为头发问题而绝不与任何人约会，并且确信没有一位女性会认为他有魅力、想和他约会，更不用说嫁给他了。如果不邀请女士约会，继续逃避那些可以接触到异性的社交聚会，他就不可能有机会与女性约会。当我指出这样一个事实时，他对这一事实感到惊讶。他断定自己没有约会的原因是女性认为他不讨人喜欢。他没有意识到自己对于女性的回避在多大程度上造成了他当前的境况。

很多人告诉我，他们没有孩子或者永远也不会生孩子——因为BDD。正如一位患者所言："我一直祈祷弟弟不要长得像我。我一直不愿意生孩子是基于同样的原因。"他一样，很多人担心他们的孩子会很丑。还有一些人担心他们的孩子也会得BDD，因此不愿意孩子遭受如此痛苦。

BDD通常也会妨碍友谊。朋友们会发现他们总是逃避社交活动，或者必须经过强烈要求并且被给予很多鼓励，他们才会勉强参加社交活动，对此，朋友们往往很难理解。因为他们的迟到、最后一刻的失约，朋友们会感到困惑和受挫。许多BDD患者最后都是自己独自一个人度过夜晚，而不是如原计划一般与朋友们在一起。

一位二十八岁的女士告诉我："我根本不能和朋友们在一起，因为我认为他们肯定在想我有多么丑陋。""在过去的二十年里，我从没去看望过我的朋友们。"另一个人说，"主要是因为我担心他们会发现我变老了，发现我的头发越来越少。无论何时，我只要见到人就会感到非常痛苦，即使是一小段时间。我认为他们会注意到我的变化。因此我完全避免与人接触。我把自己隔绝起来了。"

他们会预期自己在家庭聚会、婚礼和葬礼上可能产生巨大的恐惧和焦虑情绪，有的人干脆不去参加这些活动。"因为外表的问题，我避开了大量社交活动，"盖伊（Guy）告诉我，"你不知道这有多糟糕。因为觉得自己太丑，我甚至没有参加最好的两个朋友的婚礼！我还回避圣诞聚会。如果我去了，我会因为自己的外表而不开心，也会因此伤害到别人。我的BDD症状太严重了，根本没办法参加这些社交活动。我让父母感到难堪，因为即使亲戚来了，我也不会出现在大家面前。我太烦恼了。我的家人和朋友从来不知道，我对于外表的担心到了什么程度。"

这些社交问题，究竟有多少是由BDD的症状本身所引起的？有时候还难以确定。这些社交问题的产生仅仅是因为BDD吗？BDD通常伴随着社交焦虑和低自尊，很难将它们区分开。但是BDD患者通常表示，BDD症状是他们的社交问题的原因或者明显地导致了他们的社交问题。我的研究发现显示，患者的BDD症状越严重，他们的社交功能越差。对于患者的总体功能来说，情况也如此。当精神科治疗对患者的BDD症状产生影响时，他们的社交功能通常也会得到改善。这种改善有时是快速而显著的，有时则比较慢。对于那些症状严重且持续时间很久的患者，这种改善的效果出现得更慢。

研究者发现，社交焦虑和对于被拒绝的担心，在那些不够有吸引力和有消极身体意象的人中更加常见。虽然平均而言，BDD患者实际上并不比其他人缺乏吸引力，但是他们认为他们缺乏。

特蕾莎（Teresa）的总结反映了许多BDD患者的感受："我觉得自己太难看了，无法见人，所以我要避开聚会和约会。与他人相处时，我会感觉非常焦虑。我认为他们正在评价我，说我有多么丑陋，而且他们会认为我丑得令人厌恶。我觉得自己是一个其他人避之唯恐不及的人。在过去的几年里，我大部分时间待在家里。这个问题已经彻底限制了我的社交生活。"

对学习和工作的影响："我无法发挥自己的潜力"

"如果我应该参加一个工作会议，但是我可能会因为脸上的雀斑而不想去。"丹（Dan）说。艾丽西娅（Alicia）因为自己的外表问题而完全无法工作。"我太丑了，"她说，"我不想让别人看到我，对我做出负面评价。"

正如表8-1所示，在我的研究中，90%的BDD患者有工作、学习或其他重要活动被干扰的经历。在他们的BDD症状最严重的时期，10%的人说BDD对他们的工作或学习只造成了轻度干扰，30%的人认为有中度干扰，23%的人认为有重度干扰，34%的人认为有极重度干扰。80%的患者报告他们曾完全回避工作或者学习。与社交困难一样，BDD对患者的学习和工作的影响也从轻度到极重度不等。多数人发现他们的先占观念和仪式化行为使他们难以集中注意力。他们变得效率低下，学习成绩或工作业绩下降，需要额外的时间来弥补因BDD的想法和行为而浪费的时间。

BDD患者上学或上班会迟到，或者他们干脆逃课、旷工。他们不愿意参加求职面试，因为他们断定自己会因为外表问题而遭到拒绝。那些更严重的BDD患者甚至从不会去尝试获得一份工作，他们要么退学，要么辞职。他们变得需要在经济上依赖其他人。如表8-1所示，很多BDD患者逃避学习或工作，甚至完全辍学。也正如附录一中的表格"BDD患者的人口统计学特点"所显示的，相当多的BDD患者无业或无法自立，9%的人因BDD而失能。

三十岁的伊丽莎白（Elizabeth）是一位时尚设计师，她担心自己"老鼠窝"一般的头发已经十年了，从发病到现在，她一直认为自己的发型很糟糕。她经常觉得自己的发型"不对劲"，看上去一团糟。"早晨起床后想到的第一件事就是'我的头发看起来太糟糕了'！我会做噩梦，在梦中剪掉它。它真的使我十分困扰，让我感到绝望。"虽然伊丽莎白在她那富有创意的工作上获得了广泛的赞誉，但是在过去的四年里，她还是无法工作。"我一直被告知我会多么有前途，但是头发的问题令我太痛苦了。我根本没办法工作。"她说，"因为头发，我错过了非常多机会。我无法工作，因为我太抑郁、太沮丧了。我不想让别人看到我的样子。我担心我可能永远都不会满意自己的外表。"

埃里卡（Erica）是一位四年级的老师，她无法按照自己喜欢的方式进行工作。"在我上课的时候，有时会感觉很好，但是后来我看了一眼镜子，马上就会变得很沮丧，而且想从学校逃走。然后我就开始为皮肤而烦恼不已——那一天剩下的全部时间，我都在想这件事。它就像是我心中的一个旋转木马，转来转去永不停息。'我的皮肤看起来正常吗？它是红的吗？我的样子看起来很糟糕吗？'我很难将注意力集中到学生以及他们的需要上。直到这一天结束，它都在影响我的教学工作。我很烦恼，而且感到焦虑和沮丧。"

雷吉（Reggie）由于对外表的担心而离开了他的乐队。"表演的时候，我感觉太不自在了，"他说，"而且在巡回演出的时候，我不能按照自己想要的方式梳理胡须。乐队里的其他人都认为我疯了。"

BDD患者有时候会避免做他们真正喜欢的工作。他们会极力回避那些需要与很多人接触的工作，尤其会回避那些可能会使他们暴露缺陷的工作。我接诊过的很多患者所从事的工作都是一个人进行的，比如当守夜人。就像一位患者告诉我的："我不能做任何需要与人近距离接触的工作。我不想让别人看到我脸上的畸形。我认为他们会注意到我的丑陋，我担心他们会因此而轻视我。"

托尼（Tony）一点也不喜欢自己现在所从事的工作，他一直渴望成为一名高中老师或足球教练。但是他并没有去寻求他喜欢的工作，而是选择了一份办公室工作，这样他就可以一个人坐在格子间里工作，因为他不希望被别人看到他的下巴。"我这样做是因为外表的问题，"他说，"我无法发挥自己的潜力，不能去追求自己真正喜欢的工作。当晋升的机会出现在我面前时，我会拒绝，因为那需要与更多人接触。我不想做那种需要与人见面的工作，因为我会感到很难堪。"还有一位男士的描述与之相似："如果不是这样，我本来可以获得一份更好的工作。我不能晋升到那种需要更多社会接触的职位上去。我只能做偏技术型的工作。虽然我原本是愿意获得晋升的。"

使用伪装也会影响工作。一个利用帽子遮掩头发的年轻人对这种情况做了如下描述："我是一个十分聪明的人，本来可以有一份比现在的工作更好的工作，但是我不能穿着西装、打着领结，然后在头上戴着这么荒谬的东西去寻求一份体面的工作！"还有一位男士，认为自己的鼻子是歪的，于是就用长长的头发盖住了它。他不能去找工作，因为他不能把他那像窗帘一样的头发从脸上移开。

一些患者因BDD而无法集中注意力、不想被他人看到，以及抑郁，最终从他们所就读的初中、高中或大学辍学。一个二十四岁的学生肖恩（Sean），虽然没有退学，但是在过去的三年里，他没有去上过课，而是和他的父母待在一起。"最初我会旷课或避开学校的活动，因为我的头发令我烦恼不已，我根本没办法去上课。我的头发一直让我觉得很难堪，它看起来总是很奇怪，一点也不整洁自然。它根根直立，看起来怪异不堪。如果喷上发胶，又会看上去油腻腻、软塌塌。因为担心理发师会把我的头发剪坏，我自己剪头发，但是剪出来的样子很滑稽。我在镜子前面花很长时间来梳理它，希望可以有所改善。有一次，我烫了卷发，并且在一段时间里感觉还不错，但是当头发长长之后，我看起来就像一个恐怖分子。"

"开始的时候，我只逃一部分课，成绩开始下滑，因为我不能集中注意力。但是我决意要把每一件事情做好，于是鞭策自己，但是不起作用。后来，我旷课的情况越来越严重，以至于不得不休学一年。我没有告诉学校原因，因为我觉得那实在太难堪了。我努力回到学校，但还是不能专心于功课，所以再次离开了学校。"

丽贝卡（Rebecca）同样经常旷课。"我不愿意去学校。我不能集中注意力，因为我一直在担心我的皮肤，或者整天想照镜子，抠抓皮肤。而且一旦有人看我，我就认为他们肯定在评价我的外表。因此，最后我从大学辍学了。读中学的时候，我非常活泼，有很多朋友。但是读大学的时候，我却不能离开自己的房间。辍学之后，我在床上躺了两个星期……不读书让我感到很消沉。我想在一月份回到学校去，但是除非我感觉好点，否则还是没办法。这个问题成了我继续生活下去的障碍。"

患有BDD的学生会发现体育课尤其痛苦，因为更容易暴露缺陷——要么必须换衣服，要么要和其他同学一起淋浴。担心大腿问题的丽塔（Rita）告诉我："我的体育成绩总是不及格，因为我在体育课上不愿意穿短裤。"道格

（Doug）拒绝上体育课，因为他认为自己的手腕太瘦弱、体形太小，不愿意被别人看见。还有一个逃避所有运动项目、不去上体育课的男生，他因为自己的生殖器而感到耻辱。最后，他在读九年级的时候从中学辍学了，并且再也没有回去过，因为他被即将到来的体检吓坏了——医生会看到他的裸体。

BDD还会影响患者照料孩子、做家务。安娜·玛丽用太多时间关心脸上的皱纹和皱缩的眼皮，以至于根本无暇照料她年幼的儿子。"我对他疏于照顾，"她说，"外表的问题太消耗时间和精力了。我的前夫只好亲自照顾他。"一位三十岁的女士告诉我："我觉得自己太丑了，日子很难熬。我的思维或情感全都不在孩子的身上。我离开了我的家庭。我的孩子们知道我出了问题，但是至今我都没有告诉他们，我到底出了什么问题。我非常想过正常的生活。"

其他问题：购物、明亮的光线、休闲活动

"去一些地方是受限制的。"杰瑞（Jerry）说，他是一位四十五岁的男士，患上BDD已经有二十年了。"外出的时候，我的感受更糟糕，我觉得自己更丑。对于我来说，去一趟商店都很困难。我强迫自己去。我担心自己以后会没办法适应。我一直担心人们审视我、评论我。排队时，我在队伍里会变得非常焦虑、惊恐，因为我长得如此难看，而且我认为每个人都在注意我，看我有多么丑。这感觉就像是有人拿着枪指着我的头一样。我试图说服自己，这没什么大不了的。但是有时候我会因为太过惊恐而中途离开排队的队伍，去看厨具，因为那样能使我冷静下来。

BDD患者通常会因为羞耻、抑郁、焦虑或者恐惧等情绪回避很多类型的情境和活动——例如乘坐公共交通工具、购买衣服和食品、参加休闲活动、去餐厅吃饭、在刮风时外出以及其他类型的日常活动（见图8-1）。罗伯特会回避以上所有情境和活动。"我担心如果人们看见我，他们会暗想'天啊，看那个家伙，他的样子太恶心了！'我认为人们会嘲笑我。因此我避免乘坐公共交

通工具。我不能坐地铁，因为那会让我喘不过气来。我大部分时间待在自己的公寓里。而且会推迟去百货店购物的时间——我通常会晚上去，因为在那个时间，当我走在路上时，人们不会注意到我，而且商店里的人通常比较少。"

和罗伯特一样，一些人在夜色的掩盖下接收他们的信件及所购物品，做其他必须要做的事情。他们不会去服装店和大型购物中心，因为那些地方通常有很多镜子。"那里有那么多镜子，你根本没办法避开。你在每个地方都能看到自己，看到这个丑陋的自己。"一位女士告诉我，"有时候，当我看到自己的影像之后，我会突然离开商店。"后来，她只通过邮购商品目录清单来购买衣服。还有一些人会在试穿衣服的时候与镜子保持较远的距离。一位男士在试穿衣服的时候会距离镜子约六米远。"如果靠近镜子，我一定会低着头看衣服，那样我就看不见自己的脸，"他说，"否则我会焦虑不安的。"在我的第二组BDD患者（二百例）中，约75%的人报告他们会因为BDD或者其他精神障碍（BDD是最常见的原因）而在做家务、照顾孩子或做其他事情的时候遇到困难。

亨利（Henry）很少去看电影，即使去了，也会努力避免被其他人看见。"我总是坐在最后一排，那样人们就不能坐在我的后面，嘲笑我脑袋的形状。"他告诉我。柯特（Curt）总是走在人群的最后，并且坐在教室的最后一排，那样他头部后面略显稀少的头发就不会被人看见。他总是等到电梯空了才会进去。杰西（Jesse）喜欢舞蹈却回避跳舞，因为他认为每个人都会看到他想象中的罗圈腿。

很多患者（尤其是那些担心面部缺陷的患者）会避开明亮的光线，因为他们认为光线会使他们的缺陷清晰可见。"参加聚会的时候，待在厨房里会令我感到很难受，因为那里的灯光很明亮，"一位二十六岁的电脑程序员告诉我，"我宁愿待在黑暗的房间里。"还有一些人因为要回避明亮的灯光而拒绝去餐厅吃饭，或者只会在角落里的卡间就座，这样他们的缺陷就不容易被看见。如果必须要在明亮的灯光下工作，有些人会放弃他们的工作，或者根本不接受这样的工作。在我主持的BDD治疗小组中，患者会尽量避免坐在窗户旁边，因为担心自己的缺陷在明亮的光线下会更容易被看见。好几位男性患者告诉我，他们对光线了如指掌。正如其中一位所说："我是光线方面的专家。我应该是一个优秀的照明设备售货员。"

很多人回避游泳池和海滩，因为在那些地方，他们的自感缺陷会更容易暴露——宽大的屁股、粗壮的大腿、扁平的胸部、矮小的体形、稀疏的头发，以及他们的皮肤缺陷或者臀部腿部的脂肪团。而且，他们的伪装和精心的装扮会很容易被风和水破坏：脱妆、涂满古铜色化妆品的皮肤上出现条纹、发型被弄乱。

一些人会逃避他们非常喜欢的事情。格雷格（Greg）逃避运动，尽管他曾经是一个优秀的运动员，中学和大学时还曾为多支队伍效力。虽然他很强壮，体形极好，但是他担心人们会看到他"发育不全的、瘦小的"体形，因此他完全停止了运动。洛尼（Loni）在读中学的时候因为怕弄乱自己的头发而没有加入曲棍球队。"我失去了一个对我而言非常重要的东西，"她告诉我说，"我喜欢团体运动的比赛——那是我在整个高中时期最喜欢的事情了。"

足不出户

回避的极端形式是足不出户。在我的研究中，29%的患者曾因BDD的症状而足不出户至少一周。他们不出去工作或者上学，甚至是出门做最简单的事情。多数患者足不出户的状态持续的时间较短，但是还有一些人的这一状态持续了较长时间。有些人因为对外出和被人看见感到恐惧而被困在家里好几年。

"我在家里一待就是好几周，全都是因为我的胡须。"乔希（Josh）说，"我待在自己的世界里。我担心人们会谈论它。这是我恐惧的根源。"凯利（Kelly）已经在家里待了三个月了。"我不出门是因为我不想让任何人看到我，我的皮肤太难看了。"她告诉我，"现在是父母在照顾我。在此之前，我弄伤了自己的脸。因为只要脸上出现任何微小的瑕疵，我就会去抠它。我觉得自己无法见人。我的脸很丑，皮肤也丑。我不想让任何人看到我的脸。"

"我远离人群，"麦克斯（Max）告诉我，"尤其在我理了一个糟糕的发型之后。我不想做任何事情，只想躲起来。我已经有好几周完全没出过门了。我不去镇上、不去购物、不出去吃东西，因为我缺乏信心。我吃室友的食物、叫外卖。如果有人敲门，我甚至都不去开门。因为我害怕，一遇到人，我就会被吓呆。我担心他们会想，'这就是那个丑陋的家伙，我不想和他有任何关系'。"

低自尊、抑郁、焦虑、惊恐发作

多数BDD患者会有很多消极情绪——低自尊、抑郁以及焦虑。我们虽然很难断定这些情绪是否由BDD引起，但是很多BDD患者认为，原因正是BDD。另一些人认为，这些情绪是他们对外表的担心不可或缺的组成部分，因此很难说究竟是BDD引起了情绪还是情绪引起了BDD。有时它们会相互影响：低自尊、抑郁和焦虑加重了BDD的症状，而BDD的症状又反过来使这些情绪更强烈。

我与其他研究者发现，BDD患者通常是低自尊的。BDD症状越严重的人越容易低自尊，他们往往更抑郁、更缺乏对于自感缺陷的洞察力。这些研究发现与人们对自尊的总体认识是一致的。研究发现，人们对于外表的感知与自尊之间的联系贯穿了人的一生——越是认为自己难看，就越容易低自尊。身体外观的美观与否对于建立健康的自尊而言是非常重要的。因此，BDD患者（认为自己的外表在某种程度上是有缺陷的）在建立健康的自尊方面会感到尤其困难。

多数BDD患者具有抑郁情绪，而且通常很严重。如表8-1所示，94%的人因为BDD而感到抑郁。很多人认为BDD引起了抑郁情绪。实际上，BDD往往是始作俑者。如果患者的抑郁是持续的和严重的，那么抑郁情绪本身就会成为一个严重的问题。平均而言，BDD患者通常比健康个体或其他精神障碍患者有更严重的抑郁和焦虑情绪。BDD可能还会引发严重的焦虑情绪。"身体缺陷使我感到太焦虑了，以至于我晚上经常会失眠。我一直在想我的缺陷，感到很恐慌。"一位室内设计师对我说。查克（Chuck）是一个承包商，他告诉我："那种恐惧，就像你被告知患有一种晚期癌症，而这种癌症无法被手术治愈。这就是BDD带给我的感受，我每时每刻都能体验到。"

焦虑可能是心理上的，包括担心和恐惧，也可能是身体上的，具有类似头痛、胃痛的症状。由BDD引起的惊恐发作，包括极端恐惧和诸如心悸、呼吸困难、头晕目眩等身体症状。"BDD的压力引发了极大的焦虑，甚至惊恐发作，"亨利告诉我，"它还引发了很多与压力相关的身体症状——胃部烧灼感、高血压以及头痛，这让我不得不去做脑部扫描。因为这些症状，我拜访过很多医生，但是从来没有告诉他们引发这些问题的原因。"

实际上，研究发现，BDD患者所知觉到的压力水平非常高。在一项研究中，我使用了压力知觉量表（Perceived Stress Scale），这是一份用来测量人们把生活情境评价为压力（例如"无法控制""超负荷的"）的程度的问卷，BDD患者报告了非常高水平的压力知觉。BDD症状越严重，他们所感知到的压力也就越多。他们的压力水平明显比普通人群或其他心理障碍、身体疾病患者高得多。这些研究发现与杰弗里（Geoffrey）的体验是一致的。"对嘴部的担心让我疲惫不堪，"杰弗里说，"有时候，我很害怕早晨醒来，因为嘴的问题会消耗我的全部精力，占用我的时间。这就是我每天都很疲倦的原因。这真的太折磨我了。我患BDD已经十六年了，而且我真的不知道我的身体是如何承受BDD所引起的巨大压力的。"

低质量的生活

正如本书的故事所传达的一样，BDD患者的生活质量非常低。多数人感到很痛苦，无法从生活中获得乐趣或满足，他们在工作、学习、社交和生活中的其他重要领域也存在困难。

我对我的两组BDD患者的生活质量进行了研究。两次研究都使用了标准的且被广泛应用的调查问卷——健康调查简表（the Medical Outcomes Study 36-Item Short-Form Health Survey，简称SF-36）。参与研究的患者所报告的精神健康状况和与精神健康相关的生活质量（反映了心理困扰、因情绪问题导致的角色功能问题，以及社交功能）都非常低。患者的BDD症状越严重，其生活质量越低。与公认的标准相比，在与精神健康相关的生活质量方面，BDD患者的得分比美国普通人群的得分要低得多（见图8-3）。正如图8-3所显示的，BDD患者的得分也比急性身体疾病患者（近期有心脏病发作的患者）或慢性身体疾病患者（Ⅱ型糖尿病患者）的得分要低，甚至比抑郁症患者的得分还低。

我的第二组BDD患者完成了生活质量和满意度调查问卷（Quality of Life Enjoyment and Satisfaction Questionnaire，简称Q-LES-Q）。对于这份问卷，BDD患者报告的生活质量同样非常低。如图8-4所示，他们在问卷评估的所有方面的得分都很低：情绪健康、总体功能、工作、学习、家庭功能、社会功能、闲暇以及身体健康。BDD患者的症状越严重，其生活质量可能就越低。与社区样本相比，BDD患者的平均得分低于96%的社区被试。重要的是，BDD患者的得分也比重性抑郁症、慢性重性抑郁症、心境恶劣障碍、强迫症、社交恐惧症、惊恐障碍、经前焦虑症、创伤后应激障碍等患者的得分低。这些研究结果强调了这样一个事实：BDD是一种严重的疾病，需要被认真对待。

不必要的医疗评估和治疗

很多BDD患者寻求和接受不必要的医学评估和治疗。许多患者被拒绝，因为他们的缺陷微不足道，医生认为没有必要进行治疗。我接诊过的几位男士甚至曾被头发俱乐部拒绝。虽然如此，一些人还是坚持不懈地寻找，希望找到一位医生，可以为他们提供他们想要的治疗。一些人接受了一次又一次治疗，甚至是做了一个接一个手术，希望接下来的这次会带给他们梦寐以求的解脱。

这种行为会变成他们生活的全部。艾比（Abby）曾经告诉我，她拜访过芝加哥的每一位皮肤科医生，她是这样描述这种行为的："这就是我做的全部。我见过的医生都说我的皮肤没有那么恐怖。他们中的一些人认为我疯了。所以我只好再找另一位医生。我就是这样度日的——不停地去找皮肤科医生。"

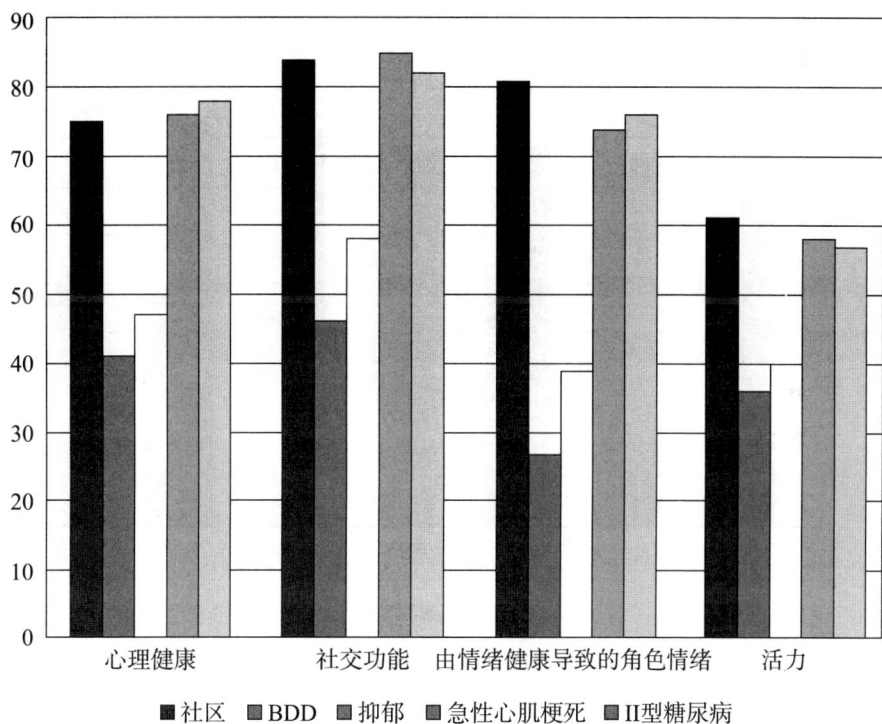

图8-3　BDD样本、社区样本、抑郁样本、心肌梗死样本以及糖尿病样本的
生活质量调查（SF-36）

注：得分越高表明生活质量越好。

多数做过整形手术的人对治疗效果感到满意，但是对于BDD患者而言，情况并非如此。多数BDD患者对治疗结果很不满意，进而自责或者指责医生

犯了严重错误。对于一些人来说，他们的先占观念和痛苦会短暂消失，但是很快又重新出现，或者他们的先占观念会转移到身体的另一个部位。

在极少数情况下，那些不满意非精神病学治疗或者手术治疗结果的BDD患者会对提供治疗的医生做出暴力行为。曾经有几起针对医生的暴力甚至谋杀或企图谋杀的案件，其原因是患者认为这些医生毁坏了他或她的外表。BDD患者偶尔也会诉诸法律，尽管这些治疗结果可以被其他人接受。他们将大量的金钱花费在寻找和接受这类没有效果的治疗上。在一些病例中，患者一生的积蓄都被耗尽。

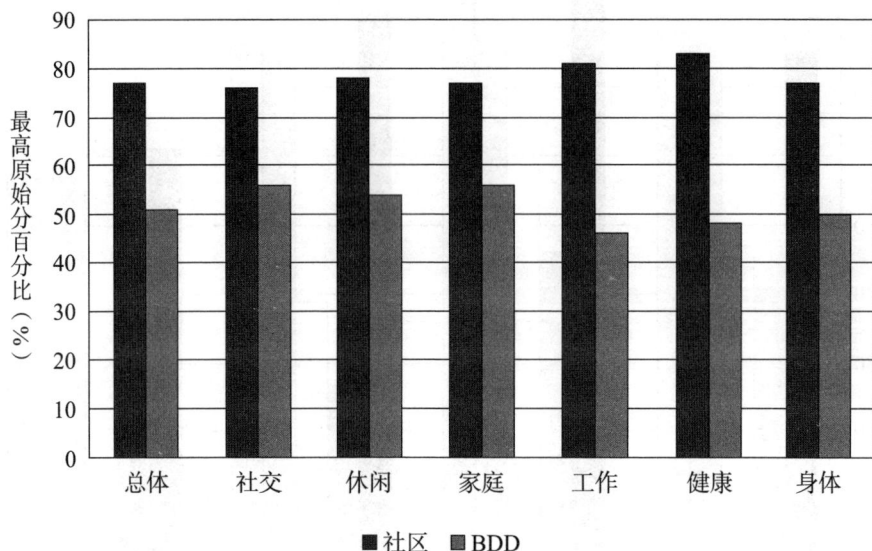

图8-4　BDD样本和社区样本的生活质量满意度得分（Q-LES-Q）

注：得分越高表明生活质量越好。

自行手术

一些BDD患者太想改善他们所感知到的缺陷了，于是尝试给自己做手术。一位同行曾向我讲述过一例BDD患者的情况，这位患者认为自己左手手指太长，最后亲手把它们切断了。一些患者为了使皮肤变得更光滑，用粗砂纸磨脸。还有一些患者试图用订书机整容。有位护士使用手术器械切割前额以改变其形状。还有一位患者，强烈渴望改善自己鼻子的样子，于是自行手术，把鼻子切开，尝试用鸡的软骨来代替自己的软骨。

但是，患者自行手术的情况并不多见。自行手术只是那些情绪非常痛苦和极端绝望的BDD患者的一种剧烈表现。更为普遍的情况是，BDD患者会说他们非常憎恨自己的缺陷，以至于想自己给自己做手术（例如把鼻子切掉），但是他们实际上不会这样做。

身体的伤害

还可能出现其他形式的身体伤害。其中一些伤害是他们无意中造成的。如在面部或头皮使用刺激性化学物质，导致皮肤过敏和烫伤；过度清洗面部，导致皮肤出血和擦伤；用强力胶水粘住"突出的"耳朵；为了消除痤疮或改变苍白的肤色，宁愿忍受剧烈的阳光照射；过度举重，导致背部劳损，或肌肉、关节严重受伤；抠抓皮肤，导致皮肤损伤、留下疤痕，甚至严重到大量流血以至于需要缝合或者紧急手术。

还有一些人在感受到挫败的时候，或者因为太讨厌自己的身体，而有目的性地伤害自己的身体。这种行为虽然只是个例，但是的确存在。塔拉（Tara）对自己胸部的外观感到不满，并且非常抑郁，于是她用镜子碎片割破了胸部。"我讨厌它们，"她说，"我想去死。"我接诊过的一个少女，由于十分厌恶自己的乳头，认为它们是奇怪的、畸形的，于是把它们都切掉了。

有个年轻人，当他对自己肚脐周围"皱缩的"皮肤感到非常苦恼的时候，就击打自己的肚子。"这个问题让我的生活简直无法忍受，"他说，"我每天会对自己说上千次'我太厌恶自己了，我想死'。当问题变得十分糟糕的时候，我就拿自己出气。"

酒精和药物使用

人们尝试使用酒精或药物来应对BDD是比较常见的。其目的是为了摆脱先占观念，麻醉痛苦情绪，减少在社会情境中的焦虑和不安。很多BDD患者有酒精和药物使用问题。正如附录四所示，在我所研究的第一组BDD患者中，有20%的人在他们的生活中的某些时候有过酒精问题（滥用或依赖），17%的人有过药物问题（滥用或依赖），而在第二组患者中，这两个比例分别为43%和34%。你可能还记得我前面提到过的明尼苏达州的研究，那项研究发现，在有物质使用障碍（酒精或药物）的住院精神疾患中，26%的人患有BDD（见第四章）。

约70%有酒精或药物问题（滥用或依赖）的BDD患者（这是一个相当高的比例）称，他们的酒精或药物问题是由BDD导致的。26%的人认为BDD是他们酒精或药物使用问题的主要原因。27%的人认为BDD在某种程度上是他们问题的原因，17%的人认为BDD只是所有原因中的一小部分。另外30%的人称他们的酒精或药物问题与BDD无关。

BDD是亚当（Adam）的酒精和药物问题的主要原因。他有严重的酗酒和药物使用问题，已经很多年了，并且他曾反复参加戒毒和康复计划三十余次。"你可能不相信，"他对我说，"我的酗酒和药物使用问题绝对是由外表问题导致的。许多律师认为这只是个借口，但是他们错了。酗酒和药物是我试图阻止因苦恼而引发的痛苦的极端方法，虽然它从来没有奏效过。我试图麻醉自己对于外表的知觉，但是这改变不了什么。事实上，它还使我因担心外表而产生的痛苦更加严重了。"

瑞克（Rick）的情况与此相似。"我的酒精和药物使用问题的根本原因是BDD。我经常睡觉，利用酒精和药物来逃避那些疤痕，试图忘记那些它们。"他说，"有时，醉酒暂时减少了我的担心，但是有时它又使症状变得更严重了，而且酗酒本身就是一个问题。"在服用氟伏沙明使BDD得到改善之后，他停止了酗酒和吸食海洛因。实际上，他曾靠卖海洛因来维持酒瘾和毒瘾，并因此被数次关进监狱。这些行为在他服用氟伏沙明进行治疗后也不再发生。

埃米莉（Emily）是这样描述她的经历的："唯一能给我带来安慰的就是喝酒……症状使我变得很虚弱、极度痛苦，而且越来越抑郁。虽然我承受了这么多折磨，又喝了这么多酒，但是没有人知道我的痛苦源于BDD，因为我努力让自己看起来好像一切都还不错的样子。我想振作起来，但是无法抵抗内心的巨大痛苦，我不能和别人谈论这个。"

"最后，我还是去看医生了，并把情况告诉了医生，因为我很担心自己的酗酒问题。他告诉我，只要我停止酗酒，就不会抑郁。但是对我来说，那不是事实。我酗酒是因为BDD……我通过酗酒和睡觉来对付它。现在最让我痛苦的是酗酒对我儿子的影响，我没能履行父亲的职责，那是最令我痛心的。"

一些患有肌肉上瘾症的人服用合成类固醇强壮身体。这类药品还包括雄性激素睾丸激素以及众多睾丸激素的合成衍生品。在美国及其他很多国家，除非是为治疗某种专门的身体疾病所用，否则使用合成类固醇是违法的。这类药物会增加心脏疾病和中风的发病风险，还可能增加前列腺癌的患病风险。此外，它还会导致易怒、攻击行为、抑郁情绪以及物质依赖。有些人为了减轻体重或身体脂肪，还使用麻黄相关产品［例如麻黄或麻黄素］——一些食物补充剂，这些食物补充剂都是脱氧麻黄碱的化学制品。如果使用大剂量的麻黄，会对身体造成极其严重的伤害，可能会导致心力衰竭、中风、癫痫甚至死亡。

事　故

BDD会引发事故。珍妮特（Janet）就遭遇过好几次。"我是一个爱照镜子的司机，"她说，"我一有时间就要照镜子。最糟糕的是，开车的时候我会通过后视镜照。几年前，我出过一次车祸，因为我一直看着镜子而不是公路。"很多患者的描述与之相似。"我通过后视镜检查自己的外表，试图消除自己的疑虑，"一位推销员告诉我说，"有一次我差点撞到树，也差一点撞到行人。"一些患者试图通过调整后视镜的方向或干脆取下后视镜来停止这种行为，但是如此一来，他们就无法看到车后方的情况，同样可能引发事故。还有一些患者在开车的时候用口袋里的小镜子检查自己的外表，而不是看着前面的公路。

有位女士，为了在照镜子的时候有一个较好的视角，把自己蜷曲得像一只椒盐卷饼，结果多次弄伤自己的脊背。她不满足于标准视角——因为她需要非常凑近地查看脖子一侧的轻微疤痕。还有一个人，当他利用窗玻璃检查自己的时候，从三楼的脚手架上摔了下来。

暴力和非法行为

BDD还会导致愤怒。BDD愤怒的原因有很多种：对自己所认为的异常的外表感到失望，无法改善自己的外表或者不能阻止外表的情况进一步恶化，对感知到的缺陷缺乏控制，认为自己的缺陷遭到别人的排斥或者嘲笑。"我愤怒是因为我的阴茎太小，这不公平，"一个大学生告诉我，"上高中的时候，有人在衣帽间里嘲笑我的阴茎尺寸，我因此变得非常愤怒。"一些BDD患者对自己在镜中的影像感觉极端愤怒时，会摔碎镜子。还有一些人会有过激行为。

研究表明，平均而言，与健康人群和其他精神障碍患者相比，BDD患者显示出了更高水平的敌意。然而，在使用SRI治疗后，他们的敌意水平会大幅度降低。虽然大多数BDD患者没有暴力倾向，但是约有28%的人称他们在生活中的某些时候会做出暴力行为——因为BDD。（暴力行为是指造成了财物受损或人身伤害的行为。）

一些人因为BDD症状而感到挫败、愤怒以及绝望，会摔重物（如砖块）或者用拳头击打墙壁或门。还有一些人确信有人在嘲笑他们，因此会伤害嘲笑之人。BDD患者认为手术或皮肤治疗并未改善问题或甚至使其更糟的想法，也可能诱发暴力行为。我接诊过的一个年轻人，认为面霜使他的脸上出现了色斑，于是在他父母的房子里狂怒地转来转去，破坏家具，用铁锤把家具敲成碎片。

有时，他们的愤怒和暴力直接针对的是为他们提供治疗的医生，因为他们不满意治疗结果。我认识的一个患者，因为对手术结果感到焦虑而严重攻击了他的整形医生。还有一个患者，在治疗没有达到理想的效果之后，企图谋杀他的皮肤科医生。还有一些相似的公开报道的案例，有人威胁、跟踪、企图杀害甚至谋杀了他们的皮肤科医生或者整形医生，这些人明显患有BDD。2001年，一项针对265位美国美学整形外科学会（American Society for Aesthetic Plastic Surgery）成员进行的调查显示，其中2%的人曾受到BDD患者的人身威胁，10%的人曾受到BDD患者的法律和人身威胁。

BDD可能导致非法行为。正如我在前面讨论过的，BDD会导致违法的药物使用。伊恩为了能去加利福尼亚把自己晒成棕褐色而到处入室行窃。托德在药妆店里偷窃。"我并不想这样做，"他说，"我必须得为我的皮肤弄点东西，但是我又没有足够的钱。"几个月的时间里，他偷盗了价值近一千美元的商品。"我担心我会被抓住，"托德说，"我觉得做这些事情是有罪的，但是我忍不住。痤疮毁了我的生活。我必须把皮肤弄得好看一些。"

还有一个男人，做了很多违法的事情——例如攻击他人、破门入室，希望能因此被抓进监狱。他解释说："那样，除了其他囚犯，就没有人可以看到我了。而且我这么丑，很难继续工作，如果在监狱里，我就不需要为此事担心。进监狱也比我每天地狱般的生活要好。"

住院治疗

BDD通常会导致患者住院治疗。他们需要住院治疗的原因有很多：包括由BDD导致的抑郁症、事故或自杀企图，或者因为不成功的医学或手术治疗诱发的自杀企图或自杀计划。在我的研究中，约40%的患者曾有过精神科住院治疗经历，26%的患者至少会把自己的一次精神科住院治疗经历归咎于BDD症状。

你可能还记得那项仅有的针对精神科住院病人的BDD研究，其中13%的病人同时患有BDD。这一发现是令人吃惊的，因为人们通常认为住院机构里不存在BDD。在这项研究中，BDD比许多其他精神障碍普遍得多。在十六例BDD患者中，有十三个人认为BDD是他们最大的问题或者主要问题。那些同时患有BDD的患者比那些没有BDD的患者病情更加严重，而且他们的整体功能也更差。

我知道的几个年轻人，由于BDD症状太严重而不得不住进了疗养院。大量的治疗方法和住院治疗对于他们而言都没有作用，而且由于症状导致的功能丧失严重，无论他们自己还是他们的家人都无法给予他们良好的照顾。

我在医院里见到了试图自杀的劳伦斯（Lawrence）。他焦躁、忧虑，而且非常抑郁。他是这样描述他住进医院的原因的："在我刚进入物理研究所的时候，我为自己没有很多朋友而苦恼，同时还发觉我的发际线在明显后退。有时，发际线后退得非常缓慢，但是上个月，它后退得非常快。几周后我查看自己的头发时，注意到头发掉了很多，而且前面原本浓密的部分也变得稀疏了。我甚至每天都能观察到它的变化。淋浴的时候，我手上会有很多头发。"

"我很焦虑，我如何能以现在的样子去见我的老朋友，如何能在头发这么糟糕的状态下见新朋友。我的自尊迅速下降，我觉得自己像是一个社会失败者。我无法专注于我的研究工作，开始怀疑人们是否正在谈论我或者嘲笑我。"

"上周，我开始变得惊恐。感觉非常焦虑。我越来越担心自己的外表，担心其他人会怎样看待我。我担心我的头发会越来越糟糕，甚至会完全掉光。我忍不住要这样想，感觉自己就要崩溃了。看着镜子里的自己，我哭了。我很崩溃、很虚弱，于是想结束自己的生命。"

当他的家人来医院看望他的时候，劳伦斯还是没有告诉他们，他住院的原因。"告诉他们这个，我觉得太难堪了，"他说，"我担心他们不会当真，担心他们会认为那些原因是微不足道的、愚蠢的或者可耻的，担心他们认为我爱慕虚荣。而且，如果我说出了原因，我担心他们会注意到我的头发有多么难看。"

尽管很多BDD患者的症状已经很严重了，但他们仍然绝口不提。他们不仅对家人保密，甚至也不会让医生知道。BDD症状甚至几乎没有在他们的病历卡上出现过，尽管他们的主要问题是BDD。

BDD的代价

虽然我们还不清楚BDD的代价是什么，但那无疑是相当高昂的。经济上的代价，包括因身体损伤和交通事故而造成的医药费用，花费在毫无效果的医学以及手术评估和治疗上的费用，以及用在医学和精神科的住院治疗的费用。还包括没有完成的学业，效率降低、迟到和缺勤导致的损失，以及残障抚恤金的花费。

因为以上这些花费，或者在假发、服装和化妆品上的大量花销，一些患者有明显的经济困难。一位女士花了很多钱购买衣服和假发，以至于她有超过一万美元的债务。还有几位患者的债务超过两万美元。

理查德（Richard）的经历反映了BDD的代价会有多高昂。理查德因为经常要去浴室照镜子，无法专心学业而退学。退学后，他尝试过若干份工作，但是因为疾病的症状，他的每一份工作都以失败告终。然后他搬回去和家人一起生活，并且什么事情也做不了。

理查德自杀过三次，通常是在镜子里看到自己，感到极度痛苦，然后实施了自杀行为。每次自杀都导致他需要住院治疗。在过量服药后，他在加护病房里待了很长时间。在我见到他之前的六个月里，他已经住院治疗了四次。理查德的嘴唇曾做过三次手术，手术费用昂贵而且没有效果。在他看来，其中两次手术带来了灾难性的后果，导致他必须进行精神科住院治疗。"我必须住院治疗，因为手术之后我的嘴唇是乌青的，而且肿胀，"他说，"看起来很畸形。我快疯了，尖叫并且打碎东西。我的嘴唇比以前更糟糕了，是我自己造成了不可挽回的伤害。"

尽管理查德患上BDD不过几年时间，但是疾病带来的花费却高得难以承受——远远超高了十万美元。然而，BDD患者付出的更高的代价他们自己所遭受的——严重的折磨和痛苦。岁月流逝，疾病却依然冥顽不化。一位男士告诉我："我为此浪费了这么多生命，这简直太疯狂了！我为这种疾病夺走了我大把的岁月而伤心。"

自杀：最具毁灭性的后果

最大代价是生命——自杀，这是一种无可挽回的行为，反映了患者无法忍受的痛苦和希望的丧失。痤疮用药（Accutance，青春痘特效药）并没有给卢克（Luke）的皮肤带来任何改善，于是他企图自杀。"那是我最后的希望，"他说，"但是它并不起作用。我非常痛苦，最后精神崩溃。我一直为自己的外表感到苦恼。因为我试图自杀，后来不得不住院治疗。"

在BDD患者中，自杀的想法普遍得令人吃惊（见表8-1）。在我的研究中，80%的人（这是个非常高的比例）认为生活没有意义，死了更好，或者希望死去。这个比例可能比它在任何其他精神障碍中的比例都更高。他们中的大多数人把这种想法主要归因于他们的BDD症状。就像一位女士告诉我的："我生命中所有痛苦都根源于外表。我对此感到绝望，感觉自己不属于任何地方，也快乐不起来。我觉得自己是不受欢迎的，而且有时候会觉得生活不值得继续过下去。"

胡安妮塔（Juanita）因为脸上、手臂上和腿上的汗毛而想要自杀。"真的非常痛苦。我担心我可能再也无法拥有正常的生活——约会、性爱以及人们能做的其他事情。"她告诉我，"外表上的缺陷让我觉得自己像个怪物，像个坏人。恐怕没有一个人会喜欢我——我将成为一个被抛弃的人。所以继续活下去还有什么意思呢？我非常想买一把枪把自己击毙。"

英国的戴维·维尔博士和我都发现，约25%的BDD患者有自杀企图（见表8-1）。而在他们之中，约50%的人至少把他或她的一次自杀企图主要归因于或完全归因于BDD。在最近的研究中，我发现BDD症状越严重，患者越可能考虑或者企图自杀。

虽然这些比例看起来可能比较高，但是是可以理解的。BDD症状通常涵盖了很深的羞耻感、低自尊，甚至是自我厌恶、无价值感、感觉不被接受和不被喜欢。BDD症状通常会导致患者与其他人隔离，他们认为没有人能理解他们。很多BDD患者的社会支持有限、功能差，或者同时患有诸如重性抑郁症和物质使用障碍等其他精神障碍——所有这些都是自杀想法或自杀企图的风险因素。当这些情绪达到极致，个体就会认为他或她的生命不值得继续。

这反映了许多BDD患者经历的无法忍受的痛苦和折磨。就像卢克所说："我讨厌自己以及我的外表，我这个样子是没办法度过余生的。总有一天我会自杀的。"

虽然幻听在BDD中比较罕见，但是卡伦（Karen）之所以用药过量，是因为她听到一个声音要她自杀，因为她太丑了。"我内心有两个声音在对话，'看她那满脸的痘痘，看她那肥硕的大腿，你不觉得她应该自杀吗？''你又肥又丑，你应该杀了自己。'这就是它们谈论的内容。因为我的长相，它们都在嘲笑我。"

我们尚不清楚有多少BDD患者自杀，但有一些的确已经自杀了。一项关于皮肤病患者的研究报告了令人警醒的发现：在二十年里已知的自杀患者之中，多数人患有痤疮或BDD。精神病学文献资料也记载了那些因自己感知到的缺陷而忧心如焚、感到绝望，继而自杀的BDD患者。而且我的确知道很多已经自杀了的BDD患者。有几个是漂亮的年轻女性，她们担心自己的皮肤，并且有抠抓皮肤的行为。还有一个为自己"畸形"的前额而苦恼的年轻男性，一个讨厌自己的头发的年轻男性，一个讨厌自己的胡须、认为自己的生活被BDD毁掉了的五十岁岁男性。

比尔告诉我说，还有一些BDD患者，我永远也见不到了。当我问及原因的时候，他是这样回答的："因为他们已经死了——他们杀死了自己。"他对此应该是了解的，因为他曾因鼻子上的毛孔而自杀了十五次。他再也不能忍受丑陋带来的折磨了。还有一位男士也说了类似的话："我认为很多人都曾因为BDD自杀过。之所以这样说是因为BDD真的太令人痛苦了。在症状十分严重的时候，我曾两度自杀。我感觉非常孤独和绝望。"

毫无疑问，在很多病例中，有效的精神科治疗（SRIs和/或CBT）能预防自杀。在我的氟西汀研究中（我在第十三章中有更详细地描述），使用氟西汀治疗的患者明显比只服用安慰剂（糖丸）的患者的自杀想法更少。胡安妮塔对氟西汀有良好的反应。几年后，她电话告诉我她已经结婚了，并且有了一份不错的工作。她不再因为自己的外表问题而企图自杀。卢克对相同的药物联合认知行为疗法也有出色的反应，经过治疗，他不再被外表问题所折磨。他在电视行业的工作中取得了成功，并且不再有自杀想法。"对我来说，那已经是非常遥远的事情了，"他告诉我，"我现在生活得很好。"

第九章
性别与生命各阶段的BDD

"我希望全世界的人都是秃头，包括我。那样我就不用担心我的头发了！"

——约翰尼（Johnnie），5岁

"这么多年了，我还是认为我脊柱的样子很丑。我绝口不提这件事，因为我不愿意注意到它。它令我感到沮丧。"

——玛格利特（Margaret），70岁

BDD和性别

BDD在女性中更普遍，还是在男性中更普遍？它在两种性别中有什么不同吗？虽然我们还没有确切的答案，但是对于这些问题的研究非常有意义。

人们通常认为BDD在女性中更为普遍。女性难道不是比男性更关注外表吗？社会不是把女性的吸引力置于一个特别高的地位吗？的确，针对普通人群的研究结果表明，对自己的外表感到不满意的女性多于男性。

一些BDD研究发现女性患者多于男性患者，但是另一些研究则发现两种性别的患者一样多，甚至男性患者多于女性患者。在我的BDD研究中，女性比男性稍微多一些（分别是60%和40%）。还不清楚这个比例能在多大程度上反映社区BDD的真实性别比例。对于男性来说，他们可能很难承认自己患有BDD，并且与女性相比，男性参与BDD研究（尤其是治疗研究）的可能性更小。因此，BDD患者的性别比例可能比这些研究所显示出来的更加平衡。

在法国的一项针对超过600例强迫障碍患者以及相似障碍（例如拔毛发

癣）患者的研究中，有151例BDD患者，其中男性与女性的数量相近。几年前，我查阅了我能找到的所有关于BDD病例的英语文献以及大量其他语言的文献。在这些已被发表的病例中，男女性别比例接近（女性与男性的比例约为1.25∶1）。

这些研究结果还不足以给我们一个我们想要的对BDD性别比例的有效评估。更确定的测定需要大规模的调查，在这样的调查中，BDD的流行程度和性别比例是通过以包括社区在内的各种机构中的数千人为样本来测定的。我刚才提到的这些研究，都是小规模的、可能带有偏向性的研究。与此同时，根据目前的调查研究，我们可以确定BDD对女性和男性都产生影响。

BDD的性别差异是怎样的？在我的研究中，我发现BDD男女患者之间的相似之处多于他们的差异。就多数人口统计学特点（例如年龄、就业情况）而言，以及就多数临床特点（例如不喜欢的身体部位、BDD行为特征、BDD症状的严重程度、功能受损程度，以及企图自杀的次数）而言，男性与女性几乎是相同的。在同时患有其他精神障碍（包括神经性厌食症、惊恐障碍、抑郁症等）的人数方面，男女也大致相同。这项近期研究的结果是值得注意的，因为在普通人群中，这些障碍对女性的影响更大。为什么在男性BDD患者中，同时患有抑郁症的患者比例和女性患者中的这一比例一样高，这仍然是个谜。虽然这项研究结果有待进一步的证实，但是这里有几种可能的解释。其一，抑郁症可能通常是"继发于"BDD的——换句话说，抑郁症可能是由BDD导致的痛苦和损伤引起的。我的临床印象和近期研究结果表明，这是一种常见的原因。如果这个假设是正确的，那么男女BDD患者在抑郁症的比例上均等，就不足为奇了，因为他们体验到了由BDD症状所导致的相同程度的痛苦和损伤。其二，导致BDD的生物基础和心理机制，同样促成了与BDD伴生的抑郁症；在我们的研究中，BDD对男性的影响与对女性的影响程度相当，因此抑郁症可能也是如此。

但是BDD在不同的性别之中还是存在一些有趣的差异。我发现女性更容易罹患进食障碍（见附录二的描述），而男性更容易出现酒精或药物问题。男性更可能保持单身。虽然就担心的身体部位和数量而言，男性与女性是相似的，但是男性更容易认为自己的体形矮小、瘦弱，或者肌肉不够发达，而女性更倾向于讨厌她们的体重和臀部，认为她们的体形过于粗壮和丰满。虽然男性和女性都会担心头发，但是男性更容易担心脱发。担心体毛过重的患者都是女性，担心生殖器的患者都是男性。男性多用帽子进行伪装，而女性则更倾向于用化妆来掩饰。

这些研究结果是有趣的，因为其中一些反映了人们正常的对于外表的担心和行为。研究结果表明，女性通常认为她们的体形太大，而男性则倾向于担心体形太小。例如，一项关于大学生的调查研究发现，85%的女性想要减轻体重，而只有40%的男性有这种想法，45%的男性实际上想增加体重。在普通人群中，担心变秃在男性中更普遍，女性比男性更爱化妆。

若干治疗发现也很有趣。我发现男性和女性一样，都倾向于寻求非精神科治疗（例如外科手术或皮肤科治疗）来解除他们对于外表的担心。这些发现与我们所了解的普通人群的情况是不同的，在普通人群中，女性比男性更倾向于寻求美容治疗。

据我所知，仅有的调查BDD性别差异的其他研究，其研究对象是意大利的一个较小的病例组中的患者。这项研究同样发现，男性BDD患者和女性BDD患者在总体上是相似的，并且女性更可能患有进食障碍（如神经性贪食症），而男性更可能担心生殖器。然而，与我的结论不同的是，意大利的研究发现女性更可能担心胸部和腿，更喜欢照镜子和伪装，而男性更可能担心身高和体毛。当然，我们需要对BDD的性别差异进行更多的研究，不仅是临床研究，还要在普通人群中以及不同文化的人群中进行研究。

有时候我被问及，BDD患者中有多少是同性恋者。在我的二百例BDD患者病例组中，我对此做过系统评估。我发现其中5%是同性恋者，3%是双性恋者。这一比例比在普通人群中的比例稍高，但是这也表明大多数BDD患者都是异性恋者。

生命各阶段的BDD

BDD通常发病于青少年时期，但也会发生在童年期或者成年期。在我研究的病例中（超过500例），患者平均是从13岁开始不喜欢他们的外表的。满足BDD诊断标准的平均发病年龄为16岁，标准差为7.0，这意味着大多数（约66%的）BDD患者的发病年龄介于9到23岁之间。最常见的满足BDD诊断标准的发病年龄是13岁。在这个病例组中，最早的发病年龄是4岁，最晚的发病年龄为49岁[①]。

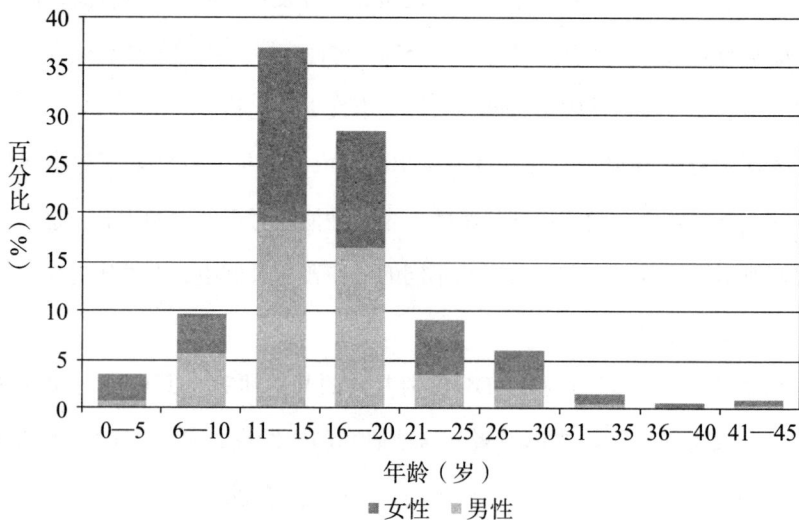

图9-1　BDD的发病年龄

---

① 在已完成的研究中，发病年龄的测定是回顾性的而不是前瞻性的，也就是说，患者是通过回顾过去的方式来估算这种疾病的发病年龄的。但是，因为记忆可能会出错，所以这种测定方法也可能有误。尽管如此，许多BDD患者对他们早期的症状有非常生动的记忆，这个事实说明，回顾性记忆可能是适度准确的。

测定发病年龄的另一个复杂因素是，这种疾病的发生通常是循序渐进的，有时候继发于对身体的不喜欢，而这种不喜欢还没有严重到足以做出BDD的诊断。就像一位女士所说："在我还是个小孩子的时候，我就出现了担心的迹象。"测定患者的BDD在多大年龄开始具有临床意义（即发病）有时候是困难的。虽然如此，在我的研究中，发病年龄的研究结果与其他研究者的研究结果具有显著的一致性。

虽然BDD的发病过程通常是循序渐进的，但是约有20%的人报告自己是突然发病的，从完全没有对于外表的担心转变为完全的担心的过程，时间不超过一周。一位二十一岁的女士告诉我，"它是突然发生的。那天我走进浴室，接着就看到了胡须。"在某些（而不是所有）病例中，BDD的突然发作似乎是由某个对于外表的负面评价的压力事件促成的，或者甚至开始于某个评价——例如，"今天你的脸看起来有点红。"有时候，BDD的发作是由个体对手术或者青春痘特效药的失望而触发的。然而更常见的情况是，患者逐渐出现BDD症状，没有明显的诱发事件。

一个重要的问题的是：患者在患病过程中是怎样的？他们会有好转吗？他们的病情是保持不变，还是越来越严重？BDD会是一种终生疾病吗？还是说它会在个体成年早期或中期就结束？我们可以预测谁会好转，谁不会好转吗？目前我们还只能非常初步地回答这些问题，而且答案各不相同。

我系统地询问过我所接诊的患者，他们的BDD症状在患病以来是否有过改善，他们的答案多少让人有些沮丧。84%的人报告说他们的BDD症状是缓慢和持续的。也就是说，从他们发病以来，他们从来没有或几乎没有从症状中解脱超过一个月的时间。对于我的问题"自从发病以来，你不担心缺陷的时间最长会持续多久"，到目前为止，最常见的回答是"不到一天"。同样值得关注的是，大多数人（约59%的人）报告他们的症状随着时间的推移变得更加严重了。只有13%的人报告他们的症状有所改善。其余的人（28%）报告他们的BDD症状的严重度比较稳定。

虽然这些数据表明，BDD更可能是一种慢性疾病，或者甚至是一种日益恶化的疾病，但是重要的是要记住几件事情。第一，统计可能存在某种偏差。那些来见我的人都是病情恶化的人，因为病情改善了的人不需要来见我。第二点同样重要，在这些人中，只有较少的人获得过充分的BDD治疗。部分原因是我开始研究BDD的时候，还没有人知道如何有效治疗这种障碍。即使到现在，虽然我们了解得更多，但是BDD仍然常常无法得到准确的诊断和有效的治疗。

为了更好地理解BDD患者在病程中的情况，我们需要对病程进行前瞻性的研究。在这种研究中，我们随着时间的推移对症状进行系统性的评估。这是我正在做的一项研究。这项研究的初步结果同样表明，BDD倾向于是慢性的。一年之中，患者连续八个星期没有BDD症状的可能性只有9%。部分缓解（不完全符合DSM-Ⅳ标准）的可能性只有15%。两年之中，连续八个星期没有BDD症状的可能性是14%，部分缓解的可能性为18%。BDD症状较严重的患者或有人格障碍（见附录二的定义）的患者康复的可能性更小。虽然这些数据可能令人吃惊，但是只有极少的BDD患者能够获得充分的治疗，基于这个原因，这样的结果并不奇怪。

那些获得过有效治疗（SRIs或认知行为疗法）的BDD患者的情况通常要好得多。在我的一项临床实践治疗的病例研究中，所有患者都接受了药物治疗，部分人同时还接受了认知行为治疗。其中，58%的人的BDD症状在治疗开始之后的第六个月或第十二个月的评估中实现了部分的或全部的缓解（即不再完全符合DSM-Ⅳ中该疾病的诊断标准）。经过四年的治疗之后，84%的人的BDD症状至少在一个评估点（研究性评估会在治疗期间每6个月进行一次）实现了部分的或全部的缓解。那些症状较轻的BDD患者，以及那些在治疗之初没有重性抑郁症或社交恐惧症的患者，随着时间的推移会日益好转。

更严格的治疗研究同样倾向于得出这样的结论：在迄今为止所有已完成的药物研究中（持续时间为8—16周），50%—75%的患者在使用SRI之后症状有所改善（见第十三章）。认知行为疗法的研究同样显示了BDD症状的显著改善（见第十四章）。因此，我的临床实践治疗病例的数据和来自治疗研究的数据都倾向于表明，绝大多数接受治疗的患者反应良好。

在病程中，BDD症状的严重程度似乎常常起伏不定，即症状在有些时候会更加严重。症状的严重程度会在没有明显原因、压力反应或诱发事件（例如抠抓皮肤或身处某种社会情境之中）的情况下波动。女性患者常常报告BDD症状在月经前期变得更加严重了。在这里，我们同样需要前瞻性研究以便更好地理解BDD症状的波动情况，以及是什么因素导致了这种波动。最终，如果我们能更好地理解BDD症状减轻的原因，那么我们就可以利用这种知识来减轻患者的痛苦。

儿童和青少年的BDD

"我希望全世界的人都是秃头！"

"约翰尼，今天你的头发看起来很漂亮！"在约翰尼经过前台的时候，接待员大声说。"约翰尼，你的头发真是漂亮极了！"秘书回应道。当约翰尼走进精神科医生办公室时，他没有直接坐到椅子上，而是蜷缩着蹲在地板上，并且通过椅子上的一条窄窄的狭长的铬合金专心地看自己。"你在做什么，约翰尼？"精神科医生问他。约翰尼并不回答，而是歪着头，从不同的角度检查他的头发，轻拍头发，把发丝整理平整。他还对自己露齿而笑，检查和触摸他的牙齿。

约翰尼过度担心头发，认为头发"不对劲"或者太服帖。他还为牙齿而苦恼，认为它们不够白或者不够整齐，还有他那"罐状的"肚子。他频繁地照镜子，过度刷牙，还频繁地触摸和梳理头发，使用特别的发乳。如果没有把自己的头发弄得恰到好处，约翰尼就会哭泣，把头埋在水里，然后重新开始整个梳理程序。"我希望全世界的人都是秃头，"他说，"包括我，那样我就不会担心头发了。"

约翰尼一遍又一遍地问他的父母："我的头发正常吗？""我胖吗？"他的母亲估计他每天至少有三个小时都在担心自己的外表和反复求证。约翰尼只有五岁。

奥利（Holly）是一个害羞而漂亮的十六岁高中生，因为难为情，她不愿意谈论自己对于外表的担心。在鼓励之下，她终于还是说了。"我认为我的问题最先是由羞怯开始的，"她说，"那时，我和其他人相处时，就会感觉非常不自在、不舒服。接下来，几年过去了，我开始担心我的长相。最开始担心的是体形。我认为我的肩膀和臀部太宽了，而腰部又太细。后来我做了一个糟糕透了的发型，于是开始担心头发——我的头发太难看了，而且看上去永远都不对劲，简直就像一个老鼠窝。"

奥利每天要花几个小时的时间来思考这些自感缺陷，并且会通过镜子和窗玻璃频繁地检查外表。"我为此讨厌自己，我不应该这样担心外表的，"她说，"那是自私和浅薄的。" 奥利每周至少要在理发、烫发和购买头发用品上花费四十美元，这实际上已经超出了她的承受能力。她还穿宽松的衣服来遮挡身体。她避免游泳，尽管她很喜欢，因为她的外表令她感到不自在。"我看起来这么糟糕，我觉得我待在哪里都不合适，"她说，"所以我避开朋友们，而且几乎从不参加聚会。"

正如这些故事所表明的，BDD会发生在青少年身上，甚至会出现在幼儿身上。很多BDD成人患者对早期症状有令人吃惊的生动记忆。例如，症状始于四岁的一位女士，她清楚地记得由于她讨厌自己"又粗又短"的手指，坚持在四岁的生日聚会上戴着手套。另一位女士清晰地记得，她曾在运动场上躲在妈妈的裙子后面，不愿意去幼儿园，因为她觉得自己太丑了。还有一个人告诉我："五岁的时候，我看着镜子说'我是个丑八怪'。为了隐藏这张丑陋的脸，我戴上墨镜去幼儿园。"

我们还不知道BDD在儿童和青少年中的普遍程度，因为关于这方面的研究实在是太少了。一项针对精神病医院208例住院青少年患者的研究发现，其中7%的人确定或可能患有BDD。另一项针对566位高中生的研究发现，其中2.3%的人患有BDD。后一项研究的数据是通过未经验证的自陈式问卷调查获得的，而非现场访谈获得，所以我们不清楚它的准确度。然而，多数BDD患者（约70%）在十八岁之前就开始出现症状了。因此，认识到这个年龄阶段可能会出现BDD是很重要的。同样重要的是，要认识到并非所有出现在青少年时期的对于外表的担心都是正常的，或者只是一个过渡"阶段"——有时候，它们可能是BDD的症状。

儿童和青少年BDD的特点

尽管BDD通常会出现在个体的青少年时期，但是却极少有已经发表的关于儿童BDD或青少年BDD方面的研究。但是无论如何，我们已经知道的情况表明，这个年龄组的BDD的特点与成人组非常相似。与成人一样，儿童和青少年也有显著的、痛苦的、耗时的先占观念，这些观念可能集中在任何身体部位，但通常是面部。他们对此往往缺乏洞察力。他们中的大多数认为其他人会因为他们长得难看而以消极的方式特别注意他们——注视、谈论或者嘲笑他们。多数人有强迫行为，例如照镜检查。BDD症状导致的功能损伤，其程度在轻度到极重度之间。可能包括成绩降低、终止运动或其他活动、逃避家人和朋友。在较严重的病例中，患有BDD的儿童和青少年会从学校休学或退学，变得足不出户，需要精神科住院治疗，有的可能甚至企图自杀。

表9-1是对47例儿童和青少年BDD患者的特点系统评估情况的摘要。正如该表所示，痛苦而耗时的先占观念和强迫行为，导致了这些患有BDD的儿童和青少年的显著的痛苦和功能损伤。他们几乎普遍存在社交损伤，往往包括极端的自我意识、羞耻感、回避社会交往。 大部分人对于在学校就读存在困难，有些人甚至退学。需要特别关注的是，相当多的人曾考虑或企图自杀。

表9-1　49例儿童和青少年BDD患者的特征

特征	具有该特征的儿童/青少年的平均数或百分比（%）
年龄	15
性别	90%女性
	10%男性
（最常）担心的身体部位	71%皮肤
	51%头发
	47%体重
担心身体部位的数量（过去或现在）	6
（最常出现的）BDD行为	伪装92%
	照镜子82%
	比较80%
BDD严重程度（以BDD-YBOCS进行评估）	31（中度）
曾因BDD而影响了社交	100%
曾因BDD而影响了学习或工作	100%
目前学业受到影响	86%
因BDD而退学	18%
曾住院治疗（精神科）	39%
曾因BDD而出现过暴力行为	38%
过去有过或现在有自杀想法	73%
企图自杀	33%
曾因BDD而足不出户	16%

注：这些数据来自我第一个病例组中的33例儿童和青少年，以及我第二个病例组中的16例儿童和青少年。所有人都小于十八岁。本表格的描述与已发表在专业期刊中的对儿童和青少年BDD个体特征的描述相符。

　　正如该表格所示，儿童和青少年BDD患者在总体上与成人BDD患者相似。然而存在着一个明显的差异，我接诊的儿童和青少年多数是女性。这可能反映了男孩更不愿意因为他们对于外表的担心而寻求帮助，而不是BDD在男孩和女孩之间的流行程度的真实差异。前面提到的针对住院病人的研究对所有住院青少年都进行了评估，其中男女各半。在最近的一项研究中，我还发现青少年比成人更缺乏对于疾病的自知力，以及更可能企图自杀。

十七岁的克莉丝汀（Kristin）具有表9-1中列出的很多典型的BDD症状。在她自杀未遂后，我在医院见到了她。她说她自杀的主要原因是对于外表的担心。她从十三岁开始就过度关注自己的鼻子，她认为她的鼻子太"大"，乳房太"小"，头发"不对劲"。她这样描述自己的担心："非常非常痛苦，如着魔一般。它们是如此恐怖，我只能自杀，那就是我过量服药的原因。我再也不能忍受这种痛苦了。"

克莉丝汀"每天每时每刻"都在思考自己的外表，并且每天长时间地通过镜子、商店橱窗以及其他反光物来检查自己。"我不断地把自己和其他女孩进行比较，每天上千次地问我妈妈我的外表是否正常，但是当她说我很漂亮的时候，我一点也不相信……有时候，有人赞美我的头发，会让感到我愤怒，我认为他们之所以说喜欢我的头发，是因为那样就可以避免评价我其他部位的丑陋了。"由于认为自己实在太难看了，克莉丝汀逃避朋友和约会。她的一些课程也不及格，最后不得不从高中退学。为了使自己的外表好看一些，她做了鼻部整形手术，这个手术减少了她对鼻子的担心，却增加了她对胸部的担心。

埃里克（Eric）十四岁时开始出现先占观念：他认为他有严重的痤疮，眼周有很多皱纹，他的耳朵是"凸出的"——畸形到其他人都没办法辨认出他来。埃里克经常在镜子里查看自己，并且经常把灯光弄得昏暗，那样"缺陷"就看不见了。他还用刘海和棒球帽遮住前额，涂化妆品以掩藏他想象中的痤疮。埃里克曾经有很多朋友，是一个非常优秀的学生和足球明星。但是BDD症状使他的成绩直线下降，并且使他变得越来越容易感到羞耻、抑郁、焦虑，使他与社会隔绝。最后，在这些症状出现的几年之后，他完全无法去学校，变得足不出户。

识别儿童和青少年BDD的重要性

识别儿童和青少年的BDD是很重要的。正如表9-2所示，BDD会导致儿童和青少年出现严重的问题。在我提到的对住院病人的研究中，患有BDD的青少年患者明显比没有BDD的青少年患者有更强烈的焦虑、抑郁情绪，以及自杀想法。

表9-2 识别儿童和青少年BDD的重要性

1. BDD会导致儿童和青少年成绩降低、退学、回避家人和朋友、产生自杀想法、出现暴力行为以及其他严重问题。
2. BDD症状会阻碍儿童和青少年的正常发展。
3. 如果没有得到及时治疗，BDD会造成长期的学业、职业以及社交问题。

虽然BDD的长期影响还没有被充分研究，但是似乎在童年或青少年时期就出现BDD的（而非之后的时期）影响特别重要。我发现，十八岁之前出现BDD症状的人与之后出现症状的人之间有某种程度上的差异。实际上，我们可以预期，对于那些较早发病的人，症状给他们带来的损伤更大，因为他们遭受了更长时期的痛苦，而且发病时正处于生长发育的关键期。事实上，那些童年或青少年时期发病的人更可能在精神科住院治疗（其原因可能是任何精神障碍或者BDD），也更可能企图自杀。

从发展的角度来看，我们有理由认为BDD尤其会对儿童和青少年造成问题。青少年必须完成许多重要的发展任务：与同龄人的交往日益增加，变得更加自主和独立于家庭，形成更强大的、完整的自我认同感，以及认真对待他们的性征，这里仅举几例。BDD是如何影响这些发展过程的，我们目前还不确定，因为还没有这方面的研究。这再一次说明，有必要进行专门解决这些问题的前瞻性研究。无论如何，BDD极有可能对青少年的这些发展任务形成干扰。基于我对很多父母的治疗经验，这似乎就是事实。

羞耻感和社会退缩会妨碍健康的同伴关系（无论是友谊还是亲密关系）的形成，同时会伴随着对家庭的依赖的增加，而这个时期的个体，对家庭的依赖通常应该是减少的。实际上，一些BDD青少年患者变得依赖家人，让家人帮忙去做一些本来应该是自己去做的事情。他们会花越来越多的时间和父母待在一起（尤其是，如果他们变得足不出户），在社会交往方面也会更多地依赖家庭。他们会依靠家庭的资金和感情支持来对付这种疾病。虽然对家庭的正常依赖是合理的，但是BDD导致的过度依赖却对青少年的正常发展造成了干扰。

此外，在我的临床印象中，发病于青春期之前或之中的，且未被治疗的BDD会显著地妨碍个体自我同一性的形成，而这是青春期发展任务中的核心。同一性是一个广泛的概念，不仅包括自我感、品质和个性，而且还包括确立目标、期望的职业和生活方式，以及个体在集体和社会中的位置。如果个体没有顺利完成这些发展任务，其结果就是怀疑、不安全感和缺乏目标。BDD患者会对自己的身体和自我本身形成强烈的羞耻感和自卑情绪，而不是健康的同一性和良好的自尊。他们通常从缺陷的角度来看待自己：我是一个有丑陋鼻子的人，我是一个遭人嘲笑和排斥的人。

BDD可能尤其容易妨碍发展健康的自尊和同一性，因为身体外观对于建立自尊很重要。在最可能有助于形成整体自尊——个体对整体自我的喜欢程度——的所有能力中，身体外观居于首位。研究表明，在青少年时期，身体外观与整体自尊高度相关。因此，青少年BDD患者如果认为自己的外表在某些方面是有缺陷的，那么会很难形成健康的自尊。

另外，由于青少年BDD患者过分担心想象中的缺陷，以至于他们会忽略和不去发展他们的长处。他们可能会抗拒去学校，逃避业余爱好和其他活动。他们可能忽略同一性形成的其他方面，比如职业目标。

发病于青少年时期的其他精神障碍比BDD得到了更充分的研究，这些精神障碍被证明会对同一性形成以及类似的青春期发展任务造成干扰。因为青少年的自我概念还没有成型，他们特别容易受到精神障碍在同一性和人格形成方面的负面影响。例如，研究表明，学校恐惧症就妨碍了青少年的发展任务。一项研究发现，患有学校恐惧症的青少年在童年期比其他同龄人更具有依赖性，而且他们在完成学业和维持生活方面更加困难。他们更可能与社会隔绝，很难形成健康的、亲密的关系，而且在性适应方面有更多问题。BDD因其对人际关系的高度影响，可能特别容易产生与之相似的影响，增加患者出现人际关系问题的风险。此外，未经治疗的BDD似乎通常是慢性的，这就使得恢复正常和修复发展任务变得很困难。实际上，正如附录一所示，有很大比例的BDD成人患者（30%）和他们的父母生活在一起，还有一些人失业、中途辍学、没有约会或者与其他人没有社会交往。有些人在生活中虽然有进展，但进展远低于他们的理想。

如何对儿童和青少年的BDD做出诊断

有时我会被问到，BDD是否可以在患者的青春期就被诊断出来，因为人们在这个时期通常都很关心外表。答案是肯定的，肯定能够做出诊断！虽然我们有时候难以将轻度BDD和正常的青春期对于外表的关心区别开来，但是在青少年中，较为严重的BDD很容易被诊断出来。事实上，如前所述，青春期似乎是BDD的高发期。

有意思的是，BDD似乎通常发病于青少年时期，这个时期的个体，他们的身体发生剧烈变化，通常都非常关心外表。事实表明，BDD可能是对青少年时期发生的各种生理和心理变化的一种病态反应。青少年时期的大脑发育可能促成了该疾病的发作。例如，在青春期，所有物种的大脑似乎都越来越注意社会地位的各种信号，其中就包括外表，同时也越来越注意被排斥的信号。社会文化因素对外表重要性的强调，以及在这个时期被他人接受的程度也同样非常重要。BDD的原因和其表现出来的机制，可能在某种程度上的确与发生在青春期的生理的、心理的以及社会的变化有所关联。

就像成人一样，青少年如果一直受到对于外表的担心的困扰，并且引起了显著的情绪痛苦或者功能干扰，那么就可以对其进行BDD诊断。如果青少年因过度担心外表问题而变得抑郁，在学校里很难集中注意力，或者成绩下降、逃学、避免聚会或约会，那么他或她可能已经患上了BDD。

附录三有青少年版本的BDDQ(我在第四章中提到的BDD自陈式问卷)。那些可能患有BDD的人（基于他或她对BDDQ的回答）接着应该被询问青少年版BDD模块中的问题，以确定其是否真的患有BDD（见附录三）。因为青少年通常对于外表的关注较多，所以我们务必确定他们是以负面的方式在考虑微小的或完全不存在的外表缺陷。在对青少年的BDD做出诊断的时候，把重点放在功能损伤上也是有帮助的，以确定他们对于外表的关心确有问题，而非简单的正常关心。

克莉丝汀、埃里克和奥利的担心显然就是过度的，而且具有BDD的特征。克莉丝汀逃避社交和约会，她的一些课程不及格，最后辍学了。她的自杀企图和住院治疗经历都十分清楚地表明，她的经历并非仅仅是"正常的青春期"，或者她"长大了"。起初，埃里克的成绩下滑，而且变得焦虑和沮丧。虽然这些早期征兆并不十分剧烈，但是它们仍然提示，埃里克出现了严重的问题——而不仅仅是他在"经历一个阶段"，或者只是正常的青春期问题。当他退学和停止踢足球时，这些经历则非常清楚地表明，他的担心是十分严重的问题。而奥利的情况要稍好一些，她每天有数小时在担心自己的外表、避开朋友，这是BDD存在的信号。

这三个青少年也都有某些典型的BDD行为——照镜检查、伪装、反复求证以及过度整饰。这些行为为证明这种疾病的存在提供了另外的线索。

同样重要的是，要认识到BDD在青少年中容易被漏诊。事实上，根据我的经验，这种失误远比对于BDD的过度诊断更为普遍。为了避免BDD在儿童和青少年中被漏诊，重要的是要意识到，他们可能会在极大程度上隐瞒BDD的症状，因为他们对自己的担心感到十分羞愧，故而不愿意提起。奥利因为太担心自己的长相，因此认为自己是自私的、浅薄的。她非常不愿意向任何人提起她的担心。尽管成人也会对此保密，但是在青少年中，这种情况尤其普遍，因为许多青少年在不够信赖成人时，以及向成人吐露心声时会感到很顾虑。

通常，如果青少年已经与成人建立了信任关系，他们会愿意说出他们担心的问题。对此，最好的处理方法就是询问。只要青少年表现出了BDD的任何迹象，就询问他们是否有任何对于外表的担心。BDDQ和"青少年用BDD诊断模型"会很有帮助。极为重要的是，不要认为青少年的这些担心是个体发育期的一个正常阶段，因而简单地忽略。同样重要的是，不要因为青少年的担心而嘲笑或者批评他们。BDD是一种需要治疗的严重障碍。

如何对儿童和青少年的BDD进行治疗

对儿童和青少年的BDD进行有效治疗的研究比成人研究要少得多。虽然急需更多研究，但是就目前的研究结果而言，似乎SRIs和CBT（对成人而言有效的治疗方法）也常常对儿童和青少年BDD患者有效。

克莉丝汀、埃里克和奥利都对5-羟色胺再摄取抑制剂有反应。经过几个月的治疗，克莉丝汀对于自己外表的担心有所减少，她回到了学校，不再自杀；埃里克返回了学校，重新开始踢足球、与朋友交往；奥利不再用宽松的衣服遮掩身体，又开始游泳了。

我治疗过的一个十七岁女孩萨莉（Sally），她在高中九年级的时候退学，因为她确信脸上严重的疤痕毁掉了她的容貌——用她的话说，她就像一个烫伤病人。实际上，她的外表完全正常，但是无论如何，人们也无法说服她。过去四年里，她待在卧室里拒绝离开，因为她认为自己丑得吓人。除了家人，她谁也不见。她不去学校，不接受学习辅导，不见朋友，也不约会，与社会完全隔离。在每天服用20毫克氟西汀大约一个月之后，萨莉的BDD症状几乎消失了。四年来她第一次去商场购物，去拜访多年未见的朋友，参加家庭聚会，甚至重返学校。虽然如此迅速和不可思议的变化有点罕见，但是多数儿童和青少年似乎都会因为治疗而好转。

虽然在如何有效治疗儿童和青少年的BDD方面，我们还需要大量的研究，但是以我的经验，儿童和青少年对SRIs的反应与成人的反应是相似的（详见第十三章）。约50%—66%的青少年可能会对特定的SRI有反应，如果一种SRI不起作用，另一种则可能有作用。与成人一样，青少年似乎通常需要相当高剂量的SRI（例如每天服用50—60毫克的氟西汀或150—200毫克的舍曲林），他们通常对药物有良好的耐受性；并且，他们通常在服药三月后开始好转。

CBT同样被用来治疗青少年BDD患者，虽然目前还没有已经发表的针对该年龄阶段患者的相关研究。我们有理由相信对成人起作用的CBT（详见第十四章），对青少年也会起作用。然而，我们需要对疗法进行适度修正以使其适合青少年，同时使青少年的父母也参与到治疗中来。联合SRI和/或CBT的非CBT疗法，也可能对一些青少年有帮助，能够解决他们可能存在的问题和困难（见第十四章）。例如，家庭治疗可以帮助青少年和他们的家人更好地应对BDD。如果辍学且足不出户数年的青少年对SRI的治疗产生了良好的反应，那么他们可以从致力于帮助他或她重返学校和建立友谊的疗法中获益。

重要的是，要找到一位熟悉BDD并知道其疗法的精神科医生、有资质的治疗师或者其他治疗者（见第十八章）。这要求治疗者首先能够识别BDD，并认真对待它。及早地有效治疗会极大地减少甚至消除患者的BDD症状，并能预防该疾病通常可能导致的长期失能，能够帮助青少年重回正轨，恢复正常功能，从而愉快健康地生活。

老年BDD患者

八十岁的米尔德里德（Mildred）还是个少女的时候就患上了BDD，到现在已经将近七十年了。"我一直觉得我的相貌平庸又丑陋，"她开始说，"这些担心是令人羞耻的，因为这太肤浅了，根本没什么大不了的……现在我认识到当初的那些想法是多么极端和不切实际。当我看照片的时候，我想当时的自己并没有那么糟糕。现在这些已不再那么困扰我了，最糟糕的时期是我二十岁左右的时候。但是，我仍然过于担心自己的外表。"

米尔德里德在中西部的一个小镇上长大。她描述了一些早年的记忆。

"镇上有一条主要的街道，那条街道非常窄小。我记得有时候我在穿过街道的时候会避开人们，因为我太丑了。我一直非常害羞，认为人们在议论我。我也一直认为我妈妈和她的朋友们在谈论我的样子。我记得在我很小的时候，我的一个堂姐说我长得很难看。现在我想那只是姐妹之间争宠的表现，但是对于当时的我来说，那简直就是灾难。另外我还记得我被人说长得像我妈妈。我的妈妈不是一个很好的人，而且我认为她很丑。我讨厌别人说我长得像她。我厌恶自己变得跟她一样。"

"我过去常常希望自己皮肤是黑色的，那样的话我就没有雀斑了。我现在还使用雀斑膏。当人们说我的头发好看的时候，我感觉很难受，因为那意味着我在其他方面是丑陋的。我非常不喜欢自己，因此我也不能想象其他人有任何喜欢我的理由。我从没感觉称心如意过。我有关外表的所有情绪都与自卑有关。我确信人们认为我很丑——我不招人喜欢。"

"我生命中的75%都是以外表为中心的。我与它抗争，努力不让自己对于外表的担心过多地干扰我的生活。但是中学时期是最我艰难的时期。我避开聚会，而且在约会的时候非常害羞。我想，如果我以前没有如此担心我的外表，我的生活会有所不同。虽然我养育了几个非常优秀的女儿，但是我原本可以在她们身上以及其他事情上投入更多精力，比如音乐。我的担心也影响了我的个性。人们认为我是一个冷漠的人，但是其实我很在意人们对我的评价。我非常容易受伤，很敏感。"

"我担心自己的长相，为此我感到非常羞愧。因为那似乎太自我中心了，而我还应该考虑很多其他事情。我甚至从来没有把这些告诉过我的丈夫，尽管我们关系亲密，因为我想他会认为我很蠢。这么多年来，我一直在治疗，但是我从来没有提起过它，因为那太难堪了。我担心治疗师会认为我注意这些无意义的事情是肤浅的。我感到很羞耻，尤其在我这个年纪。我以为自己本来应该有足够的理智不去在意这些愚蠢的事情的。"

七十岁的玛格丽特已经与BDD抗争很多年了。她的担心同样开始于少女时期，并且持续多年。她曾经患过严重的脊柱侧凸（脊柱侧弯），需要手术，而且要使用支架。几次手术后，她的脊柱侧凸得到了很大改善，其他人几乎不会注意到。但是玛格丽特仍然对此感到担忧。"我从那时就开始担心"她说，"我认为我的脊柱还是非常难看。我每天要花几个小时的时间想这件事，我不穿某些款式的衣服。我用衣服遮掩它，而且经常换衣服，试图找到一件让它看起来好一些的外套。"

玛格丽特每天花将近八小时执行BDD关联行为：每天早晨挑选出衣服，然后在一天之内频繁更换；注意别人的脊柱；照镜检查；询问丈夫她看起来是否正常。"经过这么多年，我仍然认为我脊柱很丑，我绝口不提这件事，因为我不愿意注意到它。它令我感到沮丧。"

一位看起来比实际年龄年轻很多的女士，在六十岁时执着于做眼部手术，以彻底消除面部"细纹"，好使自己看起来像三十五岁那样。她找过城里大多数整形外科医生，每天花很多时间照镜子查看细纹，同时还使用护肤霜和化妆品。结果，她限制了自己的活动，不戴上太阳眼镜就几乎无法出门。

如果这一假设——未经治疗的BDD是一种慢性疾病——成立的话，那么在老年人群中存在BDD就不奇怪了。然而，我们还不清楚BDD在这个年龄阶段的人群中有多普遍。我接诊过的BDD患者的平均年龄是三十岁，老年患者非常少。人变老，BDD也会"筋疲力尽"吗？它会变得不那么严重或者完全消失吗？还是相反，它会随着时间的推移越来越严重，由于痛苦的累积，老年人会更加痛苦，受到的损伤会更大？老年人会在寻求帮助方面感到更难为情吗？这些重要的问题需要进一步的研究来回答。

第十章
BDD的病因是什么？通往未解之谜的线索

"我不知道我为什么要这么担心自己的外表，真希望我知道。"

——安妮（Anne）

患者的观点

"这种对于外表的纠结的担心是一个化学问题。"布丽奇特（Bridget）说，"除此之外我想不出其他解释。这一定源于大脑中化学物质的失衡。"艾莉森（Alison）的解释却截然不同。"我妈妈非常漂亮，我姐姐也是。"她说，"我一直努力让自己看起来像我姐姐。她非常具有女性气质，是我理想中的自己。我想要和她一样的鼻子和长头发。我从没有接受过自己。我就是个丑小鸭，长得怪模怪样的。我是一个发育不全的小矮人。"

"每当我感到十分紧张的时候，我就开始担心我的皮肤。"卡罗琳（Carolin）告诉我，"自从不得不在一个我根本不喜欢的地方工作之后，我的这种担心就出现了。刚开始是因为办公室里一个家伙评论我的屁股大，之后我就担心自己的臀部过大。恰逢那个时候我的父亲开始酗酒。但是我认为这些事情多半只是诱发因素，我的担心可能有更深层次的原因，比如在成长时期，我总是贬低自己。"

"我父亲的皮肤很糟糕，"杰米（Jamie）说，"我长得更像父亲而不是母亲，所以我担心自己的皮肤最后会像他那样。"

"外表很重要，这也许就是我所学到的。"布拉德（Brad）告诉我，"我的家庭总是强调外表的重要性，我的家人们一直都要展现自己最好的状态，无论如何都要打扮得体……家里的每个人都更重视我弟弟——他是家庭的代表，是父亲的宠儿。而我一直是最不受父母重视的那个孩子……我一直非常敏感。我是一个完美主义者，对批评和拒绝敏感。我的标准很高，并且向来都严格要求自己。我父母对我的期望也很高。但是，我一直是家里的无用之人。"

BDD患者对于他们的症状有数之不尽的、各种各样的解释。一些人相信生物学的解释——BDD或许是由于脑内化学物质的失衡导致的。另一些人给出了心理学的解释，提出了成长经历、对特定个体的身份认同，或像完美主义、对批评或拒绝敏感等人格特质对患者的影响。还有一些人将此归咎于社会对外表吸引力的强调。一些人把他们的症状归因于生活中听到的某个评论或遇到的某个压力事件，他们的担心正是从那个时候开始的。一些人对自己的症状没有解释，但是他们会试图为他们的经历赋予某种意义。患者们的解释是多种多样的，而且每种解释都被打上了每个人独有的个性化烙印。

本章的主题——BDD是由什么导致的——是本书最复杂的问题。目前我们没有明确的答案，因为BDD的病因仍然有待探索。这是BDD研究领域最前沿的问题。尽管我们的研究还处于初期，但是关于BDD的病因，我们的了解会越来越多。

BDD病因理论

在过去的很多年里，多数关于BDD病因的理论都有心理学基础。人们假设BDD的症状不但具有心理学意义，而且受到心理因素的影响。二十世纪二十年代的"狼人"就是这方面的例子，精神分析师认为狼人的鼻子象征他的阴茎，他无意识地希望被阉割，然后变成女人。她还进一步地认为他关于鼻子的先占观念在某种程度上反映了他对母亲的认同，因为他正是在发现母亲鼻子上的疣不久之后发病的。后来的心理学理论不再关注此类象征符号（如鼻子象征阴茎），相反，他们关注生活事件或人格特质（例如被他人嘲笑或拒绝、完美主义倾向、认为外表是自尊的重要基础）可能对人产生的影响。

近期，人们提出了生物学方面的解释。初步研究表明，某些基因和大脑中的化学物质5-羟色胺的功能失常可能与这种疾病有关。脑内化学物质在BDD症状的形成过程中扮演了什么角色？BDD是"天生"的大脑问题吗？最近关于强迫症和社交恐惧症的生物学原因的研究发现对BDD同样适用吗？

社会文化角度的解释引人入胜。你看到的电视节目、电影和杂志都充满了美丽的、完美的形象。这些信息告诉我们，我们应该在任何时刻都保持最好的状态。我们渴望改善外表上的一切缺陷，无论这缺陷有多微不足道。这些无处不在的、强有力的信息会促进BDD的发展吗？文化的影响会不会也在其中扮演了某个角色？

还有其他难解之谜。例如，为什么一些人患有BDD，而另一些人却没有？为什么有的人担心的是鼻子，有的人担心的是腿？为什么有些人在青少年时期就患上了BDD，而有些人却在三十多岁或四十多岁时患病？

BDD的病因很可能有多重源头，也就是说，以上所有因素（神经生物学因素、心理因素、社会文化因素）都有可能是BDD形成的原因。遗传因素的作用和环境因素的作用可能同样重要。这种解释与对其他精神障碍以及诸如高血压等非精神性身体疾病的解释类似。就血压问题而言，遗传因素起了重要作用，因为它为使这种疾病得以发展的生物易感性提供了温床。而心理因素（如压力）和社会文化因素（如节食）则是额外的风险因素。

图10-1是对这种理论的说明，同时还展示了BDD症状可能的发展路径。正如该图所显示的，该理论提出遗传和神经生物学因素是BDD形成的基础，

为该疾病的出现提供了可能性。尤其是，这其中可能还包括了个体对BDD的遗传脆弱性。环境因素（包括心理因素和社会文化因素）也可能起到推波助澜的作用。另外，对于一些人（虽然并非所有人）来说，其最初的BDD症状似乎是由某个环境事件引发，但可以推测其预先就有发生该疾病的生物学和心理学基础。BDD很可能是由许多遗传或生物学因素以复杂的方式相互作用，同时又与大量的环境因素相互作用形成的。换句话说，BDD可能是由多种因素复杂的相互作用而非某种单一的因素引起的。更糟糕的是，这些"因素"的数量可能因人而异。

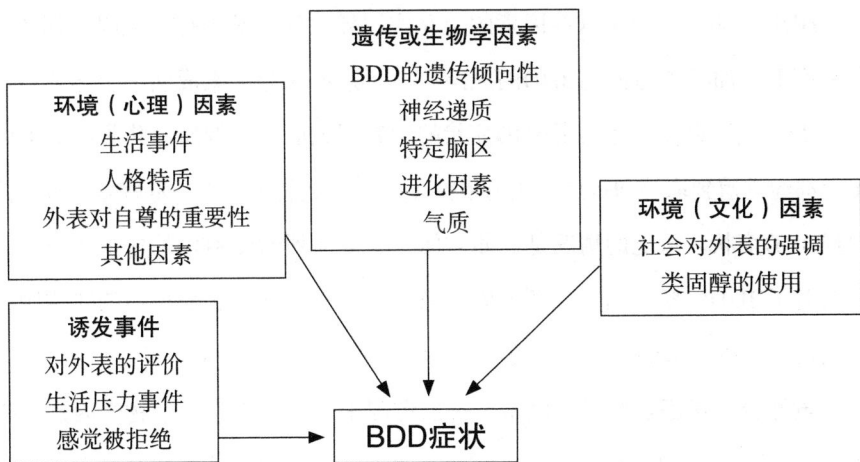

图10-1　BDD可能的形成路径

简要说明一下图10-1的模型。你可能首先需要遗传了对于BDD的易感性——可能是对于BDD这种特定疾病的脆弱性和敏感性，或是更一般的易焦虑、易受困扰的遗传倾向，或者二者皆有。这可能涉及脑内化学物质5-羟色胺和其他神经递质，以及大脑的某些特定区域的活动。假如你天生具有害羞的、自我意识较强的人格特质（气质），这种人格特质又与易焦虑、易受困扰的遗传倾向结合在一起，就进一步增加了你患BDD的概率。环境因素可能会使这种以生物学为基础的患病风险进一步提高，例如，如果你童年时经常被取笑或被排斥，这可能会使你的遗传基础——焦虑倾向和与BDD有关的自我意识——得到激发，进而出现BDD症状。如果你已经出现了患病倾向，那么你就会对媒体呈现的人物的完美外表（例如完美无瑕的皮肤）非常敏感，你购买的相关产品也会比其他人多。接着，假如男朋友和你分手，就可能会诱发你的自卑情绪和具有临床意义的BDD。

这个例子仅仅是可能形成BDD的众多路径之一。尽管如此，如图10-1所示，BDD不可能只有一种病因。例如，我们既不能说BDD仅仅是由媒体对完美形象的强调所导致的，也不能说BDD的形成仅是因为某种基因的遗传。相反，BDD可能是由图中这些因素的交互作用导致的，其中每一个因素都在某种程度上增加了个体罹患BDD的风险。一旦这些风险因素成熟，个体就会出现BDD症状。致使个体出现BDD症状的因素因人而异。例如，并非每个BDD患者都经常遭到取笑和排斥，压力事件（如关系破裂）也不一定就会导致个体出现BDD症状。可能的情况是，如果你有非常强烈的患BDD的遗传倾向性，那么对于BDD症状的出现，环境因素只起到较小的作用；如果你的遗传倾向性比较弱，那么BDD症状的出现可能是因为环境因素的强大作用。

虽然分别考虑这些风险因素——遗传因素、环境因素、生物学因素、心理因素、社会文化因素——是有意义的，但是在某种程度上来说，这些都是人为的分类。生物学因素和心理因素以一种复杂的方式相互影响：例如，由生物学因素决定的人格倾向（生物学因素奠定了人格特征的基础）会对人们与世界的相处方式以及人们的生活事件产生影响；反过来，生活事件（如反复出现并造成严重心理创伤的压力事件）和其他心理因素会对个体的生理产生影响，并且的确会使大脑发生变化。从某种程度上来说，生物学因素、心理因素和社会文化因素的作用太过复杂，试图明确区分这些因素并判断BDD究竟是由哪种因素所导致的是不切实际的。

目前，我们对于解释BDD发病原因的诸多理论在很大程度上是持怀疑态度的，尽管近来的研究发现给我们提供了一些重要线索。提出某种理论或某种猜测比较容易，但是证实或证伪却困难得多。"为什么"的问题通常都是最难回答的。引发BDD的原因仍是一个未解之谜。尽管如此，还是有一些非常有趣的线索能够为我们提供指引。在本章接下来的内容中，我将更详细地讨论图10-1中的线索以及我们对这些线索的了解。

遗传或神经生物学理论：BDD是一种大脑疾病吗？

"头发古怪的人"

对外表的过度担心似乎明显是由社会文化因素（如媒体的影响）或心理因素引起（如低自尊）的，怎么会根源于一个人的基因和脑内化学物质呢？BDD怎么会是一种大脑疾病呢？

以这个观点作为开始，是因为我认为神经生物学可能奠定了BDD的基础——遗传和生物学因素为个体对该疾病的易感性提供了基础，使个体具有罹患BDD的可能性。

如果考虑到有些病人认为他们的病症存在神经生物学基础，那么这个假说听起来就不那么奇怪了。"我的困扰可能跟我的童年经历有关，也可能无关，但我总感觉是化学的作用——我无能为力。"罗恩（Ron）说，"感觉像是有生物学的东西在驱动它。"另一些患者在精神科治疗的过程中想要为他们的症状找到一个心理学解释，却没有找到。这一结果可能尚有争议，它反映了个体对揭示心理原因的无意识阻抗，但是对于许多病人来说，这似乎不大可能。

身体意象失调存在神经生物学基础，这种观点由来已久。上个世纪初，神经病学家曾对几类身体意象扭曲——包括疾病感缺失［无法识别或认知受损的身体机能（如瘫痪）］和忽视单侧身体（如刮脸只刮单边或穿衣只穿单侧衣袖）——的神经生物学基础进行了探索。1931年，一位神经生物学家提到，他的一些病人对于他们瘫痪的左侧肢体的反应很有趣，他们认为它们"奇怪、丑陋、恶心……变厚了、变短了，或者看起来像蛇一样"。

这些身体意象失调都与大脑过程有关，通常由大脑损伤引起，例如大脑顶骨区域受到撞击。如果大脑枕叶（主要的视觉加工区域）受到损害，会影响个体的视觉感知，包括面部图像知觉；如果大脑枕骨边缘和颞叶区域受到损害，则会导致个体无法识别先前认识的面孔。一些这个区域受损的病人不能在镜子中认出自己的面孔。1947年发表的一个案例反映了大脑损伤可能导致的身体错觉——一位男士把一只狗描述为有着"古怪头发"的人。

一例类BDD（BDD-like）症状的异常病例也显示出神经生物学因素与这种疾病的相关性。一位二十一岁的男子坚持认为他的耳朵变小了，并且一只脚比另一只脚大，他还有其他对于外表的担心，最后人们发现他患有亚急性硬化性全脑炎。这是一种罕见的扩散性的大脑疾病，很可能与类BDD有关。虽然可能只有极少的BDD病例是由可识别的神经障碍所导致的，但是这个病例已经表明脑活动失调会导致扭曲的身体知觉和对身体的过度专注。

5-羟色胺假说

BDD的治疗反应也表明神经生物学因素参与了该疾病的形成。虽然根据治疗的反应并不一定能够推断出该疾病的致病因素，但它仍然为疾病的原因或者病理生理机制提供了有价值的线索。5-羟色胺再摄取抑制剂会对BDD患者产生治疗作用，这表明脑内化学物质的失调在BDD中扮演了重要角色。

5-羟色胺是大脑内一种被称为**神经递质**的天然化学物质。它将信息从一个神经元传递到另一个神经元，使神经元之间相互连接，从而发挥作用。一个神经元释放出5-羟色胺，接着，5-羟色胺穿过两个神经元突触之间的间隙，与另一个作为受体的神经元融为一体，就像钥匙插入锁孔。"解锁"之后，就会引起受体神经元的多种化学反应，使之激活电脉冲，并以相同的机制把信息传递到相邻的神经元。这个过程无数次地在整个大脑的神经元网络中发生。

化学信使5-羟色胺对于很多关键的身体功能而言都很重要（包括情绪、认知、记忆、睡眠、食欲、进食行为、性行为以及疼痛），它抑制攻击性行为和破坏性行为，在各种精神障碍（包括抑郁症和强迫症）中扮演了重要角色。同样，BDD可能与5-羟色胺的失调有关。5-羟色胺怎么会对这么多功能产生影响呢？它的多重角色可以通过这样的事实来解释：很多不同类型的5-羟色胺接受器位于整个大脑的不同区域。5-羟色胺对这些接受器的影响是复杂而且多样化的。

由于大脑神经递质（化学信使）之间的交互和重叠，以及它们的接受器非常复杂，加之大脑里有如此多种神经递质，所以其他神经递质也可能与BDD有关联。其中之一就是多巴胺。多巴胺在妄想型思维中似乎扮演了重要角色。也许多巴胺和5-羟色胺都对妄想型BDD有特别重要的影响。γ-氨基丁酸（GABA）可能是与BDD有关的另一种大脑神经递质。它是一种普遍存在于大脑中的抑制性神经递质，可能参与了某些焦虑障碍的形成过程。

BDD在很多方面与强迫症相似（详见第十六章），这也为BDD与影响神经系统的化学物质（神经递质）异常有关这种理论提供了支持。它们的相似之处表明，两者可能有相同的致病原因。由于我们对强迫症的神经生物学基础的了解比较多，所以考察这些证据是有用的。很多研究表明强迫症与5-羟色胺神经递质系统的失常有关。这个"5-羟色胺假说"得到了多种证据的支持，包括治疗反应。许多治疗研究证明，强迫症对SRIs的反应好过其他药物，这表明5-羟色胺很重要。虽然SRIs似乎增强了大脑中5-羟色胺的传递，但是我们还不清楚它们是如何改善强迫症的。

进一步支持5-羟色胺在强迫症中的重要性的研究表明，当使用SRI治疗强迫症并使患者的症状得到改善时，患者身体里的5-羟色胺及其代谢物会发生明显变化。在药理激发研究中，被试使用了能影响5-羟色胺的作用剂，结果同样支持了强迫症的5-羟色胺假说。例如，这些作用剂会增加强迫症患者的症状和焦虑，但是对对照组的正常个体却没有产生影响。虽然现有数据并不完全一致，但是总的来说，大量证据表明5-羟色胺与强迫症有关。不过，这种神经递质的作用究竟是什么，以及它是否是导致强迫症的关键因素，我们目前还不清楚。5-羟色胺似乎在社交恐惧症及其他与BDD相似的疾病（见第十六章）中也很重要。

多巴胺是一种在涉及异常思维和刻板动作的疾病中有重要作用的神经递质，可能也在强迫症和社交恐惧症中扮演重要角色。那些能抵消多巴胺效果的药物与SRI联合使用，可以改善强迫症症状。有些类型的强迫症可能与5-羟色胺和多巴胺控制系统的失衡有关。这个假说同样适用于BDD，因为BDD涉及刻板行为（例如反复整饰）和妄想思维。多巴胺拮抗药物（非典型抗精神病药，见第十三章）有时候也会对BDD症状产生治疗效果。其他神经化学系统——包括GABA（见本章后文遗传学部分的描述）——也可能在BDD中起到重要作用。

然而需要记住的是，BDD在某些重要方面与强迫症和社交恐惧症是有区别的，我将在第十六章进行讨论。因此不能假设我们已知的有关强迫症和社交恐惧症的所有内容都适合BDD。还有，表明5-羟色胺在BDD中发挥作用的调查研究比强迫症的相关研究要初步得多。BDD对SRIs的反应为5-羟色胺假说提供了一些间接支持。一些初步报告也显示出5-羟色胺与BDD的关联。耶鲁大学医学院的琳达·巴尔（Linda Barr）、韦恩·古德曼（Wayne Goodman）和劳伦斯·普赖斯（Lawrence Price）发表了一份病例报告，介绍了对一例食用低色氨酸食品并饮用不含色氨酸的氨基酸饮料的BDD患者，施以SRI氯丙咪嗪和丁螺环酮治疗。色氨酸是一种关键的蛋白质结构单元（氨基酸），是5-羟色胺的前体物质。这种色氨酸饮食损耗急剧恶化了她的BDD症状，这可能是由大脑5-羟色胺水平的降低所导致的。

还有一些报告显示了相反的结果，患者在使用了会抵消5-羟色胺的作用剂之后，BDD症状加重了。一位患者在长期过度服用赛庚啶之后，BDD症状更加严重，而赛庚啶是一种会抵消5-羟色胺的抗过敏药物。而影响5-羟色胺的麦角酸二乙基酰胺则以导致包括身体变形幻觉在内的视幻觉而闻名。

实际上，5-羟色胺调节了个体的视觉系统和视觉加工。对动物的研究表明，释放5-羟色胺的神经元分布在大脑的主要视觉（枕骨）区域，也是眼睛和枕骨之间大脑视觉通道的中转站。5-羟色胺似乎可以对穿过关联视觉系统的信息量进行调节和控制。有种假说认为，5-羟色胺可能保护了动物，使动物免于对非重要感觉输入产生过量反应。实际上，5-羟色胺系统受损会导致有机体对环境刺激的过度反应。5-羟色胺可能同样保护了人类，使人类免于对非重要刺激和视觉输入产生过量反应——也就是说，它使人类不会对多数人不可见或者认为轻微的外表瑕疵产生过度的反应。

基因在BDD中的作用

BDD的出现是否有可能部分根源于你的遗传基因？有什么关于"外表的"遗传物质可以从上一代传到下一代吗？最近，詹姆斯·肯尼迪（James Kennedy）、玛格丽特·里克特（Margaret Richter）和我做了一项研究，据我所知，这是唯一的BDD遗传学研究。在这项研究中，我们检查了5-羟色胺基因和其他基因。在研究中，我们使用了候选基因法，对那些可能对BDD有重要影响的某些基因进行了考察。我们对BDD患者和健康被试的这些候选基因的形式（等位基因）进行了比较。在BDD患者中，缺乏5-羟色胺转运体基因启动子区域的等位基因的人的所占比例高于此类人在健康被试中的比例。5-羟色胺转运体基因编码的蛋白质像一个分子"吸尘器"，吸收大脑神经细胞间隙的5-羟色胺。5-羟色胺转运体也是SRI药物作用的主要对象，已被证明在其他精神障碍中发挥作用。我们的研究结果表明，这种基因的等位基因的缺乏会增加个体罹患BDD的风险。然而，我们的研究是十分初步的，非常需要更多遗传学研究来证明我们的发现，以及对其他基因进行检查（人类有超过26 000个基因，这么多基因都需要被研究）。我们还发现一种GABA基因在BDD组比在对照组中更为普遍。GABA是一种抑制神经活动的神经递质，像一个制动器。它普遍存在于大脑中，并且与某些焦虑症有关。增加GABA的释放，可以使神经系统平静下来，并且减少个体的焦虑、易激惹以及不安。

然而，BDD不可能只与一种基因（例如5-羟色胺转运体基因或特定的GABA基因）有关。与其他精神障碍一样，BDD可能是一种"复杂的"遗传性疾病，涉及多种不同的基因，它们之间以复杂的方式相互作用，并且与多种环境因素一起增加了个体罹患BDD的风险。另外，"BDD基因"可能普遍存在，因此拥有该基因未必意味着是有缺陷的。拥有某种易感基因可能只是增加了BDD形成的风险。如果遗传物质与BDD有关，那么我们还不清楚BDD的症状是由遗传因素直接导致的，还是由遗传因素导致的一般性的烦恼和焦虑与其他因素（例如图10-1中的那些因素）共同引发的。也可能存在某些基因，使我们免于患上BDD。

虽然某些基因可能增加了人们患BDD的风险，但这并不意味着如果你患有BDD，那么你的血亲（与你共享某些基因的人）一定会患上BDD。我的研究表明，约20%的BDD患者有至少一位一级亲属（父母、兄弟姐妹或孩子）患有BDD。在所有患者的所有一级亲属中，约6%的人患有BDD（该数据可能被低估，因为我们并没有与所有亲属直接面谈）。所以，BDD患者的绝大多数血亲（超过90%）似乎不会患上这种疾病，这是令人欣慰的。这再次表明，是基因和环境多方面因素的复杂作用才导致了BDD。

双生子研究和收养研究有助于区分基因和环境因素对于一种疾病的发展的影响。然而这样的研究还没有被运用在BDD研究中。在BDD患者的一级亲属中，约6%的人可能患有BDD，这个比例是普通人患有BDD的可能性的三到六倍，这表明BDD可能有家族性倾向。然而，我们并不知道其原因究竟是BDD是通过遗传获得的，还是从家庭成员那里习得的（亦即环境因素），或者两者皆有。

约翰·霍普金斯大学的奥斯卡·比安弗尼（Oscar Bienvenu）博士与其同事做过一项有关强迫症的杰出的家系研究，他们发现BDD在强迫症患者的一级亲属中比在健康对照组的一级亲属中更为普遍。这个调查结果表明BDD可能与强迫症有关，而且这两种疾病可能共享了某些病因（详见第十六章）。

需要考虑BDD可能涉及遗传学和神经生物学基础的另一个原因是，多数（如果不是全部的话）精神障碍可能至少部分存在遗传基础和神经生物学基础。对抑郁症或其他精神障碍个体的双生子研究表明，遗传因素与这些疾病的产生存在实质性的因果关系。即使是那种被认为主要由环境因素决定的疾病（如经历了极端压力事件之后出现的创伤后应激障碍），本质上也是由遗传因素决定的。

BDD与某些脑区有关吗？

BDD有可能与某些脑区（例如富含5-羟色胺的脑区）有关吗？换言之，某些大脑结构的微妙异常能被识别吗？最近的大脑成像技术极大地推进了人们对各种精神障碍的大脑结构和功能异常的探索。据我所知，迄今为止，已发表的BDD脑成像研究只有一项。我和斯科特·劳赫（Scott Rauch）博士及其同事使用了一种被称为核磁共振成像（Magnetic Resonance Imaging，MRI）的大脑成像技术（这种技术能显示出个体大脑结构的图像）对8名女性BDD患者和8名健康女性进行了比较。尽管这项研究有很多方法学方面的优势，但是由于被试数量太少，研究结论还是初步的。我们发现，BDD组与健康被试组在MRI扫描方面存在某种程度的差别。从技术角度来说，BDD患者的脑白质体积更大（连接纤维的、由髓鞘组成的一部分大脑，它可以充当绝缘体，加速神经信号的传导）。BDD患者的尾状核上存在"左向"的不对称性，也就是尾状核的左侧比右侧大一些。尾状核是一个位于大脑基底核的"C"形构造，参与调节自主运动、习惯和认知。它可能参与了诸如BDD仪式化行为等"预先打包"的重复行为。而在我们所检查的其他脑区，BDD患者与健康被试的情况是相似的。

我们并不完全清楚这些研究结果的意义。一般而言，这些结果表明，

BDD患者的大脑与健康个体的大脑存在某些微妙的差异，这也许（并不是必然）反映了他们大脑发育的不同（然而这些发现并不意味着BDD患者有大脑"损伤"）。有趣的是，在我们的研究中，BDD患者受影响的脑区与强迫症患者常受影响的脑区相同。然而，具体研究结果实际上与强迫症相反：强迫症研究倾向于发现缩小的（而非增大的）脑白质体积，以及右向的（而非左向的）尾状核不对称性。我们可以据此得出，BDD和强迫症可能存在某种关联，因为二者都涉及相同的脑区。然而它们似乎并非同一种疾病，因为它们的MRI研究中有细节上的差异。我们的研究还发现，涉及BDD的脑区不同于那些涉及抑郁症的脑区（例如海马）。这个研究结果尽管是初步的，却表明BDD并非抑郁症的一种形式。

有关BDD的神经心理学研究同样表明，尾状核和邻近脑区（纹状体），以及眶额皮层（位于前额叶的底部，在眼睛的上方和后方）可能在BDD中扮演重要角色。在这些研究中，被试被要求执行需要使用这个脑区的各种任务——例如，记忆一长串单词，或者根据记忆画复杂的人物形象。在执行这些任务的时候，BDD患者（与健康被试相比）往往过度关注微小的细节，"只见树木不见森林"。这样的研究结果耐人寻味，因为这与BDD症状是一致的，BDD患者会过度担心外表的细节，而对"大局"视而不见。这种"过度担心"在导致和维持BDD症状方面起到了主要作用。对此，我会在下一章更详细地讨论。值得关注的是，在MRI和神经心理学研究中被认为很重要的脑区［纹状体（包括尾状核）和眶额皮层］，都布满了5-羟色胺和多巴胺受体。

虽然迄今尚未有BDD脑功能成像研究（这种研究评估的是大脑的功能而非其构造）被发表，但强迫症的研究结果可能具有参考意义。对强迫症的MRI研究表明，尾状核和眶额皮层在强迫症中都很重要。尤其是，这些研究发现，与健康被试相比，强迫症患者的眶额皮层和尾状核过度活跃（新陈代谢加速）。这些调查结果形成了一个解释强迫思维和强迫行为的理论模型。这个模型认为，强迫症患者连接某些脑区与另一脑区（眶额皮层、前扣带回、尾状

核、丘脑及其他组织）的"电路"或"回路"过度活跃。在强迫症中，这种
"担心回路"的某些大脑组织（尾状核和其他基底神经节组织）不能"抑制"
或者过滤掉来自眶额皮层输入的信息——它们本应可以。就好像一扇原本应该
关着的门却仍开着，允许大脑神经冲动产生某些思维和行为，穿过大门并沿着
回路反复循环。这导致了强迫思维和强迫行为一遍又一遍地发生。对强迫症
的有效治疗（SRIs和CBT）似乎减少了这种过度状态，使这种"反射性绕行"
放缓，并让其恢复正常运行。5-羟色胺在这种大脑回路中扮演着重要角色，
SRIs在某种程度上调节了部分回路的神经传递，这也可以解释这些药物的抗强
迫思维和抗抑郁特质。这些研究结果是否适用于BDD，仍需要研究。

杏仁核（位于大脑底部的一个小的杏仁状组织）可能也在BDD中扮演了
重要角色。杏仁核参与了情绪的面部表达。它还是我们人体恐惧系统的指挥中
心，与我已经讨论过的眶额皮层—纹状体回路有密切关联。它的一个主要功能
是对可能造成威胁的环境进行评估。当感觉有危险或威胁的时候，杏仁核就触
发恐惧和应激反应（例如逃跑）。你可以把杏仁核看作大脑的"应急按钮"。
这个系统会把潜在威胁信息传导给其他相关脑区，并快速做出反应。例如，如
果我们在穿过树林的时候踩到了蛇，我们的杏仁核会判断蛇是一个威胁，让我
们感到害怕，并让我们产生逃跑反应。令人感兴趣的是，没有杏仁核的猕猴对
通常令人生畏的物体（例如橡胶蛇）毫无畏惧。虽然杏仁核在BDD中的作用
还没有被研究，但是它在BDD中可能过度活跃。这种过度活跃会导致过度的
焦虑和恐惧（例如因认为自己被负面评价或被他人嘲笑而感到焦虑、恐惧）。
这种焦虑可能与BDD的强迫思维一起驱动了强迫性的BDD行为（例如过度检
查或整饰）。

大脑的其他部分也可能与BDD有关。正如前面提到的，顶叶的某些区域
存有身体部位方面的信息。眶额皮层的一个特定区域（梭状回面孔区）对人类
面部视觉形象进行有选择性地反应，而另一个区域（外纹状体区）则对人类躯
体和非面部身体部位的视觉形象进行反应。我们还不清楚这些处理面部和身体

外观视觉的脑区是否参与了BDD，还需要大量研究。

进化、动物和BDD

约33%的BDD患者会担心身体对称性方面的问题，这可能有生物学和进化论依据。一些研究者发现，动物在选择配偶的时候，偏爱对称，讨厌不对称。例如，翅膀最对称的雄性日本蝎蛉拥有最多的配偶。雌性蝎蛉也会偏爱这些求爱者，因为它们更擅于捕杀猎物。和动物一样，人们似乎也偏爱对称。例如有研究发现，容貌更对称的大学生有更多性伙伴。这种偏好似乎有进化神经生物学依据，可能标志着更健康和更好的适应性，或者在动物看来，这提供了一个在同物种中识别配偶的方法。

在BDD可能存在神经生物学基础这个问题上，其他动物的行为为我们打开了一扇迷人的窗。虽然目前我们还没有动物BDD模型，但是有些动物过度的重复行为似乎与人类的BDD行为有着惊人的相似。例如，有些动物过度整饰自己或者执行其他强迫行为。患有肢端舔舐综合征的狗会强迫性舔毛，特别是舔它们的爪子，甚至因此损伤了毛发和皮肤，导致严重的溃疡和感染。一些鸟类强迫性拔羽毛，这种行为会引发感染，甚至导致致命的出血。这种行为与BDD的强迫性抠抓皮肤相似。整饰行为是进化适应性行为，因为这保持了动物的清洁，可以清除会引发疾病的寄生虫，而且是重要的热量调节行为。然而，狗的肢端舔舐综合征、猫的心因性脱毛（掉毛，由过度整饰引发），以及类似的其他症状都说明了动物的自适应行为会出错。类似的情形也可能在BDD中发生。让人感兴趣的是，这些发生在动物身上的异常整饰行为会对SRIs有反应，但是对非SRIs的抗抑郁剂或者安慰剂（糖丸）却没有反应。这与BDD患者的情况相似。

前面讨论过的脑区（眶额皮层和纹状体）在调节动物的过度行为、刻板行为（如过度整饰等）方面有重要作用。5-羟色胺和多巴胺系统也可能参与其中。增加尾状核中的多巴胺水平（它可能是BDD中很重要的一种神经递质）会使这些动物行为更加严重。在动物和进化模型中，被他人接受的需要以及社会支配和顺从可能与BDD是相对应的，正如BDD患者在他人面前表现出来的害羞、感觉自己无吸引力以及自卑。值得注意的是，能提高大脑5-羟色胺活性的药物（例如氟西汀）有助于使某些动物增加社会支配和自信。这与对那些对SRI有反应并且报告感觉有了更多社交自信和适应性的BDD患者的观察是一致的。

总结

总的来说，对焦虑和困扰（或者特别是对BDD）的遗传倾向性可能为BDD的发病提供了必要的基础。这种遗传基础可能接着改变了5-羟色胺和其他大脑神经递质的运行。它还可能导致某些脑区或回路的异常运行。这些回路可能包括由眶额皮层—纹状体—丘脑—眶额皮层组成的"担心回路"，以及大脑的恐惧控制中心杏仁核。这些过度活跃的大脑回路与异常的神经递质一起，使个体产生强迫思维、强迫行为，过度焦虑，倾向于过度担心外表细节。它们还会使个体正常的、适应性的、以进化为基础的行为和偏好（例如整饰和对于对称的要求）变得过度。这些因素联合在一起，可能为BDD的形成提供了必要的基础。

心理学理论：BDD是一种精神疾病吗？

金柏莉（Kimberly）从心理学角度来解释她的BDD症状。"我从来没有得到过家庭的肯定，尽管我是一个好女儿，"她告诉我，"我从没被表扬过，而且感觉自己是被忽视的。我怀疑正因为这样，我才会这么低自尊，感觉自己长得难看。"

心理因素也是导致BDD的原因之一吗？是对另一个人的认同感，或者被嘲笑、被排斥的生活经历导致了BDD吗？人格特质（比如完美主义或者对批评或拒绝敏感）在BDD中起到了什么作用？BDD症状是对潜在心理问题的表达或者反映吗？这些问题的关系是什么？

在二十世纪，心理因素被认为是引发BDD的重要因素，这反映了当时主流的理论观点。这种理论——通常作为心理动力学或者精神分析观点被提及——认为个体的症状都有其心理意义，病因通常根源于个体童年时期的经历。

例如，一些作者认为BDD起源于潜意识里对于性或情感冲突、自卑感或愧疚感，以及贫乏的自我意象的一种转移——向身体的某个部位。那些冲突和感受被认为是潜在的问题，并且是BDD症状产生的原因。这种转移过程被认定为必然会发生，因为潜在的问题导致了情绪痛苦或巨大的焦虑，以至于必须得到更快的处理——结果，个体会无意识地把问题从心理层面转移到更容易处理的外表层面。这个理论还对个体所担心的身体部位进行了进一步的推测，例如鼻子可能象征了另一个身体部位（如阴茎）所遭受的更严重的威胁。同时，该理论还认为BDD症状可能无意识地被用来"解释"对亲密关系的不满或者生活的失意——把问题归咎于鼻子，比承认自己是个失败者更少伤及个体的自尊。

这种理论很难被证实或证伪。但是在我看来，这种理论无法为BDD症状提供一个合理的解释。首先，在没有尝试对这些被认定存在的潜在心理冲突进行处理的前提下，很多人对药物疗法或者认知行为疗法有良好的反应。这表明这些潜在因素不是BDD的主要原因或者唯一原因。另外，一些患者已经进行了多年的精神分析，一直在寻找或者致力于解决相关的心理问题，都没有成功地消除他们的BDD症状。这种理论可能对解决其他心理问题或者生活疑难非常有帮助，但是总的来说，似乎不能真正改善BDD症状。正如我将在第十二章到第十四章讨论的，SRIs和CBT是当前值得推荐的治疗BDD的方法。仅仅是谈论BDD或者努力理解其心理学根源（即使这种根源存在）似乎并不能有效缓解症状。把BDD看作一种"转移"，并致力于治疗假定的BDD发病因素，在我看来是错误的。

因此，BDD看起来并不是对某些其他问题的"转移"，或者为了避免更多情感困扰的无意识处理方式。实际上，很难想象还有什么问题比BDD更令人痛苦。但是，这并不意味着心理因素对BDD而言不重要。事实上，心理因素可能对BDD的形成起促进作用。图10-1显示了某些可能的心理风险因素，这些因素可能和遗传或生物学因素，以及社会文化因素联合在一起，引发了BDD。心理因素还可能决定了患者担心的是哪个特定身体部位。

被嘲笑以及其他生活经历

什么样的心理因素和生活事件会促成BDD呢？我们还无法确定这个问题的答案。但是有一种可能是，个体的外表曾被取笑。频繁遭到取笑通常与较多的对于身体的不满意有关。例如，凯文·汤普森博士（J. Kevin Thompson）发现，青春期遭受过嘲笑的女大学生，成年后对自我意象的评价更消极。有进食障碍的个体比那些无进食障碍的个体报告了更多地被嘲笑经历。通过使用复杂的统计方法，理查兹（Richards）发现，被嘲笑的经历似乎不仅导致了个体心理机能的失调（抑郁和低自尊），而且导致了个体对身体的不满意。

我发现，约60%的BDD患者报告，他们曾在童年或青春期时因外表问题经常或长期遭到嘲笑。他们强迫思维的内容常常集中在这些被嘲笑的身体部位，有时候也会集中在其他身体部位。我们并不清楚这个比例是否比它在普通人群中的比例高，如果是，那么是否意味着频繁遭受嘲笑增加了个体罹患BDD的风险？

患有BDD的人很可能比无BDD的人遭受过更多嘲笑，而且这些嘲笑的确增加了他们罹患BDD的风险。毕竟，你的外表被嘲笑可能会使你开始担心自己的外表是否丑陋，并激发你的自我意识，使你感到尴尬、羞耻。你可能会开始注意被别人贬损的身体部位，专注于任何微小的瑕疵。这可能会进一步增加你患上BDD的机会。

但是患有BDD的人也可能并未比其他人遭受过更多嘲笑，只是他们比较敏感，对嘲笑耿耿于怀。患有BDD的人似乎对批评和拒绝非常敏感，我在后面会对此展开论述。如果你天生敏感，或者你具有BDD的遗传倾向，那么被嘲笑的经历对你的影响及伤害可能会比别人更多。

虽然被嘲笑的经历可能在BDD中扮演了重要角色，但是仅仅是被嘲笑是无法导致BDD的。很多人的外表都曾被嘲笑过，但是我们中的多数人并没有患上BDD。与此相对，很多人说他们并没有因自己的外表而遭受嘲笑的经历，但是他们患上了BDD。尽管如此，被嘲笑（尤其是频繁的和残酷的嘲笑）的经历可能使人在他们生活中的某些时候容易患上BDD。对于那些特别容易患上BDD的人来说，被嘲笑有时候似乎是BDD发病的关键因素。

是否还有其他导致低自尊和排斥情绪的生活经历有助于BDD的发生？有人认为"不和谐的"家庭环境或者"令人不愉快的"童年经历会导致个体长期感觉自己不被喜爱、被排斥，缺乏安全感，从而诱发BDD。一些BDD患者证实了这个假设，声称他们确信正是童年的这些经历导致了他们的症状。他们报告称父母期望他们变得完美，或者他们感觉自己未被喜爱或者未被关心。但很多BDD患者并没有这方面的报告。

据我所知，目前唯一对BDD患者早年家庭经历进行的系统研究使用了双亲教养态度量表（Parental Bonding Instrument）。这个量表效度良好且被广泛应用。该量表由患者自己报告其十六岁之前所感受到的父母的关心程度和过度保护程度。我发现，在父母关心方面，BDD患者的平均得分为40分，显著低于已被发表的平均值，而在父母过度保护方面，他们的得分则处于平均值范围内。这些研究结果与很多患者对早年生活经历的描述是一致的，他们通常强调自己遭到了排斥以及曾被忽视。然而，需要注意的是，我们并不清楚这些个体是否的确比一般人更少受到父母的关爱，也不清楚他们是否在年少的时候对批评和拒绝异常敏感，因此感觉不被关爱和遭到忽视，尽管他们的父母已经给了他们很多的关爱和注意。

　　一些人认为家庭或者同伴对外表的强调导致了他们的担心。一位女士告诉我："在我还是个孩子的时候，人们非常喜爱我的外表，因此我担心如果我变丑了，他们就不会再喜欢我了。"另一个人说："在我们家，外表非常重要，因此对我来说，外表也非常重要。我的美貌是唯一能使我从父母那里获得赞扬的东西。因此外表遭到损害，对我来说是最具毁灭性的事。"从理论上来说，这些经历会导致某种认知上的扭曲（思维上的扭曲），我会在第十四章中讨论（例如，人的价值仅仅建立在外表的基础上）。在少数情况下，BDD症状会起源于父母对孩子外表的过度担心——可以称之为"BDD代理"。然而，一些BDD患者没有这方面的报告。我们目前还不清楚，患者特定的家庭生活经历或者其他早年生活经历是否是BDD形成的原因，这是一个需要研究的重要问题。

　　另一个非常重要的问题是，身体创伤、性创伤或身体虐待、性虐待是否是个体罹患BDD的部分原因。在一项小规模的初步研究中，卡伦·兹洛特尼克（Caron Zlotnick）博士和我发现，在55例曾遭受性虐待的女性中，20%的人患有BDD，这是一个相当高的比例。与此相对，在我对200例BDD患者的访谈研究中，9%的人在他们生活中的某个时期有过创伤后应激障碍（PTSD，见术语表定义）。然而这个比例与普通美国人群中的PTSD比例大致相同，这表明BDD患者群体并没有异常高的心理创伤率。据我所知，还没有研究评估究竟有多少BDD患者曾在童年遭受过虐待，以及这个比例是否比在其他精神障碍患者或普通人群中的比例更高。

　　根据我的临床经验，有些BDD患者明显曾遭受过身体或性虐待，有些却没有。因此不能假定每个BDD患者都曾遭受过虐待。也不能假定个体一旦遭受虐待就会患上BDD。然而，性虐待可能使个体对于自己的身体感到更加羞耻和厌恶。同样易于理解的是，曾在小时候感到被忽视的个体可能倾向于形成低自尊，产生无价值感，对自己的外表持有消极情绪。

　　其他生活事件具有怎样的作用呢？我接诊过的很多患者把他们的BDD症

状与他们移居到一个不同的文化环境的经历联系起来。一位来自印度的男士告诉我："我的阴茎、鼻子和眼睛都使我感到困扰，因为我总觉得自己是一个不起眼的局外人。如果不能变成理想中的样子，就不会有人接受我的。"另一位来自印度的男士给出了相似的解释："无论在哪一方面，我都觉得自己是一个外来人——我觉得自己跟别人不一样。我担心自己永远也不会成为真正的美国人。"

个体身体上存在过的某个明显的身体畸形是否是BDD发病的重要因素，这同样是值得考虑的。一些BDD患者（尽管是少数）报告他们曾在早年有过比较严重的畸形，例如严重痤疮、脊柱侧凸或者由事故导致的面部损伤。后来，虽然皮肤痊愈了或者脊柱变直了，但是他们对自己身体的观点没有发生相应的改变。在他们心灵的眼睛看来，他们的身体一直都是严重畸形的。身体意象研究者据此提出了自适应不良理论。按照这个理论，个体对身体的自体感受不会随着外表的实际改变而改变。对该理论的有效性的研究，其结果是形形色色的，一些研究发现，肥胖被试对于他们的体形的观点（包括思维、情绪以及对体重的担心）并不必然随着体重的减轻而发生改变。在体重减轻之后，他们仍然不认为自己变瘦了，消极的"残余"自我意象仍在持续。一位女士对自己的评论印证了这个理论："我就是那种即使减掉了九十公斤仍然会认为自己很胖的人。我无法改变对自己的看法。"这个理论的研究还不够充分，而且也还没有被应用在BDD的研究上。但是这个理论可能适用于那些以前确有身体畸形的个体。

生活事件可能会对BDD的发病产生影响。如果曾经历过大量排斥或压力事件的人后来真的患上了BDD，那么这些排斥或压力事件可能增加了他罹患BDD的风险。虽然还没有这方面的研究，但是仅有这些生活事件是不可能导致BDD的，因为某些遗传或生物学因素可能才是BDD的致病原因。不过生活事件很可能扮演了重要角色。

人格的作用

一般来说，人格特质在根源上既是"心理的或环境的"又是"生物的或遗传的"。例如，顺从、外向的人格特质在很大程度上是由遗传基因决定的，同时也受到环境的影响。［基于这个原因，图10-1把"气质"（天生的人格特质）归为"遗传或生物学因素"，而把"人格特质"归为"环境（心理）因素"。］

多年前，有些作者将BDD视为潜在人格障碍的症状之一。他们认为问题的真相是个体的人格。然而实际情况可能并非如此。BDD患者的人格特质各种各样——并不是每个BDD患者都拥有相同的气质类型。另外，一些BDD患者没有任何类型的人格"障碍"。而且患者的BDD症状通常会在进行SRI治疗后消失，如果BDD的确根源于患者的气质类型，这是不可能发生的。因此，BDD可能不是由某种人格特质或人格问题导致的，或者仅是某种人格特质或人格问题的症状之一。

但是是否存在某种人格特质是BDD的危险因素，或者使人更容易患上BDD呢？BDD患者通常是害羞的、扭捏的、对批评和拒绝更敏感的。他们通常低自尊。就像我将在第十六章中讨论的，现有的研究结果表明，BDD患者多是内向型的和社会回避型的。他们在有关"神经质"的测量中的得分非常高，该测量的内容是关于焦虑、抑郁、自我意识、愤怒以及情感脆弱性的。BDD患者似乎还对批评和拒绝格外敏感。在一项研究中，我和我的同事发现，同时患有BDD的抑郁症患者比那些无BDD的抑郁症患者在拒绝反应敏感度测量中的得分更高。那些同时患有BDD的人尤其会报告他们对批评和拒绝有较多的过度的情感反应。由于他们经常对批评或拒绝的反应过度，他们的工作或学习功能受到了损伤。

患有BDD的人还倾向于不自信。在一项研究中，我使用了拉瑟斯自信量表（Rathus Assertiveness Scale），与常态值相比，女性BDD患者的得分低于第15百分位，而男性BDD患者的得分低于第10百分位。因此，男性患者与女性患者都倾向于不自信。在另一项研究中，我发现有28例BDD患者甚至比第一项研究中的患者更不自信，他们也比那些无BDD的抑郁症患者更不自信。

这是容易理解的，具有"神经质的"、内向的、对批评和拒绝敏感的以及不自信的人格物质的人可能更容易患BDD。这些特质可能会使人以消极的方式看待自己，变得更加焦虑，认为自己是令人讨厌的，认为自己存在一些问题。

但是我们还不清楚这些人格特质以及其他人格特质与BDD的关系。这些人格特质是BDD的易感因素，还是BDD产生的原因，或者相反，它们是BDD的结果，又或者它们既是BDD的原因又是BDD的结果？当然，BDD本身会使人焦虑、敏感，出现社交不适和逃避行为。或者某些人格特质仅仅是与BDD同时出现，谁也不是谁的诱因，谁也不是谁的结果？这个问题很难回答，其中一个原因是，BDD和人格特质二者通常都发端于较小的年龄，而且持续存在，这就使得我们很难判断二者在时间进程上谁先谁后。然而，神经质和内向性在一定程度上是遗传特质（气质），这表明它们可能先于BDD而存在，并且可能导致了BDD的发生。

完美主义可能是另一个与BDD有关的人格特质。一些BDD患者说他们希望自己看起来完美，也希望他们生活的其他方面是完美的。"我对自己的要求很高，"一位大学生对我说，"就我的外表和其他任何事情而言，我的超高标准来自自己而非他人。但是这个标准难以达到。"实际上，一项研究发现，在50例BDD患者中，多数人报告他们"必须在外表上是完美的"。然而，我们还不清楚这仅仅是对自感缺陷的要求，还是对整体外观的要求。萨拜因·威廉（Sabine Wilhelm）博士使用弗罗斯特多维完美主义量表（Frost Multidimensional Perfectionism Scale）的研究发现，在与外表无关的方面，BDD患者明显比健康被试有更高水平的完美主义倾向。完美主义是导致和维持BDD的部分原因吗？正如我在本章前面论述的，从进化的角度来说，努力使外表更加完美和对称可能是一种适应性行为。然而在BDD中，要求完美的倾向可能导致患者对细微的不对称和外表缺陷的过度注意和选择性注意，对外表持有不切实际的高标准。

在另一项研究中，威廉博士评估了BDD患者是否倾向于在各种情境中总是感觉受到威胁——尤其是与外表有关的情境或者社交场合。参与者需要完成一份问卷。问卷列出了各种含糊的情境，要求参与者回答他们在这些情境中可能的想法。例如，一个与外表相关的情境："在你与一些同事谈话的时候，你注意到有人特别注意你。你对此会有什么想法？"选项有：（1）我确信他们正在对我的样子品头论足；（2）他们可能在赞同我的观点；（3）他们对我的话很感兴趣。在20名BDD参与者中，19个人更可能选择（1）。与健康参与者相比，BDD参与者也更可能对一般社交场合持消极想法——例如他们认为自己在社交场合中说了什么蠢话。

这些研究结果表明，BDD患者倾向于对与外表和社交焦虑有关的信息做出消极的和具有威胁性的解释。此研究结果与我在前面提到的理论是一致的，BDD患者的杏仁核可能"过度活跃"，而杏仁核是大脑对感知到的环境威胁做出反应的部分。这也与BDD患者常常对批评和拒绝敏感一致。我们尚不清楚BDD患者的这种解释倾向是否先于BDD发病，进而增加了其罹患BDD的风险。无论如何，个体在这些情境中感觉受到威胁的倾向可能使BDD症状得以持续，认知行为疗法则可以帮助个体改变这种消极思维。

总之，我推测，害羞、社交焦虑、低自尊、完美主义、对批评和拒绝敏感，以及在某些情境中倾向于认为受到威胁等人格特质，可能会使人更容易患上BDD。反过来，BDD症状又可能会使其中的某些人格特质得到增强。例如，假如你因为BDD症状而逃避社交场合，你可能会变得更加焦虑和害羞。然而对于一些人来说，这些特质可能仅仅是BDD的结果，而非BDD的原因。

心理因素会影响BDD信念的内容吗？

到目前为止，我已经讨论了某些心理因素是否会引起BDD或者对BDD的发生起到促进作用。但是同样有意义的是，我们还应该考虑心理因素是否会影响BDD信念的内容——个体所担心的外表的具体问题。如果答案是肯定的，那么根据这个模型，心理因素或经历会影响个体所担心的具体身体部位，或者与某一特定主题有关的担心（例如对于变老的担心）。例如，你更担心你的鼻子而不是腹部，是不是因为你在童年期曾因为鼻子问题被人嘲笑？你更担变老而不是不够女性化（或过于女性化），是不是因为你的父母非常担心自己变老？BDD信念的内容，会因为个体担心自己变得和另一个人一样而受到影响吗？一些临床观察表明，实际情况可能的确如此。一个担心自己变秃的年轻人说："我担心自己最终会变得像我的叔叔一样秃。"另一些人讨厌他们外表的某个特定方面，是因为他们把它与家族的某个具体特征联系起来。一位女士说她之所以担心头发，是因为她的祖父母有一家美容店，而且在她的家族中，头发一直都非常重要。我认为，对于一些人来说，他们对于外表的担心似乎的确与他们的家庭价值观或重要的生活事件相关，但是对于另一些人来说，情况又并非如此。

总结

我们还需要进一步研究以便更好地理解心理因素在BDD中的作用。在一些病例中，这些因素（比如担心自己会变得像另一个人一样）似乎会对BDD信念产生影响。同时，我推测心理因素（例如个体的某些生活事件或者人格特征）还会影响BDD的发生——即心理因素是这种疾病的风险因素。然而，我认为更可能的情况是，在BDD中心理因素与遗传或生物学因素共同发挥作用。

社会文化理论：外表大改造和完美的大腿

"外表大改造：从平凡到超级性感！"

"想拥有完美的大腿吗？"

"快乐每一天"

"三维腹肌：美腰大变身"

这些信息都是我最近在百货店收银台前排队时读到的。杂志架上展示的最突出的信息就是外表很重要。杂志封面上都是美女和肌肉型男，你一定能够注意到。

你也无法在电视、电影或杂志上避开这些。我们在每个地方都能看到这些经过精心修饰了的完美形象。就像一位BDD患者所说："你在任何地方都能看到模特，怎么可能不想到自己的样子！"广告和杂志反映了社会对于外表的持续关注。近年来，女性杂志上有关美容和节食方面的文章数量倍增；我们在节食、美容、发型、服装和化妆上耗费了大量金钱；越来越多的人（包括男性和青少年）去做整形手术。1997年，美国的整形外科医生、皮肤科医生以及耳鼻喉科医生进行了共计约二百万例治疗（包括手术的与非手术的）；2003年，这一数字上升到了八百三十万例。美容已经变成了一项价值数十亿美元的产业。

男人和男孩也从广告、玩具及其他渠道获得了越来越多的相关信息。正如我和我的搭档在《阿多尼斯①情结》（*The Adonic Complex*）一书中所描述的，现在的男性同样面临着要拥有完美身材的巨大压力，比以往更多地为此而努力，而女性已经为此努力了几个世纪。哈里森·波普（Harrison Pope）博士发现，这些年来，《魅力》（*Glamour*）和《时尚》（*Cosmopolitan*）两种杂

---

① 阿多尼斯，希腊神话人物，每年死而复生，永远年轻，容颜不老。现在多用来形容有吸引力的年轻男子。——编者注

志上的裸男（大街上因为过于暴露而引人侧目的人）比例迅速增长，从十九世纪五十年代的3%上升到了十九世纪九十年代的35%。肌肉型男越来越多地出现在男性杂志上，也越来越多地出现在女性杂志上。最近，G. I. JOE①这种已经伴随男孩子们很多年的动作玩具，其身材越来越强壮了。就像纤瘦得令人不可思议的芭比娃娃（如果她的身高达到现实中的女性的身高，那么她的腰围只有约40厘米），G. I. JOE也变得令人难以置信的强壮。如果G. I. JOE的身高达到现实中的男性的身高，那么他将拥有140厘米左右的胸围和69厘米左右的上臂围（手臂肌肉）——换句话说，他的手臂差不多和他的腰一样粗！

　　社会文化不仅影响了人们对于外表的正常关注，还对BDD产生了影响吗？在我的研究中，约60%的BDD患者报告他们认为社会对于外表的重视助长了他们的BDD信念。有关吸引力的信息持续不断地出现，电视、电影及杂志上对于有吸引力的人的描述，加重了他们的先占观念。但是，只有约25%的人认为社会对于外表的重视是导致他们BDD症状的主要原因。他们通常会给出其他方面的解释或干脆没有解释，或者他们会说媒体和社会对他们的BDD症状起到了促进作用，但那并不是唯一的或主要的致病因素。正如一位女士所说："杂志对BDD有影响，但那不是全部。因为每个人都看了杂志，但不是每个人都得了BDD。"还有一位患者的看法与之相似："媒体不是原因，但它是催化剂。"

　　因此，社会上有关吸引力的信息似乎进一步助长了某些BDD患者的先占观念。很多人在看过电视或杂志上有吸引力的人之后，对自己的外表感到更加烦恼了。当他们将自己与他人或电影明星、模特进行比较之后，这种情况尤其容易发生。社会对吸引力的强调也可能是BDD发病的部分原因。也就是说，这种社会强调可能会增加该疾病出现的可能性（见图10-1）。这种理论与我们对进食障碍（神经性厌食症和神经性贪食症）的推测是相似的。这些疾病在

---

　　① 根据美国十九世纪八十年代的动画片《特种部队》中的人物形象制造的一种人偶玩具。——译者注

一定程度上都有生物学因素的基础，但是以纤瘦为内容的文化氛围似乎增加了个体罹患此病的风险。

肌肉上瘾症BDD患者尤其可能是社会文化压力的结果。患有肌肉上瘾症的男性为体形太小和肌肉不够发达而苦恼。他们认为自己看起来是瘦骨嶙峋的、孱弱的、消瘦的或者矮小的，而事实上他们的身材看起来是完全标准的或者甚至是非常强壮的（见第五章）。这种特殊形式的BDD是近来才出现的，它似乎源于社会近来的类似"男人应该高大威猛"的信息和合成类固醇的易得。

媒体的影响是BDD产生的原因吗？

但是仅媒体压力是不可能引发BDD的，包括肌肉上瘾症。关于BDD的描述，在一百多年前就有了，那时候广告还不像如今这样有威力，这表明仅媒体因素是不足以解释BDD的产生的。BDD也会发生在那些有关外表的媒体信息没有这么强大和流行的社会里，或者发生在那些没有这方面信息的社会里。一位同事向我讲述了一个病例，这位患者来自非洲一个非常偏僻的地方。他生活在一个与世隔绝的村庄里，那里没有电视，没有杂志，没有广告牌，没有电影，更没有电脑。尽管如此，他却患有典型且严重的BDD，他担心的身体部位是鼻子。另外，BDD对精神类药物有反应，这显示出了生物学因素的重要性和基础性。

但是媒体增加了人们罹患BDD的风险。如果真是如此，那么我们就可以合理推断，当媒体所展示的美丽形象越来越多地暴露于我们面前时，BDD就会变得越来越普遍。在广告和推崇外表美的社会文化信息有如此强大影响力的今天，BDD比一个世纪以前更加普遍了吗？我们还无法回答这个重要的问题。但是就像进食障碍已经变得越来越普遍一样，BDD也会如此。

那么文化呢？

其他社会文化因素可能对BDD的发生有促进作用。是否存在某些文化或亚文化（例如比其他文化更重视外表，或者比其他文化更排斥不完美），使BDD的发生更加容易也更加普遍呢？据我所知，唯一一项将不同国家的BDD流行程度进行直接比较的研究，是由威廉博士及其同事所做的。这项研究发现，美国学生和德国学生的患病率数值接近（分别为4.0%和5.3%）。其他研究表明，BDD在意大利、土耳其和美国同样普遍——尽管这些研究没有对这些国家的BDD流行程度进行直接的比较。除了这些研究，我们还没有其他有关BDD在不同国家和文化中的流行程度的资料。尽管如此，我们可以确定的是，BDD存在于世界各地——不仅在特别强调外表的西方国家，也在非西方国家。不仅美国有关于BDD的描述，几乎所有欧洲国家，以及澳大利亚、俄罗斯、加拿大、中国、中东地区的国家、非洲的国家以及南美洲的很多国家都有关于BDD的描述。BDD似乎在日本特别出名，而且可能尤其普遍。因此BDD并非一种"西方疾病"，它可能是世界性的。

到目前为止，就社会文化因素而言，我们已经对某些文化中的个体是否比其他文化中的个体有更高的罹患BDD的风险，或者说BDD是否在某些文化中比在另一些文化中更为普遍进行了思考。与之稍有区别的另一个问题是：社会文化因素是否会影响BDD的形式（例如BDD的症状以及BDD对人们生活的影响）。文化渗透了人类行为的每一个方面，会影响疾病的特征和人们对于疾病的体验。对于BDD而言，社会文化因素是否会对个体担心的身体部位（例如担心的是头发而不是腿）或担心的问题类型（例如担心的是鼻子太大了而不是太小了）造成影响呢？西方文化对年轻的向往会是BDD患者担心衰老的部分原因吗？社会文化因素可能还会对个体发病时的痛苦程度和处理方式造成影响。

为了更好地回答这些重要问题，我们需要对不同文化中的BDD进行更多研究——例如与BDD患者进行深度访谈或做大规模的跨文化比较研究。据我所知，迄今为止还没有这样的研究。然而多年前，我曾将来自世界上不同国家的已发表的病例报告和BDD病例组中的情况进行过比较，结果发现，在不同的文化中，BDD的相似性多于其差异，这很关键，BDD是一种世界性的疾病。在不同国家中，BDD患者的男女比例在总体上是相近的，而且多数BDD患者始终未婚；不同国家的BDD患者的平均发病年龄趋于相等，大部分患者的疾病（BDD）都是慢性的；不同国家的BDD患者通常担心的身体部位是相似的，执行的BDD行为是相似的（例如照镜检查和伪装）。在不同国家的BDD患者中，足不出户的人、同时患有抑郁症和焦虑症的人，以及具有中度到重度的社交和工作功能损伤的人所占的比例都相当高。

来自美国、意大利、英国和土耳其的病例组研究同样表明，BDD在跨文化中有很多相似之处。从临床角度来说，我接诊过来自不同文化（印度、厄瓜多尔、危地马拉、秘鲁、韩国、巴林国、英国、澳大利亚以及其他国家）的BDD患者。同时，我还收到过来自英国、西班牙、意大利、中国、阿曼苏丹国以及其他很多国家的可能患有BDD的人的信件和电子邮件。他们的BDD症状惊人地相似。在美国，我接诊过很多少数族裔患者，他们的BDD症状和白种人患者的症状也极其相似。

虽然这些调查结果和临床观察需要更严格的方法论上的跨文化比较研究来证实，但是它们都支持一个"普遍主义"的观点：似乎文化只是在个体表现出的BDD症状中提供了一些微妙的特点，而该疾病的主要部分在不同文化中是共通的。

这些调查结果与对吸引力的研究结果是一致的。科学家发现了一个令人惊奇的事实，不同文化对于吸引力的看法是高度一致的。当英国的研究者要求来自中国、印度和英国的女性评价一张希腊男人的照片时，她们的种族特点几乎没有对她们的选择造成影响。特定的面部特征（例如对称，光滑的、没有瑕疵的皮肤）的美感在世界范围内都是被公认的。值得注意的是，这些也是BDD患者普遍担心的内容。一些研究者推测，对某种面部特征的普遍偏好可能是我们与生俱来的——数百万年前就已经被烙印在我们的集体记忆之中了。只有几个月大的婴儿也喜欢注视特定的面孔——那些被成年人认为有吸引力的面孔。在婴儿完全未接触文化时，在他们受到文化定义的"美"的标准影响之前——在他们阅读时尚杂志或者收看肥皂剧之前，他们就青睐有吸引力的面孔。从进化的观点来说，特定类型的面部特征（例如光滑的、没有瑕疵的皮肤以及对称的五官）可能是身体健康和生殖健康的标志，这些特征被进化过程选中。这是一个令人感兴趣的领域，进化和文化的力量以复杂的方式交织在一起。

无论如何，价值观和文化偏好可能至少在某种程度上会影响和塑造个体的BDD症状。例如，对于单、双眼皮的担心似乎在日本比较普遍，但在西方国家中却很罕见。日本的BDD患者似乎也比美国的患者更倾向于担心自己的丑陋会惹人讨厌。虽然来自美国、意大利、英国和土耳其的病例的BDD特点在总体上非常相似，但是也存在一些差异。例如，正如第九章所述，美国和土耳其的研究结果在有关性别的发现上存在差异。与美国女性BDD患者相比，土耳其女性BDD患者更可能担心臀部、面部或头的大小或形状，较少为皮肤问题而苦恼。但是这些差异究竟反映了文化的影响，还是由其他因素（例如，研究方式的不同）导致的，我们不得而知。

恐缩症可能是与文化相关的一种BDD的表现形式，东南亚某些地区的一些男性受此折磨。我将在第十六章中对此进行论述。患有恐缩症的男性认为阴茎会回缩，甚至会缩进腹部，而这会使他们丧命。这是一种BDD吗？这是被文化塑造的一种疾病形式吗？

可以确定的是，不同文化对美的定义的确在某种程度上存在不同。文化对人们的"理想型"（例如丰满或者纤瘦）产生影响，并且会使其随着时间的推移而发生变化。文化偏好还会影响人们对美的理解，例如面部疤痕会被认为是丑陋的、有缺陷的，还是会被认为是极美的。相似地，文化和社会价值观会影响BDD患者担心的内容。你可能会回忆起我的性别研究和意大利的那项研究（见第八章），男性患者和女性患者的BDD症状在上总体上是相似的，但还是存在一些有趣的差异，这些差异可以用与性别相关的社会文化价值观和压力来解释。在我的研究中，男性更担心体形太小和肌肉不够发达，而女性更担心体形太大和过于肥胖。男性更可能用帽子（例如棒球帽）来伪装，而女性经常用化妆来伪装。

因此，证据似乎是模棱两可的。对吸引力的研究和对BDD的研究都表明，不同文化中的BDD存在很多相似之处，但是文化可能会在某种程度上塑造个体的外表偏好和BDD症状。当然，在这个非常重要的问题上，我们还需要更多研究。但是还有另一个重要的问题，文化能否使人免受BDD的伤害，或者预防BDD的发生或症状的产生？文化会对患者的BDD的严重程度以及它的表现形式产生影响吗？一位七十多岁的女士做了如下描述："这是从我还是一个孩子的时候开始的。我的整个一生都觉得自己非常丑陋。"她说，"在过去的七十年里，我唯一不担心外表的时期，是我在斐济生活的那几年。也许是因为文化不同。在斐济，白人被认为是有吸引力的和讨人喜欢的。当我在那里的时候，我完全没有担心过我的外表。"

诱发因素：评论、压力和其他可能的诱发事件

"读中学的时候，我的一个朋友叫我'比萨脸'，从那时起，我就开始担心自己的皮肤。"帕特里克（Patrick）告诉我，"我知道他只是开玩笑，但是却刺痛了我的心。我开始因为自己的皮肤而感到难为情。"斯科特（Scott）开始担心外表的时候，正是他的父母离婚的时候。"他们离婚了，毫无预兆，"他说，"这令我非常难受。我的父亲因为离婚而责备我，我记得在他们离婚期间，当他对什么事情感到生气的时候，就会对我喊'你不再是我的儿子了'。我看着镜子，认为自己看起来与以前不同了。我的整张脸看起来都是松弛的。从那之后，我的外貌就再也不同于以往了。"

　　在一些病例中，对于外表的偶然评价可能会使个体的BDD症状突然发作。在已发表的病例报告中，这些评价包括"你跟你的父亲真像""你看起来非常漂亮，只是嘴巴小"或者"为什么你的脸一边是红的，一边是白的？"海（G. G. Hay）在他十九世纪七十年代所写的有关BDD的文章中提到，这种评论至少部分地导致了个体BDD症状的发作。在他的17例病人中，有9例是这种情况。另一些发表在精神病学期刊上的病例报告记录了那些突然发作的病例，他们的症状是在痛苦事件（例如配偶的绯闻或被男友抛弃）之后发生的。

　　有时候，个体对外表的负面评价或者生活事件的压力似乎对BDD症状的发作产生了影响。在我的研究中，约8%的人报告他们对外表的消极评价引起了症状的发作。在这些病例中，大部分人的症状都是突然发作或急性发作，在评论或压力事件发生后不久就开始了，而不是缓慢发作。然而，正如图10-1所示，这些事件可能是BDD的诱发因素或驱动因素，而非BDD的唯一病因。换句话说，那些人可能原本就有该疾病的生物倾向和心理倾向，而这些因素诱发了BDD症状的发作。有时候，人们称其为易感性—应激模型。一位高中教师的评论是对这种观点的反映："我担心我的鼻子，这是被一个有关鼻子的评价引发的。我在这方面极端敏感，很没有自信。"

　　我们之所以认为评论或者压力是诱发因素而不是BDD发病的主要原因或唯一原因，是因为人们对外表的消极评价和压力事件非常普遍。几乎每个人都曾经历过重大压力事件。我们中的许多人也都听到过关于自身外表的消极评价，但大多没有患上BDD。另外，多数BDD患者无法确定他们症状的诱发因素是什么，因此对于BDD的发病而言，诱发因素似乎并不是必需的。

　　有时候，评论明显是消极的，例如："走开，你这个丑八怪！"但是有时候，评论就温和得多，例如："今天你的头发看起来很特别。"一位女士听到过这样的评论："你今天又红又白又蓝。"这是在说她在七月四日①穿的外

———————————

　　① 美国独立纪念日，红白蓝是美国国旗色，此处指在独立纪念日这天穿着国旗装。——译者注

套，但是她认为这个评论的意思是她有一张红色的脸，她为此担心了二十年。一般性的评论（类似"又红又白又蓝"）会影响接踵而至的先占观念的内容。例如，一位男士回忆起他的叔叔告诉他，他有一个鸡蛋形状的头，并且他曾被伙伴们戏称为"蛋头"。随后他就担心所谓的蛋型头，担心了四十多年。

具有诱发作用的应激源，有时候尤其与那些与BDD关联的心理主题相关，例如，被他人拒绝。盖尔（Gail）的BDD是在和男朋友分手之后发病的。"我和一个比我小五岁的男士约会，但是我担心我比他老。我担心他会因为我比较老而抛弃我。在他发现我比他年长五岁之后不久，他跟我分手了。我怀疑那就是原因，而且那之后我开始变得专注于我的外表——我的样子太老了。"

在其他病例中，应激源看起来更加普通，例如婚姻或者工作压力。"我和妻子在是否生孩子的问题上无法达成一致，"托德告诉我，"我感到内疚和紧张，然后就开始担心我的脸。""工作压力触发了我的担心，"莱斯利（Leslie）说，"当工作上的事情变得非常糟糕的时候，我的BDD突然发作了。"

一些人称手术、皮肤科治疗、电蚀除毛等触发了他们的担心。就如一位女士所说："电蚀除毛毁坏了我的脸，现在我的脸上全是伤疤。"另一位女士将自己想象中的"红脸"归因于她十六岁时的一次暴晒。一位二十八岁的男士在被一只垒球击中之后开始担心自己的脸，认为脸颊上留下了永久的凹痕。

具有触发作用的评论通常被详细记忆，带着非常清晰的细节和巨大的情绪痛苦，虽然这种评论发生在多年以前。有时候，BDD患者对评论者感到强烈愤怒或者不满。他们可能会对这些评论耿耿于怀，并且考虑报复。类似的反应实际上显示出了患者对负面评价、批评和拒绝超乎寻常的敏感，而不是像大多数人那样，对那些伤人的评论置之不理或者遗忘它们，BDD患者倾向于深陷于消极的感受之中无法自拔，有时甚至会遭受持久的心理痛苦。

哪些因素不是BDD的原因？

有些因素是不会导致BDD的，例如：

意志薄弱　人们得BDD并不是因为意志缺陷或脆弱。BDD是一种可能有生物学基础的精神障碍。它不是由性格上的懦弱导致的。因此，增强意志力虽然有帮助，但其本身并不足以解决问题。

虚荣　不能将BDD等同于虚荣，或认为BDD是由虚荣导致的。因此，仅仅要求患者不要那么虚荣，并不会终止BDD症状。

压力　虽然压力会使BDD症状更为严重，或者对于某些人而言，有时压力似乎特别容易触发BDD症状，但是仅有压力是不会导致BDD的。因此缓解压力可能对患者有帮助，但是单纯地缓解压力并不能治疗这种障碍。

青春期　一些人说他们的BDD症状是由青春期引起的。个体在青春期容易出现或增加对于外表的担心，这是正确的。但是如果说BDD症状的出现仅仅是因为个体处于青春期，因此担心是正常的，却不是事实。根据定义，与人们对于外表的正常的担心相比，BDD症状存在更多问题，而且需要精神科治疗。

哪些因素会改善BDD症状或使BDD恶化？

哪些因素会改善BDD症状或使BDD恶化？这个问题不同于引发BDD的因素是什么，也不同于BDD的风险因素是什么。更确切地说，这个问题是在探讨，如果BDD存在，是否存在某些因素会影响BDD的强度，使症状得到改善或导致疾病的恶化。

在没有明显原因的情况下，BDD症状有其自身的增减规律，好像有生命一样。但是，很多人报告称某些因素似乎能暂时增加或减少他们的先占观念和痛苦，就像暂时"调高或调低音量"一样。

BDD患者报告了如下几种会使BDD症状有所缓解的因素：锻炼、"积极的环境"（例如感觉被他人接受）、自信、使自己在行动中忙碌起来。就像一位女士所说："工作和其他活动能减少我的担心——当我热情地投入某些事情的时候，我就很少注意我的外表。"这些因素一般不会治愈BDD，但是能使症状变得更容易应对。那些同时患有双相障碍的病人报告称，当他们躁狂的时候，BDD症状会暂时有所缓解。

根据我的经验，导致BDD患者病情恶化的主要原因是停止服用有效药物，或者降低有效药物的剂量（详见第十四章）。其他可能会使患者的BDD恶化的情况包括看见有吸引力的人（现实中的、电视中的、杂志上的），将自己与这些人进行比较，被他人证实自己的自感缺陷的确存在或者丑陋，"消极的环境"（例如被人贬低或轻视），活动的减少或者失业，社交场合以及压力。

有痤疮的患者通常报告当他们的痤疮加重的时候，他们的先占观念更加严重，痛苦也更加强烈。强迫性剪发的人通常会在放纵理发之后感觉更糟。一些女士报告她的症状会在经期前加重。对于很多BDD患者来说，社交环境会使他们的症状更严重，使他们感觉更痛苦，但是也有少数BDD患者，他们仅在社交环境中才会感受到BDD带来的痛苦。就像扎克所解释的："当我一个人待着的时候，我几乎没有任何症状，但是只要面对其他人，我就会认为人们都在注意我的嘴唇，然后我就不再是理性的了。我变得深陷其中，焦虑万分，理性思维全都消失了。"社交情境显著加重了扎克的症状，同时也减少了他对自己非理性的内省。

虽然，避开上述的某些因素（例如，与他人进行比较，看杂志上有吸引力的人物形象）是有帮助的，但是你最好还是去面对其中一些情况（例如社交场合，见第十四章）。长远来看，暴露缺陷会使你的感觉变好，如果可能，要参与社交活动。

总结思考

BDD的形成可能需要复杂的连锁步骤。在很大程度上（如果不是最大程度），BDD似乎和许多身体疾病一样，是许多综合因素的结果，不存在唯一的原因。遗传和神经生物学因素可能奠定了BDD的基础，心理和社会文化因素也可能是BDD形成的部分原因。BDD的症状极有可能是遗传和环境因素之间复杂的相互作用的结果。也就是说，在遗传基因与BDD症状之间，存在一条迂回曲折的路径。

神经生物学因素可能为BDD提供了模板，使得个体对先占观念、过度担心以及仪式化行为的加工成为可能。这个加工可能与5-羟色胺及其他大脑神经递质有关，也可能与某些大脑结构有关。遗传和神经生物学因素可能通过提供一种对应激性生活事件或者外表负面评价的异常敏感性，同样增加了个体罹患BDD的风险。

社会文化因素和心理因素（包括人格特质、某些生活经历以及文化价值观）可能与生物易感性基础一起进一步增加了个体罹患BDD的风险。这些因素还会影响BDD先占观念的内容（例如自感缺陷的具体部位）。进化因素可能也会对BDD先占观念的内容（例如个体的对称偏好和对于皮肤瑕疵的担心）产生影响。如果研究最终表明BDD和强迫症有相似的神经生物学基础，那么个体最终表现出BDD还是强迫症，是受到心理因素和环境因素的影响吗？例如，如果你的家人生病了，你更可能表现出对疾病和病菌的担心（即强迫症倾向），如果你的头发被人嘲笑，你可能更倾向于患上BDD？

有关BDD病因的理论应该考虑这种疾病通常的发病年龄。BDD通常开始于青春期，是因为这个时期快速而剧烈的身体变化吗？是因为这个时期的个体大脑发育迅速，变得更加成熟吗？还是因为个体在经历青春期时通常变得更加有自我意识，对外表更加感兴趣，因此在对自己的外表做出评价时可能更加消极？所有这些因素可能都在一定程度上对BDD的出现发挥作用。

要回答"BDD的病因是什么"这个重要问题，还需要更多研究。我们需要家系研究来说明BDD是否与其他精神障碍有关（而且因此形成因果关系）。我们需要双生子研究和收养研究来确定是遗传因素还是环境因素对BDD的出现起决定作用，或者二者都是决定因素。大脑成像、遗传学、神经心理学研究，以及有关BDD的神经生物学研究，还有BDD动物模型的开发，所有这些研究可能都有助于说明BDD的大脑加工过程。

心理因素（包括生活事件）的研究和跨文化研究同样是必要的。在一些病例中，我们需要把早期风险因素的作用，与那些较晚发生、突然导致BDD发病的因素的作用区分开来。最重要的是，理解BDD的病因将有助于我们开发更有效的治疗方法，甚至可以使我们对这种灾难性的疾病防患于未然。

第十一章
我们不是都担心自己的外表吗？
BDD、身体意象以及正常的外表关注

我们都愿意看起来更漂亮

我们中的多数人都会担心自己的外表。这就是BDD使这么多人产生共鸣的原因。BDD与人们正常的外表关注相似。

大多数人虽然并不渴望看起来魅力四射，但是至少希望自己的外表是可以被接受的。1986年，《今日心理学》（*Psychology Today*）杂志发表了托马斯·卡什（Thomas Cash）和其同事对美国30 000名调查对象进行的调查，该调查显示，只有18%的男性和7%的女性几乎不关注他们的外表，也很少试图要去改善外表。绝大部分人都会考虑、注意、重视自己的外表，并积极采取行动。青少年们（尤其是女孩）报告了最强烈的对于外表的关注。

大多数人不仅关注自己的外表，而且不喜欢自己的外表。1997年发表在《今日心理学》杂志上的一项针对3 452名女性和548名男性的著名调查显示，超过一半的女性（56%）和接近一半的男性（43%）报告他们对自己的整体外观不满意。甚至有更多的人报告了令他们感到不满意的具体的身体部位。例

如，71%的女性和63%的男性对腰部外观不满意。卡什和亨利做过另一项更科学的针对女性的调查，他们发现约50%的女性不满意自己的总体形象。

很多其他研究支持了这些发现。例如，一项调查发现，约33%的青少年担心体重超标。还有另一项调查显示，81%的十岁儿童至少曾节食一次。总的来说，研究表明，女性通常想变得更苗条，而男性通常想变得更强壮。

在普通人群中，也有相当多的人拥有扭曲的身体意象。这种扭曲既包括对整体外观的扭曲，也包括对身体某些特定部位（尤其是腰部和臀部）的扭曲。例如，研究者凯文·汤普森（J. Kevin Thompson）发现，超过95%的女性会过高估计她们的体形。她们的估计通常比她们身体的实际尺寸要大25%。有趣的是，同样是这些女性，在判断其他人体形的时候却很准确。

相似地，前面提到的由托马斯·卡什所做的调查发现，47%的女性和29%的男性将自己的正常体重视为超重。感觉自己太瘦的男性和认为自己超重的男性一样多。青少年也倾向于高估他们的体形。通常来说，对身体的认知发生扭曲的女性多于有相同问题的男性，而且当人们被问及对自己的外表的看法时，前者表现出的扭曲比后者更加严重。

如何区分BDD与正常的外表关注？

我们中的很多人都担心、不喜欢自己的外表，甚至对外表有扭曲的看法。朱迪斯·罗丹（Judith Rodin）将这些普遍的担心称为"常态性不满"，这个术语反映了对身体不满意的普遍性。BDD的先占观念与这些正常而普遍的外表担心相似。在某些方面，BDD患者的担心和我们大多数人的经验是相似的。

实际上，BDD的先占观念和正常的外表关注之间很可能只是程度上的差别。人们对于外表的不满意的程度也极有可能从轻度到中度，再到重度、极重度不等。BDD可能处于上述区间中的最严重的一端。BDD行为也可能是正常行为的极端变种。我们中的很多人也会整饰和照镜检查，也曾节食，我们做的这些事如果不过分，就是正常行为，但是BDD患者的这些行为走向了极端。

BDD是正常的外表关注的极端形式。支持该观点的一个证据是轻度BDD和正常的外表关注之间存在一个"灰色地带"。在一些病例中，我们很难在正常的外表关注与BDD之间划出一条明确的分界线。一个担心自己胸部太小，在男孩子面前感到害羞的青春期女孩，会发展成BDD患者吗？一个头发有些稀疏的男士，在女士面前感到紧张，而且不愿意邀请她们出去约会，他患有BDD吗？我们较容易区分重度BDD的症状和人们对于外表的正常担心。因为脸上轻微的痤疮就不愿去学校或者不和朋友外出的男孩，以及由于认为自己的两侧臀部不对称而频繁更换工作的男士，很明显患有BDD。但是我们如何区分轻微的BDD和正常的外表关注呢？人们对于外表的担心非常普遍，轻度BDD和正常的外表关注之间的边界是模糊的。

同样的窘境也适用于其他某些反映正常和普遍担心的精神障碍。例如，正常的悲伤和抑郁症之间的界限有时候也是不清楚的。在所爱之人去世后感到悲伤是非常正常的。但是在一些病例中，对于个体的极度悲伤，我们就很难区分它是正常的悲伤情绪还是已经是病态的、需要精神科治疗的抑郁症症状。将中度或者重度病例与正常人进行区分并不困难，但是对于一些症状较为轻微的病例，区分起来就有难度了。

虽然这种"灰色地带"在其他某些精神障碍中也存在，但轻度BDD和正常的外表关注的分界线尤其模糊，因为人们对于外表的担心太普遍了。另外，文化因素会影响个体的身体意象，也会影响个体对缺陷的担心程度，这些都使正常和不正常之间的界限变得更加模糊。

目前还没有任何脑成像技术、血压测试，或者其他类似的工具可以诊断BDD。我们区分BDD和正常的外表关注的最好指南就是DSM中的BDD诊断标准：先占观念、痛苦和功能损伤。根据BDD的诊断标准，患者必须专注于其外表问题。我接诊过的每一位BDD患者都在某种程度上（每天至少为此耗时一小时）担心他们的外表。我不愿意为任何一个低于该标准的人做出这样的诊断，因为他们的担心可能还没有极端到需要精神科诊断的程度。但是每天至少一小时的标准并不是雷打不动的，而且需要进一步验证。

个体对于外表的担心还必须引起具有临床意义的痛苦或者功能损害，才能被认为是BDD。几乎所有BDD患者都满足这两个标准。这个定义的潜在缺陷是"临床意义"，这个不够精确的术语使明智的判断成为必要条件。在判断个体对于外表的担心是否具有临床意义上，精神科专家的意见是有帮助的。然而在多数情况下，BDD患者的先占观念、痛苦和功能损伤的程度明显比很多人严重，因此很多人对于外表的担心可能疑似BDD，但是他们并没有患上BDD。

倾听BDD患者描述他们的担心如何不同于正常的外表关注是有趣的。在进行这种区分的时候，他们在先占观念、痛苦和功能损伤方面有自己的标准。凯萨琳（Kathleen）不喜欢她的"宽"鼻子、"肥大的"腹部以及腿上"丑陋的"静脉。她认为她对鼻子担心是BDD症状，但是对腹部和静脉的担心则是"正常的"。"尽管我的腹部和静脉有些异常，"她告诉我，"但是我能接受它们，并且客观地看待它们。而鼻子占用了我太多时间，我经常想到它，这已经妨碍了我的生活。腹部和腿虽然也令我感到困扰，但是它们并不会引起我强烈的紧张和痛苦。我不会因为它们而避免社交，鼻子却让我不能自己。"

梅勒妮（Melanie）以相同的方式描述了自己的担心与其他人的担心的区别："我的担心完全是偏执的，它每天都在我心里，而且令我感到痛苦。其他人对于外表的担心不会令他们如此沮丧，不会让他们足不出户，或者不会让他们听了笑话之后不能笑。我的担心占用了我的全部心思，主宰了我的生活。"

凯萨琳和梅勒妮的BDD方面的担心都与人们对于外表的正常担心有相似之处，但是他们的担心更强烈也更严重。他们都非常焦虑，而且都很痛苦。很多BDD患者都有一些其他的对于外表的正常担心，他们通常能很容易地区分自己对于外表的正常担心和BDD方面的担心。

这样，BDD与正常的外表关注似乎存在量的区别：BDD处在正常的外表关注和不满意程度的最严重的一端，二者的差异只是程度上的。但是BDD和正常的外表关注之间还存在更基础、更重要的差别吗？ BDD与正常的外表关注在本质上是不同的吗？换句话说，是否存在一个真空或者中断区域，表明BDD和健康之间有一个本质上的分界线。

对这个问题的回答应该是肯定的。BDD和正常的外表关注绝不仅仅是严重程度上的差异。其中一个不同就是，受BDD影响的男性数量几乎和受BDD影响的女性数量是一样的，然而针对普通人群的研究显示，不喜欢自己的外表的女性多于男性。另外，针对普通人群的调查发现，人们不喜欢的外表问题通常是体重或与体重相关的外表问题（如腹部、臀部和大腿的尺寸）。例如，我在前面提到的《今日心理学》刊载的1972年的调查显示，48%的女性对自己的体重感到不满，50%的女性不满意自己的腹部，49%的女性不满意自己的臀部和大腿，仅有11%的人对面部感到不满。而在1997年的《今日心理学》中的一项调查显示，44%的女性报告在镜子里看到自己的肚子时感到苦恼，只有16%的女性声称当她们在镜子中看到自己的面部时感到苦恼。然而在BDD患者中，对于面部的担心却是更为普遍的。

BDD和正常的外表关注的另一个本质上的差异是，BDD症状通常会在药物治疗后减弱。而我们不认为正常的外表关注会在用药后减少，因为药物是用来使"化学失衡"正常化的，如果在BDD中不存在化学失衡，药物就不会产生任何效果。

也许BDD和正常的外表关注之间存在本质差异的最好证据，就是我在第十章中论述的MRI研究和两项神经心理学研究。研究中的BDD病患组与健康对照组存在差异，虽然这些研究结果还需要其他研究的重复验证。另外，接下来我会论述的一项研究发现，BDD患者与健康被试在观察外观相似的对象时，存在视觉上的差异。

BDD的先占观念与正常的外表关注之间（或者说BDD患者与健康被试之间）存在本质上的差异——有不同的心理学和生物学过程在发挥作用。这尤其体现在那些妄想型BDD或者妄想牵连思维上。生物学研究（例如脑成像研究）和其他研究将有助于我们解决这个难题。

有关量的假设和有关质的假设并非不相容。BDD与正常的外表关注可能（甚至是很可能）同时存在量与质的差别。BDD可能是正常的外表关注的延续，即一种更为严重的正常的外表关注形式——量上的差别，但是从某种程度上来说，心理学或生物学机制（包括大脑内的化学物质，如5-羟色胺或多巴胺）的本质差异极有可能已经开始在这种延续中发挥作用了。这个模型类似于高血压：高血压是低血压的一种延续，差别是量上的或程度上的，但是在二者组成的连续体的终端，存在着在本质上即有所不同的生理机制发挥作用，从而危及人的健康。

什么是身体意象？

身体意象（我们每个人都有）是一个复杂的概念。多年来，研究者对身体意象做了多种多样的定义。托马斯·卡什和托马斯·普鲁任斯基（Thomas Pruzinsky）在他们的《身体意象》（*Body Image*）一书中所做的定义是：身体意象是由个体对外表的内在主观陈述和身体经验所构成的。另一个有用的定义是由保罗·席尔德（Paul Schilder）提出的："我们内心对于身体的图像。换言之，对于我们自己来说，我们的身体看起来的样子。"身体意象就是我们的内心自画像。BDD是指个体的身体意象出了问题，而不是说真实的外表存在问题。

身体意象是很多概念的统称。它的组成是多维的，包括一些各不相同的概念，如身体的空间位置、对身体的感知，以及吸引力等；甚至还有更广泛的定义，如身体自我、身体图式和自我概念。身体意象是我们对于自己的观点，这种观点不仅包括身体的，还包括心理的和社会的。然而在通常情况下，狭义的定义（如卡什和普鲁任斯基的定义）是有用的。

身体意象具有悠久的学术历史，它不仅被神经学家、心理学家、精神病学家研究过，还被社会科学家和哲学家研究过。例如，亨利·黑德（Henry Head）、保罗·席尔德、西格蒙德·弗洛伊德（Sigmund Freud）、萨穆尔·费雪（Seymour Fisher）等杰出人物曾研究过我们是如何区分自我与非自我的，还对某些怪诞的身体意象的经验——如幻肢综合征（即在肢体被切除后仍然感觉到肢体存在的一种经验）和忽略（在脑损伤之后拒绝承认部分身体的存在）——的原因进行过研究。

尽管人们对于身体意象的研究历史悠久且富有成效，但是在BDD中存在的身体意象的失衡，几乎还没有被研究过。不过一些关于身体意象的身体外观研究，似乎可以帮助我们理解BDD。

BDD中的身体意象

尽管身体意象研究具有悠久的历史，但是人们对于BDD中的身体意象的研究才刚刚开始。近年来，一些著作开创性地探讨了这个有趣而重要的问题。图11-1的BDD身体意象理论模型，综合了当前的研究结果与临床观察。该模型还反映了普通人（即没有患BDD的人）的身体意象。接下来我将介绍这个模型。

对"缺陷"和整体身体意象的不满

模型的核心（见图11-1中心框）是对外表的消极评价和不满——既包括自感缺陷，也包括整体外观。1982年的一项被试较少的研究发现，与健康个体相比，BDD患者较少对他们的外表感到满意，他们更可能认为自己的身体是令人讨厌的。在我对97例BDD患者所做的一项研究中，我使用了多维自我身体意象关系调查问卷（Multidimensional Body-Self Relations Questionnaire，MBSRQ）对患者的身体意象进行了评估。而一项在美国范围内的全国性调查则比较了1 070名女性和996名男性在该问卷上的得分。与健康个体相比，BDD患者更倾向于认为他们的身体缺乏吸引力，他们对自己的整体外观和具体的身体特征也更为不满。然而在体重问题上，BDD患者并没有表现出更为强烈的不满。对相貌最不满意的人是女性、重度BDD患者和妄想型BDD患者。与健康个

完美主义？　　其他因素

感知觉过程异常？

自我与理想自我的偏差

过度聚焦
（选择性注意）

对外表的消极评价和不满
（包括"缺陷"和整体外观）

缺陷在自我评
价中的重要性　　　对自我的消极评价　　　对外表缺陷的先占观念

焦虑、抑郁、羞耻、低自尊

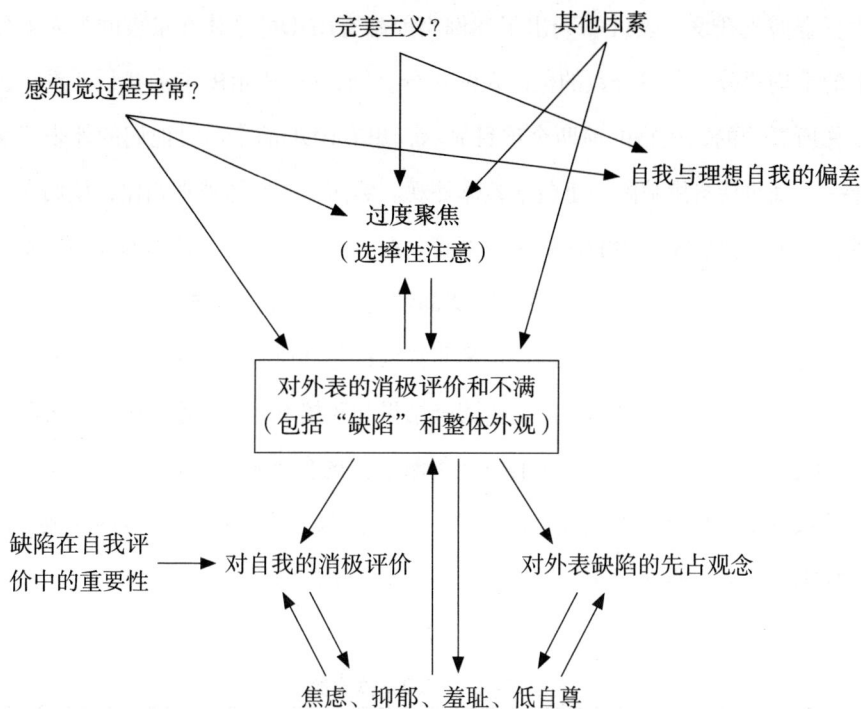

图11-1　BDD的身体意象模型

注：为了使图形更加简洁，该模型省略了BDD形成模型中的某些因素，如：

1. 可能由遗传和环境导致的知觉异常、完美主义以及模型中的其他因素（见图10-1）；

2. 可能导致选择性注意、强化BDD信念的行为因素（例如照镜检查和社交回避）（见图14-1）；

3. 对其他人的观点的知觉。

体相比，BDD患者在外表上的投入更多（认知和行为上），男性患者甚至比女性患者投入更多。

　　詹姆斯·罗森博士在他的CBT治疗研究（见第十四章）中得出了类似的结论。在这项研究中，他使用的是相同的身体意象问卷（MBSRQ）。治疗之前，女性BDD患者认为自己的身体缺乏吸引力，对她们的整体外观非常不满意。

　　表11-1显示了我的第二组BDD病例组的研究结果，该表格对图11-1模型的几个其他方面进行了说明。我使用躯体变形障碍自评量表（Body Dysmorphic Disorder Examination，BDDE）对参与者逐一进行面谈，该量表

由罗森博士开发。表11-1列出了98例当前患有BDD的个体在量表的个人项目上的平均得分。项目分数的范围在0—6分之间，6分表示BDD症状最严重。正如你所看到的，表格的前两个项目显示，患有BDD的个体对他们的外表不满意——既包括自感缺陷，也包括整体外观。然而，与整体外观相比，他们在某种程度上对他们想象中的缺陷更为不满。在另一项研究中，英国的马丁·安东尼（Martin Antony）博士发现了类似的情况：与健康个体相比，BDD患者对他们的自感缺陷和整体外观的评价都非常低；并且他们对"缺陷"外观的评价远比对整体外观的评价消极。这些调查结果和我接下来将要论述的研究表明，BDD患者倾向于：（1）非常消极地判断他们的自感缺陷；（2）较准确且较少消极判断他们外表的其他方面；（3）认为"缺陷"部位比外表的其他部位更加重要，这使得他们对整体外观的评价也是消极的。

表11-1　BDD身体意象

BDDE量表项目	平均分
	0　　2　　4　　6
1.对外表缺陷的不满	5.0 ± 0.9
2.对整体外观的不满	4.5 ± 1.0
3.由于外表缺陷而产生的消极自我评价（作为一个人，非物质意义上的）	4.1 ± 1.8
4.外表缺陷的重要性（相较于其他特征，影响自我评价）	4.5 ± 1.5
5.由于外表缺陷而了解到的其他人的消极评价（作为一个人，非物质意义上的）	1.6 ± 2.0

注：0=无；

2=轻度不满，有一些重要，或者轻微的消极评价；

4=中度不满，比较重要（自我评价的一个主要方面），或者中等程度的消极评价；

6=极度不满，极端重要（没有更重要的了），或极端的消极评价；

"±"表示标准差；约67%的研究参与者的得分在平均分上下1个标准差之内。

戴维·维尔博士询问了50名BDD患者，如果没有那些缺陷，他们会怎样评价自己的外表。其中82%的人称他们会是有吸引力的，这与前面的结论一致。相似地，我用诸如"如果不考虑那些缺陷，你会如何评价你的吸引力"等问题询问BDD患者，他们通常能够对自身的吸引力做出相当准确的判断。多数人（64%）认为他们的外表吸引力处于中等水平。约31%的人将自己的外表评价为有吸引力的（高于中等），只有5%的人认为自己的外表是令人讨厌的（低于中等）。但是当我要求他们对包括缺陷在内的整体外观进行评价的时候，他们的自评等级大幅下降。只有4%的人认为他们是有吸引力的，23%的人称自己的吸引力在中等水平，约73%的人认为他们是令人厌恶的。很多人解释说，他们之所以降低整体外观的等级，是因为缺陷部位就是"全部"；他们把缺陷部位看得比外表的其他部位都重要。正如一位男士所说："总的来说，我的相貌并不差。我不丑。但是因为鼻子的关系，我很丑。我的注意力全在鼻子上。"因此，这些调查结果表明，BDD患者在评价他们的"缺陷"部位时都非常消极，他们对此做出的评价倾向于不准确，而在评价外表的其他部位时，他们的评价较为准确，不那么消极。他们对于整体外观的评价也是消极的，这表明他们对自感缺陷的消极评价强烈影响了他们对整体外观的评价。

过度聚焦：BDD的强大推进剂

过度聚焦，或选择性注意，可能会导致个体对外表的不满。它甚至可能造成视觉扭曲：因为个体对某个特定身体部位的担心，使那个区域在视觉上突显出来；外表的其他方面则渐渐淡出，成为背景，甚至可能被忽略。于是个体对外表的看法出现偏差，因为强调缺陷而使看法变得过度消极。一位女士告诉我："我甚至不能看自己的脸，因为我一旦看它，就只会看到我的缺陷。"另一个人说："我的注意力都集中在消极的东西上，它们变得更加显眼。我失去了自己的平衡，视野狭隘。我太注意那个具体部位了，以至于被困在里面无法自拔。" 就像我的一位患者所说，对轻微痤疮的过度注意，会导致它"以可怕的比例增大"。高台起于垒土。我治疗过的一位男士说："就像在显微镜下查看我的拇指——那就是我看自己皮肤的方式。我就像一个会走路的显微镜——失去了客观判断能力。我无法像其他人那样看到自己的整张脸。"

这些评论与我在第十章中论述的神经心理学研究的结论一致。这表明BDD患者过度聚焦于微小的、不重要的细节，而对整体视而不见，只见树木，不见森林。他们看待外表时以偏概全，没有看到外表的全部，没有同时注意到喜欢的和不喜欢的身体部位，他们似乎过度聚焦或选择性注意自己不喜欢的身体部位，这强烈影响了他们对自己整体外观的评价，使他们倾向于做出消极评价（见图11-1）。此外，如图所示，个体根据对"选择性注意"的解释而得出外表难看的结论——这个结论基于别人看不到的"证据"（例如，认为自己正在被审视）。

BDD患者的自画像同样说明了这个问题。他们倾向于强调自感缺陷，而对其余身体部位只是匆忙一瞥。例如，一位女士把她的头发画得又浓密又凌乱，而且充满细节，但是在其他身体部位只画了寥寥数笔。一位男士的自画像只有三个鼻子，上面布满了巨大的密密麻麻的坑洞。

BDD与感知觉异常有关吗？

什么因素会导致这种过度聚焦和对外表的不满呢？图11-1的模型显示出了多种可能。其中一种可能是，至少某些BDD患者的感知觉加工存在异常（初级感觉加工缺陷）。这导致他们的确能看到别人看不到的东西，或者他们对轻微异常有扭曲的感知觉，进而导致他们对自感异常的过度聚焦和不满。

一些人对他们所知觉到的内容做出的描述似乎支持了这种理论。他们称他们真的看见了身体上的异常，例如看见自己明显脱发（实际上头发非常浓密）。一位男士说："在我的所见和所想之间出现了冲突。我认为我的担心是荒谬的，但是我的确看见它了。"一位女士告诉我："有时候我认为我看到的自己的脸不是它真正的样子。在我妈妈得了中风之后，我觉得自己很像她。"

有些人在自画像中把自己不喜欢的外表部分画得非常扭曲，这表明他们可能存在知觉扭曲。

支持这种理论的另一个证据是，一些体验过感知觉扭曲的BDD患者，在服用5-羟色胺再摄取抑制剂使BDD症状得到改善之后，报告称缺陷消失了。他们看不到缺陷了。红色的斑点没有了，浓重的面部汗毛消失了。现在他们看到自己有更多头发了。一位年轻人告诉我，在服用氟伏沙明并感觉症状有明显好转之后，他的头发看起来更多了。他竟然让我对制药公司说这种药能使头发长出来！实际上他认为头发又重新长回来了。对此，他不确定应该如何解释，但是这是一个他能看到的实实在在的变化。

一位年轻女士告诉我，在服用了几天的氟西汀之后，她脸上又浓又黑的汗毛消失了。"不见了？"我问她，对她想象中的浓密汗毛消失了感到很吃惊。"是的，我再也没有看见它们了，汗毛没有了。"她回答。"你认为汗毛去哪里了？"我问。我对她的转变感到非常高兴，但是仍然对那些汗毛是如何突然消失的感到疑惑。"你的脸怎么会如此迅速地发生改变？你认为这是如何发生的？""我不知道，"她回答，"但是真的没有了。""会不会它们仍然在那里，看起来和原来一样，只是你不再认为那是丑陋的了？或者实际上只是对你来说看上去不同了？你真的看不到它们了？"我问她。"不见了，"她回答，"我知道我看到了什么。我的脸上真的没有汗毛了。"当她减少服用氟西汀的剂量时，汗毛又再次出现了。

像这位女孩一样，一些人在服用5-羟色胺再摄取抑制剂之后，发现他们的缺陷消失了，当他们减少药物剂量或者停止服药的时候，他们再次看到了那些缺陷。一位患者告诉我，在他每次增加服用氯米帕明的剂量之后，他牙齿上的洞都会消失，他就看不到那些洞了。当我们稍微减少药物剂量以避免副作用的时候，那些洞又出现了。这种情况反复出现了很多次。并且他坚持认为他看得见那些在牙齿上发生的改变——也就是说那些洞确实不见了，而不是说洞还在那里，只是他不再认为那是丑陋的，或者他能更好地接受那些洞的存在。对于这些经历，一种可能的解释（正如我在第十章中论述的）是，5-羟色胺似乎会对个体的视觉产生影响。它保护人类，使人类不对非重要视觉输入（例如外表上的轻微缺陷）产生过度的反应。

然而，BDD患者的感知觉加工可能并没有发生异常。也许他们看到的自己与真实的自己相符，但是他们对看到的画面做出了消极的解释，认为它是丑陋的和令人厌恶的。几项小规模的初步研究表明，患者的视觉加工可能的确在某些方面是正常的。萨拜因·威廉博士和她的同事所做的研究表明，BDD患者对他人面部的认知是正常的。托马斯和戈尔德贝尔格所做的研究发现，BDD患者对于自己的面部比例的评估，甚至比那些健康个体或整形手术病人对自己的评估更加准确（虽然这项研究没有评估BDD患者对于自己讨厌的身体部位的知觉）。

在我和艾丽莎·阿米诺夫（Elissa Aminoff）、迈克·塔尔（Mike Tarr）所做的一项研究中，BDD组被试的视觉分辨能力不如健康对照组被试。这项研究使用的是通过操作计算机来进行的视觉分辨任务，任务材料涉及各种事物（例如雪花和面孔），但是没有参与者自己的面部。与健康个体相比，BDD患者很难准确分辨视觉对象。然而，他们的视觉分辨问题似乎并非由于视知觉加工缺陷。相反，这似乎是因为他们对任务的重视或者他们过分担心自己的外表而不够集中注意力。

综合来看，我前面提到的各项研究（尽管是初级的）表明，BDD患者没有初级感知觉加工缺陷。虽然他们在视觉分辨任务中的表现不如健康个体，但这似乎是由于他们对任务的异常关注造成的，而非视觉加工问题。并且，他们对自己的面部有敏锐的（实际上，是超级敏锐的）视觉分辨能力。这可能是因为他们过度注意和过度聚焦他们的面部细节。这种过度聚焦会导致他们对轻微的不对称或缺陷的放大和扭曲。矛盾的是，超级敏锐的视觉加工实际上会导致某种视觉扭曲，致使个体失去整体视角，放大轻微的缺陷。一些患者在经过SRI治疗后看到他们的缺陷得到了改善，这可能是因为（至少部分是因为）这种过度聚焦减少了，使他们能够从局部视角调整为整体视角。

BDD患者是完美主义者吗？

回顾一下图11-1的模型，BDD患者讨厌他们的外表、倾向于过度聚焦他们的缺陷，是因为他们是完美主义者吗？一些BDD患者报告他们是（或总体来说是）外表完美主义者。这可能导致他们过度聚焦于自己不喜欢的轻微缺陷，并为此闷闷不乐。维尔博士发现，在50例BDD患者中，69%的人认为他们在外表方面有完美主义倾向，虽然不清楚他们的完美主义仅针对自感缺陷，还是也包括更一般意义上的"外表"。我的临床印象是，很多（并非所有）BDD患者指的是前者。正如我在前面所论述的，萨拜因·威廉博士发现，与健康个体相比，在与外表无关的领域，BDD患者有更高水平的完美主义倾向。

现实自我与理想自我之间的差异

完美主义还可能以另一种方式加剧患者的BDD症状。如图11-1所示，研究结果表明，BDD患者在有关外表方面的所见和所想之间有显著差异。维尔博士和他的同事所做的一项研究发现，与健康个体相比，BDD患者认为他们的"现实外表"与"理想外表"和"应该外表"之间存在的差异明显更大。

这些研究发现支持了汤普森的"自我差异"假设：患者对外表的不满意被认为是现实与理想之间的差异造成的。如图11-1所示，完美主义倾向进一步放大了这种差异。"我对自己的皮肤有不同的标准，"一位教师告诉我，"我的标准非常高。我必须在任何方面都是完美的。"另一个人说："我对于外表的完美主义倾向和高标准与我扭曲的认知有关。这就是当我感觉自己很糟糕的时候，别人却不认同我的想法的原因。"然而，在BDD中，就具体缺陷而言，我们还不清楚完美主义倾向、对外表不切实际的高标准、对吸引力的低估或这些因素在某种程度上的综合，对患者所认为的现实自我与理想自我之间的差异造成了怎样的影响。另一种可能的解释是，BDD患者可能有超越平均水平的美学敏感性。维尔博士发现，与其他障碍的患者相比，BDD患者更可能从事与艺术或设计有关的工作，或者更可能受过艺术或设计方面的教育。我发现1%—2%的BDD患者当前正在从事艺术或设计相关工作，这个比例大约是艺术、设计相关工作者在美国普通人群中的比例的两倍。如图11-1所示，现实自我与理想自我的差距过大会导致个体对自感缺陷的过度聚焦以及对外表的不满。

讨厌自己

因为外表的缺陷，BDD患者对自己的感受往往是消极的。正如表11-1中的项目3所示，BDD患者报告自感缺陷对非身体感受方面的自我判断有非常大的影响（例如，认为外表缺陷使他们令人讨厌和不受欢迎）。他们还报告称外表缺陷对他们在个性、才能、生活价值观以及工作能力等个体特点（见表11-1项目4）的自我判断方面有很重要的影响。然而，BDD患者倾向于认为，其他人在评价他们这些有缺陷的人的时候只会稍微消极（见表格11-1项目5）。因此，BDD患者似乎倾向于比其他人更加苛刻和消极地评价他们自己。

有趣的是，虽然自感缺陷对BDD患者的自我评价有非常强烈的影响，但是维尔博士发现，多数BDD患者在评价他人的时候却综合了很多因素，而不是只依据外表因素。与此相似，威廉博士发现，在对照片（包括他们自己的照片）中的人物的吸引力进行评价时，BDD患者会低估自己的吸引力，而高估漂亮面孔的吸引力。综合来看，这些研究表明，BDD患者对自己比对别人更严苛。如图11-1所示，这可能会激发焦虑、抑郁情绪，使他们感到羞耻和低自尊，接着，这些感受可能会进一步放大他们消极的自我评价和对于外表的先占观念。

BDD患者的身体意象的改善

对BDD进行的治疗是否会改善患者的身体意象？有几项与此有关的研

究。罗森博士的认知行为疗法（CBT）研究（见第十四章）使用MBSRQ分量表对参与者在CBT治疗前后的身体意象进行了评估。结果，参与者在接受治疗后感觉身体更有吸引力，对他们的外表也更满意。我在氟西汀、安慰剂对照研究中（见第十三章）也使用了MBSRQ，结果显示氟西汀并没有比安慰剂（糖丸）更有效地改善参与者对自身外表的满意度。然而，在减少对于外表的先占观念和与外表相关的行为投入（例如过度整饰）方面，氟西汀比安慰剂更有效果。而且，在我的氟西汀和氟伏沙明研究中，SRI治疗通常会改善参与者的自感外表缺陷，有些病例的自感缺陷甚至消失了。在对这些药物（任何一种）有反应的人中，60%的人报告称，在用药之后，他们的外表缺陷似乎得到了改善。而在这60%的人中，约有三分之二的人报告他们从视觉上的确看到了改善，另外三分之一的人则称他们没有发现外表缺陷有直观的改善，但是他们比过去更能接受这些缺陷了。

有关BDD身体意象的其他观点

图11-1的模型是非常初步的，还需要更多的研究来修正、细化和扩展。尽管如此，这个模型依然是我们试图理解BDD中的身体意象失衡，以及这种失衡对BDD症状所产生的影响的开端。该模型涉及多个领域，这些领域在更普遍的身体意象障碍研究及更广泛的与身体意象有关的障碍（如进食障碍）的研究中被认为是重要的。这些领域是：（1）认知（例如对外表的不满、对自我的消极评价、先占观念）；（2）情绪（例如焦虑和抑郁）；（3）知觉；（4）行为（例如逃避和仪式性BDD行为）。我们需要对这些领域进行进一步研究，并将BDD与其他障碍进行比较。

据我所知，迄今只有一项关于BDD和另一种障碍的身体意象比较研究。该研究由罗森博士所做。他将51名BDD患者（包括男性和女性）与45名女性进食障碍（厌食症或贪食症）患者以及50名非门诊的健康被试进行比较。结果与预期一致，进食障碍患者主要担心他们的体重和体形（例如大腿和肚子），而BDD患者担心的身体部位则多得多——最经常被担心的是皮肤。整体来说，BDD患者和进食障碍患者有同样严重的身体意象症状，他们的症状都比健康被试要严重得多。例如，BDD患者和进食障碍患者对身体的不满程度相同，他们认为自己缺乏吸引力的程度也一致。然而BDD患者报告了更多的由外表导致的消极自我评价，更多的由有关外表的自我意识导致的逃避行为。

"内部"观点和"外部"观点

一些有关身体意象的研究似乎在总体上与BDD的关联更紧密。身体意象研究者一致发现个体的主观身体意象与客观吸引力之间只存在微弱的相关（明显与BDD存在关联）。换句话说，我们的"内部"（我们对外表的自我知觉）观点与"外部"（其他人对于我们外表的看法）观点并不一致。正如托马斯·卡什所说，美貌并不能保证其身体意象良好，同样，相貌平平的人也未必就有消极的身体意象。

这种普遍的错位是BDD的一个重要方面：BDD患者对于他们外表的观点（尤其是对"有缺陷的"身体部位的观点）与其他人对此的观点存在很大差异。BDD可以发生在整体吸引力各不相同的人身上，一些患者甚至非常有吸引力。而且我发现，真实的可被知觉到的外表缺陷与严重的BDD症状之间没有关联。换句话说，那些没有丝毫缺陷的BDD患者和那些有缺陷（尽管轻微）的BDD患者，他们的症状可能一样严重。和其他人一样，BDD患者的"内部"观点与"外部"观点也有非常大的差异。

身体意象、抑郁和自尊

在不同的人群中（BDD患者、其他疾病患者、健康个体），身体意象扭曲和对外表的不满与抑郁、低自尊及一般心理困扰有关。身体意象扭曲的程度越大，个体就越抑郁、越低自尊。女性似乎比男性更容易遭受这些问题带来的痛苦。然而，一个人真实的相貌鲜与自尊有关。前面提到的《今日心理学》的一项调查发现，超过90%的人对自己的外表、身体健康，或者那种被称为有利于心理社会适应的健康（例如积极的自我概念、生活满意度、没有孤独和抑郁）持积极的态度。与此相反，对外表、身体健康和心理健康持消极评价，则与低水平的心理社会适应相关。

情绪困扰和对外表的不满意之间存在关联的另一个证据，来自皮肤病学的研究。该研究发现，痤疮患者在总体幸福感的测评中的得分远远低于普通人的得分。更令人吃惊的是，痤疮患者的情绪适应比恶性黑素瘤（一种皮肤癌）患者的还低。作者推测痤疮患者得分更低的原因是痤疮引起了低自尊。

在这些研究中，一般没有清晰的直接因果关系。是身体意象扭曲和对外表的不满引起了抑郁、低自尊，降低了心理适应能力吗？还是后面的这些因素导致了不佳的身体意象？或者两者兼而有之？或者不佳的身体意象只是与其他心理因素有关，但不是因果关系？尽管我们还不清楚这些问题的答案，但是较低的心理适应能力和对外表的不满或身体意象扭曲之间存在关联，这一点是肯定的。

真实缺陷带来的负担、痛苦以及孤独

欧文·戈夫曼（Erving Goffman）、露西·格里利（Lucy Grealy）以及其他研究者生动地描述过有可见的身体畸形的人所承受的沉重负担、情绪痛苦以及社会隔离。这些畸形可能是由出生缺陷、疾病、意外事故或其他原因导致的。在阅读这些文献的时候，我为这些人的体验与BDD患者的体验如此相似而感到吃惊。实际上这是易于理解的。因为BDD患者认为（并且可能完全确信）他们的缺陷的确是令人不愉快的，甚至是丑陋的、畸形的，所以他们的体验和那些有实际缺陷的人相似也就不足为奇了。事实上，一些BDD患者是这样描述自己的："我是世界上第三丑的人""我看起来就像是一个被烧伤的人""我看起来就像是象人"。

研究表明，有面部缺陷的人对自己的缺陷非常敏感，而且非常注意他人的反应。他们觉得羞耻，认为与他们接触的人的所有行为都是对他们外表的反应。这种存在明显偏差的认识以一种消极的方式深刻地塑造了他们的自我概念和自尊，使他们变得低自我概念、低自尊。可见，这些缺陷让他们深感耻辱，而且当他们暴露于人前、被贬低、被排斥时容易受到伤害。他们对缺陷有强烈的感受，甚至认为自己不是一个完整的人。这些体验与许多BDD患者的体验非常相似。

有缺陷的人通常需要耗费更多精力为去公共场合做准备，在那种会使自己的缺陷暴露于人前的社交场合，他们必须处理自己的情绪障碍。当他们去融入世界的时候，他们会通过伪装来隐藏缺陷。他们通常设法待在不显眼的位置，把自己隐藏起来，以避免在人群中成为"与众不同"的人。他们努力保持自尊，希望获得别人的认可。麦格雷戈（McGregor）用"社会性死亡"来描述个体对面部缺陷的反应——也就是说，具有严重缺陷的个体会切断他们与世界的联系，进入一种封闭状态。BDD患者（尤其是重度BDD患者）的感受和行为与之极其相似，他们所经验到的恐惧和孤独也与之相似。

你可能认为有真实缺陷的人要忍受额外负担——因为世界可能真的会以消极的方式来对待他们，甚至会对他们表现出强烈的反感。但是许多BDD患者坚信这也正是其他人对待他们的方式。大多数BDD患者认为（很多人甚至确信）人们会特别注意他们的缺陷。他们可能由于太专注于自感缺陷，以至于几乎会把其他人的任何反应都理解为是对他们缺陷的反应。

身体意象的相关文献还注意到，有真实身体缺陷的人在适应他们的身体缺陷时的反应十分不同。有些人处理得相当好，有些人则不然。各种因素会影响他们对缺陷的反应。BDD患者也是如此，一些人功能相对正常，而另一些人却是失能的。据说，一个人要从心理上克服一种障碍，就必须停止思考这种障碍，继续生活。但矛盾的是，对于BDD患者来说，要停止思考这些缺陷实在太困难了。

理解我们内心的自画像

在BDD中，身体意象无疑是重要的。实际上，BDD最根本的问题就是身体意象，而非真实外表。然而，我们对此的认识还不够。本章所论述的内容是初步的，需要进一步论证。一些针对其他群体（例如女性进食障碍患者）的杰出研究也应该被运用到BDD的研究中。BDD中的身体意象扭曲和对外表的不满是如何发生的和维持的？它们涉及感知觉的扭曲吗？还是说或者人们其实能够准确地看到自己，只是不喜欢自己的所见吗？还有哪些其他因素会导致人们对身体的不满？BDD患者的身体意象与其他障碍（如进食障碍）患者的身体意象有何异同？

毫无疑问，对于BDD中的身体意象，我们还需要了解更多——以揭示其令人难以捉摸的内心自画像。最重要的是，我们需要对如何改善BDD患者的身体意象进行更多研究。上述初步研究表明，SRIs和CBT对一些人有效。然而我们仍然需要寻找方法帮助BDD患者，提高他们对于自身外表的满意度，使他们能够更准确地看待自己。

第十二章
走向康复：治疗指南

　　我将在接下来的四章论述一个重要的主题，即如何克服BDD。在本章，我会对治疗方法进行综述，并提供简要的治疗指南。首先，我将对一些患者以及发生在他们身上的治疗反应进行描述（这些描述适用于很多患者）。接着，我会论述一些常见的治疗阻碍，以及你要如何克服这些阻碍。在获得有效治疗之前，你会需要这些。接着我将列举一些有效治疗的要点——尤其是被称为5-羟色胺再摄取抑制剂的药物（又被称为SRIs）和认知行为疗法（CBT）。我需要详述这两种治疗BDD的核心疗法，因此我将在接下来的第十三章和第十四章专门论述这两种方法。在这些章节中，我将详细介绍这些疗法以及其他可能有帮助的疗法，并为实际治疗提供建议。然后我将在第十五章中论述很多BDD患者尝试过的但似乎没有作用的疗法（例如整形手术），这些疗法你最好不要尝试。

　　我将在接下来的四章中给出很多具体的治疗建议。然而重要的是要记住，这些都是一般性的指南，并没有适用于所有BDD患者的治疗方法。总的来说，我将论述的疗法对多数人有良好的效果，但是需要针对不同的人进行一定程度上的调整。例如，多数人都能从SRI中获益，但是你实际需要的药物剂量可能与其他人不同。也许对于你来说，艾司西酞普兰最有效，但是对于你的朋友来说，可能舍曲林或其他SRI更有效。如果你同时患有另一种对SRI无反应的精神障碍，那么针对这个问题，你可能还需要其他的药物或治疗。例如，有些有焦虑问题的人只对SRI反应良好，而有些人则可以从丁螺环酮或苯二氮卓类药物中获益（我将在下一章中谈及这些药物）。

虽然CBT通常是有效的，但是适合每个人的具体方法却不尽相同。对于一些人来说，强调认知疗法（致力于评估和改变信念）会更有效果，而对于另一些人来说，强调行为疗法（致力于改变行为）更有效果。除CBT或SRI外，有些人从非CBT疗法（例如洞见法或支持性心理治疗，我将在第十四章中论述）中受益。但有些人并不需要这些疗法。有些人只对CBT反应良好，也有一些人只对SRI反应良好。还有一些人，在综合使用这些疗法时获益最大。

我建议你先熟悉本书介绍的基础治疗策略，然后找到一位了解BDD的医生或治疗师，对你的情况进行评估。最理想的情况是，与一位训练有素的专家合作，然后请他为你量身制定一套治疗方案。

患者对治疗的反应

克里斯蒂娜：对药物的良好反应

我第一次见到克里斯蒂娜（Christina）的时候，她正在为自己的皮肤不够干净而担心。"皮肤上有红疹，而且有很多痤疮，"她说，"我为此感到沮丧。我每次跟其他人谈话的时候，他们都盯着我的皮肤，他们肯定会认为我的皮肤太糟糕了。这让我在学校和工作场所很难与其他人相处。"

克里斯蒂娜的确是沮丧的。她感到悲伤和焦虑，整天都觉得疲倦，而且不能集中精神。她每天思考自己的皮肤问题至少八小时，而且相信其他人会特别注意她的皮肤，认为她的皮肤很难看。虽然她很勤奋，但是在最近几个星期里，她有很多天没有去上课。"我无法从镜子前面离开，而且也不愿意别人看到我。"她解释说。她在做兼职工作的时候也遇到了困难。在工作期间，她一直逃避其他人，而且当她与其他人相处时，她非常沉默，因为她为自己的外表感到难为情。

克里斯蒂娜并不愿意接受药物治疗，但还是决定尝试一下。"如果真的有作用呢，我会尝试一下，"她说，"我不喜欢吃药，但是这个问题使我备受折磨。"她开始服用氟伏沙明——一种5-羟色胺再摄取抑制剂。她服药的前两个星期，什么也没有发生。但是到了第三个星期，克里斯蒂娜认为自己不那么强迫了，而且也不再非常沮丧或焦虑。在她服药的第四个星期，我接到了她的电话。"我想让你知道，我现在感觉好多了，"她告诉我，"昨天我真的发现了变化，我和朋友们一起出去而不是待在家里，而且我们过得很愉快！"

在接下来的几周里，克里斯蒂娜的情况得到了进一步改善。在经过八个星期的氟伏沙明治疗之后，她的症状几乎全部消失了。"我简直不敢相信，"她说，"我的这个问题持续了这么久，但是现在好了！"克里斯蒂娜患上BDD已经十年之久，这是她自症状出现以来，第一次感觉良好。她现在每天只花五分钟的时间考虑她的皮肤。她的情绪痛苦和抑郁也消失了。她和朋友们一起出门，还这么多年以来第一次参加了约会。她在学习和工作中也做得非常好。

克里斯蒂娜还认识到自己关于自身外表的观点是扭曲的。现在，她觉得自己的皮肤很干净。"我觉得自己以前好像失明了，现在我重新看到了！"她说，"我现在感觉更平静、更快乐，而且更自信。药物使我发生了如此大的变化，真是令人难以置信，但是这的确发生了。我找回了患BDD之前的那种感觉，感觉太好了！"

詹森：对认知行为疗法的良好反应

为了治疗BDD，詹森尝试了几种5-羟色胺再摄取抑制剂，但是都在还没有取得效果的时候就放弃了，因为他非常排斥服药。他还尝试过认知行为疗法，但是也没有等到该疗法充分发挥作用就停止了尝试。他患上BDD已经二十年了，症状导致他失能。

詹森主要担心的身体部位是嘴唇。他认为自己的嘴唇又厚又丑，并会因此遭到别人的厌恶。他频繁地舔嘴唇，希望能有所改善。他遮挡嘴唇，在镜子前查看嘴唇，试图让嘴唇看起来更有吸引力。他还尽可能地躲避其他人。之所以寻求治疗，是因为他想改善社交生活，重新回去工作。他想再次尝试认知行为疗法。CBT很适合他，因为他对CBT有很高的积极性。

詹森的治疗应用了几种关键的CBT技术。首先，在治疗师的帮助下，詹森减少了照镜子的频率和时间。这并非易事，但是这可以帮助他有效对抗每天数小时极端仔细地检查嘴唇的强烈渴望。取而代之的是，在每天整饰和刷牙的时候，詹森只花几分钟的时间看镜子，而且看的是整张脸。他告诉我："站在距离镜子一步之外，不再每天在离镜子三五厘米的地方紧紧盯着嘴唇看，这样感觉好多了。现在我已经认识到，当我长时间近距离盯着嘴唇的时候，它的确会显得怪异和扭曲，接着我就会因受不了而崩溃！"他还停止了舔嘴唇和用手遮挡嘴唇的动作。詹森还通过行为实验来检验他的信念——认为他的嘴唇会令人感到不快。这帮助他认识到其他人并不会因为他的嘴唇而受到干扰——实际上，他们似乎甚至都没注意到它。他还学习了如何去识别和修正他的错误想法，这些想法使他认为自己非常丑陋，而且认为别人也是这样想的。在治疗师的帮助下，他逐渐开始出入一些他以前恐惧和逃避的地方。他开始增加与别人的交谈，在小组中发言，甚至去参加一些聚会。

在五个月的治疗后，詹森感觉好多了。在和别人相处的时候，他的不适感大大减轻，也更加放松。他能更好地控制自己的想法。当他开始想到嘴唇丑和每个人在都盯着自己的嘴唇看时，他能认识到这些想法是不现实的，并且能够使用更准确和有帮助的信念来代替这些想法。詹森为自己的进步感到高兴，而且学到了一些技术，如果他再次出现BDD症状，就可以用这些技术进行处理。"在接受了认知行为治疗之后，我真的感觉好多了，"他对我说，"我不再受控于BDD了！"

大卫：对药物联合认知行为疗法的良好反应

三十二岁的大卫（David）感觉绝望。他是一个音乐节目主持人，当时他正要离职。由于受到头发的困扰，他无法专心工作，而且经常迟到，因为他早晨没办法从镜子前脱身。即便是他为了遮掩轻微后退的发际线而购买的昂贵新假发也不能让他感觉好受一些。"我不愿意到公众场合去，也放弃了约会，"他说，"我不想去约会，因为一旦有人碰到我的头发，就会发现那是假发。我无法把注意力集中在谈话上，因为我认为人们在盯着我的头发。有时我完全不出门，甚至不去买食物。"

在第一次来见我的前一周，大卫旷工三次，并且正准备去急诊室，因为头发的问题令他感到非常恐慌。"我恨我自己，我恨我的样子。我真的被自己击垮了。我甚至想结束自己的生命。我再也不能这样生活下去了。如果你无法忍受自己的身体，你还怎么继续生活下去呢？"

大卫服用氟西汀，并且继续做支持性心理治疗（见后文的说明），这种疗法对他有些帮助，但是不能减少他的BDD症状。与我们预期的一样，药物并没有立即发挥作用，而且第一个月的治疗毫无效果。大卫和我都曾几次考虑住院治疗。但是在他的朋友、家人和治疗师的支持下，他挺过来了。在开始进行药物治疗大约一个月后，大卫的症状出现了好转。他关于头发的先占观念开始有所减少，其内容也不再那么令人痛苦了。他更愿意去见自己的朋友了。他不再整天照镜子，也不再频繁地反复求证。他没有再考虑自杀。

在继续药物治疗的同时，大卫开始尝试CBT。在治疗师帮助下，他不再频繁照镜子，停止了反复求证的行为。他走出去拜访朋友的频率有所增加。最后，他甚至不再用假发。他收到了赞美——关于他的新发型，同时，他的自信有了极大的提高。

克服治疗障碍：成功恢复的关键

在战胜BDD之前，克里斯蒂娜、詹森和大卫都克服了治疗障碍，这使治疗的成功成为可能。首先，他们认识到自己是有问题的——过于担心外表，而且这种担心对他们来说已经是一个问题：这个问题引起了情绪上的痛苦，使他们感到抑郁和焦虑，干扰了功能，或者给他们的家人和朋友造成了困扰。

同时，他们都认识到自己需要专业的精神病学帮助。詹森和大卫尝试了其他方法——更加努力、自我安慰、手术，以及加入头发俱乐部。最终，他们意识到这些方法是不起作用的，甚至是不可能有效果的。虽然克里斯蒂娜和大卫很不愿意去拜访精神科医生或者服用药物，但是最后他们还是这样做了。他们认识到自己不会因此损失什么，反而可能有很多收获。

但遗憾的是，有太多阻碍使BDD患者无法得到有效治疗，而这些阻碍都是需要被克服的。归纳如下：

对BDD缺乏了解　不幸的是，很多人不了解BDD，或者甚至没有意识到这是一种精神上的障碍，而且精神科治疗通常对其有效。

该如何克服　重要的是要了解BDD及其疗法。这是成功克服BDD的至关重要的第一步。除了阅读本书之外，你还可以参考第十八章中的推荐阅读。而且，研究者们一直在对BDD进行研究，当这些研究结果可以被转化为现实可用的方法时，就会被发表在专业期刊上。这些文章虽然是写给专业人士的，具有一定的专业性，但是很多BDD患者、BDD患者的朋友和家人都可以从中获益。你可以通过MEDLINE[①]和PsychLit[②]获得这些文章。这是了解BDD最新研究成果的一个好方法，其中包括有关BDD治疗进展的最新信息。有时候，一些新的文章是写给非专业人士的，被发表在各种出版物上。

尴尬和羞耻　尴尬和羞耻感是患者获得有效治疗的一个重大阻碍。很多

---

① 美国国家医学图书馆建立的医学文献资料库。——译者注

② 美国心理学资讯部建立的心理及行为科学资料库。——译者注

人虽然知道BDD是自己的主要问题或最大问题，但从没提起过他们的BDD症状，即使他们面对的是精神健康专家。他们可能只会提到抑郁、焦虑或者人际关系问题。

该如何克服 鼓起勇气，让人知道你患有BDD。最好首先告诉你信任的家人或朋友，然后去找了解该疾病的精神健康专家（这样的专家有很多，但并非所有精神健康专家都了解BDD），告诉他们你的担心。这种情况和你肚子痛或胸痛之后去就诊是一样的。告诉专家，你很担心你的外表，怀疑自己得了BDD。有些人报告称，当提到这个主题的时候，有关BDD的文章或图书帮助他们打破了沉默。不要只提到你的焦虑或抑郁，因为这可能导致他们对你进行错误的治疗。

愧疚和责备 有些BDD患者使自己深陷愧疚和责备的泥淖中。他们可能会感到愧疚，认为是自己造成了缺陷（例如抠抓自己的皮肤），或者认为自己如此在意外表，浪费了自己生命。或者他们会责备其他人，例如为他们实施手术的医生，或者那些被认为嘲笑他们外表的人。有些人只顾着愧疚和责备，以至于都没有想到要设法康复。

该如何克服 立足当下而不是过去。过去的不可能重来，因此反复思考这些是没有帮助的。努力释放你的愧疚，患上BDD并不是你的责任。愧疚只会增加你的痛苦。同时，责备别人也是没有帮助的。既不会帮助你改善问题，也不会让你感觉好一些或对你的生活有所助益。最好是了解这些情绪，然后设法释放这些情绪。把注意力放在当下和未来：通过有效治疗，尽可能使现在和未来变得更好。

诊断BDD 准确诊断BDD是通向有效治疗的必要步骤。如果BDD没有得到诊断，就不可能被成功治疗。遗憾的是，对于一些精神健康专家而言，BDD仍然是陌生的；很多BDD患者寻求非精神科治疗（例如手术），但这些都是不起作用的。或许最重要的是，BDD被刻意隐藏，导致治疗者无法做出诊断。实际上，研究表明，虽然BDD比较普遍，但在门诊部门几乎一直未被识别和确诊。

该如何诊断 填写第四章的BDDQ，检查自己是否患有BDD。第三章到第八章的内容也会帮助你弄清楚你得到的诊断是否符合你的情况。然后，诚如前面的建议——找到了解BDD的精神健康专家对你的情况进行评估，并且告诉他们你认为你患有这种疾病，想获得这方面的治疗。

轻视BDD BDD容易被轻视。为什么她这么担心外表呢？外表正常的事实反而会使问题更加棘手，因为这可能导致反复安慰（"别担心，你看起来挺好"）而不是有效治疗。有时候，BDD被误解为虚荣。为了BDD能够被确诊和充分治疗，家庭成员和临床医生需要严肃对待患者的症状；应该认识到BDD是一种可怕的精神障碍，会引发严重的痛苦。

该如何克服 我希望你在读完本书之后已经确知BDD是一种严重的障碍。如果你希望你生活中的某人也能重视这个问题，那么你就要与他或她谈论这个问题，或者让他或她阅读本书。很多人对我说，这帮助了其他人理解BDD，并且帮助他们认识到它确实是一种疾病，是一个严重的问题。

"担心外表并不是你真正的问题" 此类说法是轻视BDD的典型例子。当患有BDD的人听到此类说法时，当他们被告知需要找出自己"真正的问题"所在的时候，他们通常感觉自己被误解了。他们还可能感到愤怒，正如一位患者所说："我被告知BDD不是我真正的问题。这让人非常懊恼，而且很愤怒——他们根本不理解！我的问题没什么难理解的——是鼻子困扰了我。太痛苦了！"他们也可能变得屈从，他们不再和别人讨论BDD，自然就不会得到治疗。正如一位患者所说："如果你认为BDD无关紧要，不是真正的问题的话，患者将不再提起它。"

该如何克服 虽然BDD患者可能还有其他问题，但是重要的是，BDD应该被当作一个真实的问题，它本身应该被诊断和充分治疗。最好不要说BDD不是他们"真正的问题"。如果你患有BDD，有人对你说这样的话，你不要接受这个观点。最重要的是，如果医生或治疗师也这样说，而且不去治疗

BDD，那么他或她可能不是一个适合你的治疗师。请记住，如果你的确还有其他问题，对这些问题和BDD都进行治疗是有帮助的。

"我没有BDD，我真的很丑！" 在有些病例中，其他人（例如患者的朋友、家人或者保健专业人员）认识到患者患有BDD，但是BDD患者并不认同。他们在治疗之前通常缺乏自知力或者没有自知力，因此他们认为自己的确是丑陋的，并没有患上BDD。

该如何克服 即使你认为自己没有患上BDD，也要认识到你有患者BDD的可能——患有BDD的人通常认为自己在真实意义上是丑陋的，自己并没有这种疾病。如果其他人说你的外表正常，你患有BDD，何不相信他们一下——他们有可能是对的。如果你一直很担心自己的外表，而且这种担心持续困扰你，并且造成了你的情绪痛苦或生活上的问题，那么无论你的外表如何，你都将从BDD治疗中获益。有效的治疗会帮助你减少焦虑，使你对自己的想法有更多的控制。它可能还会帮助你更好地发挥功能，减少痛苦和抑郁。正如一位患者对我说的："虽然很难接受这是一种疾病，但是一旦你接受了，并且获得了恰当的治疗，你将重新找回你的生活。"因此，尝试一下恰当的治疗！不会有什么损失。

污名化 令人遗憾的是，精神障碍仍然在某种程度上被污名化，这会导致患者不愿意去寻求精神科治疗。然而，人们的这种观念正在转变。人们越来越能够认识到，精神问题应该像身体问题那样得到治疗，这在很大程度上得益于消费者群体的宣传。

该如何克服 接受BDD是一种疾病，像糖尿病或心脏病等身体疾病一样。它只是恰好涉及大脑，就像很多其他病理情况一样。如果胸痛，你可能会去找医生看，那么如果你被困扰，而且有让你感到非做不可的但又耗时的行为，为什么不去治疗呢？记住，人们对于精神疾病的污名化倾向正在逐渐减弱，无论如何，你不应该为此买单。如果因心脏病发作而就医，你会感到羞耻吗？如果事情发生在别人身上，你会非难他们吗？我希望你不会那样做！

BDD和普通的身体疾病并无二致，它只是恰好涉及大脑而已。

不愿尝试精神科治疗 一些人不愿意尝试精神科治疗。原因有很多，有的人是担心被"贴标签"，而有些人则担心疗法本身。这种担忧通常是建立在错误的认知之上——认为治疗可能会有副作用。还有些人坚持认为手术是解决之道。有时候，患者的这种不情愿又基于这样的愿望："我可以自己解决"。去精神科接受治疗会使他们感到挫败。这是可以理解的，但是它不应该成为获得治疗和康复的阻碍。虽然SRIs有副作用，CBT具有挑战性，但是多数人对这些疗法都感觉良好，并且也容易接受这些疗法。不要把服用SRIs视作"嗑药"，这些药物不会使人上瘾。如果出现药物副作用，或者CBT的治疗过程使你感到太痛苦，找一位合格的医生或治疗师和你一起克服，使治疗能够进行下去。我会在第十五章论及外科手术，但是我们已经知道这通常对BDD不起作用，甚至可能会使情况更糟。手术不能代替精神科治疗。靠自己的力量康复，似乎也不大可能。如果你是轻度BDD患者，或许你可以从自行尝试CBT技术中获益。但是，多数人——特别是中度或重度BDD患者——需要专业帮助。正如我们所知，草药、节食、"自然"疗法，以及其他策略（除了SRIs或CBT）都不大可能对BDD产生效果。

克服了这些障碍，你就走向了康复——有时候是性命攸关——之路。安妮（Anne）对西酞普兰有良好反应，她告诉我："感觉太不可思议了，这是三十年来的第一次。"和我治疗过的一些对药物有反应的人一样，安妮设法恢复强迫观念以"检验"药物的效果，但是她没有成功。桑迪向我讲了类似的感受："药物的确抑制了那些强迫观念。它解除了生活的阻塞。以前我的生活就像一条充满了成千上万的巨石和木头的河流——水流不畅，现在它能自由流通了。我感觉自己充满了能量和创造力。"经过CBT治疗后，詹森感觉是他自己——而不是BDD——掌控着他的生活。

治疗建议要点

正如我一直提到的，精神科治疗（5-羟色胺再摄取抑制剂和认知行为疗法）通常对BDD有效。研究表明这些疗法显著地减少了大多数BDD患者的症状。

自本书第一次出版以来，很多治疗研究已经被完成。这些研究结果都支持早期的这些初步结论，即SRIs和CBT对绝大多数BDD患者有助益。这些研究同时还提供了如何更有效利用这些疗法的更多细节和非常有用的信息。

尽管研究取得了这些重要的进展，但是与其他疾病相比，对于BDD的治疗研究还是太少，急需更多治疗研究。例如，我们需要更多有关SRIs和CBT对BDD疗效的研究来弄清楚，是CBT更有效还是药物更有效。我们还需要更多的研究来弄清楚，当SRIs没有完全发挥效果的时候，其他药物是否会推进SRIs的效果。我们需要确定CBT的哪个部分最有效果。只有通过调查研究，我们才能回答这些问题，以及其他很多重要问题。这些研究需要资金以及BDD患者的积极参与。未来将会有更多的治疗研究，这些会给BDD患者带来更多帮助，我对此持乐观态度。

在此期间，我们已经知道了很多对BDD有作用的疗法。这里有一个简要的总结，是我归纳的治疗要点。我会在接下来的三章中对每一点进行详细介绍。

治疗要点

· 5-羟色胺再摄取抑制剂（SRIs或SSRIs）——一类具有抗强迫属性的抗抑郁药物——对多数BDD患者有效。使用这些药物，患者与外表有关的先占观念，以及诸如照镜子等相关行为通常会减少，他们的功能通常会得到改善。患者感觉更好——抑郁、焦虑情绪减轻。他们的症状通常是部分缓解，但也可能完全消失。这些都是目前治疗BDD的可选药物。

· 以下药物都是SRI：西酞普兰、艾司西酞普兰（来士普）、氟西汀（百优解）、舍曲林（左洛复）、帕罗西汀、氟伏沙明（兰释）以及氯丙咪嗪（氯米帕明）。

· 判断一种SRI是否起作用，首先务必保证患者在一个足够长的时间内尝试了足够高的剂量。通常，服用过低剂量的药物是不起作用的。在尝试足够高剂量之前不要放弃。同时，在得出一种SRI对你不起作用这样的结论之前，应该尝试该药物至少十二到十四周（并且在此期间务必保证足够剂量至少三周）。短期尝试不足以发现某种SRI是否对BDD起作用。

· 如果单独使用某种SRI效果不够明显，并且你已经在足够长的时间内尝试了足够剂量的该药物，那么你可以通过在该SRI中添加另一种药物，或者将其更换成另一种SRI而得到改善。在SRI中添加其他药物（例如丁螺环酮）会有帮助。对你来说，某种SRI可能比其他SRI更有效，因此尝试另一种SRI可能会更有效果。没有办法预测哪一种SRI对你最有效——你只能去尝试。

· 多数BDD患者在服用特定的SRI后，其症状发生了明显改善；约80%—90%的人最终会对一种SRI有反应。迄今为止，研究发现53%—73%的人在服用特定的SRI后会体验到BDD症状的显著改善。如果你对你第一次尝试的SRI没有反应，你可能会对另一种有反应——也许是单一的一种药物，也许是联合某种药物。在我的临床实践中，约90%的人在坚持治疗或者不断尝试药物之后，情况最终会好转。重要的是，要注意，这些令人鼓舞的数据都是通过按照本书论述的药物剂量和持续时间指南进行治疗而获得的。

· 对于很多人来说，致力于改善BDD症状的认知行为疗法（CBT）也有效。这种疗法同样能帮助BDD患者改善情绪和功能。由于很多治疗师没有接受过CBT训练，所以务必要找到一位有过这方面训练并且了解BDD的治疗师。

· 使用CBT治疗BDD的时候，一般包括几种方法。CBT是一种讲究实效的、"此时此地"的疗法，它教给你技术，特别注重BDD症状的改善。CBT方法通常包括认知重建、行为实验、暴露和反应预防。其他方法（例如镜像再训练）可能也有帮助。

· 大多数BDD患者对CBT有反应。CBT通常是有效果的。重要的是要注意，它之所以对大多数患者有效，是因为了解BDD且经过CBT训练的治疗师使用了具体的CBT技术，我将在第十四章中进一步介绍。

· 如果CBT对你的作用不够明显，你可能需要更多的会谈，或者与你的治疗师商议是否修改CBT方法。与药物治疗一样，CBT也要视个体情况而量身定制，有时候需要在治疗期间修正，以使其更有效果。

· SRIs和CBT——我称之为BDD的"核心疗法"——会是成功的组合。你可能从一开始就想同时尝试SRI和CBT。或者你想先尝试SRI，如果效果不明显，再增加CBT治疗。或者你想先尝试CBT，如果作用不充分，再增加SRI。

· 还不清楚是SRIs更有效还是CBT更有效，或者它们一样有效。我们还不清楚是否SRI对某类BDD患者更有效果，而CBT对另一类BDD患者更有效果，或者相反。因此，根据目前的知识，尝试二者中的任何一种方法，或者同时尝试这两种方法，都是值得的。

· 如果你患有中度或轻度BDD，你可以尝试SRI、CBT或两者结合。无论你的BDD症状的严重程度如何，你都应该尝试SRI，CBT可能也是有帮助的。

· 然而，如果你患有重度BDD，非常抑郁，或者考虑自杀，我强烈建议你尝试SRI，无论你是否同时在尝试CBT。BDD会是一种威胁生命的疾病，而SRI可以挽救生命。同时，对于这些病例，我也推荐CBT，但是有些人太抑郁了，以至于无法参与到CBT治疗中来。对于这类病例，SRI可以让你感觉好一些，然后你才可能参与CBT治疗。

· 无论你是否尝试过SRI或CBT，或者两者都尝试过，重要的是要找到一位了解BDD的医生或治疗师——他能够认真对待你对于外表的担心，并且愿意对你的BDD进行集中治疗。只治疗抑郁、焦虑或其他症状，是不会对BDD起作用的。我的网站列出了能治疗BDD的医生和治疗师（*www.*

bodyimageprogram.com）。还有很多同样能治疗BDD的专家没有被列在这个网站上。

· 其他类型的心理治疗与SRI或者CBT组合使用，可能也是有用的，虽然这些疗法还没有被充分研究。这些疗法包括洞见取向心理治疗、支持性心理治疗以及家庭疗法。然而，目前单一使用这些心理疗法来治疗BDD，似乎是没有效果的。

· 外科手术和其他内科治疗（例如皮肤科治疗）通常不会对BDD有帮助，反而可能使之恶化。最好不要尝试这些疗法，而是去尝试SRI或CBT。然而，也存在例外：那些强迫性抠抓皮肤、把皮肤弄伤了的人，在SRI或CBT之外需要附加皮肤科治疗。

· 其他很多方法对BDD似乎是无效的。这些方法包括自然疗法、努力挖掘假定的心理创伤、反复保证患者的外表是正常的，等等。没有任何证据表明草药或其他"自然"疗法能有效改善患者的BDD症状。

· 试一试SRI或CBT！这些疗法不会使你失去任何东西。多数人都能很好地接受治疗过程，而且多数人都能得到很大改善。你应该感觉更好，拥有更好的生活。这些疗法可以使这些成为可能。

· 不要放弃！你可能需要一些时间来找到一个对你来说有效的方法，不过多数BDD患者在得到SRI或CBT治疗后康复。有些人对他们尝试的第一种SRI就有反应，有些人则需要尝试另外一种，或者甚至要尝试很多种，才能找到一种对他们起作用的SRI。有些人对CBT的反应非常迅速，而另一些人则需要更频繁和更长时间的治疗。但是如果你坚持，一直尝试这些疗法，你会变得更好：更少困扰、更少苦恼、功能改善、更加享受你的生活。

第十三章
如何使用药物成功治疗BDD？

    你可能会感到疑惑，为什么我们会考虑用药物来治疗身体意象问题。我们有很多理由可以认为药物对该疾病是有帮助的。BDD的一些核心特征——先占观念和强迫性的重复行为（例如照镜检查）——都与强迫症的特征相似，而强迫症患者通常对SRIs有反应。另外，很多BDD患者因为BDD症状而变得抑郁，这使人想到抗抑郁药可能会有帮助。一些药物会改善其他疾病的患者的自知力，因此也可能对BDD患者有助益，因为BDD患者通常缺乏自知力。此外，BDD的形成很可能涉及神经生物学因素，包括5-羟色胺的异常运行（见第十章）。这表明能修正5-羟色胺运行的SRIs可能是有帮助的。

5-羟色胺再摄取抑制剂（SRI）：BDD的首选药物

    我在本书中提到的很多人都因为使用了5-羟色胺再摄取抑制剂而有所好转。SRIs是一类能减少强迫的抗抑郁药物，对于治疗抑郁症有效果，对于治疗强迫症也有效果。虽然所有抗抑郁药物在治疗抑郁的时候都有效果，但似乎只有SRI抗抑郁药物能有效治疗BDD。

除了对于治疗抑郁症和强迫症有效果外，SRIs还对很多其他精神障碍有效，包括惊恐障碍、贪食症、暴食症以及社交恐惧症。SRIs能帮助厌食症患者恢复并保持体重，还对治疗敌对行为、易激惹及焦虑有帮助，它们还被用在非精神问题上，比如头痛及疼痛综合征。与其他精神科药物一样，SRIs是精神科医生、其他医生以及护士（在美国的某些州）的处方药物。

如表13-1所示，目前美国使用的SRIs是西酞普兰、艾司西酞普兰（来士普）、氟伏沙明（兰释）、氟西汀（百优解）、帕罗西汀、舍曲林，以及氯丙咪嗪（氯米帕明）。前六种药物有时候又被称为SSRIs（选择性5-羟色胺再摄取抑制剂），因为这些药物对大脑5-羟色胺的影响远远超过对其他大脑化学物质的影响。5-羟色胺是大脑固有的在神经元之间传递信息的化学物质。这些化学物质（神经递质）是使大脑的神经元活跃和运转的化学信使。5-羟色胺的正常运转，对于很多身体功能——包括情绪、睡觉以及食欲——而言都非常重要。

SRIs通过防止5-羟色胺被释放神经元再摄取或再吸收，从而增加神经元之间连接处的5-羟色胺的数量。结果，更少的5-羟色胺被分解，更多的5-羟色胺被用来激发神经元，以使其"顺流而下"。这些在神经元之间增加的5-羟色胺反过来影响大脑神经元的活动，似乎使SRIs在总体上增加了大脑中5-羟色胺的传递。SRIs可能是在大脑关键区域通过增加5-羟色胺的有效性而发挥作用。然而，大脑的5-羟色胺系统极其复杂，而且SRIs在这个系统中的总体作用效果还需要被更多的认识。另外，因为不同的神经递质系统是相互影响的，因此SRIs对除了5-羟色胺之外的其他神经递质——例如多巴胺——也产生影响。此外，SRIs对5-羟色胺的影响也许实际上并不是导致症状减轻的直接原因。这个影响可能仅仅是复杂关联事件中的一步。

表13-1　5-羟色胺再摄取抑制剂

药物		常用剂量范围
通用名称	商品名称①	（毫克/天）
西酞普兰	西酞普兰	20—60
艾司西酞普兰	来士普	10—20
氟伏沙明	兰释	100—300
氟西汀	百优解	20—80
帕罗西汀	赛乐特	20—60
舍曲林	左洛复	50—200
氯丙咪嗪	氯米帕明	100—250

注：表格中列出的是治疗各种障碍的常用剂量范围，我在本章的后面会论述用于BDD的平均剂量。

　　和其他研究者一样，路易斯·巴克斯特（Lewis Baxter）博士和其同事合作的著作在有关SRIs对强迫症疗效的研究上是十分有意义的，为这些药物是如何对强迫症发生作用的这一问题带来了曙光。因为BDD在很多方面与强迫症相似，所以SRIs可能也会对BDD发挥相似的作用（目前在BDD领域还没有这方面的研究）。这些研究者对使用SRI或CBT技术（尤其是暴露和反应预防）进行治疗的患者做了治疗前后的比较研究。他们发现，这些疗法中的任何一种疗法都使患者运行不正常的大脑正常化了。在治疗之前，患者的脑部扫描显示出其大脑的特定区域血液流动不正常；在使用这些疗法治疗之后，患者的大脑开始正常运行了。这种正常化只发生在那些对治疗有响应的患者身上，而那些没有响应的患者或不需要治疗的健康被试身上则没有发生这种情况。SRIs可能还会使杏仁核（大脑的"应急按钮"）更加正常地运行，进而停止过度反应。

　　最让人感兴趣的是，这些研究表明SRIs确实使大脑正常化了。有些人担

---

　　① 药品的中文商品名称因制药公司的不同而不同，本书药品通用名称和商品名称翻译采用《精神科合理用药手册》，本书翻译未包括全部中文商品名称。——译者注

心药物将会在某种程度上扰乱大脑运行，或者制造虚假变化或者虚假状态。但是研究者的研究结果与此相反。这些研究表明SRIs纠正了大脑里的"化学失衡"——这些药物通过使大脑的非正常状态正常化，从而减轻了症状。那些对SRIs有响应的人感觉自己更"正常"了。他们称找回了自己，或者能更有效地控制自己的心智——就像未患病之前那样，或者像其他人那样。同时，SRIs并不是"快乐药片"，也就是说它们并不是制造一种虚假的愉快状态，而是纠正了不正常的大脑运行状态。研究者还发现，诸如SRIs等抗抑郁药物能通过保护脑细胞免受伤害而使大脑保持健康，并且刺激新的脑细胞健康成长。这些药物似乎还能使抑郁的心脏病患者的治疗效果更加理想，而使用抗抑郁药物治疗的中风患者似乎也比那些没有使用的病人寿命更长。

SRI发挥作用的证据

很多调查研究表明，SRIs最终会使大多数BDD患者的症状得到改善。这些研究同时还表明，SRIs比其他药物对BDD更有效果。然而重要的是，要在一个足够长的时间里使用足够高剂量的药物，以使药物发挥作用。

在二十世纪八十年代末以前，没有人真正了解BDD症状是否会因药物而改善，如果会，又会是哪种药物。在那个时候，艾瑞克·郝兰德尔（Eric Hollander）博士和我开始用SRIs治疗我们的患者，结果发现很多人（包括成人患者和青少年患者）的症状得到了改善。SRIs甚至对于一些使用其他药物都没有效果的长期住院的重症病人也有帮助。根据我的临床经验，经过SRI治疗（足够长时间，足够剂量）的BDD患者（90例患者），其中63%的人的症状最后得到了改善。与此相对，其他类型的精神科药物对于这些患者而言通常没有效果。

以下是我的病人的自述。

"在服用了氯米帕明后，我可以和别人交谈而不会感觉别人在盯着我，"纳撒尼尔（Nathaniel）说，"不照镜子变得容易了。我现在很少担心。那些想法很少再侵袭我的内心，我也更容易摆脱那些想法。我会说服自己我的那些强迫思维是不理性的——我告诉自己'不要理睬它'！和人相处的时候我也不再那么不自在了。对于现在的我来说，这不再是个性命攸关的问题。"

"可以说，在服用了百优解之后，我好了95%。"内德（Ned）说。他患上严重的BDD已经三十年，而且因为这种疾病的症状，他在三十年间住院治疗了十余次。他曾经尝试过十三种非SRIs药物，但都没有效果。"现在我的强迫思维几乎完全消失了，而且我可以不照镜子。我停止了就医。我曾是药店的常客，我对此印象非常深刻！"

患者的这些评论激励了我和其他研究者对SRIs进行更加科学严谨和系统的研究。在这些研究中，患者在治疗期间被定期观察，并且使用标准化的量表仔细评估症状。这些研究提供了有关这些药物疗效的更科学可靠的信息。这些研究被简要地列在表13-2中。

前两项都是"随机""双盲""对照"研究，这种研究最严谨也最令人信服，因为无论医生还是患者，都不知道患者接受的是SRI治疗（假设SRI是有效果的）还是对照治疗。［氟西汀研究中的对照治疗是安慰剂——又被称为糖丸；氯丙咪嗪研究中的对照治疗是脱甲丙咪嗪，一种非SRI抗抑郁药物。］双盲设计使我们对治疗响应的评估更加客观。另外，"随机分配"减小了两组患者的组间差异，以避免影响治疗结果。在使用艾司西酞普兰、西酞普兰或者氟伏沙明的"开放式"实验中，没有对照治疗，患者和医生都知道患者接受的是SRI治疗。所有的SRI研究都包括了不同严重程度的患者——从轻度到极重度，平均为中度。

表13–2　BDD中的SRI研究

被测试的药物	研究设计	接受治疗的患者人数	研究时间和平均药物剂量（毫克/天）	研究结果	参考文献
氟西汀安慰剂（糖丸）	随机，双盲，安慰剂对照，平行组实验	67	12周 77.7 ± 8.0（范围：40—80）	氟西汀明显比安慰剂对被试的BDD症状（响应率分别为53%和18%）和日常功能的影响更大	（Phillips，2002）
氯丙咪嗪脱甲丙咪嗪	随机，双盲，对照，交叉实验	29	16周（每种药物8周）氯丙咪嗪：138 ± 87 地昔帕明：147 ± 80	氯丙咪嗪明显比脱甲丙咪嗪对被试的BDD症状（响应率分别为65%和35%）和日常功能的影响更大	（Hollander，1999）
西酞普兰	开放式实验	15	12周 51.3 ± 16.9（范围：10—60）	73%的被试对西酞普兰有响应；生活质量和功能也有显著改善	（Phillips，2003）
艾司西酞普兰	开放式实验	15	12周 28.0 ± 6.4（范围：10—30）	73%的被试对艾司西酞普兰有响应	（Phillips，unpublished data）
氟伏沙明	开放式实验	30	16周 238.3 ± 85.8（范围：50—300）	63%的被试对氟伏沙明有响应	（Phillips，1998）
氟伏沙明	开放式实验	15	10周 208.3 ± 63.5（范围：100—300）	在15名被试中，有10名被试对氟伏沙明有响应	（Perugi，1997）

注：

1.这些研究都是对照研究或开放式研究，在本书修订之际均已被发表在科学期刊上（未包括病例报告，病例组和病例审查研究）。

2."±"表示标准差。68%的病例所用剂量在平均剂量的1个标准差范围内。

3.在我的所有研究中，"响应"被定义为：根据BDD-YBOCS，患者有30%及以上的改善。虽然30%的BDD症状的减轻这一数值看起来可能比较小，但是这个改善的标准对应的是病人和临床医生二者的"很大程度的改善"的评价。郝兰德尔博士将"响应"定义为：根据BDD-YBOCS，患者有25%及以上的改善。佩鲁贾（Perugi）博士将"响应"定义为：根据临床总体印象量表（Clinical Global Impressions Scale），患者有"很大"或"非常大"程度的改善。

4. 这些研究的参考文献都列在第十八章。

5. "平行组实验"指患者被平均分为两组，随机分配，一组服用氟西汀，另一组服用安慰剂；医生和患者都不知道患者接受的是哪一种治疗。

6. 在氯丙咪嗪交叉实验中，一半患者首先接受氯丙咪嗪治疗，接着接受脱甲丙咪嗪治疗；而另一半患者首先接受脱甲丙咪嗪治疗，然后接受氯丙咪嗪治疗。医生和患者都不知道患者接受的是哪种治疗。

7. "开放式实验"只给予患者一种治疗（SRI）；医生和患者都知道这种情况。

正如你在表格"研究结果"这一列所看到的，所有的研究都发现，SRI通常对治疗BDD症状有效。在氟西汀研究中，对于治疗患者的BDD症状和改善患者的日常功能而言，氟西汀比安慰剂更有效。在氯丙咪嗪（氯米帕明）研究中，氯丙咪嗪（SRI）远比脱甲丙咪嗪（非SRI抗抑郁药）更能改善BDD患者的症状和功能。在"开放式"研究中，艾司西酞普兰、西酞普兰和氟伏沙明对多数病人都有效果。

这些研究最吸引人的一个成果是，SRIs通常对妄想型BDD（见我在第三章中对该类型BDD的介绍）起作用。实际上，妄想型BDD患者和非妄想型BDD患者非常有可能对SRI有响应。也就是说，那些完全确信自己有关缺陷的观点是正确的，而且不能被说服的患者，其中很大比例的人都对SRI有响应。我所有的SRI研究和郝兰德尔的氯丙咪嗪研究都发现了这一点。我将在第十六章中讨论，妄想型BDD患者实际上除了符合BDD的诊断外，还符合妄想症的诊断。虽然妄想症的治疗已经是一个已被充分研究的领域，被称为精神安定剂（抗精神病药）的药物通常被用来治疗这样的患者。然而，现有研究表明，BDD型妄想症实际上会对SRIs有响应。在这种情况下，我在治疗妄想型BDD患者时首先使用SRI。如果患者的响应不够充分，我接着会在SRI外再加入精神安定剂（抗精神病药）。但是如果妄想型BDD患者的病情很严重（例如需要住院治疗），我可能一开始就会同时使用SRI和精神安定剂。SRIs对妄想型BDD患者有效果是出人意料的，但又是令人欣慰的。

SRI会改善BDD患者的哪些方面？

对SRI有响应的患者通常在很多方面都得到了改善。他们强迫思维的时间减少了，而且如果他们想到自感缺陷，也较容易把这些想法推到一边，去想其他事情。这些思维也更少使他们感到痛苦。有些人认为自己实际上比以前更好看了，因此也不再那么痛苦了；而另一些人认为他们的外表看起来没变，但是能够在情绪上更好地处理他们的外表问题。他们与BDD有关的行为通常也会得到改善。他们更容易应对照镜检查、比较、抠抓皮肤、反复求证等行为。很多人都有了较好的社交生活，与人相处的痛苦也大大减少。很多人发现他们可以更容易地去工作或者做学校的作业。

SRI通常还有其他好处。它可以减轻患者的焦虑、抑郁情绪，减少他们的自杀想法，降低他们的自我意识，提高他们的自尊和自信。我的一位患者说她感觉"太不可思议了——像一个新的自己"。三十年来，她第一次不担心自己的鼻子和头发。

让我们更清晰地了解一下患者在服用SRI后的改善情况。对于不同的人的症状的缓解程度不同。有些人仅在一定程度上对药物有响应，而另一些人则是完全有响应。总的来说，对药物有响应的患者从不同方面体验到了症状的缓解。

先占观念 对SRI有响应的人报告称他们对外表的先占观念减少了。那些完全有响应的人只在先占观念上花费几分钟的时间（或者完全不再有先占观念），而不再是每天数小时被它困扰。那些在一定程度上有响应的人可能仍然存在先占观念，但是他们在上面花费的时间减少了——例如从每天六小时减至每天三小时。先占观念的减少通常是因为想法不再频繁地进入患者大脑，患者更有能力对抗和摆脱那些想法。仅仅是这种改变，也可以使人得到解脱。释放出来的时间可以用来思考更重要的和令人愉快的事情。患者的注意力得到改善，因为杂念不再频繁出现，他们的情绪控制能力增强。

能够对抗和控制强迫思维 BDD最令人痛苦的一个方面是情绪不受自己心智的控制。SRIs通常会改变这种情况。对SRIs有响应的人通常会发现他们变得较容易对抗和控制那些痛苦的想法。其结果是他们沉迷于外表问题的时间更少了。他们重新控制了自己的思维和心智。他们——而不再是强迫思维——在掌控。

情绪痛苦 由BDD引起的情绪痛苦通常也会减少。这种痛苦会变得相对可以忍受甚至消失。那些想法不再使人感到沮丧、焦虑或者痛苦。部分原因是痛苦想法出现的频率减少了；另外，当那些想法出现时，情绪痛苦也不再那么剧烈了。它们的威力减小了。就像一位患者对我说的："它们失去了它们的力量。以前要经过一场巨大的斗争才能出门，现在，仅仅是一阵刺痛。"

与BDD有关的行为 与BDD有关的行为通常也会得到改善。他们花在照镜子、抠抓皮肤、整理头发、反复求证等行为上的时间减少了。这些行为变得更容易对抗和控制，而且，他们有关执行或者不执行这些行的焦虑也减少了。"对我来说，百优解最主要的帮助就是使我可以离开镜子了，"一位患者告诉我，"走进浴室，我的心跳会加速，但是我能坚持不去看镜子。这真的是一个非常大的变化。我不再受镜子控制了。"

日常功能 他们的功能通常也会得到改善。去工作或者去上学变得更容易，他们也更容易集中注意力。出现在其他人面前不再是那么困难的事情了，走出房间也变得更容易了。BDD患者可以修复各种受损的人际关系，开始更多的社交活动，或者开始约会。"我妻子每次服用百优解之后，我们的社交生活都有了显著的改善，"一位工程师告诉我，"每当她停止服药，我们的社交生活也停止了。"

我前面描述的几项SRI研究，都对使用SRI治疗的患者的日常生活功能的改善情况做出了具体的评估。所有这些研究都发现，在经过SRI治疗后，患者很多方面的功能都得到了改善：工作和学习、家务、人际关系、娱乐活动。这些变化可能会发生得迅速而突然。我治疗过的一位女性，在她对氟伏沙明有响应的几个星期里，她再度回到了学校，这是她期待了十年的变化。在过去，因为症状，这种情况绝无可能发生。但是另一些人的变化则比较缓慢，变化的程度也比较小。习惯难以根除，发生重大变化并非易事。但是对某种SRI有响应的多数人是能够在他们的社会功能方面取得一些进步的①。

回避 患者的回避行为通常也会减少。他们更容易去做事情，更容易有成就，更容易与他人相处。他们变得更活跃——他们的生活变得更多彩、更有趣。花更少的时间沉迷于强迫思维和照镜子，你便能去做其他事情。当不再那么强大、那么令人痛苦时你也会更容易做事情、更容易与他人相处。另外，你与他人相处时的不自在感和恐惧感也会减少，你在社交场合将会更放松。

生活质量 很重要的是，SRIs通常还会改善患者的总体生活质量。换句话说，患者的功能得到改善，他们会更加喜欢他们的生活，从生活中获得更多乐趣。在我的西酞普兰研究中，患者的生活质量有了显著改善。在我的氟西汀（百优解）研究中，氟西汀比安慰剂更能改善患者的生活质量。在这两项研究中，患者的BDD症状得到的改善越多，其生活质量得到的改善也就越多。表13-3描述了在我的氟西汀、艾司西酞普兰、西酞普兰以及氟伏沙明研究中，药物响应者在前面所提到的那些方面的改善情况。需要注意的是，这些是平均分数——一些患者对SRI有较少响应，另一些患者则有较多响应。每一项都以五分制（0—4）进行评级，分数越高表明症状越严重。例如，在SRI治疗前，参与研究的患者平均体验到中度到重度的功能干扰，而治疗后，他们不再体验到功能干扰或只体验到轻度功能干扰。

虽然表13-3列出的项目被很多BDD研究者核定为标准症状，但是也许患者在服用了SRI后，其他症状也会得到改善。

---

① 令人感兴趣的是，对动物的研究表明，服用诸如百优解等药物增加5-羟色胺会导致更多的"社会"行为。5-羟色胺严重耗竭的动物的"社会"互动明显比其他动物更少——逃避、敏感以及与社会隔离。

抑郁和焦虑　对BDD患者使用SRI治疗，其抑郁和焦虑症状通常会得到改善。被改善的抑郁症状包括抑郁或躁狂情绪、缺乏兴趣和动力、精神不振、注意力不集中、低自尊，以及睡眠和食欲问题。患者的自杀想法通常也会减少。患者的焦虑症状——例如担忧、心烦意乱、紧张不安——通常也会得到改善。在我所有的SRI研究中，针对抑郁症状的标准测量表明，大多数患者的抑郁症状得到了显著改善，自杀想法明显减少。

敌意和愤怒　在我的氟伏沙明研究中，患者在经过治疗后，其敌意和愤怒显著减少。这个结果与其他疾病的SRIs研究结果一致。在其他疾病中，经过SRI治疗的患者，其敌意、愤怒以及攻击性通常会减少。

身体意象　针对身体意象进行治疗的研究，比我讨论过的针对其他方面的研究要少得多。我的临床经验表明，一些（尽管不是全部）SRI响应者体验到了身体意象方面的改善。在我的氟西汀、安慰剂对照研究中，那些经过氟西汀治疗的患者报告称，根据MBSRQ的测量结果，他们在"外表取向"方面有了很大改善。换言之，外表对他们来说不再那么重要了，并且他们随之减少了相关的"行为投入"（例如他们减少了过度照镜检查行为）。然而，氟西汀并没有比安慰剂更加显著地改善他们对于外表的满意度。

我还从不同角度考察了这个问题，并且获得了稍微不同的答案。在我的氟西汀和氟伏沙明研究中，我系统地询问了参与者，服用SRI是否改变了他们的缺陷。60%的响应者称他们的缺陷有改善。[①]他们的改变分为两类：（1）在60%缺陷有改善的响应者中，三分之一的人报告他们的缺陷在视觉上没有变化，但是这些缺陷不再像以前那样会唤起他们的痛苦或焦虑。患者是这样描述的："它看起来还是一样，但是我能接受并容忍它。它不再令我那么苦恼。最多是一种正常的不喜欢。"或者"我不再像以前那样反应过度了。我现在能接受和容忍它了。它不再使我筋疲力尽，不再破坏我的生活了。"（2）在60%

---

① 与此相对，在对药物无响应的人中，只有20%的人称在服用SRI后，他们的缺陷得到了改善。

表13-3　在使用SRI治疗前后，响应者的BDD-YBOCS得分

BDD-YBOCS项目	使用SRI治疗前的平均得分	对SRI有反应后的平均得分
BDD先占观念		
思维引起的专注	每天3.1小时	每天1.7小时
思维造成的干扰（社交、职业或学业，其他）	2.3（介于中度和重度之间）	0.5（介于无和轻度之间）
思维引起的痛苦	2.7（介于中度和重度之间）	1.2（介于轻度和中度之间）
与思维进行对抗	2.1（介于做出一些努力和较少做出努力之间）	0.9（介于一直在努力和多数时间都做出努力之间）
对思维的控制力	3.1（介于较少能控制和无法控制之间）	1.3（介于完全能控制和基本能控制之间）
BDD行为		
花在行为上的时间	每天2.7小时	每天1.5小时
行为造成的干扰（社交、职业或学业，其他）	2.1（介于中度和重度之间）	0.6（介于无和轻度之间）
行为受阻产生的痛苦	2.6（介于中度和重度之间）	1.2（介于轻度和中度之间）
与行为进行对抗	2.8（介于做出一些努力和较少努力之间）	1.1（介于多数时间都做出努力和做出一些努力之间）
对行为的控制力	3.1（介于较少能控制和无法控制之间）	1.2（介于完全能控制和基本能控制之间）
自知力	2.9（介于一般和缺乏之间）	1.5（介于良好和一般之间）
回避（由于思维或行为而产生的回避——例如回避他人、回避工作或上学、回避去某地、回避做某事）	2.0（中度）	0.4（介于无和轻度之间）
总得分	31.5（中度到重度BDD）	13.1（亚临床BDD，即不符合该疾病的诊断标准）

注：量表项目见附录三。

缺陷有改善的响应者中，三分之二的人称他们的缺陷实际上在视觉上看起来不同了（变好了）。正如我在第十一章中所讨论的，患者对此的描述是："我脸上的斑点不见了。我看不见它们了。"或者"以前我的脸看起来又红，斑点又

多。现在看起来很好。我以前一定是看错了。"一位女士告诉我："我的面容看起来恢复了正常，看上去有吸引力了。"她报告称她的外观有了身体上的和视觉上的变化——并不仅仅是她能更好地处理它了。偶尔，SRI响应者不仅不再鄙视缺陷，而是真的喜欢上了他们的身体！经过治疗，一位对艾司西酞普兰有响应的女士告诉我："我以前认为自己的外表丑陋无比！但是现在，当我看着镜子的时候，我会对自己说'你看起来相当漂亮'！"约半数的人报告了两种变化——认知或情绪上的变化，以及可能的知觉上的变化。

这为我们提出了一个非常有意思的问题：SRIs真的能在事实上改善视知觉吗？5-羟色胺似乎在动物的视觉中扮演了重要角色，或许对人来说也是一样。SRIs可能纠正了包括5-羟色胺在内的化学物质失衡，而这种失衡导致了对视觉图像的错误知觉、过度关注或者错误理解。

自知力 一些SRI响应者体验到了自知力的改善，变得能够更好地意识到他们关于缺陷的观点是扭曲的。很多人的牵连思维也有所减少。在氟伏沙明、西酞普兰和艾司西酞普兰研究中，响应者体验到了自知力的显著改善[1]。正如一位女士所说："过去，我97%确信自己看起来很恐怖。现在，我97%确信自己不是那样的。我认识到自己以前的观点是扭曲的。"在氯丙咪嗪与脱甲丙咪嗪的对照研究中，郝兰德尔博士发现，氯丙咪嗪（SRI）比脱甲丙咪嗪（非SRI）能更显著地改善患者的自知力。然而，在我的氟西汀与安慰剂对照研究中，结果是比较复杂的。服用氟西汀的参与者比那些服用安慰剂的参与者在自知力上有了更多的改善，但是还没有达到"统计学显著"的程度。然而，对治疗有响应的人的确比对治疗无响应的人在自知力方面有更显著的改善。

对显著外表问题的担心 有时候，SRIs能减少患者对显著外表问题（例

---

[1] 自知力评估使用的是布朗信念评估量表（the Brown Assessment of Beliefs Scale，BABS），这个量表是由布朗大学医学院的简·艾森（Jane Eisen）、道格·比尔（Doug Beer）、凯瑟琳·阿塔拉（Katherine Atala）、史蒂文·拉斯穆森（Steven Rasmussen）、李·贝尔（Lee Bear）和我共同开发的。这个量表可以对自知力（妄想程度）进行有效而可靠的测量。

如肥胖）的强迫性担心。一些人的外表问题不属于BDD（因为他们的缺陷是明显的），但是在经过SRI治疗后，他们对外表问题的担心和苦恼也会减少。比如，一些超重的人因体重问题而变得很少进食，在使用SRI治疗后，虽然他们仍然不满意自己的体重，但是不再执着于此了。他们的BDD方面的担心，以及他们对自己显著外表问题的担心，都会减少。

从某种程度上来说，这些观察资料是有意义的。药物不可能在轻微的外表问题（即BDD方面的外表问题）和显著的外表问题之间做出区分。因为药物没有眼睛！SRIs可能会有效减少患者的强迫思维，而无论这个人事实上看起来怎么样。针对这个问题，我们还需要更多研究，而且这个问题超出了BDD的范围。这向我们提出了一个问题：那些过于担心自己显著的外表缺陷并为此苦恼的事故受害者或者有明显缺陷的人，是否可以从SRI的治疗中获得帮助？也许他们会变得不再那么沉迷于对外表的担心——先占观念减少，痛苦减轻，以及能够更好地发挥功能？这是可能的。

如何用SRI治疗BDD？

下面的建议都是以迄今为止公开发表的所有调查研究为基础的，同时也基于大量BDD患者的治疗体验。不过，要记住，针对你的治疗，需要视你的具体情况而定，与你的医生进行讨论。

把SRI作为治疗BDD（包括妄想型BDD）的首选药物。我前面提到的研究，以及我和其他临床医生的临床经验表明，SRIs对大多数BDD患者都有效果。重要的是，SRIs比其他类型的药物——例如其他抗抑郁药或者精神安定剂（抗精神病药）——更有效果。它们对"妄想型"和"非妄想型"BDD（见第十六章对BDD类型的描述）一样有效果。

你可以尝试任意一种SRI。所有SRIs似乎都对治疗BDD有效，因此你可以尝试使用它们中的任意一种。正如你在表13-2中所看到的，氟西汀、氯丙咪嗪、艾司西酞普兰、西酞普兰以及氟伏沙明已被充分研究，但是临床经验表明，舍曲林和帕罗西汀也有效果。还没有严格的科学研究直接比较这些SRI的效果，因此，我们无法确切知道哪一种更有效。然而，一般情况下，不要首先使用氯丙咪嗪，因为它更可能产生副作用，而且如果用药过量会导致中毒。

在我的艾司西酞普兰和西酞普兰研究中，得到改善的患者的比例比我的其他SRI研究要稍微高一些。另外，较高比例的患者的改善是"相当大程度的改善"（与只是"很大程度的改善"相对）。此外，很多患者的响应比人们通常对SRI的响应要快（2—6周内）。虽然我们不能从这些初步的观察结果中得出艾司西酞普兰或西酞普兰比其他SRIs更有效果的结论，但是这些观察结果是振奋人心的。

目前，没有办法预测哪一种SRI（或哪些SRIs）对你的症状有效果（或最有效）。唯一的办法就是去尝试。最好与你的医生一起讨论选择用哪种药物。

除非低剂量药物对你有效，否则你应该尝试SRI制药公司推荐的最大剂量，或者你能忍受的最高剂量。使用足够剂量的SRI是非常重要的。我经常见到的错误，是对BDD患者使用过低剂量的SRI，导致患者的病情没有好转。如果你使用的药物剂量太低，你的症状可能会没有任何缓解或只有很少的缓解。使用低剂量SRI（例如，西酞普兰10毫克/天或20毫克/天）治疗BDD，就像只服用一片阿司匹林治疗严重偏头痛一样，是不可能有效果的。虽然还没有调查研究对使用不同剂量SRI治疗BDD的效果做过精确比较（急需要这方面的研究），但是BDD患者似乎通常需要的药物剂量比抑郁症和很多其他障碍患者常用的剂量更高。表13-4列出的是在我的临床实践中，BDD患者使用的平均剂量。

正如你在前面看到的表13-1，该表格显示的是这些药物对各种疾病的常用剂量范围，我经常使用的是常用剂量范围内的最高剂量，或者甚至超过最高剂量。在治疗很多患者时，我努力找出最低的有效剂量，但是最终通常都得使用相当高的剂量，因为只有这样，患者的症状才能得到显著缓解。你使用的SRI的最终剂量是多少并不重要，重要的是对你来说有效果。既然你已经在用药了，那么就不妨使用让你感觉最好的剂量。最重要的是，不要放弃一种药物——以及推测该药物对你而言没效果——直到你达到了：（1）制药公司建议的最高剂量（这些剂量见表13-1）；（2）如果你无法处理最高建议剂量所引起的副作用，那么就使用你所能忍受的最高剂量。通过这种方式，你很可能得到良好的治疗效果。一直服用过低剂量的药物，并得出结论说药物没有效果，这是错误的。

表13-4　我在临床治疗BDD时的平均用药剂量

通用名称	商品名称	平均剂量（毫克/天）	标准差（毫克/天）
西酞普兰	西酞普兰	66	36
艾司西酞普兰	来士普	29	12
氟西汀	百优解	67	24
氟伏沙明	兰释	308	49
帕罗西汀	赛乐特	55	13
舍曲林	左洛复	202	46
氯丙咪嗪	氯米帕明	203	53

注：标准差表明我在通常情况下使用的药物剂量范围。在大约三分之二的病例中，我使用的SRI剂量在平均值的一个标准偏差范围内。例如，氟西汀，约三分之二的人接受的剂量在43毫克/天（67减去24）到91毫克/天（67加上24）之间，因为平均剂量是67毫克/天。（然而，如果使用的药物是氯丙咪嗪，剂量千万不要超过250毫克/天。）

当用药剂量超过最高常用剂量（见表13-1）时，有些人甚至会感觉更好。我用每天30—50毫克艾司西酞普兰，每天80—100毫克西酞普兰或帕罗西汀，每天100毫克氟西汀，或者每天400毫克舍曲林或氟伏沙明治疗过很多患者。事实上，正如表13-4所示，在我的临床实践中，我所使用的西酞普兰、艾司西酞普兰、氟伏沙明，以及舍曲林的平均剂量已经超过了最高常用剂量。

剂量越高，越可能有副作用，但是很多人都能较好地忍受这些较高剂量，并且副作用很小或无副作用。之所以如此，主要原因是患者是在制药公司建议的最高剂量只在一定程度上对他或她的症状起作用，以及他或她能较好地忍受药物的情况下才尝试了较高剂量的。尝试较高剂量并不会使患者有什么损失，反而可能会使治疗有进展。如果患者对很多充分的SRI治疗都没有响应，有时候我会使用一种药物，提高它的剂量，但是我们都是从低剂量推进的。一个重要的警告是，使用氯丙咪嗪的剂量，每天不能超过250毫克。如果较低剂量对你已经有足够好的效果，就不需要再尝试较高剂量了。如果你已经尝试了3周的超过建议最高剂量的更高剂量，但这个剂量并不会比较低剂量更有效，那么最好将用药剂量降低到对你有效的最低剂量。

我见过很多人一直使用低剂量治疗，没有效果。可以尝试使用同一种SRI，提高使用剂量是——有时候会有效果。然而，最好首先尝试你之前没有使用过的SRI。

什么时候提高SRI的剂量？对于这一问题，没有放之四海而皆准的准则。因为这取决于很多因素。我通常会建议那些病情比较严重（特别是有自杀想法的）和对药物有较好耐受性的患者，较快提高药物剂量。你自己的偏好也很重要。然而，在假设副作用不是问题的情况下，一个合理的目标是，从治疗开始后的第4周到第9周，逐渐提高剂量，达到制药公司建议的最高剂量（如果低剂量不起作用）。在我的氟西汀研究中，参与者在前2周接受的是每天20毫克的剂量；在他们能够忍受的情况下，每隔10天提高一次剂量（每隔2周也可以），每次提高20毫克，直到最大剂量为每天80毫克。患者非常好地接受了这种提高剂量的方法，而且没有一个因为副作用而退出研究。在我的西酞普兰研究中，参与者从每天20毫克开始，2周之后，剂量提高到每天40毫克，4周之后，剂量提高到每天60毫克（如果患者能忍受的话）。

这种安排剂量的策略有几个潜在的优势：（1）由于用药已经达到了足够高的剂量，因此针对你的BDD的治疗，不太可能存在治疗不足的情况；（2）

与剂量提高的缓慢程度相比，你的症状对药物产生响应的速度可能更快。然而可能存在的问题是，剂量提高得越快，越可能产生副作用。而且你的用药剂量可能会达到一个比你实际需要的剂量更高的剂量，因为你没有在较低剂量上保持足够长时间，以确定该剂量是否会有效果。不过，总的来说，我通常能够足够快且成功地提高药物剂量，因此我的治疗通常在治疗开始的第5周到第9周就达到了用药的最高剂量。如果出现副作用，也通常能妥善处理。比这个方案更慢的提高剂量方案存在的问题是，它可能导致需要花很长时间才能达到有效剂量，尤其当你最终需要一个相对较高的剂量时。如果你确实可以较快地提高剂量（就像我所做的那样），一旦你的感受更好了，你可以一点一点地慢慢降低剂量，看较低剂量是否还有同样好的效果。

在你提高剂量的过程中，如某个相对较低的剂量对你而言似乎是有效果的，你可以在几周内保持这个剂量，看看会发生什么情况。例如，如果你每天服用10毫克艾司西酞普兰，并且感觉良好，那么你可以保持这个剂量2到3周，看看你的症状是否有更多缓解。如果有，你可以保持这个剂量更长时间，让药物在该剂量情况下发挥更多作用。另一方面，即使你在每天10毫克的情况下就开始好转，你也可以提高药物剂量，因为也许更高的剂量对你而言会更有效果。最好与你的医生商讨，权衡每个选择的利弊，然后再做出决定。我们无法事先预测哪种药物或者什么剂量的药物对你而言是最合适的。你只能去尝试。

在你尝试某种SRI 12到16周，并且用药剂量已经达到足够高的水平之前不要放弃它。用足够长的时间尝试SRI也很重要。服用SRI的时间达到12到16周，并且在此期间，你的用药量达到足够高的剂量（除非低剂量对你有效果）至少3周，才称得上"充分"试验。如果你没有服用足够高的剂量，或者如果你没有尝试足够长的时间，你的SRI试验都是"不充分的"。换句话说，药物还来不及对你的BDD症状发挥作用。

多数已被发表的BDD研究和我的临床实践表明，在患者的BDD症状有实质性改善之前，患者平均需要服药（SRI）6—9周。在我的氟西汀研究中，三分之二的患者的症状在治疗的第4周到第11周之间会在很大程度上得到缓解（也就是"响应"）。在我的氟伏沙明研究中，三分之二的人的症状在治疗的第3周到第10周之间会有所缓解。然而，在我的西酞普兰和艾司西酞普兰研究中，平均而言，患者在仅仅4到5周之后就对药物有了响应（三分之二的人在第1周到第8周之间有响应）。因此，有些人使用SRI，在几周之内就会有响应，而另一些人需要尝试长达12周——有时甚至16周——才会有响应。这意味着你需要耐心等待药物发挥作用。但是不要气馁，这些药物通常都是有作用的！

值得强调的是，这些数据和建议都是以增加SRI剂量，在相当短的时间内快速达到最高剂量的研究为基础的。如果你在服用SRI时，剂量提高得比较慢（也就是说你花了超过9周的时间才达到最高建议剂量），那么你可能会在12周之后才出现好转。如果你在服药的第12周到第16周之间还没有达到足够高的用药剂量，那么我通常会建议你尝试提高服药剂量到某个水平，以观察更高剂量的药物是否比较低剂量的药物效果更好。但是如果你的用药剂量已经达到制药公司建议的最高剂量或者你能承受的最高剂量，你服药的时间已经有12到16周，而且你已经保持该最高剂量至少3周，那么也许你最好更换另一种SRI，或者在服用原SRI的基础上添加其他药物（我会在后文中对这种方案作更详细地论述）①。根据我的经验，持续服用低剂量（或者甚至是高剂量）的SRI数月或数年，但是在此期间药物并没有发挥作用，这种情况是没有意义的。

我经常会见到那种尝试很多SRIs依然无好转的患者。一个普遍存在的问题是，他们尝试SRI的时间太短（例如只服药4到8周）。在我的氟西汀研究中，约一半的人在治疗的第8周还没有响应，但是最终都有了响应。在我的氟伏沙明研究中，约三分之一的人存在这种情况。这些人通常在治疗的第8周到第12周之间有响应。另外，我接诊过很多患者，这些患者对过去从未达到足

---

① 虽然有些人可能在服药12到16周之后才开始对某种SRI有响应（这个重要的问题还没有被充分研究），然而，根据我的临床经验，一种SRI要到患者服药16周之后才起作用是不大可能的（假设在此期间服药剂量已经达到一个合适的水平）。

够高剂量的SRI无响应。通常，这些患者曾被诊断为抑郁症，而他们的BDD却被漏诊了。因为他们的BDD没有被识别或诊断出来，所以没能得到有效的治疗。很多患者的抑郁症状也没有得到缓解。

SRIs通常是逐渐发挥作用的。偶尔，药物会以一种剧烈的方式开始发挥作用。有时候，人们能指出具体的某一天，甚至是某个时刻，药物开始发挥作用。但是更普遍的情况是，药物的效果是逐渐显现的。人们这样描述："我在三天前和今天感觉好一些，但是持续的时间不是很长，所以我不知道药物是否真正在起作用。"如果发生这种情况，不要沮丧，这是完全正常的。这种起落——我称之为"锯齿形"的改善——会逐渐变成持续的改善。这种改善从以小时计逐渐变为以天计，再变成以周计。随着时间的推移，你将会发现你的症状的很多方面（如果不是全部的话）的改善会越来越明显。

你要每天按规定服药。这是非常重要的。药物通常需要一定时间才能起作用，因此，即使这个药物目前看起来没有帮助，你也要每天服药。如果你服用的剂量低于规定剂量，或者间歇性服药，药物就不会充分发挥作用甚至可能会完全没作用。如果你很难记住按时吃药，那么试一下随身药盒，你可以从药店买到。它会帮助你坚持到底。如果你因为副作用或者对药物有担心而不愿意按规定服药，那么最好和你的医生讨论你的担心，而不是停止服药或者不按规定用药。用药的全部目标是为了使你的感觉更好，如果你确实按时按量用药，那么你的症状很可能会好转的。

如果你对SRI有反应，那么只要继续服用，良好的感觉很可能会继续保持。依据我的临床经验，大多数对SRI有响应的人，如果他们持续服药，他们的良好状态会保持数月甚至数年。我治疗过的一些患者，他们在十年之前对药物有响应，至今仍在继续服药，而且反应良好。事实上，很多人报告称他们服用SRI的时间越长，感觉越好。我发现，在前三个月使用SRI并得到改善的患者中，约40%的人的症状会在接下来的六个月甚至更长的时间内继续得到改善。我还发现，少于10%的对SRI有响应的患者经历了BDD症状的全面复发，虽然还他们在继续服用SRI。然而，我们急需严谨的研究来调查这些重要的问题。

保持有效用药（SRI）一两年或者更长时间。如果你的BDD症状的确因为服用SRI而得到了改善，那么你应该服药多长时间呢？遗憾的是，目前还没有严谨的科学研究来解决这个非常重要的问题。然而，根据我治疗BDD患者约十五年的临床经验，我通常建议保持有效用药（SRI）一到两年，尽管你感觉良好。如果你曾尝试停药，但症状复发了，或者如果你的BDD症状很严重，那么你可能需要保持用药更长时间。但是我们毕竟需要一个停药时间——一年，或者症状减少到你能重新工作或工作得更有效率、能参加更多社交活动，并且开始享受生活的时候。

一到两年后，我会和我的患者一起讨论他们的选择。一些人决定尝试停药，看看会发生什么。依据我的临床经验，停止服用有效果的SRI，约85%的患者会经历症状的反弹，虽然有时候他们会感觉症状没有过去严重。如果症状复发，你需要再次服用SRI。根据我的经验，患者再次服药之后，症状通常会再次改善（然而个别患者不会像第一次那样反应强烈）。似乎很多人（如果不是大多数的话）在服药中断后经历了症状复发，因此有些人选择更长期的保持有效用药（SRI）。他们不想冒症状复发的风险。对于那些BDD症状非常严重的人来说，尤其对那些因为症状曾企图自杀的人来说，这可能是最明智的选择。

在其他疾病中，SRIs已被广泛研究多年。长期服用这些药物似乎是安全的。尽管如此，你还是应该和医生讨论你需要持续用药的时间。如果你计划怀孕，那么提前讨论你是否能在怀孕和哺乳期继续服用SRI就尤为重要。

如果你决定停用有效果的SRI，则要与你的医生认真计划。根据我的临床经验，在停用有效果的SRI后，患者的BDD症状通常会复发（虽然这个问题还未被充分研究）：一些人发现他们的BDD症状就像用药之前一样严重；另一些人则发现他们的症状没有以前严重，而且他们也更容易忍受这些症状；还有一些人保持了症状相对较少的状态。如果你在停用有效果的SRI时正在并将继续使用CBT，BDD症状复发的可能性会不会变小？我们现在还不知道。这是一个需要研究的重要问题。

如果停用有效果的SRI，你的BDD症状可能复发，因此如果你决定中断SRI治疗，我建议采取如下步骤：

（1）在几个月之内逐渐降低SRI剂量，而不是突然停药。（然而，正如我下面将要讨论的，如果你立即转用另一种SRI，那么你可以较快地停用第一种SRI。）如果你以前的BDD症状很严重，那么我建议你缓慢降低剂量。按照这种方法，如果症状复发，你可以再次增加剂量，由于一些药物已经"在身体里"了，这会减少你再次反应的时间。另外，逐渐减少剂量能让我们发现最低有效剂量。也就是说，我们可能发现把症状保持在一个可以忍受的水平上的最低剂量，这是非常有用的信息。我的临床经验同样表明，如果逐渐减少服药量而不是突然中断服药，那么BDD症状复发的情况不会太严重，其全面复发的可能性也较小（虽然我们还不知道真实情况）。

（2）当你感觉压力较小，生活相对稳定之后，再尝试中断有效果的SRI。使用这种方法，即使BDD症状复发，你可能也会更容易处理一些。例如，与你正在寻找新工作，正好结束一段重要的关系比较起来，稳定且进展顺利的工作和关系将使你更容易处理症状的复发。还有一种可能性（虽然我们还不确定）——在较少压力而不是较多压力的情况下，BDD症状复发的可能性较小。

如果出现副作用该怎么办？总的来说，SRIs是比较安全的。讨论这些药物可能存在的副作用可能会导致不切实际的担心。一些药物清单记录了药物的副作用，只是这些副作用极少发生，或者不会比安慰剂（糖丸）的作用更大。与所有药物一样，SRIs也有引发副作用的潜在可能性，但是这些副作用通常十分微小，而且会随着时间的推移得到改善或者消失。多数人用药是没有副作用的，或者副作用非常微小，在可承受的范围内。与其他抗抑郁药物一样，SRIs

不会使人上瘾。抗抑郁药物已经被安全使用了约半个世纪，SRIs被用作处方药也已数十年。SRIs是最常见的处方药，已经被数百万人服用过，并且他们通常是长期服用。

尽管如此，副作用还是可能会发生。常见的副作用是反胃、失眠、紧张不安、疲劳、性欲和性功能减退、流汗、食欲下降。氯米帕明会有引起口干、便秘等副作用。这些副作用会给少数人造成问题。停止服药之后，这些症状就会消失。没有任何SRIs被证明有威胁生命的副作用。根据我的经验，那些体验到副作用的BDD患者通常愿意忍受它们，因为他们更愿意从症状中解脱出来。

当副作用发生之后，这些副作用通常可以被降低。方法包括缓慢地增加药物剂量（如果需要增加剂量），缓慢地减少药物剂量（但是要小心对待，以防BDD症状复发），或者加入其他药物来影响副作用。这些策略通常是有帮助的。如果它们没有帮助，你可以尝试另一种SRI。你也许会更容易接受另一种药物。

耐心非常重要！因为如果发生副作用，那也通常是药物起作用的前兆。这可能让人非常沮丧。但是随着治疗的继续，副作用会减轻，或者甚至会消失。而且你用药的时间越长（达到某个点），药物越可能发挥作用。

重要提示：务必让你的医生从一开始就知道你患有BDD——不要告诉他或她，你只是抑郁或焦虑。据我所知，最常见的临床错误是将治疗措施集中于抑郁症而非BDD。这通常导致患者使用抗抑郁药而非SRI，服用SRI的时间过程，或者使用对BDD来说过低的SRI剂量。在这种情况下，BDD症状（以及抑郁症状）是不会被改善的。对治疗抑郁症有效果的药物治疗方案未必能有效治疗BDD。然而，对治疗BDD有效果的药物治疗方案通常能有效治疗抑郁症，无论抑郁是否是由BDD引起的。

如果SRI作用不充分怎么办？

如果SRI不起作用，或者仅仅起部分作用怎么办？这是你要面对的一个重要问题。有些患者满足于对药物的部分响应而不愿意继续增加药物，有些患者则想有进一步的改善。虽然回答这个问题的研究资料非常少，但是我的临床经验表明，有很多方法能使药物发挥作用。

1. 最大限度地利用你正在使用的SRI药物。这意味着你要尽你所能地按照前文的指导方法，在足够长的时间里服用足够高剂量的药物。如果没有对一种SRI进行充分的尝试就放弃，这是不明智的。正如我已经提到过的，有些患者从超过制药公司最高建议剂量的用药量中获益〔不包括氯丙咪嗪（氯米帕明）〕，也比较容易忍受药物带来的反应。如果你已经最大限度地使用了SRI，药物的作用还是不够充分，那么你可以主要采取下面两种方法：

（1）"强化"SRI。一种方法被称为强化。通过这种方法，你继续服用无效或部分有效的该SRI，同时在该SRI中加入另一种药物，以强化或增强SRI的效果。

（2）转换成另一种SRI。第二种方法被称为转换。通过这种方法，中断原来使用的SRI，同时尝试另一种SRI。我会在下文讨论这两种方法。

2. 你可以"强化"当前使用的SRI或将其"转换"成另一种SRI，还不清楚哪一种策略更好。遗憾的是，我们还不知道是强化效果不充分的SRI的效果好，还是将一种SRI转换成另一种SRI的效果更好，因为这个问题还没有被充分研究过。然而根据我的临床实践，我发现，对于那些已充分尝试某种SRI但反应不够好的患者来说，33%采取强化策略的病例获得了成功，而当他们采取转换策略时，成功病例的比例为44%。这种差异不属于显著的统计学差异。

然而，当我把患者对首选SRI是全无响应还是部分响应列入考虑时，我发现了一个有趣的现象。在那些对首选SRI全无响应的人中（即没有"较大程度的改善"或"非常大程度的改善"），当我在他们的SRI中加入强化药物之后，只有18%的人有响应。但是在那些对首选SRI有部分响应的人中（即有"较大程度的改善"或"非常大程度的改善"），当我在他们的SRI中加入强化药物之后，有41%的人有响应。这种差异具有统计学上的显著性。这个发现表明，如果你对首选SRI有部分响应，那么强化SRI后，你的症状可能会有更明显的改善，但是如果你对首选SRI无响应，转换为另一种SRI可能对你更有帮助。然而，因为这项研究规模相对较小，也不够严谨（仅依据我的临床实践），所以无法确定哪一种方法更有效。

当你决定强化或转换SRI的时候，还需要考虑另外一些情况。如果在没有任何强化的情况下，你对很多SRIs（例如其中三种）都没有响应，那么尝试一下强化对你而言是有意义的。相反，如果你对一种SRI已经尝试了几种强化策略，但你还是没有响应，那么最好转换为另一种SRI。

另一个需要考虑的是，如果你对某种SRI反应良好，那么不建议中断这种SRI转而去尝试另外一种。例如，如果通过使用某种SRI，你不再考虑自杀，而且你的BDD和抑郁症状有了很大程度的缓解（尽管没有完全康复），在这种情况下，中断这种SRI而尝试另一种是非常冒险的。也许第二种SRI对你无效，或者它的效果不如第一种SRI，你的症状可能会再次恶化（虽然有可能第二种SRI比第一种更有效）。继续使用原来的SRI，并且加入另一种药物以维持你对SRI的部分响应。反之，如果你停用原来的SRI，则有失去已有反应的风险。

因此，在你决定使用强化策略还是转换策略的时候，这些情况都需要考虑，还要考虑你的个人情况以及你和医生的偏好。你使用的治疗方法要适合自己。如果已经选择的方法不起作用，你就尝试另一种。

3. 强化部分起效的SRI。强化SRI有一些潜在的优势。虽然在很多其他疾病中（例如抑郁症和强迫症），强化经常被使用且被充分研究，但是它在

BDD中几乎未被研究。据我所知，在BDD的相关研究中，有关SRI强化效果的资料来自于我的临床实践，以及我的匹莫齐特强化氟西汀的研究，我将在下文中讨论。还有很多人在使用SRI后，其症状没有被完全消除，因此我们急需大量有关BDD的强化研究。

表13-5列出的是我最常在治疗BDD时使用的强化药物，包括药物名称、常用剂量范围和平均剂量。对BDD强化方法的研究很少，以至于我们还不能判定哪种方法最有效。下面我将根据我的临床印象介绍各种强化策略的效果。

我通常只会在尝试一种SRI至少12周，并且所用剂量足够高之后，才在该SRI中加入强化药物。因为SRI可能不需要强化药物就会充分发挥作用。这种方法可以保持药物疗程的单一性。然而，有时候，在单一SRI被充分尝试之前，较快加入强化药物是有意义的。例如，对于极重度BDD患者而言，这样做可能是明智的。或许，除了对BDD的作用外，对治疗某些症状（例如，焦虑不安）或与BDD同时出现在患者身上的其他障碍，强化药物的加入可能比单一的SRI更有帮助。

由于有关BDD的SRI强化研究太少了，因此我们还不清楚你应该在放弃强化药物之前尝试多久。根据我的临床经验以及其他障碍的强化研究，在最终判断强化药物是否有作用之前，我建议尝试强化药物6—8周，如果可能，用药剂量在此期间最好达到表13-5中显示的较高剂量。

（1）**丁螺环酮** 我通过在SRI中加入丁螺环酮取得了一些成功。丁螺环酮是一种影响5-羟色胺的抗焦虑药物。它有时被用作治疗抑郁症和强迫症的强化药物。与其他抗焦虑药物不同，丁螺环酮通常没有镇静作用，也不会导致身体性依赖或上瘾。

根据我的临床实践，在SRI中加入丁螺环酮，对约三分之一的患者有效，并且患者的症状得到了相当大程度的改善。妄想型BDD患者对丁螺环酮的响应似乎和那些非妄想型BDD患者一样。丁螺环酮的强化效果是令人感兴趣的，因为这种药物只有很少的副作用，患者通常比较容易接受。这种药物还能改善与BDD症状同时出现的焦虑及可能存在的抑郁症状 。

我还对一小部分不愿意使用SRI的患者单独使用丁螺环酮进行治疗。几位患者体验到了BDD症状的部分缓解，但是没有发生像使用SRI那样的强烈反应。

（2）**氯丙咪嗪** 有时候，我将氯丙咪嗪（SRI）与SSRIs中的一种联合使用——如果患者充分使用其中的某种药物，但没有得到充分响应的话。有些患者对联合药物的响应要好过对其中任意一种药物的响应。根据我的临床实践，当我把氯丙咪嗪加入SSRI中或反之，44%的患者有响应。这个响应率比其他强化方案的响应率稍高，虽然响应程度无法等量齐观。尽管如此，由于氯丙咪嗪是一种效果极佳的抗抑郁药，它可能对那些重度抑郁的患者特别有吸引力。虽然我通常建议尝试一种药物8周后再加入强化剂，但是当强化剂是氯丙咪嗪时，在判断该药物是否有良好效果之前，我建议尝试12周。在没有最大限度地充分使用这些SSRI之前，我通常不建议把氯丙咪嗪与SSRI联合使用。

由于SSRIs可能会极大地增加氯丙咪嗪在血液中的浓度，而这很容易引起中毒，因此，当将氯丙咪嗪与其他药物联合使用时，通常应该比单独使用氯丙咪嗪的剂量更低。如果患者已经在服用SSRI，那么在开始的时候，我通常每天只加入25毫克氯丙咪嗪，然后依据患者的氯丙咪嗪血液浓度逐渐提高剂量。当把氯丙咪嗪与SSRI联合使用的时候，应该持续检查氯丙咪嗪的浓度，以确定其不会太高。

表13-5　可用于BDD的SRI强化药物

药物	药物类型	在BDD中的常用剂量范围（毫克/天）	在我的临床实践中使用的平均剂量（毫克/天）
丁螺环酮	抗焦虑	30—80	57 ± 15
氯丙咪嗪	SRI	依治疗剂血液水平而定	128 ± 76
文拉法辛	抗抑郁	150—450	365 ± 89
安非他酮	抗抑郁	150—400	400 ± 0
奥氮平	安定药	5—20	8.3 ± 2.9
齐拉西酮	安定药	10—180	60 ± 67
利培酮	安定药	1—6	3.8 ± 1.7
哌甲酯	兴奋剂	10—60	32 ± 7
碳酸锂	心境稳定剂	依治疗剂血液水平而定	825 ± 568

注：

1. "强化"是指在SRI中加入另一种药物，以提高SRI的效果。在SRI中加入强化剂，通常是在患者充分尝试某种SRI之后，但是也可以在这个过程完成之前加入强化剂。从技术角度来说，在同一时间使用两种抗抑郁药物被称为"联合"策略。

2. 重要的是要注意，在BDD中使用的强化策略目前还只有非常有限的研究，还需要更多研究。

3. "±"表示标准差。在68%的病例中，用药剂量维持在平均剂量1个标准差范围内。

4. 可以将氯丙咪嗪加入到SSRIs中，反之亦然。必须小心监测患者的氯丙咪嗪的血液浓度，因为SSRIs会显著提高氯丙咪嗪在人体中的血液浓度，可能导致中毒。

5. 除文拉法辛和安非他酮外，其他抗抑郁药物可能也可以与SRI联合使用。一个重要的例外情况是，在任何情况下都不要将单胺氧化酶抑制剂与SRI联合使用。

6. 除奥氮平、齐拉西酮、利培酮外，其他安定药可能也有用，虽然我在实践中很少使用。其他非典型安定药可能会在未来被开发出来并被投放市场。

（3）**其他抗抑郁药**　除了氯丙咪嗪外，也可以在SSRI中加入其他抗抑郁药物。这些药物包括文拉法辛（郁复伸）和安非他酮（威博隽）。[①]有些患者使用这种方法，效果非常好。我的一些对多种药物无响应的重度抑郁症患者，在每天400毫克的安非他酮（威博隽）与80—100毫克西酞普兰联合使用的情况下，对药物的反应尤其好。加入安非他酮（并不直接影响5-羟色胺）可能对那些以抑郁为主因的非BDD患者（即这些患者患的是"独立的"抑郁）更有效果，但这只是一种猜测。我们还需要对这种方法进行更多了解，因为这种方法似乎至少对一些BDD患者而言是有效果的。

（4）**精神安定剂**　精神安定剂（抗精神病药）是一类通常被用来治疗精神病性症状，但也对很多其他症状（例如激动不安和焦虑）有效果的药物。（由于一些新药对多种不同症状都有效果，现在它们被正式归入一个非常广义的术语"精神药物"——意味着它们对精神症状有效果——而不是归于精神安定剂或者抗精神病药。）基于各种原因，这些药物可能对治疗BDD的SRI有强化效果。首先，它们在强迫症和抑郁症的治疗中是有效的SRI强化药物。其次，很多BDD患者对于他们的自感缺陷都有显著的牵连观念和妄想信念，而精神安定剂是治疗其他障碍的妄想思维的最佳药物。

有两类精神安定剂："典型的"（或者"第一代"）和"非典型的"（或"第二代"）。典型的精神安定剂都是被较早开发出来的药物；非典型的则是较新的。虽然在BDD中，两类药物都未得到充分研究，但是似乎非典型的精神安定剂更有效果。对于我的一些患者而言，当我们将诸如奥氮平（再普乐）、齐拉西酮或利培酮加入SRI的时候，他们对于药物的反应良好。齐拉西酮似乎尤其有效。

---

① 无论在什么情况下，都不应将一类被称为单胺氧化酶抑制剂的抗抑郁药加入SRI，因为单胺氧化酶抑制剂会引发患者严重的毒副反应。同样，在将文拉法辛（郁复伸）或氯丙咪嗪（氯米帕明）与SRI联合使用时要小心，因为存在罹患一种被称为5-羟色胺综合征的罕见综合征的风险，这是由5-羟色胺过量导致的。

这些药物还会减轻由BDD导致的严重痛苦和烦躁不安。对于有这些症状的患者，我通常在治疗一开始就将非典型精神安定剂与SRI联合使用。在治疗中较早使用非典型精神安定剂，会比单独使用SRI更快减轻患者的痛苦——产生镇静效果，帮助患者恢复功能，在一些病例中，它甚至可以使患者避免住院治疗。

在科学研究中，只有一项研究将精神安定剂作为SRI强化物对其进行了充分研究。这项研究测试了匹莫齐特——一种典型的精神安定剂——对妥瑞氏症（Tourette's disorder，其特点是反复的、无法控制的言语表达或肢体运动，该反应被称为抽动，与强迫症的强迫行为类似）的效果。我决定使用匹莫齐特而不是其他精神安定剂，是因为在我开始研究的时候，还没有可用的非典型精神安定剂。而且匹莫齐特在强迫症的治疗中是一种有效的SRI强化药物。最为重要的是，匹莫齐特一直以来都有对妄想型BDD和某些其他类型妄想症有独特疗效的美名。实际上，它通常被用来治疗BDD，因此确定它是否有效果就显得尤为重要。

在这项对匹莫齐特进行的随机双盲实验研究中，那些充分使用氟西汀（百优解）而无良好反应的患者被随机分配到匹莫齐特治疗组或安慰剂治疗组，与此同时，他们仍然继续服用氟西汀。研究发现，匹莫齐特并没有比安慰剂更有效，即使对那些妄想型BDD患者来说也是一样。匹莫齐特也没有比安慰剂更能改善患者的自知力。虽然单独一项研究不足以明确断定一种疗法是否有效，但是这样的研究结果并不乐观。尽管匹莫齐特没有效果，但是我并不认为我们可以因此假定非典型精神安定剂也没有效果。在撰写本书的时候，我会倾向于不使用诸如匹莫齐特等典型精神安定剂来强化SRI，但是我会考虑使用非典型精神安定剂来强化SRI。因为精神安定剂对妥瑞氏症有效果，所以精神安定剂强化有可能对那些类抽搐（tic-like）的BDD症状有效果——例如抠抓皮肤或拔除毛发，虽然这个问题还没有被研究。

（5）哌甲酯　当我们在治疗中将哌甲酯或其他兴奋剂加入SRI时，少数患者（根据我的经验，约有10%—20%的患者）的症状会有显著改善。对于那些严重抑郁和疲乏的患者，我更倾向于使用这种方案，因为兴奋剂也能改善BDD患者的抑郁心境和精神状况。然而需要注意的是，兴奋剂可能会使人上瘾，最好不要对那些容易物质滥用或物质依赖的人使用。由于兴奋剂可能会使抽搐的症状恶化，因此，从理论上来说，它们可能会恶化患者的抠抓行为（与抽搐有某些共同特征），但是我目前还没有发现这种情况。

（6）**锂盐**　锂盐是一种天然药物，以治疗双相障碍（躁郁症）而闻名。但是它也对很多其他疾病和症状有效果（例如情绪波动、抑郁、攻击行为、自杀意念）。根据我的临床经验，当我在治疗中将锂盐加入SRI时，约20%的BDD患者的症状会有很大改善。

（7）**苯二氮䓬类**　苯二氮䓬类——例如氯硝西泮（克诺平）、劳拉西泮（安定文）——主要被用来治疗焦虑和失眠。严格来说，我并不把它们视作强化剂，因为只要患者需要，我就会在治疗过程中的任何时期将它们加入SRI。当SRI无法有效减轻患者的严重痛苦、焦虑或激越时，加入苯二氮䓬类将非常有帮助。它们还能极大地改善人们的睡眠。它们可以被短期或长期使用。在治疗的前几周（等待SRI发挥作用的时期）短期使用苯二氮䓬类，对那些严重焦虑、激越、无法入睡或企图自杀的患者尤其有用。苯二氮䓬类有可能使人成瘾，但是根据我的经验，很少有BDD患者会滥用它们。然而我倾向于不对那些滥用酒精或药物的人使用这类药物。对于这些个体来说，非典型精神安定剂会更有帮助。

（8）**抗惊厥药**　诸如丙戊酸、加巴喷丁、拉莫三嗪等药物，有时候对焦虑或抑郁症状是有帮助的。丙戊酸和拉莫三嗪对同时患有BDD和双相障碍的患者非常有帮助。我的遗传学研究（见第十章）提出了这样的问题：这些药物（如γ-氨基丁酸）是否有望治疗BDD？还需要更多研究。

（9）**认知行为疗法（CBT）**　有必要在此简要提一下，如果药物治疗对你而言没有足够帮助，你应该考虑在服药进程中使用CBT进行辅助治疗。你也可以在开始采取SRI治疗的时候就同时使用CBT治疗。我们将在下一章专门讲CBT。

4. 转而使用另一种SRI。如果你在充分尝试一种SRI后没有响应，那么你可能会对另一种SRI有响应。我的方法是，如果有必要，一种一种地尝试SRI，希望一种会比另一种更有效果。你可能会在尝试几种SRIs之后才找到一种有效果的。

似乎所有SRIs都对BDD有治疗效果。这意味着，对于所有患者，它们都有起作用的可能，然而这并不意味着这些药物对你也一样有效果。对于特定的某个人来说，一种SRI（或几种SRIs）可能会比另一种SRI更有效果。没有办法预测哪一种SRI（或几种SRIs）对你来说最有效果。如果你对一种SIR没有响应，那么你有必要尝试另一种SRI（虽然你可能会想先尝试在SRI中加入强化剂）。我治疗过的很多患者，他们在尝试了很多种SRI失败后，对另外一种SRI有响应。一些病例尝试的前五种SRI都以失败告终，到使用第六种时才有效果！根据我的临床经验，在那些充分尝试第一种SRI后无响应的人中，43%的人会对随后使用的至少一种SRI有响应；在这些随后又充分尝试了其他SRI治疗的患者中，44%的人都对药物有响应。

如果你已经对一种SRI有响应（即根据BDD-YBOCS评分，症状减轻的程度至少为30%），但是因为药物的副作用想尝试另一种SRI，或者想试试是否有另一种SRI对你而言更加有效，这样可以吗？好消息是，如果一种SRI对你有作用，另一种SRI就极有可能对你有作用。根据我的临床实践，在那些对一种SRI有响应，然后又转而使用另一种SRI的人中，92%的人在随后对另一种药物的充分尝试中，其症状也得到了改善。随后使用的SRI可能会比前一种更有效，或者有相似的效果，或者其效果不如前一种好。我们没有办法预测会出现哪一种结果。

5. 其他可能有效的方法　到目前为止，我一直都把重点集中在如果一种SRI效果不佳，则尝试SRI强化剂或转而使用另一种SRI。但是还有一些方法可能也有效。

（1）**文拉法辛** 这是一种有效的抗抑郁药。单独使用文拉法辛可能对BDD的症状有治疗效果（我曾在前面提到，当文拉法辛与SRI联合使用时也可能对治疗BDD有效）。尽管如此，从技术角度来讲，文拉法辛不属于SRI，但是它对5-羟色胺有强烈影响。在一项由郝兰德尔及其同事对11例BDD患者所做的开放式研究中，文拉法辛显著改善了那些完成研究的患者的BDD症状。同样，根据我的经验，它通常对BDD的症状有治疗效果。因为SRIs已经得到了较为充分的研究，我建议你首先使用SRI。但是如果SRI不起作用，你可以尝试文拉法辛。

（2）**单胺氧化酶抑制剂** 苯乙肼、反苯环丙胺等都是非常有效的传统抗抑郁药物，也对BDD症状有治疗效果。虽然我的数据多数来自我曾治疗过的患者的报告，但是这种药物似乎在这些病例中的约30%的人身上产生了效果。在治疗BDD时，我并不经常使用这些药物，因为现在有这么多SRIs以及文拉法辛可用，它们通常都较容易被患者接受。然而，如果很多其他药物都对你不起作用，单胺氧化酶抑制剂也是可以尝试的。如果你没有严格按照处方用药，单胺氧化酶抑制剂类药物很可能会引起中毒，因此非常重要的是，如果你要尝试这类药物，而且过去从未将单胺氧化酶抑制剂与SRI联合使用，一定要小心谨慎地按照处方要求服药。

（3）**阿片类药物** 我了解到少数患者因为身体问题而服用处方阿片类药物——例如对乙酰氨基酚，然后意外地体验到了严重BDD症状的减轻。同时，我还了解到有些患者不幸地对非法阿片类药物（例如海洛因）成瘾，因为它减轻了BDD带来的难以忍受的痛苦。强迫症领域正在研究阿片类药物（例如吗啡）的潜在益处。我一般不推荐给患者使用阿片类药物，因为它们极可能使人产生高度的依赖性。而且我了解到仅有少数病例尝试了这类药物。尽管如此，对于那些所有标准疗法都失效的病情严重的患者而言，这是一个可以保留的选择。使用阿片类药物进行治疗，最好终生住院或在疗养院度过余生，否则可能会导致自杀。

6. 提醒：每一位BDD患者都需要对他们的BDD症状和其他症状进行具体评估。 如果有其他障碍与BDD伴随出现，这会对个体选择治疗方案产生影响。我建议找一位精神科医生对你的症状进行全面评估，并且制定一个具体的治疗计划。对于难治性病例，则需要具有创造性和专业性的精神药理学方面的治疗。因此，你要坚持。根据我的经验，多数人的BDD症状最终都会在充分尝试药物后有所改善。不要放弃！

似乎对BDD不起作用的药物

除SRIs之外，在BDD治疗中使用的其他药物很少被研究。因此我在这里提到的内容，会随着治疗研究的增多而被修正。目前，我们有限的研究数据表明，当我们单独使用非SRI抗抑郁药（可能除文拉法辛和单胺氧化酶抑制剂外）来治疗BDD的时候，该药物通常是不起作用的。你可能还记得郝兰德尔博士的发现（那是一项非常杰出的研究）：非SRI抗抑郁药脱甲丙咪嗪通常对治疗BDD无效，它明显没有SRI抗抑郁药氯丙咪嗪（氯米帕明）有效。然而正如我一直强调的，将某些非SRI抗抑郁药（例如安非他酮和文拉法辛）与SRI联合使用可能对BDD的治疗有帮助。

虽然将精神安定剂（尤其是非典型精神安定剂）加入SRI可能会起作用，但是单独使用精神安定剂似乎对治疗BDD——即使是妄想型BDD——无效。然而，针对这个重要问题的唯一一项研究是回顾性的，检查的是我接诊过的BDD患者对哪些药物有反应，对哪些药物无反应。因此，为了更确切地知道单独使用精神安定剂（即不加入SRI）是否对治疗BDD有效，我们需要对这些药物进行足够的前瞻性治疗研究。有少数几个已被发表的病例报告了非典型精神安定剂（奥氮平）对BDD患者有效。我们尤其需要研究非典型精神安定剂的效果。当其他类型的药物——例如心境稳定剂、兴奋剂以及苯二氮卓类药物——没有与SRI联合使用的时候，似乎也对治疗BDD无效（正如我在前面讨论的，虽然有些药物与SRI联合使用的时候可能对治疗有帮助）。然而，目前对于这些药物的研究还太少，我们同样需要更严谨的研究，以更准确地评估它们对治疗BDD症状的效果。

在我于二十世纪九十年代早期所做的一项研究中（那时我们还不知道如何治疗BDD），我询问我的患者，他们过去都服用了哪些药物，哪种药物有作用。我的目的是要获得一些线索：哪些药物可能对治疗BDD有效，是值得研究的。我发现，除了SRIs之外，只有8%的药物治疗实验显著改善了BDD患者的临床症状。在使用被称为三环药的一类抗抑郁药（不包括氯丙咪嗪，它是一种三环药）进行药物治疗的48例BDD患者中，仅有15%的人的症状有缓解。在一个类似的研究中，郝兰德尔博士发现，在50例BDD患者中，总体而言，三环抗抑郁药（不包括氯丙咪嗪）无法改善患者的BDD症状，而SRIs却能改善他们的BDD症状。这些药物有时会改善患者的抑郁症状，但是通常对与其伴随出现的BDD症状无效。

我发现单胺氧化酶抑制剂对约30%的患者有作用。然而，一个令人鼓舞的发现是，有些患者在对一种或多种SRIs无响应后，对单胺氧化酶抑制剂却反应良好。在单独使用药物（即不加入SRI）的情况下，只有2%的精神安定剂（抗精神病的）试验和6%的其他精神药物（如苯二氮卓类）试验改善了患者的BDD症状。精神安定剂甚至对妄想型BDD患者也无效果，我们原本预期它会对该组患者有帮助。不过，请记住，当这些药物被与SRI联合使用的时候，可能对患者有帮助。

因此，总的来说，SRIs目前是药物治疗的首选。一些非SRI药物在与SRI联合使用的时候可能会对患者有帮助，但是就目前的情况而言，如果不与SRI联合使用，非SRI药物很可能无效。

电惊厥疗法、神经外科手术以及其他疗法

在已被发表的病例报告中，电惊厥疗法（electroconvulsive therapy，简称 ECT）或者休克疗法对8例患者中的2例有效果。我的数据表明了相似的低反应率：8例患者均未收到效果。我注意到，在另外的约10例患者的病例报告中，没有一位患者的BDD症状因ECT而得到有效缓解。虽然一些患者的症状出现了暂时的缓解，但被缓解的主要是抑郁症状。虽然患者数量太少，这一发现存在局限性，但它却表明这种疗法对治疗BDD没有效果。尽管如此，因为ECT是治疗抑郁症的最有效的疗法，所以对于那些同时患有严重抑郁症的BDD患者来说，这种方法也许是值得考虑的，尤其是在患者的抑郁症状并非主要由BDD导致的情况下。因为ECT对治疗抑郁症非常有效果，并且可能是救命的，所以对于那些严重抑郁和具有自杀倾向的BDD患者而言，可以将这种治疗方法作为保留选项。

虽然大脑外科手术看起来是一种极端的方法，但是由于BDD症状太折磨人以及会使人失能，有些患者真的考虑过这种方法，甚至有的已经付诸实践。我知道几例尝试了这种疗法的BDD患者。一份已被发表的病例报告称，患者在使用了一种被称为修复性脑白质切除术的手术后，其BDD症状得到了缓解。一位同行告诉我，一位患有难治性BDD的虚弱的年轻女孩，对类似的手术（双侧扣带前回毁损术和尾核下神经束切断术）有良好的反应。此类手术中断了与强迫症有关联的大脑回路（见第十章）。

我知道有4例极重度BDD患者，在尝试了无数种其他疗法均以失败告终后，做了一种被称为内囊前肢毁损术的手术。这种疗法正在被研究者们用来治疗难治性重度强迫症。其中2例对该治疗方法无响应，但是另外2例有响应。一位受益于该疗法的女士，曾经因其关于头发的BDD症状几乎完全崩溃。她为此失去了工作和朋友，足不出户，长时间住院治疗，甚至尝试电击自己，尝试

过很多自杀方法。她的丈夫告诉我："手术前，她的生活充满了无尽的绝望。手术挽救了她的生命。"然而，在对难治性强迫症患者的一项研究中，那些同时还有类BDD症状的患者（BDD本身未被评估）对于这种手术的反应并没有像那些无类BDD症状的患者的反应那么好。

很难知道是什么原因导致了这些报告的相互矛盾。重要的是，我们要考虑到这些神经外科手术的数据仍然非常有限。这些报告仅仅来源于几个病例，并且在针对BDD的研究中，还没有对此的科学的、系统的研究。因此，目前我不推荐对BDD患者施行大脑手术治疗，尤其在还没有尝试或未充分尝试很多其他治疗选项的情况下。

在对各种精神障碍（特别是抑郁症和强迫症）进行的研究中，其他新疗法正在被开发和检验。这些前沿疗法包括迷走神经刺激术（在颈部植入电极刺激连通大脑的迷走神经），经颅磁刺激术（通过大脑附近线圈引起大脑磁环境的改变）和脑深部电刺激术（通过在大脑植入电极以引起神经细胞的可逆运行）。这些疗法还没有在BDD中被研究（或者说在我写作本书时，据我所知，这些疗法还没有被用来治疗BDD），因此我们还不知道它们是否对治疗这种疾病有效果。

对药物治疗BDD的建议：推荐工作步骤

接下来我将讨论药物治疗BDD的推荐"工作步骤"，将本章的各种信息连接起来并以直观的方式呈现出来。工作步骤请见图13-1。这是一个你在治疗BDD的时候可以采用的视觉流程图。

1.对BDD或其妄想变体（妄想症、身体型）做出诊断

2.使用SRI治疗

3.响应不足或无响应　　　　　　　　　　　　　　　3.响应良好

继续治疗至少1—2年

4.是否已经进行了充分的药物试验

否　　　　　　　　　　　　　　　　　　是

5.进行充分的药物试验　　　　6.BDD对SRI有部分响应　　　　6.BDD对SRI无响应

尝试强化SRI（或转换为另一种SRI）　　转换另一种SRI（或尝试强化SRI）

响应良好　　对所换的SRI未充分响应或无响应

妄想型BDD?　　　严重抑郁?　　　需要立即救助的严重焦虑　　　长期焦虑

考虑加入安定药（首选非典型精神安定剂）　　考虑在SRI中加入另一种抗抑郁药物，或在抗抑郁药物中加入SRI（监测CMI在血液中的浓度）　　考虑加入苯二氮卓类药物（BZD）　　考虑加入丁螺环酮

响应良好　未充分响应或无响应　　响应良好　未充分响应或无响应　　响应良好　未充分响应或无响应　　响应良好　未充分响应或无响应

继续安定药物治疗至少6—12个月　　终止服用该安定药；加入另一种安定药或强化剂；或者转换为另一种SRI　　继续治疗至少1年　　终止服用抗抑郁药或SRI；加入另一种强化剂或者转换为另一种SRI　　继续用服SRI至少1年，将BZD作为临床指征　　考虑终止服用BZD；加入另一种BZD、丁螺环酮或安定药；或者转换为另一种SRI　　继续治疗至少1年　　终止丁螺环酮；加入另一种抗抑郁药或安定药；或者转换为另一种SRI；考虑使用BZD

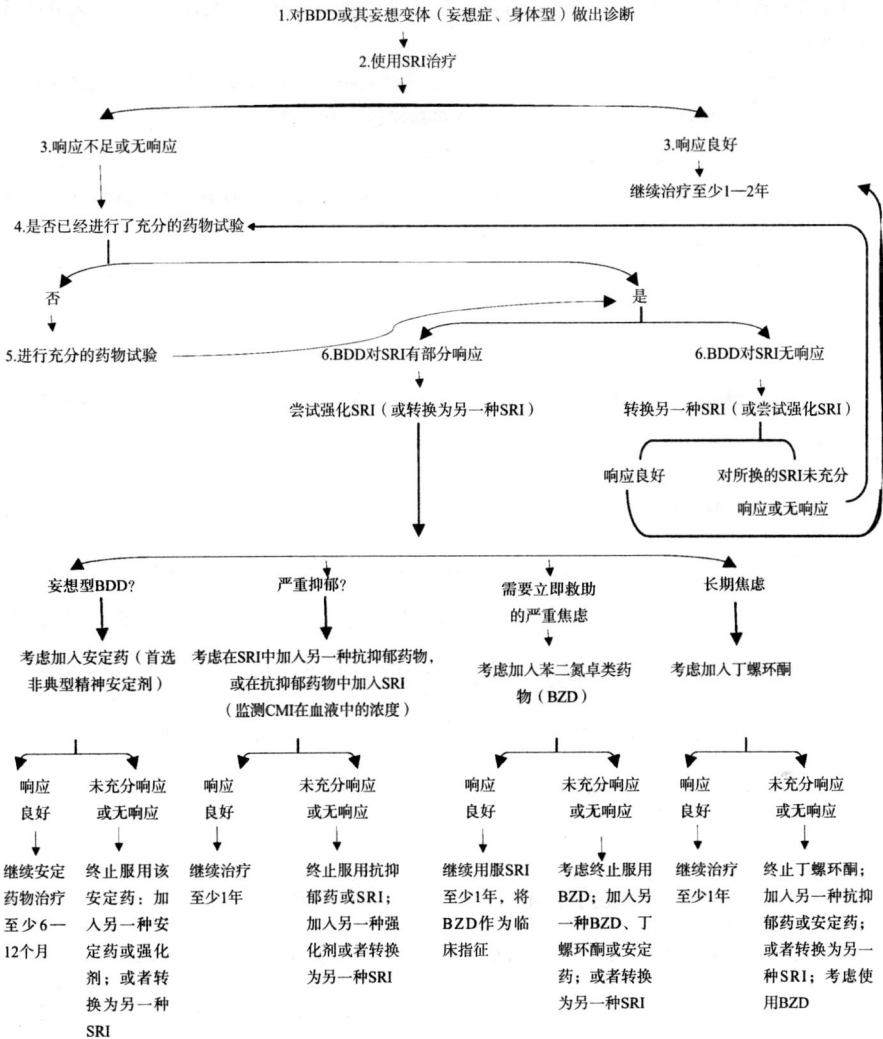

图13-1　药物治疗BDD的工作步骤

注：

1. 这是一个对BDD进行药物治疗的方法的简版，更详细的介绍请见本书内容。

2. 因为目前关于该工作步骤的科学研究的证据还很有限，所以该工作步骤仍以临床经验为基础。

3. 这个工作步骤只针对药物治疗，不针对CBT治疗。CBT对治疗BDD似乎也有效果（见下一章）。

4. 第4步"是否已经进行了充分的药物试验？"是指：是否在服用SRI时，使用了制药

公司建议的最高剂量或你能忍受的最高剂量至少3周？是否进行了为期12—16周的充分的药物治疗？

5. 第5步"进行充分的药物试验"是指：尝试制药公司建议的最高剂量或你能忍受的最高剂量至少3周；保证你在整个12—16周的服药期间按要求服药。

6. 抗抑郁药物的选择包括氯丙咪嗪、文拉法辛、安非他酮等。

7. 对于一些需要立即救助的病人（例如严重焦虑和有自杀想法的患者），在治疗之初就应考虑将SRI与苯二氮卓类或安定药联合使用。

8. "CMI"是"clomipramine"（氯丙咪嗪）的缩写；"BZD"是"benzodiazepine"（苯二氮卓类）的缩写。

（1）**诊断BDD**　从工作步骤的顶端开始，你可以看到第一步是对BDD做出诊断。

（2）**用SRI治疗**　顺着箭头向下，你会看到，如果你患有BDD，下一步是使用SRI进行治疗，无论你是妄想型BDD还是非妄想型BDD。

（3）**对SRI的响应**　如果你对SRI有良好反应，就沿着线条向下到右侧——工作步骤建议你持续使用对你有效的SRI至少一到两年。如果你对SRI的反应不够好，那么顺着线条向左，这里会询问你是否进行了充分的药物试验。

（4）**你做了充分的SRI试验吗？**　我在前面已经讨论过什么是充分的SRI试验；图注4对此有简要的提醒。

（5）**确保你已经进行了充分的SRI试验**　如果你还没有进行充分的SRI药物试验，则沿着线条到左下，这里标示了下一步是进行充分的SRI药物试验（见图注5和前文描述）。如果你已经完成了充分的SRI试验，则沿着线条到右下。在线条分叉的地方，你接着向右或向左——根据你的BDD症状是对SRI有部分响应（沿着线条向左）还是无响应（沿着线条向右）。

（6）**强化或转换**　如果你的BDD症状对充分的SRI药物试验有部分响应〔至少"很大程度的改善"或者你的BDD-YBOCS（见附录三）评分降低30%或更多〕，工作步骤建议你尝试SRI强化剂。然而，括号里的信息表明转而使用另一种SRI也是一个选项。如果你的BDD症状对充分的SRI药物试验没有响应，则沿着线条向右，工作步骤建议你可以转而使用另一种SRI。尝试SRI强化剂也是一个选项。

（7）**强化选项** 接着，根据你的响应情况，继续沿着工作步骤的线条向下。强化选项见工作步骤底端。我在前文讨论过的其他几种治疗选项没有被列在工作步骤中。

在此，我没有对工作步骤的内容进行更详细的描述，然而有一些关于工作步骤的重要告诫。首先，这个工作步骤（以及一般的工作步骤）不能被当作详细说明书来使用，或者取代医生的临床判断。工作步骤由一般性的治疗建议组成，需要根据你的具体临床表现来修正。例如，你可能同时具有非BDD障碍或非BDD症状，这将会影响你对药物的选择——如果你患有其他障碍（如双相障碍），那么你会需要其他药物，但是工作步骤对此没有明确的指示。对于有酒精或药物问题的患者，使用苯二氮卓类药物或兴奋剂是不明智的。其他因素也会对你和医生的治疗决策产生影响，这些因素包括潜在的药物副作用、你的治疗偏好或者你对立即缓解症状的需要。因此，工作步骤是一个一般性的治疗指南，你的具体治疗方案还需你和你的医生进行商议。

另一个重要的告诫是，虽然工作步骤以现有的科学研究数据为基础，但有关BDD的治疗研究相对较少，尤其是针对BDD的SRI强化策略的科学数据非常少。因此这个工作步骤——尤其是强化部分——的主要依据仍然是临床经验，而且具体治疗方法的临床经验也是有限的。最后，该工作步骤本身还没有被系统地检测过。基于以上原因，这个工作步骤是"建议性的"，并非不可更改。我们非常需要更多有关BDD的治疗研究，随着我们对有效性的治疗了解的越来越多，这个工作步骤将会得到修正和完善。

需要更多治疗研究

急需更多有关BDD的治疗研究！我们需要对本章讨论的治疗选项进行更多、更优质的研究，进而开发出新的、更有效的治疗BDD的方法。我们需要更多SRIs与安慰剂的对照研究，各种SRIs的比较研究，以及SRIs与其他类型药物的对照研究，以进一步确定SRIs确实是对治疗BDD最有效的药物。因为很多人对SRIs只有部分响应，我们还需要研究SRI的强化选项，以帮助患者解除症状。对长期治疗的研究也非常重要。这类研究将会帮助我们了解人们在用药过程中的反应以及中断有效药物后的反应。我们还需要确定有多少人对于在药物治疗中加入CBT治疗后有了更好的反应。

类似的调查研究需要我们用相当多的资金和时间去完成。只有BDD患者参与，这些研究才能被进行下去。尽管如此，我很乐观，未来会有更多的治疗研究，这些研究将会继续减轻BDD给患者带来的痛苦。

第十四章
BDD的认知行为治疗

认知行为疗法（CBT）概要

认知行为疗法（cognitive-behavioral therapy，简称CBT）是一种被研究得最充分、最可能对BDD有效的疗法。认知行为疗法，或者CBT，是一个包含若干具体治疗方法的广义术语。这是一种实用的"此时此地"治疗方法，致力于改变造成问题的思维和行为。如果使用这种疗法的人是训练有素的治疗师，那么CBT对治疗抑郁症、恐惧症、惊恐障碍、强迫症和进食障碍等精神障碍都有效果。目前的资料表明，这种疗法对治疗BDD也有效。

认知行为疗法的认知方面致力于认知——思维（想法）和信念。认知疗法的目标是识别、评估和改变不切实际的思维方式。认知行为疗法的行为方面致力于有问题的行为，例如检查和社交回避。其目标是帮助人们停止这些行为，并代之以健康的行为。通常，因为处理认知和行为的方法是交织在一起的，所以普遍使用术语"认知行为疗法"或CBT。

针对BDD的CBT通常包括如下核心技术：

（1）反应（仪式）预防；

（2）认知重建；

（3）行为实验；

（4）暴露。

在此，我将简要描述每种技术，然后在后面的章节中进行更详细的讨论。

反应（仪式）预防

什么是反应预防 对抗过度的重复性的BDD行为——例如照镜检查、过度整饰、反复求证。

反应预防的目标 停止某些BDD行为（例如反复求证），同时将另一些行为（例如整饰）的频率和时间控制在正常范围内。

如何做 从相对容易的行为开始，努力减少并最终完全停止该行为。接着对抗较难对抗的行为。努力减少这些行为，并最终停止这些行为。

反应预防的重要性 一遍又一遍地执行BDD行为是可以理解的，但是这没有帮助。尽管你会在执行这些行为之后感觉好一点，但是这种感受并不会持续太久。而且这些行为只会助长BDD的发展，并使其得以维持（我会在本章后面详述）。更糟糕的是，对于有些人来说，这些行为大大增加了他们的困扰、焦虑和抑郁。

认知重建

什么是认知重建 你要学习识别和评估有关外表的消极思维、信念和"偏差"思维。学习客观评价与外表有关的信念是否准确和有益，同时产生更准确和有益的信念。

认知重建的目标 形成有关外表的更准确和有益的信念，而不是自动化地断言你的信念是准确的。

如何做 首先注意和识别有关外表和外表重要性的"消极自动化思维"。

这些消极思维是如此迅速和自动化，以至于你甚至意识不到它们的出现。客观评价那些支持和不支持你信念的证据。你还得确定消极自动化思维是否涉及扭曲的思维（又被称为"认知偏差"）。接着，利用这些信息去形成更准确和有益的与外表有关的信念。

认知重建的重要性　BDD患者对外表和外表的重要性有非常消极的信念。多数人断言他们的信念是准确的。重要的是客观评价这些信念的准确性，而不是直接断言它们是准确的，然后形成更准确和更有益的信念。

行为实验

什么是行为实验　设计并完成实验以测试你的BDD信念，看这些信念是否准确。这种方法与认知重建相似——你需要去评价你的信念是否准确。然而，认知重建是通过书面填写表格的方式来完成，而行为实验则要参与到现实情境中去（例如去商店），以此来收集真实的证据来对抗你的信念。

行为实验的目标　能客观评价你的信念是否准确，而不是断言它们是准确的。

如何做　首先，对某个你认为将会有事发生的情境做出非常具体的假设。然后，进入该情境检验你的假设，收集支持和反对该假设的证据。比如，你认为由于你的外表实在太难看了，商店里将有75%的人惊恐地看着你，并且在5秒钟之内躲开。记下这些，然后到商店去（单独或和你的朋友、治疗师）。你要观察商店里的人实际上都做了些什么，并把你的观察记录下来。

行为实验的重要性　很多BDD患者都有与外表相关的信念，但是从未真正检验过它们。他们只是断言他们的信念是准确的。因此，检验这些信念是否准确很重要。

暴露

什么是暴露　逐步面对因BDD而回避的情境（例如社交场合）。

暴露的目标 不再回避任何因BDD而回避的情境，并且在这些情境中感到越来越自然。

如何做 首先，制作一个情境清单，将这些情境可能会引发的焦虑程度及回避程度按照0—100分进行标示。从你较容易进入的情境（评分为30分左右的情境）开始，待在这样的情境中直到焦虑减轻。这样做的次数越多，焦虑就越容易减轻，接下来再面对较困难的情境。如果你同时还在进行行为实验和认知重建，暴露的效果会更加明显。

暴露的重要性 回避会唤起焦虑的情境（如社交场合或学校）只会助长BDD症状，并使其得以维持。回避行为阻碍了你拥有充实而愉快的生活。

虽然我分别列出了这些核心技术，但实际上它们有某种程度的重合，并且经常被联合使用。其他认知和行为技术有时也被用于治疗BDD，但通常与上面描述的核心技术组合使用。这些技术包括镜像重训练、习惯反向、正念、再聚焦、活动计划表以及计划愉快活动。我将在本章后面的部分描述这些技术。

更多有关CBT的基础知识

下面是一些更基础的治疗BDD的CBT知识：

CBT教你有用的技术 CBT的目标是要你学习那些能帮助你处理和战胜BDD的实用技术。这些技术能使你将BDD置于你的控制之下。和任何学习形式一样，在治疗过程中，你要付诸行动，积极参与。CBT不是为你做什么事，而是让你学习如何做，它需要你的参与。在许多方面，你的治疗师很像一个教练或向导，教给你技巧并帮助你掌控它们。

家庭作业的重要性 你需要在治疗会谈间期（指从一次会谈结束到下次会谈开始之前的这段时间）做家庭作业，然后在下期治疗的时候与你的治疗师一起检查作业。作业由各种任务和CBT技术实践构成。你可能要在不同的治疗阶段做反应预防、认知重建、行为实验以及暴露等家庭作业（虽然你学习这些技术的顺序可能不同）。在治疗会谈期间，你也需要做这些。虽然家庭作业可能是一个令人不愉快的词，但它是治疗过程中非常重要且有用的部分。它给了你练习CBT技术的机会，使你去尝试一些你可能在治疗会谈期间不会去做的事。关于其他障碍的研究表明，完成CBT家庭作业增加了CBT发挥作用的可能性（在BDD领域还没有相关研究，但是对于BDD而言，情况可能也是如此）。

会谈次数　不同患者的会谈次数会因患者症状的严重程度、参与CBT的积极性以及其他因素而各不相同。在BDD的治疗中，我们并不清楚最佳会谈次数是多少。在已被发表的研究中，会谈次数一般从8次到60次不等。在刚刚开始治疗的时候，我们难以预测你实际需要多少次会谈，这需要你和你的治疗师在治疗的进展过程中讨论和做出判断。另外，治疗结束后的"巩固会谈"会非常有用。

会谈频率　通常一周一次，虽然如果会谈频率更高（例如一周几次，或者甚至每天一次），效果可能更好。如果每周一次的会谈不起作用，你可以尝试提高频率。对于那些BDD症状相对严重以及功能存在损伤的患者来说，当会谈频率超过每周一次时，效果会较好。

每次会谈时长　一般情况下，CBT会谈时长为一小时，但是有时候也可能更长。在多数已被发表的研究中，研究者使用的会谈时长为每次90分钟。90分钟或者更长时间的会谈可能会比时长较短的会谈更有效果，因为这使你能够在会谈中和你的治疗师做更多事（例如暴露或者行为实验），而不是一个人去完成家庭作业。

个体治疗或团体治疗　你可以做个体治疗（只有你和你的治疗师），也可以做团体治疗（一位或两位治疗师，四位到十位BDD患者）。有些患者可以同时参加个体治疗和团体治疗。

治疗阶段　治疗通常从评估开始。医生或治疗师通过评估来确定你是否患有BDD，评估你可能存在的其他问题或障碍，以及讨论治疗方案。如果你决定使用CBT，接下来你需要一次或两次会谈来为治疗做一些重要的基础工作——例如，更详细地学习BDD和CBT的相关内容，这被称为心理教育。然后你将继续学习和实践该疗法的核心内容，你可能还要学习我曾在前面列出的其他技术。以上就是该疗法的主要组成部分。在治疗的结束阶段，你将学习"预防复发"，将使你的治疗成果在治疗结束后得以保持。在其后的"巩固会谈"中，你要经常向你的治疗师报告情况，这能帮助你保持成果，并使你的CBT技术更加娴熟。

你需要一位训练有素的CBT治疗师　为了使CBT发挥作用，你需要找到一位训练有素且熟悉BDD的治疗师（我会在后面详细说明）。

CBT发挥作用的证据

二十世纪八十年代，几位临床医生兼研究者——例如英国的伊萨克·马克斯（Isaac Marks）——在科学期刊上发表论文，举例说明了CBT对一些BDD患者的疗效。这些临床报告激发了其他研究者，他们对CBT进行了更科学严谨的研究。这些研究使用标准评分量表对更大规模的患者进行了评估。

在关于BDD的研究中，CBT是唯一一种被系统研究的疗法。目前的调查研究表明，CBT确实改善了很多人的BDD症状。表14-1总结的这些研究多数同时使用了认知技术和行为技术。目前还没有研究表明哪一种CBT技术最有效，也还没有关于CBT与其他疗法的对照研究，因此我们并不能证明CBT比其他疗法更有效。不过，我的临床印象表明，事实可能的确如此——在治疗与BDD相似的障碍（例如强迫症和社交恐惧症）时，CBT比其他疗法更有效。

表14–1　已被发表的应用认知行为疗法（CBT）治疗BDD的研究

研究设计	个体治疗或团体治疗	患者人数	会谈频率和时长	研究结果	参考文献
患者被随机分配到CBT组或无治疗的对照组	个体	19人	①每周一次会谈，持续12周；②每次会谈60分钟	相比无治疗的对照组患者，CBT组患者症状有明显改善	（Veale，1996）
患者被随机分配到CBT组或无治疗的对照组	团体（每组4人或5人）	54人	①每周一次会谈，持续8周；②每次会谈120分钟	相比无治疗的对照组患者，CBT组患者症状有相当显著的改善；在治疗结束时，82%的CBT组患者出现了显著改善，在4.5个月后的随访中，77%的患者的症状有显著改善	（Rosen，1995）
病例组研究	个体	第一个病例组5人，第二个病例组17人	①第一个病例组：每天一次会谈，持续4周（共20次会谈）；每天一次会谈，持续12周（共60次会谈）；每周一次会谈，持续8周或12周②第二个病例组：每天一次会谈，持续4周③所有会谈时长均为90分钟	在第一个病例组的5例患者中，有4例患者的症状得到改善；在第个二病例组的17例患者中，有12例患者的症状的严重程度减轻了50%或更多	（Neziroglu，1993）
病例组研究	团体（每组4人或5人）	13人	①每周一次会谈，持续12周；②每次会谈90分钟	患者的BDD症状得到了显著改善	（Wilhelm，1999）

表14-1 已被发表的应用认知行为疗法（CBT）治疗BDD的研究（续）

研究设计	个体治疗或团体治疗	患者人数	会谈频率和时长	研究结果	参考文献
病例组研究；在治疗的最后6周，病人被随机分配到一个为期6个月的预防复发计划组或另一个无治疗的对照组	个体	10人	①前6周，每天一次会谈（共30次会谈）；②每次会谈90分钟；③在为期6个月的预防复发计划中，每两周一次会谈	前6周，患者的BDD症状得到了显著改善；在随后6个月的随访中仍保持稳定。经过预防复发治疗的患者，其焦虑和抑郁情绪得以稳定，未经预防复发治疗的对照组患者，其焦虑和抑郁情绪更加严重（虽然该组患者的BDD症状的严重程度在6个月随访结束时没有变化）。	（McKay，1997，1999）

注：

1. 这些都是对照研究和较大的病例组研究，在我写作本书时，这些研究均已被发表在科学期刊上。这些研究未包括个案报告、小病例组研究以及病例审查研究。然而值得注意的是，在针对30例BDD患者的回顾性病例审查研究中，胡安·戈麦斯-佩雷斯（Juan Gomez-Perez）等人报告称，在21例完成CBT治疗的患者中，约一半患者的症状有所改善。这些研究也不包括针对身体意象的研究，因为无法确定参与者是否患有BDD。

2. 麦凯（McKay）和其同事的研究只使用了行为技术，其他研究均同时使用了认知技术和行为技术。

3. 接受个体治疗的患者只与他们的治疗师见面；而接受团体治疗的患者则是与其他BDD患者一同接受治疗。

4. 我在第十八章中列出了这些研究的参考文献。

5. 在随机分组的研究设计中，患者被随机分配到CBT组或候补名单；被分配到候补名单的患者不接受治疗，为对照组。这种研究设计比病例组研究有更多优势，因为如果无治疗的对照组患者的BDD症状发生变化，那么这种变化只能归因于时间因素或其他原因。

6. 在表格列出的第一项研究中，参与研究的患者均无妄想症状。

7. 在病例组研究中，所有患者均接受CBT治疗。

表14-1中所列的前两项研究是目前最科学的"对照"研究。在这两项研究中，研究者将接受治疗的CBT组患者与不接受治疗的对照组患者进行比较。

如果无治疗的对照组患者的BDD症状发生改变，其原因只可能是时间因素或其他原因。这两项研究的另一个优点是，患者被随机分配到CBT组和对照组，这可以极大地缩小患者的组间差异。表格中的其他研究都是"病例组"研究，在这种研究中，整组患者都接受CBT治疗（没有其他情况与之比较）。

一些研究提供的是个体治疗。在这种治疗中，患者只需要见他们的治疗师。而在团体治疗中，患者需要和其他BDD患者一起作为一个团体接受治疗。在大多数已被发表的研究中，参与研究的患者仅有女性患者或主要是女性患者。在罗森博士的研究（Rosen，1995）中，参与者只有女性，大多数患者有体重和体形方面的担心，而其他研究则涉及更为典型的与BDD有关的担心。参与罗森博士的研究的患者，其BDD症状相对较轻，而在其他研究中，似乎有很多参与者是症状较严重的BDD患者。

正如你在表14-1的"研究结果"一栏中所见，所有的研究都发现CBT治疗通常可以改善患者的BDD症状。在两项对照研究中，相比未接受治疗的对照组患者，接受CBT治疗的患者的症状有了明显的改善。在CBT治疗结束数月后，这两项研究的随访评估体现了CBT治疗的优势：两项研究都发现，经CBT治疗的患者，其症状方面的改善得以保持（至少在4—6个月的评估期内）。因此，CBT的治疗效果似乎可以持续。

表14-1的结果并不是结论性的，因为这些研究都未将CBT与其他疗法进行比较。患者的症状得到改善的原因可能仅仅是每周都能和治疗师会谈，而非CBT治疗。然而这似乎不太可能。我询问患者接受过什么类型的治疗，以及哪种疗法对他们有帮助，结果发现其他疗法（例如标准的"谈话疗法"或者一般的"咨询"）通常对他们的BDD症状无效。尽管如此，我们需要对CBT和其他疗法的效果进行严谨的比较研究。

哪种患者的症状会因CBT治疗而发生改善？也就是说，CBT最可能对哪种患者产生治疗效果？据我所知，目前只有一项研究考察过这个重要的问题。这项由内奇尔奥卢（Neziroglu）博士和其同事所做的研究发现，患者的自知力越好（即BDD信念的妄想成分越少），其对CBT的反应也就越好。是否存在某种认知技术对治疗妄想思维特别有效，还需要研究。

我的临床印象是，轻度BDD患者更可能因CBT而好转，但这并不意味着更严重的患者不应该去尝试CBT，实际上，他们最需要去尝试。那些主动性较高和愿意做家庭作业的患者，其症状也更可能得到改善。这可能是哪种患者会因CBT而好转的最佳预测指标。最后，如果你非常抑郁，那么在做CBT的时候，你可能会比较困难。抑郁会削弱你的主动性和注意力，甚至可能使你连最简单的任务也难以完成，更不用说完成CBT家庭作业了。如果你非常抑郁，我建议你在使用CBT的时候尝试使用SRI，或者先用SRI，在SRI改善了你的心境、精力、注意力及主动性之后，再进行CBT治疗。

CBT会改善BDD患者的哪些方面？

BDD的很多方面（包括关联症状）都会因CBT而得到改善。这些改善通常与药物研究的发现相似。表14-1所列出的研究发现CBT治疗会改善个体的如下方面：

BDD症状 所有的CBT研究都发现，患者的BDD主要症状在治疗结束时会得到显著改善。接受治疗的患者的强迫思维和执行BDD仪式化行为的时间有所减少，他们能更好地对抗和控制强迫思维和仪式化行为。另外，经过治疗的患者，其BDD强迫思维和仪式化行为所引起的痛苦以及这两者对患者日常功能产生的干扰减少，他们因BDD而回避的情境也变得更少。

抑郁症状 很多研究发现患者的抑郁和焦虑症状均有明显改善。在麦凯博士和其同事所做的研究中（见表14-1），那些参与了为期6个月的预防复发计划的患者，在经过6周的强化治疗后，他们在抑郁和焦虑症状方面取得的改善得到了保持。与此相比，那些只接受了前6个月的治疗，但是没有参与随后的预防复发计划的患者，他们在前6周的治疗计划结束后体验到了抑郁和焦虑症状的恶化。虽然这些都是初步的研究，但是其结果表明，更长期的治疗可能有利于保持治疗所带来的抑郁和焦虑症状的改善。

自知力 内奇尔奥卢博士检查了患者的自知力是否会因CBT治疗而得到改善。在她的病例组研究中，她发现患者的自知力通常会得到改善。换言之，进行CBT治疗的患者形成了有关他们外表的更现实的、更准确的信念。

身体意象 在罗森的研究中，这些接受了CBT治疗的女性患者对于自身缺乏吸引力的自我感受相比治疗前有所减少，她们对外表的满意度有所提高，她们与体重和体形相关的自我价值感也大为改善。

自尊 罗森博士还发现，与那些没有接受CBT治疗的对照组女性患者相比，接受过CBT治疗的女性患者在自尊方面有了更大改善。

社交焦虑 维尔博士在其研究中检查了患者的社交焦虑，结果发现，与对照组相比，经过CBT治疗的患者的社交焦虑显著减轻。

在迄今为止已完成的CBT研究中，还没有研究调查CBT是否会改善患者的生活质量，或者是否能改善患者各方面的功能（例如工作、日常功能、社交功能）。然而，研究显示CBT在总体上减少了由BDD强迫思维和仪式化行为导致的功能损伤。另外，临床观察表明，患者的生活质量和很多功能通常会因CBT而得到改善。

总而言之，这些研究结果是充满希望的。它们表明，通常情况下，CBT不仅可以改善BDD的主要症状——先占观念、痛苦、功能损伤，还可以改善该疾病的很多其他重要方面。

CBT治疗BDD的原理

使用CBT治疗BDD的最有说服力的理由是，调查研究（见表14-1）表明CBT通常是有效果的（尽管还需要更多、更完善的研究来证明）。另一个理由是，一些研究有力地证明了CBT通常对那些与BDD相似的障碍有效果，例如强迫症和社交恐惧症。另外，BDD形成的理论模型表明CBT应该对BDD有作用。接下来我将讨论最后一点。

在第十章，我提供了一个一般意义上的BDD形成的理论模型（见图10-1）。在第十一章，我提出了BDD的身体意象模型（见图11-1）。现在，我将扩展这两个模型，使之与CBT相关，并演示CBT如何发挥作用。图14-1的CBT模型从理论上更详细地说明了BDD是如何形成和维持的。这个模型改编自威廉博士开发的一个模型。另一些BDD研究者也对BDD的CBT模型做出了贡献——特别是戴维·维尔、夫根·内奇尔奥卢（Fugen Neziroglu）和詹姆斯·罗森。这个模型目前在很大程度上是理论性和假设性的，因此还需要更多的研究来验证。

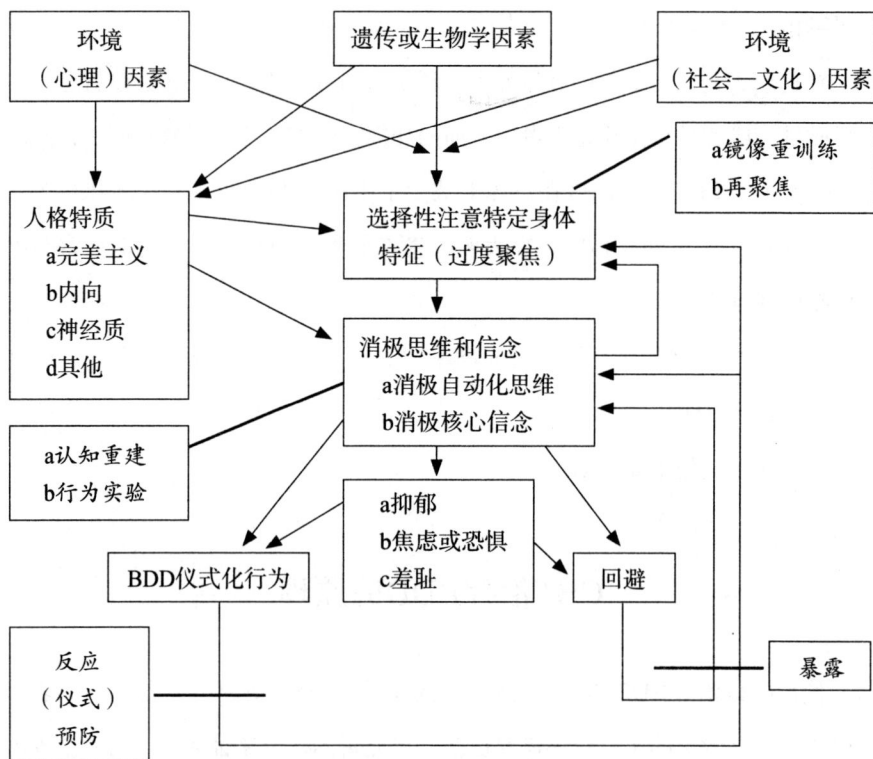

图14-1 BDD的CBT模型

现在我将详细讨论图14-1的模型。图中楷体字显示的是CBT的干预方式以及CBT是如何削弱BDD症状的。图10-1的顶端显示了有助于BDD形成的因素（见第十章）：遗传或生物学因素、心理因素、社会文化因素可能交织在一起使个体产生了对外表某些方面的选择性注意和过度聚焦（第十一章图11-1中的一些因素也可能是促成因素）。换句话说，BDD患者会过度聚焦于外表正常部位或轻微瑕疵，并以有偏差的方式解释视觉输入（正如我在第十一章中讨论过的，有些人还会体验到视"幻觉"）。他们通常会忽略整体外观，这进一步使他们的自我知觉发生扭曲。这种选择性注意和过度聚焦触发了他们有关外表的消极思维和信念（例如认为自己的外表不正常），使他们以己度人，认为别人也会这么想（例如认为自己的异常外表会遭人排斥），还会引发他们的羞耻感，认为自己是个有缺陷的人。在图14-1中，有一个从"消极思维和信念"出发的反箭头回到"选择性注意"，这是因为关于外表的消极思维会导致你更加关注你讨厌的身体部位。这形成了一个恶性循环：对不被喜欢的身体部位的选择性注意和过度聚焦，激起了更多关于这些部位的消极思维和信念，而这又反过来激发了更多选择性注意……

正如我在第十章和第十一章中所讨论的，诸如完美主义等人格特质也可能在BDD中扮演某种角色。虽然努力让外表变得完美是符合进化论的观点的，但这些信念在BDD中变得过于重要和极端，进而造成问题。它们很可能激发了个体对轻微不对称和外表瑕疵的选择性注意，以及消极的与外表有关的想法，增大了个体眼中的自我与理想自我之间的差距（见第十一章）。其他人格特质——例如神经质（经常性的担心、抑郁、焦虑和难为情）——也可能造成个体对外表"缺陷"的选择性注意，产生对外表的消极思维。

如图14-1所示，镜像重训练和再聚焦等CBT技术将对讨厌的身体部位的选择性注意作为目标。通过镜像重训练，你会学习注意你的整个身体，而不是过度关注你不喜欢的部位。镜像重训练还可以帮助你以相对积极的方式来描述和考虑你的身体，以此来减少你的消极思维。通过再聚焦，你会学会渐渐地把注意力重新集中在你周围所发生的事情上，而不是集中在你的自感缺陷上。认知重建和行为实验技术帮助你客观地评价你关于外表的消极思维和信念，并形成更准确、更有帮助的思维和信念以代替它们。

图14-1的CBT模型的下一步提示了有关外表的消极思维和信念诱发了消极情绪（例如抑郁、焦虑、恐惧和羞耻）。这些痛苦情绪（以及消极思维）激发了BDD的仪式化行为（例如反复求证）——试图抵消和减少痛苦情绪和思维；它们还会助长对诱发情绪和思维的情境（例如社交场合）的回避。虽然BDD患者执行仪式化行为和回避会唤起焦虑的情境是可以被理解的，但是这些行为实际上使BDD症状得以保持（我通过回到选择性注意和BDD思维的箭头来标示这一点）。

仪式化行为在几个方面上加强和维持了BDD的思维和情绪。首先，它们使你将注意力集中在你的外表上。而且，因为它们有时候暂时减少了你的情绪痛苦，你会越来越想执行这些行为。问题是，它们并非总是让你感觉良好，它们使你聚焦在你的自感缺陷上，而这助长和维持了BDD症状。仪式化行为还会通过预防你与外表相关的信念失验来维持BDD症状。例如，假如你只有在花费两个小时整理好头发之后才能出门，那么你就没有机会了解，实际上也许你只花十分钟整理头发也不会发生什么可怕的事情。它还阻碍你享受生活和有效率地工作。与BDD仪式化行为一样，回避行为会暂时减少情绪痛苦，但是长期来看，它只会使你的BDD症状恶化。反应（仪式）预防技术有助于你停止过度的BDD仪式化行为（在图14-1中，我们可以看到反应预防技术阻止了仪式化行为）。暴露有助于你停止回避行为，因此你的生活会变得更有乐趣、更充实，你也会减少对BDD的关注（在图14-1中，我们可以看到暴露技术也阻断了仪式化行为，因为你在暴露期间不能执行仪式化行为）。

使用CBT治疗BDD

现在我将进一步说明如何使用CBT治疗BDD。由于篇幅限制，我不可能介绍得非常详细。我在第十章中提到的书（特别是威廉博士的书）提供了使用CBT治疗BDD的更详细的知识，强烈推荐。接下来我将介绍CBT的治疗方法，但这并不能取代训练有素的CBT治疗师的治疗。专门提供给治疗师的CBT治疗指南目前还没有被开发出来（治疗指南会为治疗师在治疗患者时提供一个比较详细的循序渐进的方案）。但是威廉博士、盖尔·斯迪克狄（Gail Steketee）博士和我目前正在开发这种治疗指南，我们希望这可以使治疗师更好地为BDD患者提供治疗。

下面讨论的这些CBT方法在某些方面是通用的，它们在治疗诸如社交恐惧症、强迫症以及抑郁症等与BDD相似的障碍中被证明是有效果的。然而，我们已经针对BDD的情况对CBT方法做了相应修订，因为BDD与这些障碍在一些重要方面存在差异（见第十六章）。率先开发治疗BDD的CBT疗法的临床医生（或研究者）包括戴维·维尔、萨拜因·威廉、夫根·内齐尔奥卢、詹姆斯·罗森、托马斯·卡什和罗科·克里诺（Rocco Crino）。他们的研究取得了很大的进展。尽管如此，我们仍然需要弄清楚治疗BDD的最好的CBT方法是什么。随着我们使用不同方法获得的临床经验的增多，我们所做的调查研究的增多，我们目前推荐的一些技术将会被发展得更完善，进一步得到修订。

第一步

有必要在CBT治疗开始前采取一些重要的行动。首先，你需要克服我在第十三章中讨论的治疗方面的阻碍。其次，你需要按照专门针对CBT的一些关键步骤来行事：

（1）首先，你需要找到一位训练有素的且擅长治疗BDD的CBT治疗师。多数治疗师和咨询师都没有接受过CBT训练。在预约治疗之前，你可以通过电话询问他是否会CBT技术，以及是否治疗过BDD患者。如果你很难找到一位接受过训练的CBT治疗师，第十八章中列出来的一些资料可能会对你有帮助。你需要和治疗师会谈、做评估，以确定你患有BDD，然后你们一起讨论治疗方案。

（2）**在治疗期间，你要积极主动配合治疗，并且完成会谈间期的家庭作业。**CBT并不是为你做些什么的疗法。你不是治疗的被动接受者，然后奇迹般地好转，而是在治疗师的引导下学习专门的技术，使你最终成为自己的治疗师。CBT发挥作用通常需要一个艰难的过程。因此你要积极主动地参与治疗，并且愿意完成治疗会谈期间和会谈间期所要求的任务。如果你不确定自己是否有积极性，那么你可以和治疗师会谈，以便更详细地了解治疗方法，然后决定你是否要采取这种疗法。

（3）**如果你患重度BDD，或者非常抑郁、有自杀倾向，那么在进行CBT治疗之前或者期间，你应考虑服用SRI。**在没有SRI的情况下，你很难完成CBT的治疗。抑郁会消耗你的精力并降低你的主动性，这使得CBT治疗难以进行。SRI可以减少你的BDD和抑郁症状，以使你有完成CBT的积极性，能够充分参与其中。如果你因BDD而正在考虑自杀，在我看来，你必须服用SRI，无论你是否要进行CBT治疗。

开始使用CBT治疗BDD

一旦你决定开始使用CBT治疗BDD，你和你的治疗师要为学习CBT的核心技术做一些基础工作。这些基础工作包括（但不限于）如下几点：

（1）**更详细地了解BDD和CBT。**治疗师将和你讨论BDD和CBT（即提供心理咨询），并且回答你的问题。

（2）**形成你的BDD模型。**和治疗师详细讨论你的BDD症状是有帮助的，这样你能对症状的产生和维持形成一个模型。可以使用图14-1作为指导，看你是否经历了任何可能助长BDD的生活事件，执行了BDD的仪式化行为，回避了某些情境，等等。你和治疗师可以利用这个模型为你量身定做一套治疗方案。

（3）**设置目标**。重要的是要为你的治疗设置目标——你可以达到的目标。这会帮助你和你的治疗师在治疗期间始终行驶在正确的轨道上。你的目标越具体越好，例如，重新回到学校，在白天去购物——而不是仅在人少的夜晚去商店。

接下来开始学习前面提到的CBT核心技术，下面我将详细讨论。我们还不清楚学习这些核心技术的最佳顺序是什么，但是一些专家将反应预防或者认知重建作为开始。因为反应预防会立即缓解你的一些痛苦。而在治疗中，较早学习认知重建会使暴露更加容易。我们还不清楚是否所有CBT核心技术都是必需的，或者是否一些技术比另一些技术更有效果。它们通常是交叠在一起的。在有研究能回答这些问题之前，你最好学习所有核心技术，以及其他技术——例如习惯反向、再聚焦、镜像重训练。

反应（仪式）预防

反应（仪式）预防可以阻止强迫（仪式）行为。目标是阻止照镜检查、反复求证、与他人进行比较、测量身体、频繁换衣服，或者任何其他重复性的与BDD相关的行为。仪式化行为会被尽可能地减少——理想状态是完全停止该行为。

正如我在前面提到的，仪式化行为存在的原因是这些行为有时候能减轻患者的焦虑，导致患者一遍又一遍地执行该行为，总是希望这一次也能减轻焦虑。但是即便焦虑真的被减轻了，通常也只是暂时的。仪式化行为还会让你专注于自己的外表，因此，仪式化行为实际上加重了你的焦虑。另外，这些行为会维持你的担忧，防止自感缺陷信念的失验。例如，如果你总是用化妆掩盖疤痕，那么你就没有机会看到即使没有掩盖疤痕，人们也不会特意避开你。

很多专家在治疗早期就应用反应预防技术，因为控制过度（或仪式）行为将减少你的先占观念和痛苦。运用反应预防技术从制定你的行为（或仪式）清单开始。你需要这样使用行为（或仪式）表格（见表14-2）：根据停止这些行为的难易程度（例如，你会在多大程度上感到焦虑），对每种行为以0—100分的标准进行评分。你要这样自问"如果不问妈妈我是否好看，我会有多焦虑？"或者"离开屋子的时候，如果我不戴帽子，我会有多焦虑？"苏珊的行为（或仪式）表格见表14-3。

评分之后，开始消减行为，从评分最低（最少焦虑唤起）的行为开始。如果可能，你应该尝试完全停止某些特定行为，特别是那种执行一次将会引发更多次的行为。例如，如果一次求证会引发更多次求证，那么最好完全停止询问，虽然非常艰难。然而有些行为可能消减起来太困难，以致一开始就陷入僵局。对于这种情况，逐渐消减该行为直到完全停止会是良策。例如，立即完全停止照镜检查通常是非常困难的，因此最好先停止某段时间（如早晨或中午）的检查。掌握了这一步之后，接下来就开始尝试停止更难对抗的照镜检查行为（例如白天外出前照镜检查），直到最终完全停止照镜检查行为。

刚开始，实施反应预防会增加你的焦虑，而且有的反应预防行为（例如在不化妆的情况下外出）会涉及暴露，这也会增加你的焦虑。但是这样做的次数越多，你就越容易做到，最终你的焦虑会减轻。你逐渐按照行为（或仪式）评分量表推进，从易到难，一步一步地停止或消减这些行为。你会在一次或多次停止或消减某种行为后完全停止这种行为。

苏珊对"反复求证"的评分最低，但是她仍然发现这种行为难以一次完全停止。因此她从这种行为开始，并且进行逐渐消减。第一星期，她把向妈妈反复求证的次数从原来的每天20次降到了每天10次，第二星期，每天5次，第三星期，每天只有2次。最后，她完全停止了这种行为。她和妈妈都非常高兴！你可以比这个频率更快或者更慢地消减你的行为，这取决于你自我挑战的信心以及最终完成的效果。接着，苏珊根据她的行为（或仪式）表格中的排序继续推进，消减并最终停止每一种过度行为。例如，当推进到整饰行为的时候，她将整饰的时间从每天5小时降到每天4小时，接着是每天3小时、每天2小时，然后是每天1小时。最终，她每天只用30分钟进行整饰。

在所有CBT技术中，反应预防可能是你在没有专业治疗师协助的情况下最容易做到的。即使你没有和治疗师进行标准的CBT治疗，我也鼓励你尝试自己做反应预防。成功的关键是一直坚持消减行为。一旦开始消减行为，就不要放纵自己再去做这些行为。你坚持得越久，你的痛苦也就越少，因为你没有再助长BDD症状了。

表14-2 行为（或仪式）表格

行为（或仪式）	停止该行为的困难程度（1—100）
1（最困难）：	
2：	
3：	
4：	
5：	
6：	
7：	
8：	
9：	
10：	

表14-2 苏珊的行为（或仪式）表格

行为（或仪式）	停止该行为的困难程度（1—100）
1（最困难）：使用大量化妆品（伪装）	100
2：整饰（早晨用非常多时间进行整饰）	80
3：购买大量美容产品	65
4：照镜检查	60
5：早晨花很多时间试衣服	50
6：把自己和其他人以及杂志上的模特进行比较	40
7：向妈妈反复求证	30

停止过度照镜检查 查看镜子或其他反光物（例如窗户、勺子背面）中自己的影像，是最需要被控制的行为。很多人报告称，当他们减少或停止这种行为的时候，他们很快就感觉到了好转。照镜检查耗费时间，而且通常使人变得更加焦虑和沮丧。另外，多数BDD患者由于非常频繁、非常靠近、非常仔细地查看反光物中自己的影像，以至于他们会得出关于自己的外表的扭曲的看法，对自己的感觉越来越糟。你曾经距离镜子只有三五厘米地盯着脸上的某个东西（斑、丘疹或者毛孔）吗？或者你曾利用放大镜检查你的脸吗？细微的缺陷会被放大到不可思议！这就是很多BDD患者每天要做几个小时的事情。其他反光物（例如汽车保险杠、光亮的塑料制品或铬合金表面）也会使你的影像看起来非常扭曲。

你的目标是和镜子保持正常的关系（我下面介绍的镜像重训练可以帮助你达到这个目标）。这意味着你不能按照原来的方式照镜子，不能每天照很多次镜子，不能长时间地查看你的脸，不能距离镜子三五厘米或七八厘米地查看你的脸，而是在需要的时候（例如每天早晨梳洗的时候）简单地看两眼。例如，你可以在每天早晨洗脸的时候，站在距离镜子几步远的地方，花5到10分钟的时间，梳理头发、刷牙——不要盯着脸上的缺陷。同样，你也可以在晚上洗脸和刷牙的时候偶尔看一下镜子。不要想着在镜子前消耗稍微长一点时间，不要在一天之中多次进入浴室或其他类似的地方以便检查你的脸，也不要偷看化妆镜或者你恰好遇到的反光物。如果你有很多面镜子，那么取掉一些镜子会是个好主意。没有人需要在客厅放五面镜子。

停止反复求证 他人关于你外表正常的反复保证虽然会让你的焦虑暂时减轻，但是焦虑很快会再次袭来，然后你会想再问一次。非常普遍的情况是，BDD患者不会相信其他人的反复保证，因此他们连焦虑的暂时减轻都不可得。最明智的做法是停止向他人询问你的外表如何或你的外表看起来是否正常。如果有BDD患者向你询问以获得保证，你最好不要回应他。你可以这样说："我知道你在为自己的外表而苦恼，但是我的回答对你没有帮助"或者

"我们都知道我的反复保证对你而言是没有用的，这是BDD仪式化行为，我不愿意加强你的这种行为"。这有助于接下来鼓励BDD患者参与一些活动，而不是讨论外表。如果没有人提供保证，随着时间的推移，患者的询问行为和对反复保证的需要会减少，最后甚至会停止。

限制整饰的时间　努力限制你的整饰行为，例如化妆、刮脸或者整理发型。将整饰行为的时间限制在一个合理的范围内，例如每天15分钟。是时间——而不是患者的感觉——来决定行为应该在什么时候停止，因为在通常情况下，BDD患者永远也不会对他们的外表感到满意。如果你在美容产品上花了很多钱，最好也控制一下你的花销，使其在你的预算范围内。

停止其他强迫性的与BDD相关的行为　如果时尚杂志上的模特图片会触发并增强你的强迫思维和焦虑，那么你就要避开时尚杂志。不要将自己与别人进行比较，例如你可以将自己的注意力转移到你与对方的谈话上。停止测量、反复称重和频繁更换衣服。告诉自己，这些都是BDD仪式化行为，而不是必须做的事。

把花在这些行为上的时间记录下来会对你有所帮助。那些可能会诱发检查行为或使检查行为更加严重的情境应该被记录在本子上。这可以帮助你为应对困难情境做好准备，并且监督自己的进展。

保持忙碌也是有帮助的。我建议你将令自己感到愉快的活动列在一个清单上，当你脑海中出现做出仪式化行为的强烈愿望时，可以查阅你的清单，并用清单上的行为替代仪式化行为。一些人发现把这个清单贴在冰箱上很有用，因为贴在那里很容易被发现。你可以提醒自己出去散步、做填字游戏、听喜欢的音乐或者出去慢跑，而不是照镜子。这里仅仅列出了少量可以替代BDD思维和行为的活动，还有更多。通过保持忙碌转移注意力，可以在一定程度上减少BDD的先占观念和仪式化行为，虽然这不足以治愈BDD。

你还可以尝试其他方法，富于创造性地对抗BDD行为。我治疗过的一位女士把提示语贴在浴室的门上，她是这样写的："你确定你真的需要到这里来吗？？？"这提示她，如果她真的走进去，极有可能会抠抓皮肤，最后使自己的情绪变得更糟。她告诉我："提示语提醒我，如果我走进去，我会后悔的。它让我停下来，转身，然后去做其他事。"把提示标志做的有吸引力和色彩鲜明，这样你就能注意到它们。你还可以把这些信息（例如"不要抠抓"）录下来，随时播放。

你还可以为抠抓皮肤、照镜检查以及其他BDD行为制作一份优缺点清单，将这些行为的优点列在一栏，缺点列在对应的另一栏。然后对每一种行为的优缺点进行从1（对我来说并不非常重要）到10（对我来说非常重要）的评分。这会有助于你和你的治疗师找到处理这些问题的方法。例如，假设抠抓皮肤的一个优点是减轻压力，这将有助于我们去学习如何处理焦虑和压力。

认知重建（认知疗法）

反应预防致力于改变有问题的行为，而认知疗法着重于识别和改变认知——隐藏在问题行为背后的激发行为的消极思维和信念。认知疗法的目标是帮助人们克服对自我的消极态度，同时也使暴露变得更加容易。

认知疗法是由心理学家阿伦·贝克（Aaron Beck）开创，由很多其他学者在过去数十年中发展起来的一种主要被用于治疗抑郁症和焦虑症的疗法。包括戴维·维尔、萨拜因·威廉、夫根·内齐尔奥卢和詹姆斯·罗森在内的一些专家对此进行了进一步的修订，使之成为适用于BDD的认知重建技术。该理论的基础是，假设我们的内在世界可以被划分为思维、情绪和行为，在不同的环境中，三者以复杂的方式相互作用，如图14-2所示。此图与14-1的CBT模型的底部在一定程度上是相似的。

认知疗法（认知重建）致力于评估和改变个体的消极思维，进而改变痛苦情绪和问题行为。正如术语"认知"所表示的，认知疗法集中于评估和改变个体的思维和信念。因为认知（思维）驱动了行为。例如，假设你午夜躺在床上听到了巨大的声响，如果你认为屋子里有一个窃贼，那么你会因此而受到惊吓并感到恐惧，但是如果你认为这是你的猫把书碰落到地板上发出的声音，那么你只会感觉到生气。你的情绪会随着思维的变化而变化。由于我们很难直接改变人的情绪，而改变激发情绪的思维和信念则相对容易，所以认知疗法致力于改变个体的思维和信念。

认知重建的方法包括如下若干步骤，你应该把这些步骤写在名为"思维记录卡"的表格上。你可以使用表14-4提供的空白思维记录卡，参照表14-5中凯利（Kelly）的思维记录卡填写。首先我将对填写思维记录卡的步骤进行概述，然后再详细介绍。

（1）识别会诱发痛苦情绪和行为的消极自动化思维（例如，"相比我面部的其他部分，我的嘴唇太小了"）。记录下你对此信念的确信程度（0%—100%）。同时记录下诱发这些思维的情境（例如，看见电视上的模特）。

（2）识别构成消极思维的基础、驱动BDD症状的适应不良的解释——核心信念、态度和原则（例如，"如果我的外表很难看，我就会一直孤单"）。

（3）识别并记录消极自动化思维和信念导致的不愉快感受（或情绪）。这些情绪通常是悲伤、焦虑、惊恐或羞耻。对这些情绪的强度进行评级（0%—100%）。

（4）识别任何有关消极自动化思维的"认知偏差"。接下来我会进一步说明认知偏差，但是目前我先把有关凯利思维记录卡上涉及认知偏差的思维和信念称为"灾难化""预言"和"贬低积极面"。

（5）正如凯利的思维记录卡所示，接下来，你要生成一个合理的替代思维。你关于消极自动化思维和信念的证据，哪些是真实存在的？哪些是不真实的？这些思维（或信念）对你来说有帮助吗（如果你的思维使你感到焦虑、抑郁、羞耻或生气，那就是没有帮助的）？是否存在某些替代思维（或信念）对你而言比较有帮助，或者它可能是真实的，虽然你并非完全相信？在"替代思维（或信念）"一栏记录下更现实的或更有帮助的替代思维（或信念），同时记录下你对替代思维的相信程度（0%—100%）。

（6）完成思维记录卡，记录下你把注意力放在替代思维上之后的感受（或情绪）；同时记录下这种感受的程度。

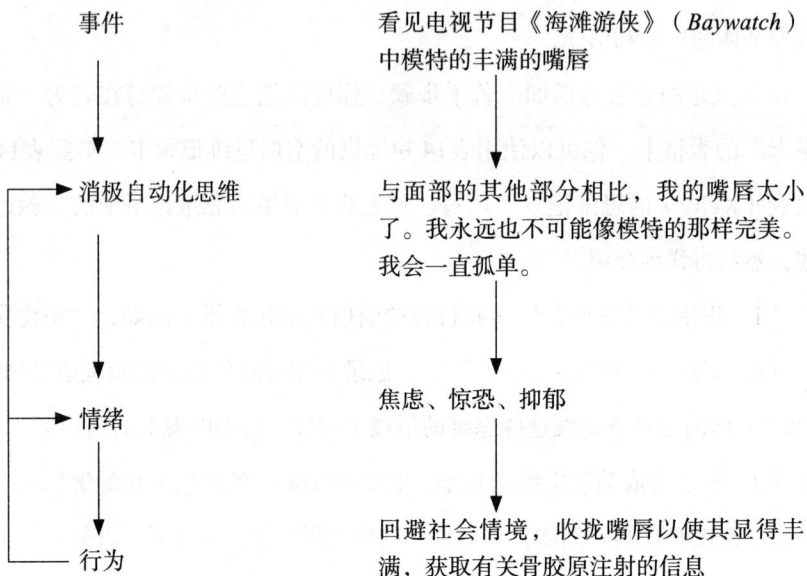

事件　　　　　　　　　看见电视节目《海滩游侠》（*Baywatch*）
　　　　　　　　　　　中模特的丰满的嘴唇

消极自动化思维　　　　与面部的其他部分相比，我的嘴唇太小
　　　　　　　　　　　了。我永远也不可能像模特的那样完美。
　　　　　　　　　　　我会一直孤单。

情绪　　　　　　　　　焦虑、惊恐、抑郁

行为　　　　　　　　　回避社会情境，收拢嘴唇以使其显得丰
　　　　　　　　　　　满，获取有关骨胶原注射的信息

图14-2　与BDD相关的思维、情绪和行为，以及三者在情境中相互影响的示例

使用思维记录卡重建认知是为了停止主观臆断——直接将自己的消极思维和信念假设为真。很多与BDD相关的想法都是不切实际且没有帮助的。填写思维记录卡能让你有机会识别并客观评价你的消极自动化思维，然后生成更准确的、更有帮助的思维。正如你从凯利的思维记录卡中所看到的那样，在完成了思维记录卡之后，她的那些令人不愉快的情绪（悲伤和焦虑）的强度从70%下降到了40%。

表14-4　认知重建思维记录卡

诱发情境	消极自动化思维（你的确信程度）	情绪（或感受）（你的感受程度）	认知偏差	合理的替代思维（你的确信程度）	情绪（或感受）（你的感受程度）

注：

1. 在"消极化自动思维"一栏，还要写下你的核心信念。

2. 在挑战你的消极自动化思维和生成替代思维时，可以问自己这样一些问题：

　　a.有什么证据可以证明我的信念是真实可靠的？支持和反对该信念的证据是什么？

　　b.还存在其他解释吗？

　　c.我的信念有没有益处？存在其他更有益处的信念吗？

　　d.识别认知偏差，并且用更现实的想法来应对这些偏差。

表14-5　凯利的认知重建思维记录卡

诱发情境	消极自动化思维（你的确信程度）	情绪（或感受）（你的感受程度）	认知偏差	合理的替代思维（你的确信程度）	情绪（或感受）（你的感受程度）
看到嘴唇丰满的模特。	思维：就我的面部比例来说，我的嘴唇太小了（80%）。核心信念：如果我外表有问题，我会一直孤单（80%）。	焦虑、恐惧、抑郁（70%）。	灾化；预言；贬低积极面。	难我的外表不完美，但是这并不意味着我会永远孤单。没有任何证据证明我会一直孤单。我不能预知未来。而且我有很多人们喜欢的好品质（60%）。	有点悲伤和焦虑（40%）。

你可以在某种情况发生后填写思维记录卡，对该情况进行评估，并从不同的角度思考它。或者在你即将进入某个你认为难以处理的情境（即暴露）前

就填写一份，为更好地应对该情境做准备。作为家庭作业的思维记录卡，你填写得越多，对替代思维（见思维记录卡第五栏）的实践越多，这种练习就越有帮助。重要的是，务必如实填写思维记录卡，这个过程会帮助你澄清自己的思维，并提高认知重建的质量。然而，一旦你掌握了它的诀窍，当你身处诱发情境中时，你只需要在大脑里进行认知重建，就能较好地应对该情境。

我将更详细地介绍这些步骤，这些步骤的内容见空白思维记录卡以及凯利的思维记录卡。

（1）**诱发情境**　"诱发情境"是指任何会引发消极自动化思维的情境。对于BDD患者来说，通常是指有其他人在场的情境。为了识别诱发情境，你可以问自己："我在什么情况下会感到烦恼？我在什么情况下会出现令人心烦意乱的BDD思维？"

（2）**消极自动化思维**　需要通过大量练习才能识别消极自动化思维。关于外表的消极思维已经"自动化"到我们根本意识不到我们在想它。它就像一种思维"习惯"。我们通常比较容易识别自己体验到的痛苦情绪（例如焦虑）。为了识别引起痛苦情绪的消极自动化思维，你可以问自己："我刚才在想什么？是什么想法让我感到烦恼？"这里有一些常见的消极自动化思维的例子——诱发BDD患者痛苦情绪的频繁出现但转瞬即逝的思维。

BDD消极自动化思维示例

· 她一定认为我的样子很可怕。

· 我从来没有在聚会上开心过，因为每一个人都在注意我。

· 我的头发太丑了，没有人愿意和我说话。

· 这个发型真是糟透了！我今晚无论如何都不能出去。

· 我的皮肤太难看了，那些男孩子肯定会嘲笑我。

（3）**核心信念**　识别消极自动化思维背后的核心信念也是非常有帮助

的，这些不切实际的信念同样会诱发痛苦情绪。这些关于自我的"更深的"信念同样支配了你对外表的看法或者会使你对自己的外表产生臆断。为了识别核心信念，你可以问自己："这些消极想法对我来说意味着什么？如果这些消极想法是真实的，意味着什么？"这里有一些核心信念的例子。

BDD核心信念示例

· 我的外表必须完美。

· 我是不是一个完整的人取决于我的外表是否正常。

· 如果我的外表有问题，我会被排斥，而且很孤单。

· 我必须始终被每个人认可。

· 如果不是因为我这么丑，生活会很美好的。

· 我是一个令人讨厌的人，没有价值的人。

（4）认知偏差　认知重建和填写思维记录卡的下一步是要弄清楚在你的思维和信念中是否存在任何"认知偏差"（又被称为"思维偏差"或者"认知曲解"）。认知偏差是思维方式的偏差，它会激发我们的消极自动化思维。它不仅仅存在于BDD中，也不仅仅存在于精神障碍中。实际上，我们每个人每天的日常思维都会存在认知偏差。认知偏差会使我们的思维变得扭曲，进而使我们的情绪变糟——例如悲伤、愤怒、焦虑以及担忧。为了识别认知偏差，你必须养成习惯这样问自己："我的这个想法存在什么样的认知偏差吗？"学习下面的清单是有帮助的，它能帮助我们识别认知偏差——BDD患者通常会有清单中的至少一种认知偏差。这会反过来帮助你形成更实事求是的思维方式。下面的这份清单（表14-6）列举了BDD中普遍存在的认知偏差，并且附带了示例。

表14-6 常见的认知（思维）偏差

认知偏差	解释及示例
全或无的思维 （非黑即白）	以极端的方式看自己或世界——要么好要么坏，要么黑要么白。看事物的方式是要么全要么无。微妙的灰色地带消失了。BDD认知偏差示例："因为我的头发是这个样子，所以我看起来总是那么丑。"或者"我是商场里唯一一个看起来像怪物的人。"
读心术	确信自己知道别人的想法，并进一步推测他们对自己有负面的看法——没有充分的证据或不会考虑到其他更多可能性。BDD认知偏差示例："我知道人们认为我的鼻子很奇怪。"
预言	你预测事情会变得更糟，就好像你可以从水晶球中看到一样。BDD认知偏差示例："我如果出去，每个人都会嘲笑我的"或"我永远也没办法克服头发的问题"。
情绪化推理	你认为某些事是那样，那它必然就是那样，因为你的感觉是如此强烈，同时你会忽视相反的证据。你用自己的情绪作为证据。BDD认知偏差示例："我感觉自己很丑，所以我肯定就是很丑。"
贴标签	你给自己贴上了一个固定的、全面的、消极的标签，而不考虑相反的证据。BDD认知偏差示例："我就是一个丑八怪！"
贬低积极面	你断言自己所做的积极的事情，或者自己积极的方面没有意义。你将中性的或者甚至是积极的体验看作消极的。BDD认知偏差示例："我知道自己是个善良聪明的人，但那有什么意义呢！最重要的是我的肚子。"或者当有人说你漂亮的时候，你认为他们只是出于善意。这种认知偏差就是BDD患者无法接受别人在这方面称赞自己的原因。
灰色眼镜	与"贬低积极面"相似。你注意消极面而忽视积极面和整体："实际上，我所有的优点都没什么意义，最重要的是我下巴的样子。"
个人中心	你确信其他人的反应都是因为你，而不考虑以其他更多可能性来解释他们的行为。BDD认知偏差示例：你推测某人面部的厌恶表情是直接针对你的，是对你外表的反应。
以偏概全	根据单一的活动或者事件，做出影响深远又全面的推论。BDD认知偏差示例："这个周末没人邀请我出去玩。我永远也不会出去约会了。世界上没有一个人喜欢我！"

表14-6　常见的认知（思维）偏差（续）

认知偏差	解释及示例
灾难化	夸大事件的消极面，并把其视为灾难性的，而不考虑其他可能性。BDD认知偏差示例："这个发型真是一场灾难。活着没有意义。"
不公平的比较	你有不切实际的高标准，并且把注意力集中在少数几个能达到那些标准的人身上，在比较中发现自己的劣势。BDD认知偏差示例：把自己和杂志上经过修饰的模特进行比较，并且因为自己没有模特那么美而感到苦恼。

对于每一个消极自动化思维和潜在的核心信念，你都可以找到一种或多种对应的认知偏差。在凯利的例子中，至少存在三种认知偏差：灾难化、预言和贬低积极面。后面汤姆的思维记录卡上的第一个例子和凯利的是一样的。他的第二个例子存在的认知偏差是读心术、全或无的思维、贴标签、贬低积极面和预言。

识别认知偏差之所以会对你有帮助是因为：首先，它可以帮助你认识到你的思维和信念可能并非完全正确；第二，它有助于你想出合理的替代思维和信念，以填写你的思维记录卡。

（5）替代思维（或信念）　这是认知重建的关键，也是最艰难的一步。如果你能够很容易地从其他角度（更真实和更有帮助的角度）进行思考，那么你可能早就这样做了。为了生成替代思维，你要像一位科学工作者那样，客观地问自己以下问题：

·是否有任何证据支持我的消极自动化思维（或核心信念）？

·哪些证据与我的思维（或信念）相矛盾？

·是否存在替代观点或解释？

·这些思维（或信念）对我有帮助吗？如果没有，是否有更有帮助的思维（或信念）？

·把识别认知偏差作为生成替代思维的契机。例如，你识别到在你的消极自动化思维中的"预言"（正如凯利和汤姆那样），那么替代思维（或信念）可以是："我实际上不能预测未来——这件事（令你感到恐惧的事件）可能发生，但也可能不会发生。"或者你识别到了"读心术"，你可以对自己说："你并没有这种特殊能力，你实际上无法知道别人在想什么。"

·完成了上面的问题后，问自己："在考虑了所有证据之后，我是否有了替代思维（或信念）？"

表14-7 汤姆的认知重建思维记录卡

诱发情境	消极自动化思维（你的确信程度）	情绪（或感受）（你的感受程度）	认知偏差	合理的替代思维（你的确信程度）	情绪（或感受）（你的感受程度）
做了一个发型	思维：这个发型简直就是一场灾难，我今晚不能出去和朋友们玩了（80%）。核心信念：如果我的外表不对劲，别人会不愿意和我在一起的。	恐惧和羞耻（70%）。	灾难化；预言；贬低积极面。	这个发型不够好，但是这并不意味着世界末日。我不喜欢它，但是我可以忍受它，并且出去和朋友们玩。我不能预测朋友们的反应。而且他们喜欢我是因为我是一个幽默而友好的人，而不是因为我的发型（70%）。	焦虑但不恐惧；有点难为情。
去商店购物	思维：那个女人在看我，认为我简直就是个丑八怪，因为我的下颌太难看了。核心信念：外表是最重要的。我在别人面前抬不起头。	羞耻、焦虑、愤怒（80%）。	读心术；全或无的思维；贴标签；贬低积极面预言。	她可能会认为我丑，也可能在想其他事，例如她是否走对了商店。我无法知道别人的心思。即使她真的在看我，也可能只是在想是否要买我买的物品。没有证据表明我是个丑八怪，也没有理由说明我该低人一等。我没有水晶球。有些人并不认为外表是唯一重要的事，我喜欢我的朋友，因为他们善良有趣——而不是因为他们的下颌。	

尽你所能地确认更多替代信念。一些人发现，为每一种认知偏差至少找出一个替代信念来对应是有帮助的。

治疗师可以教你一些其他有用的技术来检查证据，并生成替代信念。

（6）重新评估你的感受和情绪 对你已经确认并记录下来的替代信念，你有什么样的感觉？把注意力集中在替代信念上，然后在思维记录卡的最后一栏写下你的情绪和感受。你是否不像之前（第三栏）那样痛苦了？如果你的确确认了一些有帮助的替代信念，那么你的痛苦应该会减轻。如果你的感受没有变得更好，那么你需要努力找到更有帮助的替代信念。需要记住的是，如果你认为一轮认知重建就可以使所有的痛苦情绪完全消失，这是不现实的（这是一种全或无的思维）。比较现实的态度是，它们会有一定程度的减轻。减轻得越多，你的认知重建就越成功，并且当你在未来遇到相似的诱发情境的时候，你会更愿意使用这些相似的替代信念。

（7）评估你思维（或信念）和情绪的强度 你可能已经注意到，思维记录卡要求你评估你对消极自动化思维和合理替代思维的确信程度（以及形成合理信念前后的情绪强度）。这样做的重要原因是，你可以借此确定究竟哪一种替代思维对你而言特别有帮助。如果你一点也不相信你的替代信念，那么你需要通过更彻底地检查证据来寻找一个更好的替代信念（正如我在前面讨论过的，如果你的痛苦没有减轻，那么你需要再做一遍）。有时候，人们并不非常相信他们的替代信念，因为他们没有客观评估那些支持以及反对该信念的证据。

认知重建不同于积极思维。积极思维是指努力用积极的方面来说服自己。其缺点是，你的积极思维可能是不真实的，因此你不会相信它。结果，你的感受并不会得到改善。与此相对，由于你在认知重建中客观地评估了支持和反对你信念的证据，并形成一个更现实的信念，这会比积极思维更有帮助。因为你的新信念是基于事实形成的，而不是基于你的愿望形成的。例如，假设你认为有些可怕的事情将要发生，积极思维是："不会有坏事情发生的！"这是不现实的，因为有些坏事情可能会发生。与此相对，认知重建是先识别预言和灾难化的认知偏差，然后形成一个替代信念，例如："坏事情的确可能发生，但是也可能不会发生，因为之前在这样的情境中并没有发生过。并且我无法预测未来，我怎么知道它一定会发生呢？"后一种更可能有帮助，因为它更准确、更可信。

行为实验

很多BDD患者对于自己关于外表的信念深信不疑，却从来没有检验过。例如，你认为人们会目不转睛地盯着你，但是你却不去看他们（因为你确信自己正在被注视，非常紧张），那么你就没有机会验证"人们在盯着我"的这个假设是否正确。或者，假设你总是在外出的时候戴着帽子或者化着浓妆，那么你就没机会验证，如果你不这样做，人们是否会对你有不寻常的反应。

行为实验可以检验你的信念是否真的正确。在行为实验中，认知重建、暴露以及反应预防技术也会被结合使用。行为实验和认知重建有相似的目标，即客观评价与BDD相关的信念的正确程度，进而形成更准确、更现实的信念。但是在行为实验中，你的角色更像一位科学工作者，收集那些支持和反对你的信念的客观证据，且必须要在现实情境中完成。而你用纸和笔就可以完成认知重建任务（填写思维记录卡）。二者的另一个差异是，行为实验是实际检验你的信念，而在认知重建中，你只需要通过思维检验信念就可以。行为实验还包括暴露和反应预防技术，因此你需要参与你平常回避的各种情境，而且要在不执行仪式化行为（见表14-8）的情况下进行实验。

简言之，行为实验包括如下步骤：

（1）针对某个你认为将有事情发生的情境，提出非常具体的假设；

（2）设计一个具体的实验以检测你的假设，并记录在行为实验表格中（见表14-8）；

（3）然后进入情境进行实验，收集真实发生的事情的证据，并且判断你的假设是被证实还是被证伪；

（4）完成行为实验表格，把事实上发生的事情写下来。另外，填写你的假设是否应验，你从行为实验中学习到了什么。

这里有一个行为实验的例子，见后面劳伦斯（Lorenzo）的行为实验表格。劳伦斯认为自己的皮肤"红通通"，头发看起来"很古怪""无论什么时候都很醒目"。他认为他的脸太红，头发很奇怪，以至于在人群中很突出，人们会特别注意他。劳伦斯决定做一次行为实验，到超市去看一下人们对他的反应。他的假设是，因为他的头发和皮肤看上去太糟糕了，因此如果他走进超市，会有80%的人带着厌恶的表情看向他，并且会在5秒钟之内远离他。最初，他并不确定人们的反应会是什么，但是经过思考后，他确信如果他真的看起来很奇怪，那么人们就会表现出厌恶的表情，而且完全无法抑制。例如，当人们看到一个截肢的人或一个烧伤的人时，他们会特别注意他或她（尽管他们会佯装不注意），并且会出现反感、厌恶甚至惊恐的面部表情，尽管这些表情转瞬即逝。劳伦斯把他的假设记录在行为实验表格中。他还评估了他对即将发生的事情的确信程度（80%），同时他还预测了自己在做行为实验时会感觉到的焦虑水平（80）。在做实验之前，劳伦斯和他的治疗师讨论了这样一个事实，即很可能从他身边走开的人数会多于向他走近的人数，因为人们不想撞到他。而且在我们的社会中，人们在与陌生人相处的时候通常需要一个较大的私人空间，因此不愿意靠得太近。

劳伦斯和他的女朋友胡安妮塔（Juanita）一起做这个实验，因此他们一起收集证据。他们在顾客高峰期进入超市，因为如果超市内的人太少，他们就不好收集证据。他们选购一些食品，同时观察人们对劳伦斯的反应。然而在收集证据的时候，他们的行为不能表现出异常，或者直接盯着别人看，因为这样的行为会让人感到不舒服，进而导致他们从劳伦斯身边走开。

劳伦斯和胡安妮塔的观察结果是：在劳伦斯周围的人，其中有约30%的人没有移动，他们都在忙于挑选要购买的食品。约40%的人从劳伦斯身边离开，约30%的人走近他。无论劳伦斯还是胡安妮塔都没有观察到任何厌恶表情，即使是转瞬即逝的。

劳伦斯回到家之后完成了他的行为实验表格。几天之后，他与治疗师见面，并且对实验进行了回顾。在实验之后，他对最初的假设的确信程度由原来的80%降到了50%。他觉得他应该考虑：人们也许并不讨厌他的样子，也许他们根本没有注意到他。实际上，他们更感兴趣的是查看食品的价格或成分，以及购物清单，或者让他们的孩子不要乱跑乱动。劳伦斯还认识到，他之所以相信他的假设，可能是因为他只在超市几乎没人的情况下才会走进去，那时他几乎看不到其他人，因为他非常担心人们会注意到他。结果他从来没有机会验证他的信念是否准确。

表14-8　行为实验表格

行为实验前：
1.完整的行为实验设计（具体描述）：
2.你的假设和担心（你预测将会发生什么事情，具体描述）：
3.你对自己所担心的事情一定会发生的确信程度（0%—100%）：
4.对你的焦虑水平进行评分（0—100）：

实验：
5.日期：　　　　　　　实验耗时：
6.实际结果：
7.你的预言（担心的事）成真了吗？

实验之后：
8.你对自己所担心的事情一定会发生的确信程度：
9.你从实验中学到了什么？

注：此表格改编自萨拜因·威廉博士开发的表格。

表14-9　劳伦斯的行为实验表格

行为实验前：

1.完整的行为实验设计（具体描述）：

我会在周六下午和胡安妮塔一起去超市，那时候店里的人最多。

2.你的假设和担心（你预测将会发生什么，具体描述）：

因为我长得难看，80%的人会用厌恶的表情看着我（至少看一小段时间），并且会在5秒钟之内从我身边走开。

3.你对自己所担心的事情一定会发生的确信程度（0%—100%）：

80%

4.对你的焦虑水平进行评分（0—100）：

80

实验：

5.日期：7月4日，星期六　　　　实验耗时：30分钟

6.实际结果：

约30%的人没有从我身边走开，他们看起来正在忙着挑选食品或照顾他们的孩子。约40%的人从我身边走开，但是没有人对我表现出厌恶，他们主要在看其他食品，几乎没有注意我。约30%的人向我走近。胡安妮塔和我都同意以上结果。

7.你的预言（担心的事）成真了吗？

没有。有些人从我身边走开，但是没有人对我表现出厌恶，而且没有人真的在注意我，只有3个人在5秒钟内从我身边走开，但是他们甚至都没有看我。他们中的多数人都待在他们原来的地方，甚至有走近我。

实验之后：

8.你对自己所担心的事情一定会发生的确信程度：

50%

9.你从实验中学到了什么？

也许人们的确没有特别注意我，也许我看起来并非真的怪异或令人讨厌。

在接下来的一周里，劳伦斯又在超市做了同样的实验。然后，他开始尝试更艰难的实验。他走进光线特别明亮的五金店做实验。由于光线非常明亮，而且周六上午的五金店里顾客非常多，这将是一个更好的实验。因为在这样的环境中，劳伦斯的消极信念会更加强烈，这是他通常会回避的环境。

要设计一个好的行为实验，需要牢记以下几件事情：

（1）形成假设并设计实验

假设必须具有可检验性。 即你的假设必须能被现实场景直接检验。例如，假设劳伦斯在午夜走进食杂店，那个时候那里空无一人，他就无法有效检验他的假设。再如，如果你假设自己知道别人的想法，要检验这一假设正确与否，就必须向他人询问（而不是通过分辨他们的面部表情来检验），你需要支持你进行实验的环境，即在这样的环境中，询问他人的想法是适宜的。

假设必须是具体的。 如果你有一个非常具体的假设，那么它就比较容易被证实或者被证伪。留意劳伦斯的假设，他的假设具体到他认为有多大比例的人会在看到他的时候表现出厌恶，人们会在具体多长时间内从他身边走开。他和他的治疗师还将表示厌恶的表情具体化（即厌恶的表情是什么样的）。如果你的假设不够具体（例如"在商店里，人们会盯着我"），那么你将难以收集到有效证据。有些人可能会注意你，但是多数人不会。如果有10个人注意到你，但是有25个人没有注意你，那么你的假设是被证实了还是被证伪了呢？如果他们仅仅看了你一眼，而不是目不转睛地盯着你，或者没有带着惊恐或厌恶的表情看你，那么他们真的对你有消极的想法吗？你恐怕很难知道。

这个假设不会被与外表无关的因素"证实"。 换言之，你预测的即将发生的事情不能是由与外表无关的因素或偶然因素导致的。例如，如果你预测，因为你糟糕的外表，会有25%的人从超市收银台前的队伍离开，那么这个假设存在的问题是，人们离开队伍可能是与你无关的很多因素导致的：去取忘记的食品；注意到另一个队伍更短一些；发现自己正排在"只收现金"的队伍里，但是却没带现金，等等。劳伦斯的假设——80%的人在看到他的时候会产生厌恶的表情，以及会在5秒之内从他身边走开——不太可能因为其他原因而被"证实"。

该假设能使你有所领悟。尽可能地从行为实验中获益，使你所做的实验至少在某种程度上可以影响你的思维。如果你的假设被驳倒，但是你的反应是"那又怎样"，那么这个实验从一开始就毫无价值。

在实验之前而不是之后，详细说明你的假设。记住，为了收集到可靠的证据，必须事先计划好你到底要检验什么。事后建立的假设没有事前建立的假设有说服力。

（2）进行实验

从较容易的实验开始，然后逐步推进到更有挑战性的实验。重要的是，要设计一个你确信能够顺利完成的实验。如果你选择的实验太困难，那么你可能根本无法完成这个实验，或者会因为太过紧张而在收集证据之前就放弃实验。另一方面，你也不要选择一个过于容易的实验，因为你很难从中收获什么。一旦你顺利完成一次实验，就重复做一次该实验，然后尝试更难的实验——例如，在人更多的情境中，在需要与人近距离接触的情境中，在光线更明亮的情境中，在较少伪装或完全不伪装的情况下进行你的实验。如果你通常使用伪装（例如通过化妆或穿某种服装）来掩饰你认为异常的身体部位，那么在做行为实验的时候，你应该放弃这些伪装。

在收集证据的时候，你的举止应尽量与平常一样。如果你以一种异常的举止——例如目不转睛地盯着他人或者尾随他人——来收集你的证据，这会引起他人的注意，并会使人变得紧张。他们可能会因为紧张而特别注意你，或对你做出异常反应，但这些反应并非针对你的外表。圭多（Guido），身高超过190厘米，体重约100千克，肌肉结实。他在做行为实验的时候目不转睛地盯着别人。这使对方感到非常不舒服、非常焦虑，因此人们对他的反应是恐惧和焦虑。不幸的是，圭多把这种情况理解为他的确是丑陋的。

你可以单独做行为实验，也可以和你的治疗师或朋友一起做。与人一起做实验的好处是，关于你的假设是否被实验证实，你还可以参考他人的意见。最好（或至少在最开始的时候）与你的治疗师一起做实验，但是要看条件是否允许，例如治疗师的办公地点在哪里，以及在你进行行为实验期间，他或她是否有充裕的时间。

多做实验。多做实验和练习，尽可能多地从行为实验中获益。认为只要做少量实验就可以摆脱BDD，那是不切实际的。

你可以将行为实验和认知重建组合在一起使用。这将有助于你对你在实验中可能出现的消极思维做出预期，而在思维记录卡上进行的认知重建会有助于你为行为实验做好准备。例如，劳伦斯可以在实验之前填写这样的思维记录——"因为我丑，所以人们会以厌恶的表情看着我"。

（3）实验之后

在实验之后完成行为实验表格。重要的是，要把你的观察结果记录下来，如果你在实验中有任何领悟，也要写下来。填写表格会使你的观察结果和思维变得更清晰。在完成实验之后，还要记录下你现在对于最初假设的确信程度。期待你的确信程度会降到0%是不现实的，但是它至少会有一定幅度的下降。如果没有，那么你应该重新思考你的假设或者重新做实验。通常，这意味着实验本身存在某些问题。

和你的治疗师一起回顾实验以及你的行为实验表格。你们需要讨论预期的结果是否发生，以及你从实验中学到了什么。你还需要得到治疗师的意见反馈。例如，他或她可能对如何设计更好的实验有一些有意义的建议。设计好的实验是需要经验和技巧的。

这里有一些行为实验的建议，如果你认为这些假设至少在很大程度上是合理的，你能从中有所领悟，那么你可以尝试一下。但是你也可能更愿意自己设计实验，以符合你的具体情况。

· 如果我沿着拥挤的人行道走，在朝我走来的人中，至少有75%的人在经过我之前会穿过街道走到另一边，因为我太丑了。

· 如果我沿着拥挤的人行道走，至少有80%的人会带着厌恶的表情（至少会闪现厌恶的表情）看我，因为我丑得吓人。

· 当我为购买的商品付钱的时候，收银员会带着厌恶的表情看我，并且会回避我，因为我的手又畸形又干枯。

· 如果我不化妆就去乘公交车，70%的人会目不转睛地盯着我，因为我的样子糟透了。

暴露

暴露是指逐渐直面因BDD而感到恐惧和回避的情境（通常都是社交场合）。暴露的目标是不再因BDD而回避任何情境，并在这些情境中感觉良好。正如我在前面讨论过的，以及图14-1所示，回避行为会助长BDD症状，并使其得以维持。

为了使暴露发挥作用，你需要反复进入原来回避的情境中，暴露你的自感缺陷，直到你感觉到焦虑减轻。在进行暴露的时候，千万不要执行仪式化行为。支持暴露的理论是：随着缺陷被充分暴露，个体的焦虑和恐惧会逐渐减轻。

暴露的方式有多种。你可以通过想象自己的缺陷暴露在会使你感到焦虑的情境中（想象暴露法），也可以实际进入令你感到恐惧的情境（现场暴露法）。现场暴露法可能更有效，但是如果你在情境中感到非常焦虑，那么你可以先进行想象暴露，再进行现场暴露。你可以将两种方法有效地结合在一起使用。

这是暴露的基本步骤：

（1）**编制一份暴露等级表**。首先列出你倾向于回避的情境，将这些情境按照你在其中的焦虑唤起程度从低到高排列，同时对你回避的强烈程度进行评分（表14-9）。

（2）**从面对低分情境开始**。采取步进式暴露，情境从易到难。

（3）**待在情境中直到焦虑减轻**。在你尚未感到焦虑减轻之前不要离开情境；如果提前离开情境，暴露就没有帮助，当你再次进入该情境时，可能会使你的暴露变得更加艰难。

（4）**然后进入评分较高的情境。**逐步推进到越来越困难的情境，最终进入最困难的情境。

（5）**反复且频繁地进行暴露：**暴露的次数越多，再次暴露就越容易。

（6）**在暴露期间不要执行仪式化行为。**执行仪式化行为（如离开情境去照镜子）会削弱暴露的效果。

（7）**在暴露期间不要使用伪装。**伪装也会削弱暴露的效果。

（8）**在暴露期间，不要分散自己对焦虑情绪的注意力。**这也会使暴露的效果降低。

（9）**最好将暴露作为行为实验的一部分。**换言之，在暴露期间检验你的那些具体假设可能是最好的。

（10）**在暴露之前、之中和之后做认知重建也会对你有帮助。**这会使你的思维更加清晰，使你对暴露的接受程度更高。

接下来我将详述这些步骤，并给出示范。

（1）**编制一份暴露等级表。**在治疗师的帮助下，首先编制一份会使你感到焦虑的情境清单（见表14-10）。对于很多BDD患者来说，这些情境主要是社交场合。使用主观焦虑量表（Subjective Units of Distress Scale，SUDS）将你在每种情境中所体验到的焦虑程度进行评级。你的评分在0—100分之间，0分代表完全没有焦虑，100分代表惊恐状态。评分通常反映如下情况：该暴露情境中的人数，你对这些人的熟悉程度，被暴露的身体部位与他人的距离等。

桑德拉（Sandra）的暴露等级表见表14-11。在量表中，她对"外出取邮件"的焦虑评分是10，回避评分为5。她对"购物"做出的评分较高，因为在购物时会接触到许多人，而这些人可能会注意到她的疤痕。在距离几步远的情况下与同学或陌生人交谈被她评为60分，而如果这个距离为30厘米左右，她的评分则变为70—80分，因为疤痕会更容易被看见。每个人的情境清单和具体评分各不相同，这是因人而异的。

表14–10　暴露等级表

担心的（或回避的）情境	焦虑评分（0—100）	回避评分（0—100）
1（最困难的情境）：		
2：		
3：		
4：		
5：		
6：		
7：		
8：		
9：		
10（相对最容易的情境）：		

注：记住，你可以在暴露的时候做行为实验，也可以在暴露之前、之中和之后做认知重建。

表14–11　桑德拉的暴露等级表

担心的（或回避的）情境	焦虑评分（0—100）	回避评分（0—100）
1（最困难的情境）：出去约会	100	100
2：在聚会上与男士交谈	90	90
3：在课堂上发言	80	85
4：与同学或者陌生人距离30厘米，面对面交谈至少5分钟	70	80
5：与同学或者陌生人距离几步远，交谈至少5分钟	60	60
6：上课时坐在同学身边	50	50
7：向店员询问商品	40	45
8：购物——例如去商店	30	30
9：在住所附近慢跑	20	20
10：取邮件	10	5

（2）**从面对低分情境开始**。在编制等级表之后，就将自己以及自感缺陷的部分暴露在评分相对较低的情境中。关键是要识别出能引发一些焦虑，但所引发的焦虑又不太严重的情境。你可以利用表14–12（暴露表）进行练习。从评分为5—10的情境开始会比较容易。因此，桑德拉是从在住所附近慢跑并暴露疤痕开始的。最初，她非常焦虑，但是随着这样做的次数的增多，她的焦虑逐渐减轻。

表14–12　暴露表

暴露1：

日期：　　　　时间：

暴露任务：
等级（对应等级表）：
暴露耗时：
暴露前焦虑评分（0—100）：
暴露后焦虑评分（0—100）：
暴露的情况如何？

我从中学到了什么？

暴露2：

日期：　　　　时间：

暴露任务：
等级（对应等级表）：
暴露耗时：
暴露前焦虑评分（0—100）：
暴露后焦虑评分（0—100）：
暴露的情况如何？

我从中学到了什么？

（3）**待在情境中直到焦虑减轻**。最初，你的焦虑可能会加剧。为了能使暴露发挥作用，你必须待在会使你感到焦虑的情境中，直到焦虑减轻。这将会使你在再次面对该情境时不那么焦虑。如果你在焦虑感受减轻（至少在某种程度上）之前就放弃，暴露可能就没有效果。事实上，在下次进入该情境时，你甚至可能会更加焦虑。

在你第一次进入情境时，你的焦虑通常会加剧（这有利于暴露发挥作用），但是在足够长时间之后，你的焦虑感受实际上会减轻，并且会低于最初的焦虑水平。重要的是，在你的焦虑减轻之前，不要中断暴露。治疗师用术语"习惯化"来描述这一现象。如果你在焦虑感受仍非常严重的情况下过早离开情境，那么下次你会更难回到该情境。

（4）**然后进入评分较高的情境**。一旦你在暴露情境中感觉应对自如，那么就要挑战评分较高的情境。目标是尽可能快地推进你的暴露等级，但是也不能快到令你感到无法适应更困难的情境，或者使你过早离开情境。当桑德拉在住所附近慢跑并感觉良好之后，她就进入了下一个等级——频繁地去商店以及以其他的形式购物。刚开始，她感到非常焦虑，因为她担心别人会注意到她的疤痕，但是随着去商店的次数的增加，她的感觉变得越来越好。然后继续下一个等级——她强迫自己再次回到夜校，刚开始时是每周三次，接着是每周五次（见表14-13）。渐渐地，几个月后，她可以进行高焦虑评分的活动了。终于，在一次聚会上，她甚至能和一位男士交谈。她的焦虑感受和回避行为逐渐减少了。

表14-13　桑德拉的暴露表

暴露1：

日期：5月17日　时间：下午3点

暴露任务：上课时坐在同学身边
等级（对应等级表）：6
暴露耗时：90分钟
暴露前焦虑评分（0—100）：50
暴露后焦虑评分（0—100）：35
暴露的情况如何？
还可以。坐在那里大约半小时后之后，我开始感觉不那么紧张了，并且开始听老师讲课。待在那里的时间越久，我的紧张感就越少。
我从中学到了什么？
我感觉到紧张，但是下课的时候我感觉好一些了，我或许可以去上课了。这样做是值得的，因为我想拿到学位。

暴露2：

日期：5月20日　时间：下午4点30分

暴露任务：与同学距离几步远，面对面交谈至少5分钟
等级（对应等级表）：5
暴露耗时：10分钟
暴露前焦虑评分（0—100）：60
暴露后焦虑评分（0—100）：45
暴露的情况如何？
好！我和一个几星期前认识的、看起来人很好的女孩聊天，我们在谈如何解决作业中的一个问题。
我从中学到了什么？
那次交谈使我感觉很愉快，而且对我做作业有帮助。我会试着跟她再次交谈。了解我的一些同学应该是件愉快的事。

（5）**反复且频繁地进行暴露**。重要的是要反复面对情境（通常要每周多次），这样才会使你对暴露情境习惯化，而且会使你越来越容易面对该情境。换言之，你需要做暴露的家庭作业。如果仅仅是偶尔面对情境，那么你会发现你的焦虑并不会有多大程度的减轻。你暴露的次数越多，进步就会越快。

（6）**在暴露期间不要执行仪式化行为**。因为这会使暴露的有效性降低。

例如，如果你暂时离开情境去整理头发，那么你就不会知道，实际上无论你的头发是否完美，你都能够承受这样的情境。因为你可能会想："我的确继续留在聚会中了，但是这并不意味着什么，因为我的头发看起来并不像平常那样糟糕。"那么，当你在没有检查和整理头发的情况下再次进入该情境时，会变得比较困难。

（7）**在暴露期间不要使用伪装**。与不要执行仪式化行为的原因一样。例如，如果你遮住嘴巴，转过脸不看其他人，或者化着浓妆，那么你就不会知道自己即使不做这些事情也可以待在该情境之中。因此，务必在暴露情境中停止使用伪装，除非这样能使你进入你在早期治疗时回避的情境。停止使用化妆品、帽子或假发、肥大的服装以及太阳镜进行掩饰。如果你的胡须是用来掩盖缺陷的，那么就刮掉胡须，避免用手或头发掩饰你的缺陷。如果你实在很难立即停止使用伪装，那么你可以循序渐进。例如，你可以在每次外出的时候一厘米一厘米地推高帽子，逐渐暴露你的发际线；或者你可以在每次上学的时候，都让自己的妆容比前一次淡一点点。

还有一点也很重要，不要在暴露期间做那些可能会减轻焦虑的事情。不要回避。例如，当你和其他人相处的时候，最好不要躲在光线较暗的地方。在暴露的过程中体验焦虑是必要的，你的焦虑程度会随着时间的推移逐渐减轻。

（8）**在暴露期间，不要分散自己对焦虑情绪的注意力**。为了尽可能地减轻焦虑感受，有些人会想一些无关的事情（比如在心里默默哼唱歌曲）或者想他们稍后要做的仪式化行为。不幸的是，这些同样会降低暴露的有效性。实际上，为了使暴露发挥作用，你需要体验一些焦虑，这样你才会有进步。

（9）**最好将暴露作为行为实验的一部分**。如果个体在暴露的同时进行了有效的行为实验，那么暴露似乎倾向于发挥更大的作用。换句话说，你可以填写行为实验表，并在暴露期间检验你提出的具体假设。很多BDD患者缺乏自知力，因此单靠暴露可能不会使他们"习惯化"，这与在其他很多障碍（例如强迫症）中的情形一样。这是因为缺乏自知力或无自知力的人会倾向于错误理解他们周围发生的事情，因此单靠暴露可能不会减轻他们的焦虑。将暴露和有效的行为实验结合起来，将帮助你认识到你的信念可能是不准确的，而这可以帮助你减少焦虑。

（10）**在暴露之前、之中和之后做认知重建也会对你有帮助**。这能使你在进入焦虑情境之前整理好思维。你也可以在暴露期间做认知重建，当你亲临实际情境时，识别你的认知偏差，并以替代信念和更具现实性的思维取而代之。在暴露之后填写思维记录卡也是有帮助的，尤其当暴露情境使你感到非常紧张时。这将帮助你从一个更准确的角度重新评估发生的事情。

如果暴露疗法使你感到过度焦虑，那么你应该尝试等级表中较低等级的活动。如果这样仍然使你感到过度焦虑，那么你需要对等级表进行修正，加入一些焦虑唤起较少的情境。有时候，你的SUDS水平需要被重新评估，因为你可能低估了你在这些情境中的实际焦虑水平。千万不要放弃！如果你使用的方法是正确的，暴露虽然会使你感到有些焦虑，但是随着你暴露的次数的增加，你将会感觉越来越容易。而且你会有很大的收获：拥有更自由、更愉快的生活。

可能有帮助的其他CBT技术

下面的这些技术应该和前面的核心技术组合使用。不要单一使用这些技术来治疗BDD，因为它们不太可能单独发挥作用。

镜像重训练　正如CBT模型（图14-1）所示，这种技术中断了个体对外表的选择性注意——选择性注意可以维持个体的BDD强迫思维。镜像重训练包括：

（1）在照镜子的时候，学习注视你的整个面部或整个身体（而不仅仅是你不喜欢的部位）。

（2）在照镜子的时候，学习客观地（而不是消极地）描述你的身体。

之所以要进行镜像重训练，是因为BDD患者在照镜子的时候通常将注意力集中在被否定的身体部位，极端仔细地检查该部位，却对身体的其他部位视而不见。他们还经常对自己讨厌的身体部位持有一些非常消极的想法。这些行为导致他们过度焦虑，并使BDD得以维持。镜像重训练教你如何全面地看到自己，这使你能够更准确地看待自己，并且认识到其他人是如何看待你的。它还会教你客观而不是消极地评价你的外表。因此，当你在白天必须照镜子的时候（例如早晨洗脸的时候），或者当你碰巧在反光物上看到自己的影像的时候，你可以利用镜像重训练技术获得一个关于自己的更准确的看法。最初，镜像重训练可能会让你感到焦虑，但是通过不断地实践，你的焦虑会减轻。当你必须照镜子的时候，或者不期然遭遇反光物的时候，你也不会那么焦虑了，因为你能够更客观、更准确地看待自己。

站在离穿衣镜几步远的地方进行镜像重训练，客观描述你的身体部位，从头到脚（例如你眼睛的颜色、鼻子的长度和宽度、脚的长度和宽度）。在做这些的时候，要摒除内心关于外表的消极想法（这是需要练习的）。最好在具体的时间段进行镜像重训练（例如，早晨5分钟，晚上5分钟）。非常重要的是，在做镜像重训练的时候，不要对着镜子做任何习惯性的检查行为。也就是说，不要紧盯着不喜欢的身体部位，不要过度检查，否则就会导致镜像重训练的目标落空。

习惯反向　这是一种已经得到公认的、治疗拔毛发癖的方法。它越来越多地被应用在其他有问题的习惯上，例如抠抓皮肤。在针对BDD的治疗中，它对治疗抠抓皮肤、拔除毛发、触摸身体等行为有帮助。首先，你需要把你的抠抓行为（或拔毛、触摸）详细写下来，这样你就会对这些行为更加警觉（这被称为"意识训练"或"自我监控"）。你可以记录你抠抓的具体部位，以及你执行该行为的时间。接着，你要学会用其他行为——"对抗反应"——来代替抠抓行为。例如紧握拳头、挤压软球或编织些什么。你还要学会放松技术，学会奖励自己不去抠抓皮肤，以及在各种不同的情境中使用习惯反向。

正念　正念技术源自东方的灵性训练，是一组心理和行为的冥想练习技术。由林纳涵（Marsha Linehan）博士（针对边缘人格障碍）和杰弗里·施瓦茨（Jeffrey Schwartz）博士（针对强迫症）开发。正念技术日益广泛地被用来辅助治疗各种心理障碍。它通过平衡你的情感思维和理性思维，使你获得"慧心"，将你的思维和情绪聚焦于"当下"，并以一种特别的方式观察之、审视之。不主动与你的思维对抗，你只是看着它们，就像在天空遨游，顺其自然。以一种无偏见的方式观察你的思维，不去批判它们或你自己。此刻，你会完全投入在正在发生的事情之中（例如，倾听朋友对你说的话，或者感受你正在吃的李子的香气、味道）。这种方法或许可以帮助你从禁锢你心智的BDD强迫思维中解脱出来。

再聚焦　从集中心智注意当下而非停留在强迫思维中这个角度来说，再聚焦可以被看作正念的一部分。如图14-1所示，再聚焦会中断你对外表的选择性注意和你有关BDD的消极想法。这种技术让你逐渐将注意力和思维集中到周围发生的事情上来（例如，你和朋友的聊天），而不是集中在与BDD有关的想法上。当你注意到你的思维迷失在BDD中时（例如"她真漂亮，而我真是太丑了"），你要逐渐把注意力带回到你应该注意的事情上来（例如，你朋友对你说的话）。不要试图去对抗那些想法或者把它们赶出你的心灵，因为这实际上会增加你对它们的注意，可能反而会使其对你产生更大的影响。例如，如果要求你努力不去想一头粉红色的大象，你反而就是在想它！你应该做的是，将注意力完全集中在粉红色的大象上（你与BDD有关的想法），不带有任何评判地观察你此刻的想法，然后逐渐把你的心智带回到你周围正在发生的事情上来。这种技术听起来好像很简单，但是它需要学习和实践。

活动计划表　这种方法通常被应用在针对抑郁症的治疗上。把全天的活动计划写在专门的笔记本上，然后按其行事。这种方法并没有直接针对BDD症状，但它极大地缩短了你的空闲时间，使你留给BDD强迫思维和仪式化行为的时间变少。它还会改善你的心境。活动计划表可能对那些起床困难的严重

BDD患者和抑郁症患者尤其有用。

计划愉快的活动 这种方法与活动计划表相似。计划并实施你喜欢的、令你感到愉快的活动——原则上是每一天都这样做。这种技术同样可以极大地缩短你的空闲时间，使你留给BDD强迫思维和仪式化行为的时间变少。它同样可以改善你的心境。

有些人发现其他技术也有帮助，例如放松技术（深呼吸、渐进性肌肉放松、冥想）。还有一些人发现自信心训练、学习如何接受赞美也有帮助。

预防复发

CBT的最后几次会谈通常由对预防复发策略的讨论构成，它的目标是帮助你保持在治疗中取得的成效。在这些会谈中，你要为结束CBT后可能遇到的挑战情境提前做出计划。你需要对那些时好时坏的BDD症状做出预估，识别出你的脆弱期（例如，当你处在压力中的时候），确保你能够在这些时候应用CBT技术，这将会使你的症状处于控制之中。如果你使用了预防复发策略却仍然被症状困扰，那么你需要与你的治疗师进行一次或多次巩固会谈。

巩固会谈

在治疗结束之后，与你的治疗师进行偶尔的巩固会谈是有帮助的。如果你的预防复发策略的效果不够好，那么你就有必要和治疗师一起讨论、复习CBT技术，并且检查核实你所遭遇到的问题。我们尚不清楚BDD患者在进行CBT治疗后的情况如何，虽然为数不多致力于此的研究（见表14-1）发现患者在治疗结束后表现良好。尽管如此，患者还是可以从偶尔的巩固会谈中获益。在治疗结束后，如果你持续使用CBT技术，即使没有与治疗师进行巩固会谈，你也可能收到良好的治疗效果。

如果CBT治疗没有效果，该怎么做？

如果CBT治疗没有效果，或者不如你期望的那样有效果，下面的方法也许可以帮到你：

（1）**与你的治疗师讨论这种情况**。如果你因为缺乏有效的进展而感到气馁，那么让你的治疗师知道这一点是很重要的。他或她会帮助你修正方法，以便使治疗更有效果。

（2）**若要正确使用CBT技术，一定要了解它**。很多人学习CBT以试图掌握其技术，但这需要时间。学习进而正确使用这些技术并非易事。有些人原本学习得不错，但是后来又有些退步（通常是因为他们没有充分应用该技术）。例如，有些人在镜像重训练期间依然照镜检查（仪式化行为），而这会导致镜像重训练的效果减弱。在做认知重建的时候，认知偏差会逐渐被"替代思维"所代替。设计一个有效的行为实验，或在暴露时待在情境中直到焦虑减轻，同样具有挑战性。为了使你的技术重回正轨，和你的治疗师一起复习技术，回顾你在会谈期间做的记录，回顾本章的内容，查阅应用CBT疗法治疗BDD的相关书籍（见第十八章），以及经常练习，会有帮助。

（3）**询问自己是否已经进行了足够多的CBT技术练习**。你需要练习CBT技术，这需要你付出努力。你每天都做家庭作业吗？你经常练习并使用所有技术（反应预防、认知重建、行为实验、暴露、镜像重训练，以及你学到的其他技术）吗？如果没有，这可能就是治疗没有效果的原因。如果你在治疗中遇到困难，那么告诉你的治疗师，他或她才能调整治疗方案，以使治疗更适合你。提醒自己，认真进行CBT治疗是值得的，因为你的确能学到技术。记住，很多人的病情都在CBT治疗后有所好转。

（4）**考虑增加CBT会谈的频率或时长**。更密集的治疗可能对你更有效。更长时间的会谈，尤其是在会谈中与你的治疗师进行实地演练（例如，走出办公室做行为实验）可能会让你学到更多。这可能比在治疗师的办公室里讨论，然后你回家自己练习更有效。

（5）**考虑让家庭成员或朋友参与到你的治疗中来**。有时候，你可以让家庭成员或好友了解CBT，使其成为家庭"助教"以帮助你摆脱困境。他们虽然不能取代你的治疗师，但是他们可以通过鼓励你做家庭作业和练习技术来帮助你（例如，和你一起做行为实验）。让他们阅读本书，并参与一次或几次你与治疗师的会谈，这可能有利于他们更好地提供帮助。另外，有些治疗师会到患者家里提供治疗，这对那些病情严重、无法离开住所的患者有帮助。

（6）**考虑服用SRI**。如果CBT在一定程度上帮助了你，那么SRI会帮助你得到更多改善。或者如果你因为严重抑郁而无法进行CBT治疗，SRI会通过改善你的心境、精力、注意力以及积极性使你的CBT治疗成为可能。如果你的BDD症状非常严重，SRI也可以减轻你的焦虑，使你更容易走出房间，进而尝试暴露和行为实验。SRI与CBT联合使用会很有效。

需要更多的治疗研究

CBT无疑是一种对BDD很有效果的疗法。尽管如此，对于这种疗法，我们还需要更多研究！最重要的是，我们需要开发CBT治疗手册，为治疗师在使用CBT治疗的时候提供指导。在治疗手册被开发出来并得到检验后，我们还需要对使用手册中的方法进行的CBT治疗的效果进行更为严谨的研究。需要将CBT与诸如SRI等其他疗法进行对照研究。

还需要研究以确定治疗性会谈的最佳时长和次数（尽管这会因人而异）。在未来的研究中，我们需要更广泛的病人样本（例如，男性与女性，少数民族患者，妄想型BDD患者，不同严重程度的BDD患者），需要对更广泛的治疗结果进行评估——不仅仅是BDD症状的改善程度，也包括治疗对个体身体意象、功能和生活质量的影响。

关于CBT，还存在很多其他问题，需要更多的研究来解决。个体治疗的效果比团体治疗的效果更好？还是正相反？二者可能各有优势。例如，个体治疗可以更好地根据个体的具体情况量体裁衣，而团体治疗可以使患者看到其他BDD患者，以及在治疗过程中进行更多的暴露（和其他人一起坐在屋子里）。CBT能帮助那些中断有效SRI治疗的患者预防病情复发吗？目前为止，对于该重要问题的研究无法假定你在停用SRI后会表现良好，即使你还在做CBT治疗（虽然CBT有可能会减少复发的风险）。我们还需要研究来确定，对于无效或部分有效的CBT治疗来说，在治疗中加入SRI是否会使患者的病情得到改善。我的临床经验表明，情况通常的确如此。我们还需要研究CBT对哪些人的治疗效果最好；需要对CBT进行改编，以使其适用于青少年群体，因为这个年龄段通常是BDD的形成时期。

尽管我们还需要很多研究，但现今CBT的确是BDD心理治疗的一种选择。根据目前我们所了解到的情况，这种疗法对BDD患者通常有很好的效果，而且这种疗法的优势在于可以教患者有用的技术，他们可以在任何需要的时候使用这些技术。

当与SRI或CBT联合使用时可能有用的疗法

下面的治疗方法与我前面论述的"核心"治疗方法（SRI和CBT）组合使用，似乎对一些患者有帮助；但是单独使用这些方法似乎对BDD患者无效。这个结论基于我的临床经验，以及我对参与者过去的治疗反应的研究所获得的资料。然而这些疗法在BDD领域的效果目前还没有被充分研究，因此我们还无法明确判断它们的效果。这些疗法是否对BDD有效？单独使用更有效，还是与SRI或CBT联合使用更有效？也许五年后、十年后，甚至二十年后，我们才能对此做出比较明确的判断。

洞见取向心理治疗

洞见取向心理治疗又被称为心理动力学疗法或者探究性心理疗法，是一种"谈话疗法"。这种疗法致力于增强患者的自我意识，以及通过对患者的观念进行探究，用其他观念影响患者，从而引发其行为的改变（例如，改善与他人的关系）。更好地了解你自己，察觉你的内心世界和动机，如果你对内心世界和动机有较好的认识，问题最终会得到改善。

现有证据（尽管非常有限）表明，单独使用这种治疗方法（单独使用精神分析疗法也是如此）通常对治疗BDD无效。我见过无数单独使用洞见取向心理治疗的BDD患者，数月或数年后，他们的症状毫无改善，并且因缺乏改善而产生了挫败感。他们可能已经能够较好地认识自己——甚至是他们的BDD症状，但是多数人声称他们的强迫思维没有任何减少，照镜检查行为也没有减少，BDD的其他症状也无改善。多数我询问过的精神分析学家认为（根据他们的经验），单独使用精神分析方法通常对治疗BDD无效。

必须说明的是，将洞见取向心理治疗或精神分析疗法作为BDD核心疗法的辅助治疗手段，对一些患者是有帮助的。有心理学头脑的人可以从使用洞见取向心理治疗探究BDD相关主题（例如低自尊、对排斥的敏感性或者人际关系问题）中获益。这种类型的疗法也可能对于某些与BDD无关的问题非常有帮助。

支持性心理治疗

支持性心理治疗是另一种类型的谈话疗法，致力于创建情绪支持，与患者形成稳定的治疗关系。治疗师更注重向患者提供支持，而不是增加患者对自身的理解。这种疗法通常由提出建议、使患者学习新的社交技能、帮助其解决问题几个部分组成。这种疗法的目标是尽可能地帮助患者提高功能。实际上，很多治疗师将支持性心理治疗与洞见取向心理治疗结合使用。这种疗法还通常被有效地与其他疗法结合（例如SRIs或CBT）使用。

对于BDD患者来说，这种治疗方法为他们与疾病抗争提供了理解与支持。它能较好地帮助BDD患者处理BDD症状对其生活（例如友谊、亲密关系、学业）或者工作造成的影响。在患者处理生活压力事件或人际关系问题的时候，它也非常有帮助。对于一些患者来说，开具药物的医生或CBT治疗师提供的支持可能就够了。但是一些患者的确从与药物治疗或CBT治疗同时进行的支持性心理治疗中获益，而且这对于一些人来说是必需的。

尽管当支持性心理治疗与BDD的核心疗法（SRIs和CBT）联合使用时是有帮助的，但是我不建议你单独使用该疗法治疗BDD。因为单靠这种疗法本身是无法减少BDD的强迫思维或行为的。与洞见取向心理治疗一样，支持性心理治疗在BDD的治疗过程中所发挥的作用还需要进一步的研究。

夫妻治疗和家庭治疗

当与CBT治疗或药物治疗联合使用时，家庭会议、夫妻治疗或家庭治疗可能也对治疗有帮助。参加会议的人应该包括配偶、父母或者其他家庭成员。我通常会与患者的家庭成员至少会面一次，以此了解他们，并且了解他们对于问题的看法。他们通常发现，这对他们了解BDD是有帮助的——什么是BDD，以及可供选择的治疗方法是什么。如果家庭成员参与了与BDD相关的仪式化行为，我们就一起讨论可以使他们避免卷入这些行为的方法。

更广义的家庭会议或者标准的夫妻治疗、家庭治疗可能会对特定个体有帮助，尤其是儿童和青少年。这种疗法可以帮助家属更好理解地BDD给患者和家庭造成的影响，而且提供了设计应对策略的平台，教导家属协助患者进行CBT治疗，还可以解决其他可能存在的家庭问题。在儿童或青少年的治疗过程中，父母或监护人至少要在某种程度上参与进来，无论孩子接受的是什么类型的治疗。

团体治疗

上述所有疗法——认知行为疗法、心理动力学治疗、支持性心理治疗和家庭治疗——都既可以提供个体治疗，又可以提供团体治疗。据我所知，目前似乎只有团体CBT治疗对BDD症状特别有效，而在BDD领域，其他形式的团体治疗还没有被研究。然而，其他形式的团体治疗可能对你的其他问题有帮助。

我的临床印象是，在对BDD患者进行的治疗中，未将BDD作为重点的团体治疗有效性较小。许多BDD患者很难参与到那种非BDD患者集中的团体治疗中去，并且可能会中途退出，因为他们对自己的外表和症状感到非常难堪。他们通常不愿意透露他们的担心，甚至会在整个团体治疗时间里把自己和其他人进行比较，认为周围的每个人都在注意他们的丑陋。

职业康复

药物和CBT可以改善患者的工作或者学习功能，一些患者——特别是那些长时间处于半失业或者失业状态的患者——也能从正规的职业规划中获益。对药物治疗或CBT有响应能使个体有效地参与到职业规划中来。对于那些一直没有工作的患者，可以先去做志愿者工作，随着工作时间的增加，再做会支付薪酬的工作（可能首先要做兼职）。另一些BDD患者不需要采取这种渐进的方法，可以立即开始工作。

对于那些有药物或酒精滥用问题的BDD患者，通常来说最好的情况是，把他们的药物或酒精问题也作为治疗计划的重点，即使他们认为他们的物质滥用问题是BDD导致的。然而重要的是，该治疗计划的理念务必支持你对BDD

进行的SRI或CBT治疗。

自助团体

有时候，我被问及自助团体是否会有帮助。我的回答是，这要看团体本身，而且单独使用自助团体治疗似乎对治疗BDD的效果不佳。我会推荐某些自助团体，不过是作为我前面论述的核心治疗的辅助方法。

据我所知，目前还没有致力于治疗BDD的全国性的或者甚至地区性的自助团体。然而一些患者从加入强迫症基金会（Obsessive Compulsive Foundation，OCF）中获益，因为BDD和强迫症之间有很多相似之处。另一些患者从加入全美精神疾病联盟（National Alliance for the Mentally Ill，NAMI）、免于恐惧（Freedom From Fear）等组织中获益，特别是如果患者同时患有抑郁症或者双相障碍，也能从加入双相障碍及抑郁症协会（Manic-Depressive and Depressive Association，MDDA）这样的组织中获益。这些都是以地方分会形式存在的全国性组织，能为有心理问题的人提供教育和支持。我建议同时存在酒精或者药物问题的患者加入诸如匿名戒酒互助协会（Alcoholics Anonymous）或者麻醉药品滥用者互助协会（Narcotics Anonymous）这样的组织。

如果自助团体没有教给成员有关精神障碍方面的知识，或者不支持精神障碍治疗，那么这样的自助团体不但对患者无益，而且可能有害。我希望在不久的将来，会有专门针对BDD的自助团体。

组合治疗

我在本章论述过的所有心理治疗方法都可以被组合使用，有时候组合使用会比单独使用任何一种治疗方法更有效。正如我在前面强调过的，我建议每一位BDD患者接受药物治疗或者认知行为治疗。

哪种治疗组合会有用呢？这要依个体情况而定。你的治疗计划应该根据你的个体需求和生活环境量身制定。如果你患有重度BDD，非常抑郁或有自杀倾向，使用SRI和CBT附加支持性心理治疗会有帮助。在这种情况下，家庭会议或家庭治疗能帮助你的家庭成员更好地处理与BDD相关的情况或家庭中可能存在的其他问题。

如果除BDD外你还有其他显著问题，那么你可以从除了药物和CBT治疗之外的其他疗法中获益。例如你可以从洞见取向心理治疗或夫妻治疗中获益，这些疗法的目标在于解决各种人际关系困难、自尊问题或者对排斥的敏感性反应，而药物或者CBT治疗并不能充分解决这些问题。你也可以从职业康复或除药物和CBT之外的其他医院项目中获益。同时患有其他障碍的患者可能需要额外的药物或精神治疗。你应该根据精神科医生或者其他精神健康专家的建议做出决定。

保持忙碌，坚持运动，做有意义的活动，以及你生活中的人都可以协助你克服BDD。很多BDD患者称这些事情很有帮助，但是这些事情本身不足以治愈BDD。正如我的一位患者所言："工作是让我坚持下来的力量之一。"另一位极重度BDD患者，当她为自己安排很多事情的时候，她的感受和功能都较好。她同时服用艾司西酞普兰，使用CBT疗法，这些对她而言非常有帮助。一旦你百无聊赖，BDD强迫思维和仪式化行为就会占据你的空闲时间。保持忙碌能较好地分散你对BDD的注意力。这些活动越使人愉快、越有意义，你就会越开心、越有效率。

尽管有许多有效疗法，但是多数BDD患者寻求和接受的治疗似乎不起作用。这些无效治疗方法包括手术、皮肤科治疗，以及其他非精神科治疗（例如牙科治疗）。还有一些人利用电解术消除不想要的体毛，加入头发俱乐部，以及尝试其他无效疗法。BDD患者在这些治疗方法上浪费了大量时间和金钱，但是这些苦心搜寻的疗法并没有缓解他们的病情，最后导致他们极度失望。

尽管还需要很多研究才能判断这些疗法对BDD到底有无疗效，但是根据我现有的了解，建议你不要采取这些方法，因为这些方法似乎非但没有帮助，甚至可能使BDD症状恶化。我建议你尝试用SRI或CBT取代这些疗法，它们对治疗BDD比较有效。

索菲、杰克和凯特的经历

起初，索菲（Sophie）对自己的鼻部手术很满意，但是几个月之后，她变得越来越不舒服，于是又进行了一次手术。这一次，她认为手术伤害了她的鼻子。她甚至要控告为她做手术的医生，尽管其他人告诉她，她的鼻子非常好看。

"我不在意别人怎么说，"她说，"他把弄我得像个白痴！"第三次鼻部手术还是不成功。"人们还是会注意我的鼻子，认为它很丑，"她说，"他们一定认为我是个丑女人。"索菲对此坚信不疑，尽管别人经常问她是不是模特。对于别人的这种询问，她的解释是："他们之所以问我是不是模特，是因为他们为我令人作呕的外表感到遗憾。"

因为脸上的疤痕，杰克（Jack）估计自己拜访过十位到十五位皮肤科医生和整形外科医生。问题始于童年，当时他正在出水痘。"父亲强迫我去上学，尽管当时我还有一些疤痕。我感到焦虑不安，因为人们会看到那些疤痕。我抠抓皮肤想消除它们，可是却越弄越糟。"多年以来，杰克一直留长发，因为这样可以遮住面部。多数皮肤科医生和整形手术医生都告诉杰克，他看起来挺好的（疤痕极小），因此不愿意为他做手术。"他们认为这根本不算是问题。"杰克解释说。但是最近他找到一位同意给他做磨皮手术的皮肤科医生。"我非常期待这次手术。我把头发剪短了，"他说，"拿掉绷带之后，我发现疤痕仍然在那里。"杰克对此感到很苦恼，因此他辞掉了出纳员的工作。

凯特（Kate）为了治疗皮肤而存钱，并且已经在皮肤上花了上千美元。她去拜访过很多皮肤科医生和整形手术医生，还有无数美容师和美学专家，她尝试过大量痤疮药物、化妆品以及面部按摩。她甚至筹划着通过邮购商品目录购买液化氮，以去除脸上的少量雀斑。"我对以前尝试过的任何一种治疗都感到绝望。我知道，如果不能解决脸上的雀斑问题，我就无法停下来。当治疗看起来不起作用的时候，我就会不断地询问医生。我是一个令人讨厌的病人。"

有多少人使用手术、皮肤科治疗及其他非精神科治疗？

研究发现，在寻求整形手术的人中，6%—20%的人患有BDD。其中一项研究还发现，在这些人中，只有7%的女性患有BDD，而患有BDD的男性的比例为33%。虽然这些发现还需要更多研究来证明，但是这表明很多做整形手术的人（尤其是男性）患有BDD。在我和我的皮肤科医生同事所做的一项研究中，268例皮肤科患者中的12%极可能患有BDD。在土耳其的一项研究中，159例皮肤科患者中的9%患有BDD。这是相当高的比例。

这个问题的另一面是：有多少BDD患者寻求和接受过这些类型的治疗？我对来找我评估或治疗的250位BDD患者做了一项调查，发现他们中的大多数（76%）曾经寻求过手术治疗或躯体治疗来处理他们所感知到的外表缺陷。这250例患者共要求了多达785项治疗，很多人都要求多项治疗。有位患者寻求了35种不同的治疗！在这250例患者中，三分之二的人事实上接受过手术或其他躯体治疗。这组患者事实上接受了总计484项此类治疗。这与我对另外200例BDD患者的研究结果相似。换言之，BDD患者寻求和接受多种非精神科治疗。

第一项研究的结果见图15-1。正如你看到的，BDD患者最常寻求和接受的是皮肤科治疗。在250例BDD患者中，55%的人要求过这种治疗，45%的人接受过这种治疗。考虑到在BDD的症状中，对于皮肤和毛发的担心最为普遍，这是可以理解的。他们最常被施以抗生素治疗，但是他们也接受诸如米诺蒂尔[①]等其他疗法来处理他们感知到的毛发稀疏问题。有些人甚至使用了非常强力的治疗手段——青春痘特效药或磨皮手术——来治疗他们想象中的或实际上非常轻微的痤疮。

[①] 一类被称为"毛发生长刺激物"的药物的总称。——译者注

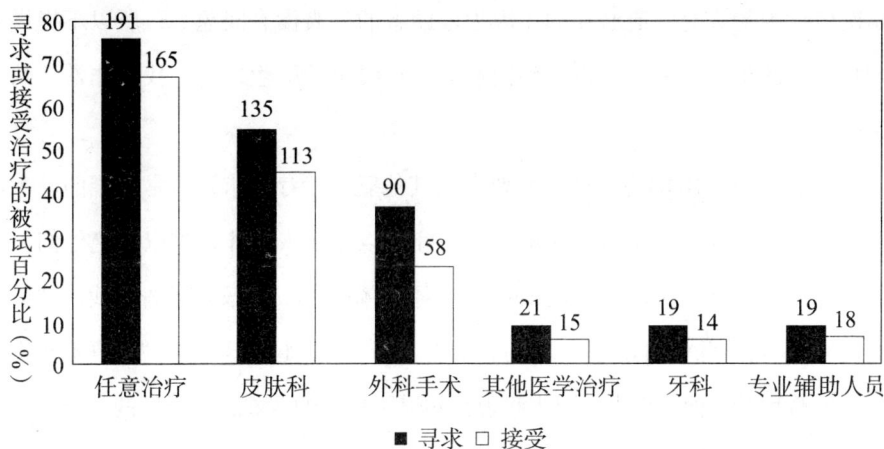

图15-1　250例成人BDD患者寻求和接受皮肤科、牙科治疗，外科手术治疗，
以及其他躯体治疗的情况

图15-1同样显示了有36%的人要求过手术治疗，近25%的人接受过手术治疗（针对他们的自感外表缺陷）。维尔博士发现，50例BDD患者中的26%接受过手术治疗；郝兰德尔博士则发现，50例BDD患者中的40%接受过手术治疗。在我的研究中，接受过手术的人平均会做2—3次手术，多次手术已成定则。有位女士做过9次手术。鼻部整形手术最为常见（占全部手术的42%），其次是下颌手术和乳房手术。这项研究中的患者也接受过牙科治疗（例如锉齿或矫正）和其他躯体治疗，以及专业辅助治疗（例如电解术）。

有些患者对自己满意的身体部位做手术，想进一步增加该部位的吸引力，目的是要把别人的注意力从"缺陷"部位"转移"过来。一位英俊的男士计划做一个整体的面部再造手术，尽管他也知道自己的面容英俊，但是如果他可以看起来更英俊，人们就不会注意到他那想象中的稀疏的头发了。有位美丽的年轻女子做了颧骨整形手术，目的是吸引人们去关注她的颧骨，而不是关注她"丑陋的"嘴唇。

在BDD患者要求的所有治疗中，超过三分之一的治疗要求未得到满足。在他们要求的所有手术中，超过一半的手术要求未得到满足。最常见的原因是医生认为治疗是没有必要的（因为求助者的外表没有问题），所以不提供治疗。因此很多患者在最终找到同意其治疗要求的医生之前，找过非常多的医生。

不过，拒绝BDD患者的手术要求或其他躯体治疗要求是非常困难的。一些患者是如此痛苦，不顾一切地寻求治疗，以至于人们非常难以拒绝他们。"医生和我的朋友及家人都试图说服我不要去做手术，"安德鲁告诉我，"但是他们并不能打消我的念头，因为我太痛苦了。"一位男士说："我真不敢相信医生给我做了抽脂手术，因为我现在知道了那时的我看起来挺好的。但那时我太焦虑了，然后他就屈服了，并给我做了手术。"

一位男士认为自己看起来像个"外星人"，确信自己是世界上第三丑的人（前两位是傻子派尔和小提姆）①。他找过三位皮肤科医生和三位牙医，但是没有人愿意为他提供治疗。他还找过十六位整形外科医生，所有医生都拒绝了他的要求。其中一位整形医生对他说，只有被"毁容"了的外表才需要他所要求的手术。最后，第十七位整形医生同意为他做鼻部整形，但是这位患者对手术的结果极度不满，他向法院起诉了该医生。当我见到他时，他正非常急切地寻求更多手术，因此正计划制造一场严重的车祸，那样就他可以毁掉自己的整张脸。

这些治疗有效果吗？

对于这个问题的回答似乎是否定的——这些治疗通常不起作用。如前所述，在接受这些治疗的250例BDD患者中，72%的人的BDD症状的严重程度在总体上没有发生改变。

---

① 傻子派尔是电视剧人物，小提姆是小说人物。——译者注

表15-1　250例成年BDD患者的非精神科治疗结果

	改善	无变化	恶化
任意治疗	11.7%（53）	72.0%（326）	16.3%（74）
皮肤科	9.8%（26）	81.9%（217）	8.3%（22）
外科手术	17.4%（20）	58.3%（67）	24.3%（28）
其他医学治疗	0.0%（0）	88.2%（15）	11.8%（2）
牙科	14.7%（5）	29.4%（10）	55.9%（19）
专业辅助人员	9.1%（2）	77.3%（17）	13.6%（3）

注：每一种治疗方法被接受的次数：250例患者接受任意治疗的总次数为453次；接受外科手术治疗的总次数为115次；接受皮肤科治疗的总次数为265次；接受牙科治疗的总次数为34次；接受其他医学治疗的总次数为17次；接受专业辅助人员帮助的次数为22次。

如表15-1所示，综合考虑所有类型的非精神科治疗（"任意治疗"），只有11.7%的BDD患者的症状在总体上得到了改善，而16.3%的BDD患者的症状实际上出现了恶化。而最常见的情况是，患者的BDD症状没有发生变化。在我的200例患者组中，BDD症状改善的比例甚至更低：只有3.6%（91.0%的人症状无变化，5.4%的人症状恶化）。那么，最具决定性的、最昂贵的手术治疗的结果如何呢？研究结果见表15-1，58.3%的手术没有改变患者的BDD症状，24.3%的手术使患者的BDD症状发生恶化。换句话说，手术后，近四分之一的患者甚至更加专注于自感外表缺陷，更加痛苦，对外表的担心使他们更受伤。85%的牙科治疗、100%的其他类型的治疗（例如内分泌科治疗）、91%的专业辅助人员的帮助都未能改变患者的BDD症状，或者甚至使其恶化了。值得注意的是，手术治疗和牙科治疗似乎尤其会使患者的BDD症状发生恶化。

维尔博士在英国所做的研究，其结果与此相似。他发现他在精神科接诊的50例BDD患者中，81%的人对非精神病学治疗或手术结果感到不满意或非常不满意。反复手术会导致更多不满。虽然我没有询问病人对治疗的满意度如何，但在我的印象中，他们对外表的担心并没有发生改变（甚至加重了）。有时候，这种强烈的不满会引发患者的恐惧、绝望情绪，甚至会导致自杀或攻击行为。

虽然只有一部分患者发现他们的BDD症状在手术或躯体治疗后恶化了，但是在一些案例中，这些疗法的效果是相当糟糕的——有时甚至危及生命。我接诊过一位男士，他曾对耳朵进行了多次手术，以至于后来每次手术后拆除绷带时，他都会变得非常暴力，有自杀倾向。因此他不得不屡次紧急住院治疗。一位想做前额手术的年轻人，医生拒绝了他的要求，给了他一些面霜，但是他认为面霜导致脸上的斑变得又大又黑。他对此非常愤怒，于是跑到父母的房子里闹，拿着一把铁锤威胁他们，并且把他们的家具砸碎。一些患者扬言要起诉或伤害为他们做手术的医生。

"我讨厌手术的结果，"尼科尔（Nicole）说，"我鼻子一侧的骨头削得太多了。现在你会看到我鼻子光滑的一侧有一个阴影，而另一侧则有一个肿块。这是我一生中最大的错误，它毁了我的人生。"做过多次手术的杰夫（Jeff）告诉我："总的来说，手术使我的外表越来越糟，如果能回到从前，我不会再做这些手术了。"一些患者会在短期内感到满意，但是这种感觉不会持续太久。"手术之后，我觉得自己的鼻子变得好看了一些，"一位三十五岁的营业员告诉我，"但是六个月之后，它又跟原来一样了。而且自那之后，我再也没有快乐过。" 一位男士认为矫正牙齿导致了他的耳朵下垂。另一位男士在尝试了米诺蒂尔之后变得更加担心了，因为他认为头发反而变得更少了。"我更加深陷其中，"他说，"我一直在琢磨'头发长出来了吗'，我甚至花更多的时间照镜子。"

尤其值得关注的是，约40%的儿童和青少年BDD患者为他们感知到的缺陷寻求手术或躯体治疗。约33%的人实际上接受过这类治疗。不幸的是，这些治疗似乎是徒劳的。

到目前为止，我已经讨论了患者在接受过这些疗法后，其BDD症状的总体情况。但是被治疗的具体身体部位又如何呢？患者对具体身体部位的担心是减少了呢还是增多了呢？我的研究发现，在多数病例中（约75%），患者对被治疗的身体部位的担心和苦恼在手术或其他躯体治疗之后并没有减少。在所有这类治疗的结果中，约25%的结果显示治疗减轻了患者对具体身体部位的担心以及由此产生的痛苦。但是多数患者的BDD症状没有得到改善。常见的情况是，患者随后又对身体的其他部位感到苦恼。有些人更加担心之前关注的身体部位，还有一些人开始被新的身体部位困扰。维尔博士发现，约一半的手术会出现类似的结果。正如一位五十岁的企业家所说："无论我的外表如何，我的强迫观念都在那。手术后，它只不过是转移到了其他部位。"

在接受过皮肤科治疗之后，埃伦对皮肤上的微小瑕疵变得更加敏感。另一位女士告诉我："我已经拜访过六位皮肤科医生，他们使我的皮肤变好了，但是我的烦恼并没有减少，因为我对小痤疮的担心和对大痤疮的是一样的。而且我现在更加敏感，担心皮肤会再次变得很糟糕。"

这种结果并不令人吃惊，因为问题在于BDD而不在于身体——对身体的固执观念和身体意象扭曲。改变表面特征通常无法消除个体的担心和困扰，也不能改善扭曲的身体意象。正如拉蒂（G.A.Ladee）在1960年所写的，BDD是"被自我憎恶的身体意象……任何镜子和手术都无法纠正"。患者需要精神科治疗来处理这些担心、执念以及对微小或不存在的缺陷的过度关注，以此根除身体意象问题。

在这些病例中，有多少人既减少了对被治疗的身体部位本身的关注，其BDD症状又得到了整体上的改善？换句话说，在治疗结束后，那部分患者——减少了对被治疗的身体部位的担心与相关的痛苦，并且没有增加对其他身体部位的担心，或者没有再产生新的对于外表的担心的人——占多大比例？我发现，在全部治疗中，这种病例仅占7%——一个非常小的比例。

一些BDD患者似乎对外科手术抱有极高的和不现实的期望，期望手术能带来一个完美的结果。达雷尔（Darrel）就是这方面的典型例子："我做的这些手术在一定程度上是有帮助的，但是它们还不够好。我是一个完美主义者。"在这种令人难以捉摸的完美追求中，他不断地寻求一个又一个手术。还有一些BDD患者对于他们应该在手术之后呈现出来的样子有着非常特别的观点，这些观点与大众的审美观不符，也与医生的观点不符。他们期待的结果是其他人都不愿意接受的。一位女性BDD患者的丈夫说："医生关心的和我妻子想要的总是不同。"一位男士对自己的鼻子感到绝望，于是他要求医生把他的整个鼻子拿掉！

在另外一些病例中，BDD患者没有向医生明确表达自己的期望，或者感觉自己的要求没有被采纳。他们的一些要求是模糊的。也有的患者，医生按照他们的要求完成了手术，但是他们手术后的真实模样与他们期望的不同。一位三十岁的男士告诉我："我想让鼻子变短一点，但是手术却改变了鼻子的整个形状，因为医生认为那样更好看。他改变了我的整个鼻子。我并不想他这样做。我感觉我不再是自己了，我后悔当初这样做。"还有一个人，他的鼻部手术是按照他想要的样子做的，尽管如此，他仍然感到失望，因为他没有想到他的新鼻子和面部的其他部分的搭配问题，他对医生没有告诉他手术后他会变成什么样子而感到很生气。

尽管按照客观标准来说，很多治疗结果是很好的，但一些患者责备医生毁掉了他们的外貌。这又会激发他们做更多手术的愿望，一个接一个。"我第一次去见一位整形医生，他拒绝给我做手术，因为他说我没什么问题。"克莱尔（Claire）说。但是随后她还是做了手术，第一次做的是脖子和下巴抽脂术，以及颧骨整形。"总的来说，我感觉外貌变好了一点，但是下巴还是有点歪。我需要再做一次手术来矫正下巴，并且把我的右下颌变大一些。"再一次手术后，克莱尔仍然认为下巴不正。"在第三次手术后，我对矫正后的下巴感到满意，但是不包括下颌。"她正在计划第四次手术来填充下颌，使下颌看起来更对称一些，尽管她几乎已经耗尽了自己的积蓄。

"手术后，我的生活再也不像从前一样了。"沃尔特（Walter）说，"我做了鼻部整形手术，医生主动建议我填充一下下巴，尽管下巴从来没有令我感到困扰。这毁了我的生活。我对那次手术感到恐惧。我的鼻子被毁了——因为留下了令人厌恶的疤痕。我非常愤怒、痛苦。我为此自杀过。因为填充了下巴，我又有了吞咽方面的问题。我太痛苦了，必须去急诊室。"

一些患者在手术之后反复去拜访为他们做手术的医生，为"错误的"手术反复求证。另一些患者则起诉他们的医生。还有一些患者在手术或者躯体治疗之后变得非常绝望，甚至试图自杀，因为他们坚信自己的外表被毁了。一位经历了多次不成功的外科手术的女律师告诉我，她认为自己将来一定会因为手术而自杀的。

我接诊过的许多患者认为青春痘特效药给他们造成了不可挽回的伤害——例如使皮肤变得干燥甚至脱皮，或者改变了皮肤的颜色——因而企图自杀。"在使用青春痘特效药的时候，我感觉皮肤热辣辣的，像着火了一样，"一位患者告诉我，"我给自己造成了不可弥补的伤害。这个悲剧性的错误一直在我心里纠缠……我不想活了。"青春痘特效药治疗与抑郁症甚至自杀联系在一起更加常见。我很疑惑：在这些人中，有多少人患有BDD，程度如何？——如果BDD是他们抑郁和自杀的原因。

你可能还记得我在第八章中讲到的，有些BDD患者因为非常想进行手术治疗而故意伤害自己，以求顺理成章地做手术。一位男士用锤子把自己的鼻子砸碎，这样医生就得给他做手术了。还有一些人自己为自己做手术。他们用订书机去除脸上的皱纹，刮擦面部以使其变光滑，或者切掉皮肤上的乳头状隆起物。还有人用锉刀锉牙齿以使其变整齐，或者用刀或手术器械切割他们的前额、鼻子或身体的其他部位。

因此，尽管多数人对整形手术的结果感到满意，但是对于BDD患者来说，情况并非如此。没有谁能准确地预测BDD患者对手术或者其他躯体治疗的反应，但是几乎没有人的BDD症状在整体上有所改善，而且一些患者还因治疗结果而感到更加悲伤。精神科治疗可能更有帮助，而且它是一种相对而言保守得多的治疗方法。外科手术可能会带来无法挽回的治疗结果，而精神科治疗则不会使患者有任何损失。

必须要说的是，也有一些BDD患者从精神病学和皮肤病学的组合治疗中获益。在抠抓皮肤的患者中，有些人会伤到皮肤，引发感染或其他皮肤问题。不过，虽然一些患者需要皮肤科治疗，并且会在皮肤科治疗中获益，但是这种治疗通常不会减少他们的BDD症状（先占观念和抠抓行为），结果他们会再次伤到皮肤。需要精神科治疗来打破患者的抠抓循环，以预防进一步的皮肤损伤。我发现，在20例有抠抓皮肤经历的患者中，85%的患者没有因为皮肤科治疗而减少了他们对皮肤的强迫观念和抠抓行为，但是随后有75%的患者因为5-羟色胺再摄取抑制剂而得到了改善。

我在本章中讨论的多数研究，其数据来自那些来精神科接受治疗的患者。而那些没有去精神科，只去过外科、皮肤科、牙科接受治疗的BDD患者，情况又是如何呢？你可能还记得，在接受过整形手术的人中，6%—20%的人可能患有BDD，而在接受过皮肤科治疗的人中，这一比例可能为9%—12%。与那些最终去精神科接受治疗的患者相比，这些人会对治疗结果更为满意吗？还是说他们的满意度会更低？尽管在皮肤病学、外科手术以及其他躯体治疗领域，BDD还几乎没有被系统研究过，但是专业的医学文献描述过这些患者。在皮肤病学文献中，BDD被作为"皮肤病疑病症""过分担心身体上微不足道的瑕疵"以及"非病性皮肤病"提及。而与BDD有关的抠抓行为则被归入术语"神经功能性表皮剥蚀"。一些报告在提及妄想型BDD时使用了术语"单一症状的疑病性精神病"。

在外科手术领域的文献中，BDD很少被准确识别。但是这些文献所讨论的患者，其特征与BDD患者有相似之处，例如"不知足"的手术患者，"外科治疗上瘾者"，有"心理问题"或"轻微畸形"的患者。问题是这些术语的定义不清晰，不能假定它们适合BDD，因为我们并不清楚在这些研究中，哪些患者患有BDD（如果有的话）。

来自日本的一项研究是一个例外，因为患者被诊断患有BDD。在这项研究中，274例BDD患者都曾经走进外科诊疗室要求进行整形外科手术。回顾这些患者的记录，多数患者不满意手术的结果。研究者得出结论：为BDD患者提供手术是有风险的，因为他们通常都有不切实际的期望，通常对手术的结果感到不满，而且可能会因为手术结果而迁怒于医生。因此这些外科医生都倾向于避免为BDD患者做手术。一份德国外科期刊在评述BDD时也得出了相似的结论：不应该对这些患者进行手术治疗。

2001年，对265位美国美容整形外科协会（ASAPS）的成员进行的一项重要调查显示，84%的外科手术医生在手术结束后才认识到他们的患者患有BDD，而这些患者当时被认为适合做手术。在这些外科医生中，82%的人认为患者的手术预后较差：43%的人称，与术前相比，患者在术后更专注于自感缺陷；39%的人称，患者现在专注于另一个自感缺陷。

有趣的是，在参与调查的外科医生中，只有30%的人认为BDD患者过去应该从未接受过整形手术。这可能反映了一个事实：有些患者并没有告诉他们的外科医生他们曾对手术结果感到不满。有的人的确在术后减少了对自感缺陷的担心，但问题是，多数人并没有体验到BDD症状得到了整体上的改善（例如，他们的关注点可能转移到了身体的另一个部位）。通常，外科医生并没有意识到这一点。

根据我的经验，多数BDD患者都不会轻易与人争辩，侵犯他人的身体，或者使用暴力。但是在参与调查的ASAPS成员中，41%的人称曾被BDD患者威胁。29%的外科医生称曾遭到诉讼威胁，2%的外科医生曾遭到人身威胁，另外10%的人既遭到诉讼威胁也遭到人身威胁。对于外科医生来说，这个结果当然是非常不幸的，对BDD患者来说也是如此。这也是BDD患者应该避免接受外科手术治疗的另一个原因。

最近，瑞典与芬兰的一些外科研究可能与BDD有关。这些研究发现，相比普通女性，接受过隆胸手术的女性更有可能自杀。一项美国研究也得出了同样的结论。令人感到疑惑的是，这些女性中有多少人患有BDD，以及是否某些女性的自杀可能是由BDD导致的。

很多发表在皮肤病学期刊上的文章描述了BDD患者通常对皮肤病学治疗反应较差。英国的两项皮肤病学研究备受关注，这两项研究发现，最常导致患者自杀的是痤疮和BDD。我与那些曾接诊过自杀BDD患者的皮肤科医生进行了交流。其中一位医生称，他的六位患者仅在过去两年内就有过自杀行为，他们很可能患有BDD。诸如此类的报告强调了BDD的严重性，以及对于BDD患者进行有效的精神科治疗的重要性。

这是一个需要更多研究的重要问题。尤其需要前瞻性研究，这种研究需要对患者进行长时间随访，并对其手术前后的情况进行严格地评估，从而鉴别他们的BDD症状是否有所改善。BDD患者应该被明确地识别出来，他们的手术结果应该得到长期的评估。

尽管患者的BDD症状似乎不会因为这些治疗手段而好转，但还是有些人会去咨询外科手术医生、皮肤科医生或牙医，而不愿意去咨询精神科医生。如果你的情况就是如此，那么你要记住，据我们所知，这些非精神科治疗通常不起作用。去拜访精神科医生或治疗师并不意味着你"疯了"，它只意味着你患有一种需要治疗的疾病，这种疾病在很多方面与心脏病或其他任何身体疾病没什么两样。精神科治疗极有可能帮助你获得良好的感觉。这将是一个让你能够控制自己的强迫观念的好机会，它可以帮助你重新回到正常生活，还可以减轻你的担心、焦虑以及抑郁。

如果你认为你的缺陷是真实存在的，你认为自己看起来的确很难看，那么你可能很难接受这个说法：几乎所有BDD患者都是如此。多数BDD患者希望通过外表上的物理变化来解决他们的问题。但是回忆一下患者对我说过的话——他们多么希望自己从没有接受过外科手术。记住，据我们所知，这些疗法几乎从无帮助。并且请牢记，无论你外表的真实情况如何，只要你纠结于外表缺陷，对此感到很痛苦，或者它给你的生活造成了问题，精神科治疗可以减少你的强迫思维，减轻你的痛苦和悲伤，帮助你修复功能，使你重新热爱生活。

其他没有效果的疗法

这里还有很多治疗方法和处理策略，它们有时候被用于BDD的治疗，但似乎都没有效果。

饮食 我曾在一本杂志上看到过一篇文章，该文章提到了我的研究，它使用了一个夸张的标题："觉得自己丑陋吗？吃香蕉吧！"在提到5-羟色胺再射取抑制剂可以减少人们对于外表的先占观念之后，作者建议BDD患者吃鸡肉、鳄梨、玉米以及香蕉来应对他们的症状。虽然特定的食物的确含有5-羟色胺前体，但还没有任何证据表明食物能通过影响5-羟色胺水平进而减少个体的BDD症状。我不建议单独使用饮食疗法治疗BDD。

自然疗法 有些患者尝试"自然疗法"，例如顺势疗法、大剂量维生素疗法、圣约翰草疗法，以及尝试他们能在保健超市或网络上找到的其他物品或药物。这些疗法似乎是不起作用的。在这些疗法或药物中，没有一种曾在BDD领域被研究，没有证据表明这些疗法有效。虽然这些可能是天然的与色氨酸或5-羟色胺有关的物品或药物，但也仅是如此，并不意味着它们能有效治疗BDD。尽管有些物品或药物可能是无害的，但有些实际上可能是有害的。事实上，美国食品和药物管理局已于数年前在美国市场上回收了色氨酸，因为这种化合物意外产生了毒性变体，造成至少37人死亡，1500人患上了被称为肌痛综合征的严重疾病。同样，与5-羟色胺有关的药物也有危害。可以减轻体重的草药补充剂麻黄与心脏病发作、中风甚至死亡有关。因此，并非所有"天然的"都是健康的。砒霜也是天然的，但它能杀人。

问题是，食品和药物管理局通常无法管制草药和食品补充剂，它们可以在没有任何安全性或有效性证据的情况下就在市场上流通。有些被铅、汞或有危险性的农药污染过。与此相比，诸如SRIs等处方药在上市之前必须经过大量严格的科学检验，以证明它们是安全、有效的。你最好尝试一下SRIs，因为这类药品已经过大量安全性检验，已被数以百万计的人安全使用，且研究表明其通常能够有效治疗BDD。

挖掘假定的心理创伤　没有证据表明BDD是由于童年的心理创伤引起的。虽然一些BDD患者曾经经历过心理创伤，但是由此假定每一位BDD患者都有严重的创伤经历，进而推断心理创伤与BDD的产生存在必然联系，或者认为通过挖掘假定的心理创伤可以治愈这种疾病，这是错误的。一些明确经历过创伤的患者可能会发现精神分析疗法对他们有帮助，但是这不能等同于针对BDD的治疗。

反复安慰　仅仅是反复安慰对治疗BDD而言是没有效果的。劝说BDD患者不要担心是无法治愈他们的疾病的，而且通常会使他们感到更挫败。

催眠　我的一些患者曾尝试使用催眠来治疗BDD，但是他们中的大部分都由于太焦虑、紧张、倍感困扰而无法成功被催眠。一位患者的症状曾因催眠而得到改善，但只是暂时的。相似地，虽然放松技术是一种有用的认知行为疗法，但如果仅仅使用放松疗法，对BDD是没有效果的。

更加努力　许多患者认为只要更加努力就足够了。但是就"更加努力"本身来说，它是不能治疗BDD的。其他人也不要对BDD患者说"要想好起来，就要靠自己控制自己"。这种方法的缺陷是：它不仅不会减少患者的BDD症状，甚至会使患者的感受更糟——因为他们一方面认为自己难看，另一方面却无法谈及自己的焦虑。

但是更加努力和保持健康的态度，是治疗疾病所必需的。它要与对治疗的正确态度相结合才可能会对BDD产生效果。例如，你有必要在如下方面做出努力：

· **承诺去精神科接受治疗**
· **承诺去做CBT**

　　与你的治疗师合作，一起对抗仪式化行为，做暴露和行为实验，以及评估你与BDD相关的信念。

·完成家庭作业

如果治疗需要一段时间才能发挥作用，要有耐心，即使有时感到有挑战也要坚持。

·尝试SRI

即使出现了副作用也要坚持；随着时间的推移，副作用会减少或消失。

如果药物需要一段时间才能发挥作用，要有耐心。

如果一种SRI对你不起作用，就尝试另一种。

记住，积极的态度和药物作用有密切的关系——它们是强大的盟友。

·不要放弃!

记住，多数BDD患者的症状都会在正确的治疗下得到改善。

务必记住，在不久的将来，随着治疗研究的增加，会有更好的治疗方法被开发出来。我们对BDD的了解会稳步增长，BDD患者康复的希望会越来越大。

第十六章

神经性厌食症、强迫症、恐缩症及其他障碍：与BDD有什么关系吗？

> "过去三个月，我的身体散发出一种臭味。闻起来就像从沼泽里挖出来的泥，一种腐烂的味道。这种臭味来自我的内脏。我不能去任何地方。我不愿意和我的朋友们待在一起。而且因为这个，我想我已经失去他们了。"

这个人看起来很像BDD患者。他们的共同点是对他们所关注的身体问题感到难堪，害怕别人察觉到他们的问题（而实际上人们不会），最后导致失去朋友。引文涉及的是嗅觉牵连综合征（olfactory reference syndrome，ORS），一种尚未被确认的综合征，其特点是关注身体散发出的臭味——通常是肠胃胀气、汗味、口臭或者肛门或生殖器的臭味。嗅觉牵连综合征和BDD有什么关系吗？甚至，它们是同一种障碍吗？BDD与其他精神障碍之间的关系是什么呢？例如神经性厌食症，这种障碍的患者实际上非常瘦，却认为自己太胖了。

BDD与强迫症或者恐缩症之间的关系又是什么呢？和BDD一样，强迫症也是一种常常处于隐秘状态的障碍，患者有难以对抗或控制的强迫思维。他们不关注外表，而是关注污染、性、暴力或其他主题。多数强迫症患者像BDD患者一样，强迫性地重复做某些事情——一遍又一遍地洗手，或者反复检查火炉，或者每天锁门30次、50次、100次。

恐缩症是一种常常困扰男性的疾病，主要流行于中国。患有恐缩症的男性，担心阴茎会缩进腹部，最后导致死亡。如此一来，他们恳求其他人（家庭成员或者急诊室的医生）用各种不同的夹具和牵引器拉住他们的阴茎，也就不难理解了。

BDD是否与这些障碍有关联，这是一个有趣而重要的问题。如果有关联，那么这些疾病的治疗方法应该也对BDD有效。或者，因为这些疾病可能会在家庭成员中一起发作——就像相关的疾病一样——我们可以预测，BDD患者的亲属也会增加罹患相关疾病的风险，反之亦然。

尽管我将在本章中提出的所有问题还没有足够的科学证据来解答，但我们还是可以得出一些合理的结论——例如，BDD不是精神分裂症的一种形式。BDD可能与抑郁症有关，但它又不是抑郁症的一种症状。BDD和很可能与强迫症紧密相关，但它们同时也存在一些重要的差别。至于BDD与恐缩症是否有关系，这是另一个有待解决的问题。

BDD：是症状还是疾病？

在讨论BDD和其他精神障碍之间的关系前，我将首先简要介绍一个已经被讨论多年的重要问题。BDD是一种独立的精神障碍吗？就像DSM-Ⅳ所显示的那样。还是说它只是一种非特异性症状，可以出现在诸如精神分裂症、抑郁症、人格障碍等各种障碍中？表16-1列出了关于这个问题的三种假设：

表16-1　BDD是症状还是疾病？

假设	医学类比
1.BDD是一种非特异性症状，可能广泛出现在各种精神障碍中（例如精神分裂症、抑郁症或人格障碍）	BDD就像发烧
2.BDD是某种特定精神障碍的症状或者表现形式（而不是广泛出现在各种精神障碍中）	BDD就像狼疮中的蝶形皮疹
3.BDD是一个独特的诊断实体——也就是说，它是一种独立的精神障碍	BDD就像糖尿病

假设1和假设2都将BDD假设为一种症状，要么是各种疾病的（假设1）的症状，要么是某种特定疾病的（假设2）的症状。假设1认为，BDD就像发烧，是一种非特异性症状，可能会出现在许多不同的疾病中，从水痘到脓毒性咽喉炎到癌症。假设2则认为BDD类似于狼疮中的蝶形皮疹——狼疮是一种自身免疫疾病，蝶形皮疹出现在患者面部，是狼疮的一种十分典型的症状。与假设2一致，一些作者认为BDD是精神分裂症的一种形式。在日本，BDD则被认为是社交恐惧症的一种表现形式。而在《疾病和有关健康问题的国际统计分类》第十版（ICD-10）和《精神疾病诊断与统计手册》第四版（DSM-Ⅳ）的国际版中，BDD被归为疑病症的一种。与此相反，假设3则认为BDD是一种独立的障碍（就像糖尿病一样），而不是另一种潜在疾病的症状。

哪一种假设才是正确的呢？这个问题很重要。因为如果假设1是正确的，那么治疗自然就直接指向潜在疾病。如果某人的潜在疾病被确定为精神分裂症，那么就治疗精神分裂症。如果另一个人的潜在疾病被确定为强迫症，那么就治疗强迫症。而BDD症状被认为会随着潜在疾病的治愈而消失。

如果BDD是某种特定精神障碍的症状（假设2），那么治疗应该全部指向这一特定疾病。但是如果BDD是一种独立的障碍（假设3），那么治疗将直接指向BDD本身。如果治疗指向与BDD共存的另一种疾病上（假设存在另一种疾病），那么治疗是无法成功治愈BDD的。

关于这一点，本书内容已经表明BDD是一种独立的障碍，而且实际上DSM-Ⅳ也是这样分类的。但是一些作者认为假设1或者假设2更准确。精神病学家海（G. G. Hay）提出了假设1，他在1983年写道："畸形恐怖是一种症状，而不是一个医学诊断或者一种疾病。"他认为BDD是出现在"各种精神疾病综合征"中的一个症状。海认为，患者的潜在疾病可能各有不同，从人格问题（例如"敏感"的人格类型）到精神分裂症，再到心境障碍。

这个假设看起来未必有充分根据。虽然其他障碍的确会出现各种类型的身体意象症状，但BDD症状（正如已出版的科学文献以及本书所描述的）已被明确定义。在过去一百多年中，世界各地对BDD的典型症状具有一致的描述。已完成的研究（特别是1995年—2005年的研究）越来越明确澄清BDD的临床特征与前面提到的障碍都不同，更不用说其他各种障碍了。同样，更具说服力的是患者的陈述。在我接诊过的患者中，62%的人报告称BDD是他们最严重的、最主要的问题，或者是他们唯一的问题。这表明BDD并不是其他精神问题或障碍的一种非特异性症状。另外，在没有其他精神障碍存在的情况下，BDD也可能发生。如果BDD仅仅是其他障碍的一种非特异性症状，那么我们可以预期，其他精神障碍（例如精神分裂症或者抑郁症）的症状，也应该一直与之共同存在，但是情况并非如此。

再者，如果BDD与另一种障碍共存，也不应该假定BDD是"继发的"，或者是派生于另一种障碍的。人们曾经认为如果强迫症与重性抑郁症共存，那么强迫症状就是抑郁症的一种症状，或者与此相似，如果惊恐症与重性抑郁症共存，那么惊恐症状就是抑郁症的一种症状。现在这种观点已经不再被认为是正确的了。如果一个人身上同时存在两种障碍的症状，那么未必其中之一就是另一个的症状；两种障碍都应该被诊断。BDD也不例外。

最后，资料表明，BDD对特定的药物治疗——SRIs（5-羟色胺再摄取抑制剂）——有响应，但是对其他药物没有响应。这一点足以使我们对假设1产生严重怀疑。除了强迫症外，没有任何其他精神障碍已被证明对SRIs有优先响应。

那么假设2和假设3呢？BDD是其他某种特定精神障碍（例如强迫症）的症状吗，或者它是一种独立的障碍？解答这个问题的最好方法是判断这些障碍的病因。如果它们的病因是相同的，我们可以考虑它们是同一种障碍。但是目前为止，我们仍然无法确切知道这些障碍的病因以及它们是如何形成的。因此，如果我们当前要解决这个问题，我们需要对BDD与其他障碍进行广泛的评估，例如评估它们的症状、发病年龄、发展进程和治疗反应，以及评估来自大脑成像、遗传学和神经心理学领域的研究成果。两种障碍在各方面有越多的相似性，越有可能有关联。不幸的是，除BDD与强迫症，BDD与进食障碍之间的比较研究之外，还没有将BDD与其他障碍进行直接比较的研究。这使得我们无法得出结论。然而还有其他线索可以利用。如果特定的两种障碍经常同时出现，或者如果它们在家庭成员中出现的比例较高，这可能是它们存在关联的进一步证据。

在本章，我将利用这些线索介绍很多种精神障碍，以及它们与BDD的关联程度。结论将是：BDD与这些障碍不仅存在共性，还存在一些重要差异。它们之间的共性是否比差异多呢？例如，BDD可能与精神分裂症十分不同，却与强迫症有很多相似之处。然而BDD似乎与我将要提到的所有障碍都存在一些重要的差异。这些差异表明，BDD不同于它们中的任何一种——它是一种独立的障碍。这个结论支持了假设3，而不是假设1或2。BDD与其他障碍之间的差异有重要的现实意义。记住这些差异将有助于正确诊断和治疗BDD。

强迫症：强迫性焦虑和强迫行为

尼娜（Nina）一直担心她会把她的孩子扔出窗外或者用刀杀死他们。她频繁地检查，以确保自己没有伤害到他们，他们都还好。"对于我来说，这种想法太不可思议了，"她说，"我从来没有伤害过谁，尤其是我的孩子，但是我忍不住要想这些。"马克（Mark）担心自己会因为灰尘或者细菌而生病。他害怕自己的房间变得肮脏，那样会导致他和家人生病。为了防止弄脏房间和生病，马克每天洗手数小时，拒绝来访者进入他的房间，并且无论何时，只要他的妻子或者他的孩子进入房间，他都让他们换掉衣服并且洗澡。

BDD与强迫症的相似之处　正如这些故事所描述的，强迫症的典型特征是强迫观念，这种强迫观念是侵入性的、反复的、不必要的观念、思维或冲动，尽管令人烦恼，却无法摆脱。强迫症的另一个典型特征是强迫行为，这是一种可被观察到的或者思维上的重复行为，目的是为了减少由强迫观念引起的焦虑。强迫观念和强迫行为也是BDD的标志。强迫症中最普遍的强迫观念是担心污染，其次是病理性怀疑（例如，担心没有关掉火炉会导致房子失火）、对整齐对称的要求，以及攻击性强迫观念。最常见的强迫行为是强迫检查，其次是强迫清洗、强迫对称（一种对事物"完美"顺序的要求，或者执行具有对称或均衡特点的特定行为）、强迫询问以及强迫计数。

BDD和强迫症之间的相似性，早在一个世纪前就被注意到了。在十九世纪末，恩里克·莫雷利（Enrique Morelli）强调了BDD的特征是强迫观念和强迫行为。他发现BDD患者经常"被畸形的怀疑困住"，还会强迫检查外表。1903年，皮埃尔·让内在界定BDD症状的时候，把它与强迫症相似的一类症状也包括在内，他在提到BDD时用的是"因对身体感到耻辱而产生的强迫观念"。

除了二者同时具有强迫观念和强迫行为两种特征之外，它们在强迫观念的内容上也有重叠。BDD和强迫症都有对对称的强烈要求（BDD表现为对身体部位的对称要求，强迫症患者表现为对其他事物的对称要求），对一些事情"不对劲"的焦虑（BDD是对身体部位的焦虑，强迫症是对其他事情的焦虑），以及对完美的要求。两种疾病的特征都是检查（例如，BDD是通过镜子检查，强迫症是对门锁进行检查），抠抓皮肤（对BDD来说是为了改善外表，而对于强迫症来说是为了清除杂质），以及反复求证（BDD是关于外表的求证，强迫症是关于其他事情的求证——例如反复询问某人有没有受伤）。

由于我对BDD和强迫症之间的这种显著相似具有浓厚的兴趣，我和同事一起做了一项研究，在这项研究中，我们将53名强迫症患者和53名BDD患者进行比较。就我们所考查的多数变量而言——性别比例和其他人口统计变量、发病年龄、病程（通常是慢性的）、功能损伤以及在共病中经常被评估的终生患病率——BDD和强迫症都是相似的。二者也经常同时出现：约15%的强迫症患者同时患有BDD，约33%的BDD患者同时患有强迫症。他们的疾病严重程度评分也相当一致。就家族精神病史而言，两组患者也有很大的相似性。

另外，现有治疗研究表明，BDD尤其对SRIs优先响应，这有力地支持了BDD与强迫症（已经有令人信服的证据表明，强迫症对SRIs优先响应）之间存在重要的相似之处。我在第十章中介绍过的神经心理学方面的研究表明，BDD患者有记忆方面的困难，因为他们过度关注微小的和无关紧要的细节。虽然该研究没有将BDD患者与强迫症患者直接进行比较，但是这一点与在强迫症中发现的相似。而且很多研究都发现，与没有患强迫症的人相比，BDD更常发生在患有强迫症的人身上，这表明BDD和强迫症可能是关联障碍。

BDD与强迫症的差异　然而，在我之前提到的BDD与强迫症的比较研究中，我们也发现了两种障碍之间存在的显著差异。BDD患者更少结婚（13%对39%），更可能有自杀想法（70%对47%），或者更可能因病企图自杀（22%对8%）。BDD患者的重性抑郁症发病更早（19岁对25岁），以及重性抑郁症的终生患病率更高（85%对55%），社交恐惧症的终生患病率也更高（49%对19%）。他们在酒精和药物滥用，以及依赖直系亲属上的比例也更高。总之，这些研究结果表明，虽然BDD和强迫症有很多相似之处，因此二者可能存在密切的关联，但是它们之间也有一些显著的差异，可能并不完全一致。BDD患者似乎更倾向于社交焦虑、抑郁和自杀。

BDD和强迫症的另一个明显差异是二者关注的内容不同。虽然它们的强迫观念在有些情况下是相似的，但通常有很大差别。BDD的焦点是外表缺陷，而强迫症的焦点通常是生病、伤害和发生可怕事件的可能性等。对于强迫症来说，这些担心背后的潜在观念通常是："如果发生什么可怕的事情，那么我要承担什么责任？"而对于BDD来说，根本的先占观念通常涉及羞耻的情绪和低自尊，通常具有人际关系的特点："如果我被拒绝了或者不被人喜欢，该怎么办"或者"我是不受欢迎的人，我是一个有缺陷的人"。另外，根据我的印象，BDD仪式化行为（例如照镜检查）也像强迫症仪式化行为（例如洗手）一样，可以暂时减轻焦虑——而实际上BDD仪式化行为通常增加了焦虑。BDD似乎导致了更多社交困难，包括亲密关系中的问题。

BDD患者的自知力也比强迫症患者的更差。在简·艾森（Jane Eisen）博士和我所做的一项研究中，我们对85例BDD患者和64例强迫症患者进行调查，比较了他们对自己所持基本信念的自知力。BDD的典型信念是外表丑陋或畸形；强迫症的信念多种多样，但是通常都包含了这样的信念——如果不执行仪式化行为，就会有什么不好的事情发生（例如，如果炉灶没有被检查30次，房子就会失火）。一般来说，BDD患者的自知力较差，强迫症患者的自知力还不错。尤其是，我们发现BDD患者更确信他们的信念是准确的，更可能认为其他人的想法和他们一样。他们也更不愿意被人质疑，通常无法被说服。他们也较少认为他们的信念可能存在精神病学的原因（例如，源于BDD或强迫症等精神障碍），更倾向于认为事实就是如此。

BDD患者的自知力匮乏，这是在使用认知行为疗法治疗BDD时通常要强调认知疗法（认知重建和行为实验；见第十四章）的原因之一。认知疗法将BDD患者贫乏的自知力和他们经常出现的不现实的想法和作为治疗目标。很多专业治疗师认为，在单独使用行为疗法（即不使用认知疗法，行为疗法技术包括暴露和反应预防）的情况下，与治疗强迫症的效果相比，治疗BDD的效果更差。因此在治疗BDD时，行为疗法通常与认知疗法结合使用（见第十四章）。

虽然BDD和强迫症似乎都对SRIs优先响应，但是它们对其他药物的反应则有些不同。我在第十三章中介绍了一项研究，在这项研究中，我在使用SRI（氟西汀）时加入了典型抗精神病药（匹莫齐特）或安慰剂。结果发现匹莫齐特并不比安慰剂更有效。这不同于人们在强迫症研究中的发现——SRI与匹莫齐特或其他典型抗精神病药联合使用，通常对治疗强迫症更有效。虽然与BDD相关的这些研究发现还需要被证实，但这是BDD在治疗反应上与强迫症的另一个不同。

已被发表的病例报告表明，BDD与强迫症可能存在生理学上的差异。一位BDD患者接受了急性色氨酸饮食损耗的实验，该实验可能导致患者体内的

5-羟色胺水平降低，患者体验到了BDD症状和抑郁症状的剧烈恶化。但是她的强迫症症状并没有发生恶化。这个研究结果表明，BDD和强迫症在基础的病理生理学方面可能存在某种程度上差异，二者并非同一种障碍。威廉博士的发现也表明BDD和强迫症之间存在差异（见第十章），即BDD患者更倾向于消极地理解与外表相关的和与社交焦虑相关的信息，并认为它们具有伤害性，而强迫症患者则不是这样。这意味着BDD患者和强迫症患者在处理环境信息方面存在根本的差异。另外，第十章中介绍的BDD脑成像的研究结果表明，BDD与强迫症的典型特征不同（虽然这项研究并没有直接比较BDD和强迫症）。最后，在我和詹姆斯·肯尼迪以及玛格丽特·里希特（见第十章）所做的初步的遗传学研究中，我们对于BDD中的5-羟色胺转运体基因启动子区的发现实际上与我们在强迫症中的发现相反。更进一步说明，在5-HITB[①]基因方面，我们没有发现BDD患者和健康被试之间存在差异，而在强迫症患者的研究中则经常存在这种差异。最后，我们直接比较了BDD患者和强迫症患者，发现他们之间存在差异。BDD患者倾向于有一种特定形式的5-羟色胺转运体启动子区基因，而这种情况并不存在于强迫症患者中。尽管这些研究结果是初步的，但它们意味着这两种障碍在病因上存在根本的差异。

总结　所有这些证据都表明，虽然BDD与强迫症密切相关，但是它们之间有一些重要的差别，因此它们并非同一种障碍。印证这一假说的是，BDD通常被作为"强迫症谱系障碍"——不等同于强迫症，而是包括若干障碍（妥瑞氏症、疑病症、进食障碍和拔毛发癖等）的一类障碍——中的一种，共同分享了强迫症的临床特征，且被假设与强迫症相关。

最近，奥斯卡·比安弗尼（Oscar Bievenue）和其同事所做的杰出研究强有力地支持了BDD与强迫症有关（即BDD是一种强迫症谱系障碍）的假设。这项可靠的大型家系研究对强迫症组直系亲属中的BDD患病率和无强迫症社

---

① 一种5-羟色胺受体基因。——编者注

区组直系亲属中的BDD患病率进行了比较。结果发现BDD在强迫症直系亲属中比在无强迫症社区组直系亲属中明显更加普遍（4%对1%）。强迫症患者家庭成员的BDD患病率支持了BDD与强迫症相关的假设。

令人感兴趣的是那些同时患有BDD和强迫症的患者对两种症状的相似之处与差异方面的描述。有位患者告诉我，由于症状太相似，以至于他确信BDD和强迫症实际上是同一种障碍。但是像很多同时患有两种障碍的人一样，蕾妮（Renee）除了看到二者的相似之处外，还看到了它们的差异。"对于我来说，与BDD有关的担心更合理，而与强迫症有关的担心则没有现实基础。它们似乎是疯狂而愚蠢的……BDD似乎没有强迫症严重，但是BDD对我的自尊的影响更大。因为外表太重要了，尤其是在青少年时期。尽管我的强迫症比BDD严重得多，但是BDD在社交方面给我造成更多伤害，因为人们会发现我的缺陷，而我却无法隐藏那些缺陷。谈论BDD也更艰难，因为我很难描述由BDD带来的悲伤和孤独……在与人相处的时候让我感到更糟糕、更不自在的是BDD而不是强迫症。"比尔也有相似的看法："它们在很多方面都是相同的，但是强迫症是不合理的，无意义的。BDD是真实的，有意义的。BDD让你的社交生活变得更糟。每个人都可以看见它，你无法像隐藏强迫症把它隐藏起来……强迫症的仪式化行为让我得到了一些放松——每次检查都能暂时减轻焦虑。而BDD的仪式化行为却不能减轻焦虑，哪怕只是暂时的。BDD曾导致我自杀。"

现实意义 前面的研究发现和临床经验表明，BDD患者比强迫症患者更常出现社交焦虑和抑郁症状，他们也更可能有自杀想法或企图自杀。因此我们有必要对BDD患者（特别是那些重度BDD患者）的这些方面更加警惕。临床经验也表明，由于重度BDD患者缺乏自知力，要说服他们尝试精神科治疗可能会更加困难（我在第十七章中提供了一些解决该问题的方法）。

由于BDD和强迫症在治疗上有很多相似之处，因此，如果你无法找到一位有治疗BDD经验的治疗师，那么你可以尝试找一位在治疗强迫症上经验丰富的治疗师（见第十八章）。然而正如我们在前面讨论过的，针对这两种障碍的药物治疗和心理治疗会在某种程度上存在差异，因此，必须告诉治疗师你患有BDD。另外，如果一个人同时患有BDD和强迫症，有时候，这两种障碍对同一种疗法的反应是不同的。例如，虽然特定的SRI通常对BDD和强迫症都起作用，但是有时候它对强迫症有效，对BDD无效，有时候又相反。这也是为什么要对BDD和强迫症分别诊断，分别针对性治疗的另一个重要原因。

社交恐惧症：社交焦虑、尴尬和回避

BDD和社交恐惧症（又称社交焦虑症）也有很多相似的地方。社交恐惧症的特征是：对那些会暴露在陌生人面前或者会被其他人审视的社交场合的过度担心，害怕自己将会做出什么尴尬或者丢脸的事情来。过度担心多数都发生在社交场合（广义）或一些特殊场合，例如当众演讲，或者在他人面前进食或书写。

娜塔莎（Natasha）从小就对社交场合感到极端焦虑和担心。"与人相处的时候，我总是非常焦虑，"她说，"读小学的时候，每当必须由我在全班同学面前做读书报告，我就逃学。我从不参加聚会，因为我担心自己会做出什么令人尴尬的事情来，比如脸红或者说错、做错什么事。"结果，娜塔莎既没有约会，也没有朋友。她绝大多数时间都独自待在家里。

BDD与社交恐惧症的相似之处 研究表明，未经治疗的BDD患者更加内向，社交焦虑和痛苦更甚。与社交恐惧症患者一样，很多BDD患者尽量避开社交场合，因为那会引起焦虑和痛苦。

在日本，BDD被认为是一组疾病——对人恐惧症——中的一种，与社交恐惧症类似。对人恐惧症患者担心因为自己令人难堪的社交行为或者想象中的身体缺陷而冒犯或伤害到别人。支持BDD是一种社交恐惧症的证据是：病人报告说他们的BDD症状在社交场合通常会加剧，甚至有时主要存在于社交场合。有时候，BDD患者报告他们对自己外表的担心只存在于社交场合。

BDD和社交恐惧症有相似的基础信念。通常，他们的注意力都集中在人们对缺陷的反应方式上。他们通常都陷入羞耻感中，担心他人对自己的看法，害怕被审视和消极评价，害怕陷入难堪、屈辱和被排斥的境地。

有些症状同时具有BDD和社交恐惧症的特征，这强调了这两种障碍的相似性。例如，在社交场合担心脸红（赤面恐惧症），既有社交恐惧症的特征（害怕显得尴尬），又有BDD的特征（担心面部发红）。这两种障碍在性别比例、发病年龄以及病程方面总体上也是相似的。另外，BDD和社交恐惧症通常同时出现，表明它们可能存在相关。

有趣的是，威廉博士的研究（见第十章）发现，与社交恐惧症患者相似，BDD患者倾向于认为自己在社交场合会受到伤害。（在此项研究中，没有一位参与者是诊断意义上的社交恐惧症患者，因此无法用BDD社交恐惧症共病对此研究结果进行解释。）这些发现意味着，在BDD与社交恐惧症之间存在着一个重要的相似之处（而这是BDD与强迫症之间的重要差异；见前文）。

BDD与社交恐惧症之间的差异　一个关键的差异是重复行为（强迫性的），这是BDD的突出特点，但是社交恐惧症并非如此。实际上，有些BDD患者认为这些行为（例如，抠抓皮肤）是使他们感到最痛苦，给他们带来最大问题的症状。

BDD和社交恐惧症在对于药物治疗的反应上也有某种程度的差异。社交恐惧症对SRIs有响应，但是也对某些其他药物有响应。广泛性社交恐惧症也对单胺氧化酶抑制剂有响应，而特定社交恐惧症对β受体阻滞药有响应。虽然对BDD来说，对于这些药物治疗的充分研究还比较缺乏，但是现有的资料和临床经验表明，BDD有时候会对单胺氧化酶抑制剂有响应，但多数时候并非如此，而且BDD对β受体阻滞药没有响应。另外，我初步的BDD遗传学研究结果也不同于社交恐惧症的研究结果。

总结 BDD和社交恐惧症有很多相似之处，而且实际上，社交恐惧症（或强迫症）极可能是一种与BDD最相关的障碍。事实上，我推测BDD与强迫症和社交恐惧症都有关联。然而，BDD和社交恐惧症也存在一些重要差异，因此它们不是同一种障碍。

现实意义 务必将BDD和社交恐惧症进行鉴别，因为二者的药物治疗反应可能不同。而且反应（仪式）预防对于BDD来说是认知行为治疗中非常重要的组成部分（见第十四章），但对于社交恐惧症来说并非如此。因此，当一个人有显著的社交焦虑时，重要的是要去判断是什么导致了他的焦虑，以及他的焦虑是否主要由对于外表的担心触发。如果是，那么BDD是更为准确的诊断。

认识到BDD经常与社交恐惧症同时出现（即两种障碍在同一个人身上出现）也很重要。实际上，大约12%的社交恐惧症患者同时还患有BDD，而近40%的BDD患者同时还患有社交恐惧症（与外表担心无关）。因此务必要检查BDD患者是否同时满足社交恐惧症的诊断，反之亦然。如果患者同时满足两种诊断，那么这两种障碍都需要被诊断和治疗。我发现那些同时患有BDD和社交恐惧症的人，比那些只患有BDD的人更可能在过去或者现在有酒精滥用或依赖（51%对20%）。他们也更可能在过去或现在有药物滥用或依赖（36%对20%），这些也需要治疗。最后，虽然BDD和社交恐惧症通常都对SRIs有响应，但是在一些病例中，患者的BDD有反应，但是他们的社交恐惧症却没有反应，或者相反。由于这个原因，识别出这两种障碍，进而监控二者对治疗的反应就很重要了。

进食障碍：扭曲的身体意象和有问题的进食行为

BDD和神经性厌食症是关联障碍吗？或者甚至是同一种障碍的变体？它们之间的相似使得这个问题具有合理性，且引人入胜。实际上，我曾收到过年轻女性的来信，她们断言自己患有BDD——但是根据我的理解，她们应该患有厌食症或其他进食障碍。在一些病例中，BDD的症状和进食障碍的症状是高度重合的，这使得人们很难对它们进行鉴别。

BDD与进食障碍的相似之处　进食障碍（厌食症和贪食症）和BDD都有对外表的先占观念和扭曲的身体意象。厌食症患者认为自己太胖了，于是过度减重，通常到了消瘦和营养不良的地步。即便如此，厌食症患者依然认为自己看起来挺好，或者甚至太胖了（尽管体重只有30千克或35千克）。罗森博士的研究（见第十一章）发现BDD患者和进食障碍患者都有同样严重的身体意象症状，例如他们有同样水平的对身体的不满意，相似水平的认为自己丑陋。对于这两个组的患者来说，外表对于自尊及他人评价有过度的不恰当的影响。

BDD患者关注的身体部位通常也是厌食症和贪食症患者所关注的，例如腹部、胯部以及大腿的尺寸。BDD和进食障碍也都经常涉及照镜子、测量身体等强迫行为。与进食障碍一样，BDD有时候也表现为过度锻炼、过度进食或节食——例如试图使面部变窄。

BDD和进食障碍还经常同时出现，这为二者可能存在相关提供了一些线索。我发现约12%的BDD患者同时患有厌食症或贪食症（高于普通人群）。相反，乔恩·格兰特（Jon Grant）发现在41例神经性厌食症女性患者中，39%的人（非常高的比例）患有与担心体重无关的BDD。还有另一个相似之处，即BDD和进食障碍通常都开始于青春期，而且，在未经治疗的情况下，二者通常都会持续下去。

BDD与进食障碍的差异　然而，二者是存在一些差异的。其中一个差异是，BDD患者的外表实际上是正常的，而厌食症患者则不，他们看起来很憔悴——有一些甚至骨瘦如柴，但是外表变得越不正常，他们认为越好。当体重减轻的时候，他们通常报告感觉更满意了，而且更能控制他们的身体和生活了。他们通常会对自己显著的异常状态进行辩解，他们认为骨瘦如柴的外表是健康的，或者甚至是太胖了。如果他们穿宽松的衣服隐藏身体，其主要目的是避免别人看到他们有多瘦，然后被人劝说要增加体重。与此相对，BDD患者几乎总是感到非常痛苦和失去控制。他们的伪装是出于对暴露缺陷的一种深深的羞耻感，以免更加难堪。

另一个区别是，进食障碍患者主要关注整体，他们通常关注的是体重，而BDD患者通常关注的是特定的身体部位（往往是面部特征）。然而这种区别在某种程度上会被打破，厌食症患者也会注意诸如腹部或者大腿尺寸等问题。也有一些BDD患者关注体重、胯部、大腿或整体外观，以担心整体体形太瘦小为特征的肌肉上瘾症就被认为是一种BDD。这种形式的BDD可能更像进食障碍（而不是BDD），因为它通常包括与特定的饮食、过度锻炼、努力消除体脂等相关的强迫观念。

BDD与进食障碍最显著的差异是二者的男女比例（超过90%的进食障碍患者都是女性）。而且，在对BDD和进食障碍的有效治疗方面也存在某些重要的不同。虽然目前初步的资料表明，神经性厌食症可能对SRIs有响应，但是，SRIs的作用似乎主要是帮助患者在康复之后维持体重。神经性厌食症对SRIs的响应不像BDD的响应那样普遍和显著。同时，虽然贪食症对SRIs有良好的响应，但它也对许多抗抑郁药物有响应，这和BDD是不同的。还有一个差异，罗森博士在对进食障碍和BDD进行比较研究（见第十一章）之后发现，BDD患者受到对于外表的自我意识的影响，他们在自我评价的时候更加消极，也更倾向于避免各种活动。

总结　BDD和进食障碍有某些重要的相似之处（非常显著）：对外表的专注和不满意，不切实际的身体意象。特别是，肌肉上瘾症型BDD与神经性厌食症相似，尽管它们是"相反的"。然而BDD和进食障碍也存在某些重要的差异（如二者的性别比例和对治疗的反应），这表明它们并不是完全一样的。

现实意义　由于二者存在差异，将BDD和进食障碍进行区别并分别诊断是重要的。这将有利于二者均得到准确的治疗。我们很容易区分典型的BDD

与进食障碍。例如，对鼻子感到烦恼的男性在很多方面与认为自己太胖的瘦弱女性明显不同。然而在一些病例中，将BDD和进食障碍进行鉴别并进而做出准确诊断是不容易的。例如，珍（Jean）的困扰在于她想象中的巨大臀部。她偶尔节食，但她没有进食障碍的其他症状，那么她患有BDD还是"非典型性进食障碍"（一种并不完全符合厌食症或贪食症诊断标准的进食障碍）？如果一个人关注的是髋部、腹部或大腿，而不是整体体重，而且这个人没有显著异常的进食行为或不符合进食障碍的其他诊断标准，那么我都将其诊断为BDD。我接诊过的关注这些身体部位的多数人，都还有其他典型的BDD症状（如过度关注面部），这支持了BDD的诊断。如果患者只关注体重，我们并不清楚是否应该将其诊断为BDD；进食障碍可能是更恰当的诊断。[①]但是一些研究者确实认为仅仅关注体重也构成了BDD。这个问题还存有争议，因此我们需要更多的研究来对此类病例做出准确判断。

正如我在第三章中讨论过的，我们还不清楚DSM-IV的诊断分级系统是否准确。这个分级系统认为，如果有关身体意象的先占观念能被另一种精神障碍（例如神经性厌食症）更恰当地解释，那么它就不应该被诊断为BDD。但是如果进食障碍实际上是BDD的一种形式呢？有些进食障碍研究者认为，进食障碍中最核心的反常是身体意象扭曲而不是紊乱的进食行为。毕竟这种障碍的患者的异常进食行为是因为他们不喜欢自己的外表。也许诊断分级系统应该被修正，进食障碍应该被认为是BDD的一种形式！

同样有帮助的是，要记住，如果一个人同时患有BDD和进食障碍，那么这两种障碍都应该被诊断和有针对性地治疗。如果女性进食障碍患者同时患有BDD，那么她们的BDD先占观念通常都很典型：一般来说，她们关注鼻子、皮肤或头发。如果一个人同时患有进食障碍和BDD，我们不应该假设进食障

---

① 如果一个人只关注体重或者担心变胖，而且符合进食障碍的其他标准，那么他就应该被诊断为进食障碍而不是BDD。如果一个人存在异常的进食行为，但是没有完全达到厌食症或贪食症的诊断标准，那么诊断就变得更复杂了。

碍是更严重的问题，或者BDD是不重要的。一项研究发现，在BDD和神经性厌食症共病的女性患者中，超过80%的报告称BDD是她们最大的问题或最主要的问题。这项研究还发现，这些共病患者的病情与患有神经性厌食症的女性患者相比更加严重，她们的功能受损也更加严重，更经常被送到精神科住院治疗（平均每人6.3次对平均每人3.8次），并且她们产生自杀企图的可能性更是触目惊心得高（63%对20%）。因此，同时患有BDD和进食障碍的人可能病情尤其严重，对于他们来说，接受精神科治疗非常重要。

抑郁症

相当多的BDD患者有抑郁表现，因此考虑BDD可能是抑郁症的症状，而不是一种独立的障碍（假设2），是合理的。然而情况可能并非如此。虽然BDD和抑郁症有一些共同的特征，但是在治疗BDD时，必须记住两者存在一些非常重要的差异。

BDD与抑郁症的相似之处　BDD和抑郁症有一些共同的特征：低自尊、拒绝敏感性、无价值感和缺陷感。和很多抑郁症患者一样，一些BDD患者有明显的愧疚感。这通常是因为他们认为自己不应该纠结于外表这样的"琐事"，或者认为自己应该对受损的外表（例如，由于抠抓皮肤、暴晒或整容手术导致的外表问题）负责。

BDD和重性抑郁症也经常同时出现，表明二者可能相关。实际上，重性抑郁症是最常出现在BDD患者身上的一种障碍。我发现四分之三的BDD患者过去或当前患有重性抑郁症（见附录四）。其他研究者也发现多数BDD患者在他们生活的某些时段患有重性抑郁症。反过来，抑郁者患者同时患有BDD也相当普遍（见附录四）。实际上，在非典型抑郁症患者中，BDD比很多其他精神障碍都更为普遍（见第四章）。

BDD与抑郁症的差异　然而BDD和抑郁症也有一些重要的差异。其中一个差异是，BDD患者有显著的强迫观念和重复的强迫行为。抑郁患者通常较少关注（甚至忽略）他们的外表，而不是强迫过度关注外表。即使是不喜欢自己的外表的抑郁患者也不大可能选择性地、强迫性地关注外表，或者每天花数小时强迫性地执行BDD仪式化行为（如照镜检查和反复求证）。另外，BDD通常比抑郁症发病早，在未经治疗的情况下，它似乎是慢性的。而且我在第十章中介绍的关于BDD的MRI研究结果与关于抑郁症的MRI研究的常见发现是不同的（尤其是，在BDD研究中，患者大脑的海马区是正常的）。

BDD在治疗反应上也不同于抑郁症。首先，BDD似乎对除SRIs之外的其他抗抑郁药物缺乏反应，而抑郁症对那些药物的反应则非常好。现有的有限证据表明，BDD对电休克疗法仅有极少反应，而这是对抑郁症最有效的疗法。如果BDD只是抑郁症的症状，那么可以预期BDD应该对所有能够有效治疗抑郁症的疗法都有反应，但事实似乎并非如此。其次，与抑郁症相比，BDD通常要花更长时间才能对SRI有响应（长达8—12周），而且BDD似乎需要比抑郁症更高剂量的SRI（见第十三章）。第三，BDD和抑郁症并不总是同时对治疗有反应。有些患者报告称电休克疗法或者（不属于SRI类的）其他抗抑郁药物减轻了他们的抑郁症状，但是没有减轻BDD症状。而且有时候，对于同时患有这两种障碍的个体，特定的SRI会减轻BDD症状，但是不会减轻抑郁症症状，或者反之亦然（虽然SRI通常对二者都起作用）。

另外，在药物治疗研究中，BDD对SRI有响应，而无论抑郁症是否有响应。换言之，抑郁症不会随着BDD的改善而改善。这也表明BDD并非抑郁症的一种症状。而且，如果BDD患者的抑郁症状对SRI有响应，通常也比"典型的"抑郁症需要的时间更长。通常，BDD患者的抑郁症状会在BDD症状改善的同时（或者甚至之后）发生改善，这表明这些抑郁症状在很大程度上是由BDD引起的。有趣的是，郝兰德尔博士在他关于地昔帕明的研究（见第十三章）中发现，抗抑郁药地昔帕明（不属于SRI类药物）对BDD患者的抑郁症状的作用效果不佳，而地昔帕明实际上是一种很好的抗抑郁药。但是因为患者的抑郁症状主要由BDD导致，所以它并没有很好地发挥作用。

总结 总而言之，BDD与抑郁症存在一些相似之处，但是也有很多重要的差别。似乎可以确定的是，BDD并非抑郁症的一种症状，或者由抑郁症引起。很多人报告称，BDD使他们感到抑郁、情绪低落，无法热爱生活，甚至自杀。实际上，一些BDD患者不相信患BDD的人会没有抑郁倾向，因为BDD症状是如此折磨人，令人痛苦。另一方面，有些人的抑郁症发病早于BDD，而且其症状至少在某种程度上与BDD有所不同——也就是说，他们的抑郁症并非主要由BDD导致。对于另一些人来说，情况甚至更加复杂：他们的抑郁症状似乎部分由BDD导致，但其他部分与BDD无关。

正如我对强迫症、社交恐惧症以及进食障碍的总结，BDD似乎不能被直接视为抑郁症的症状，但是尽管如此，它应该与抑郁症有关。与这个假设一致，哈里森·蒲柏（Harrison Pope）和詹姆斯·哈德逊（James Hudson）提出BDD是一种"情感谱系障碍（affective spectrum disorders，ASD）"，即认为它是一类障碍中的一种，这类障碍包括的所有障碍被假定彼此相关，且与抑郁症相关。根据这个模型，BDD和抑郁症分享了同一个基础性异常，这个异常导致了（或至少易于导致）BDD和抑郁症。

现实意义 非常重要的是要认识到BDD患者通常会有抑郁倾向，而且BDD似乎在重性抑郁症患者中也比较常见。认识到BDD并非抑郁症的症状也很重要。基于此，BDD应该被对症治疗，而不应被当作抑郁症来治疗，否则，BDD和抑郁症可能都无法得到改善。

特别的，目前我们掌握的所有证据都表明，BDD应该用SRIs而不是其他抗抑郁药物来治疗。文拉法辛可能也对治疗BDD有效。与只是治疗抑郁症相比，你在治疗BDD时应该需要更长的时间（12周或者甚至16周）来判断SRI是否会发挥作用；而且你可能需要更高剂量的药物（与通常治疗抑郁症的剂量相比，见第十三章）。

如果高剂量的SRI在治疗BDD和与BDD同时存在的抑郁症时效果不够理

想，那么尽力找出抑郁症状可能在什么程度上是由BDD引起的，应该会很有帮助。了解BDD患者的感受通常会非常有帮助，尽管无法据此精准确定。你也可以考虑哪种障碍首先发病，以及BDD和抑郁症的严重程度的变化是否总是相关或者互不影响。如果抑郁症首先发病，而且这两种障碍的变化彼此独立，那么这是它们有差别的某种证据。当抑郁症大部分或者完全源于BDD时，我更倾向于将有效治疗策略集中在BDD上。当患者的抑郁症看起来至少在某种程度上"区别于"BDD时，我仍然会用SRI，但是我可能会在SRI中增加其他抗抑郁药物（不属于SRIs的药物，例如安非他酮），而且如果患者的抑郁症非常严重，我更可能考虑使用电休克疗法来治疗（见第十三章）。

对BDD和抑郁症的心理治疗也在某种程度上有差别。BDD似乎对CBT的反应最好（见第十四章），而抑郁症可能对包括CBT在内的其他多种心理治疗都有反应。另外，在采取CBT治疗BDD和抑郁症的时候有一些重要的差别。与治疗抑郁症不同，使用CBT治疗BDD尤其强调行为实验（包括暴露和反应预防）。

疑病症：躯体关注和疾病恐惧

在《疾病和有关健康问题的国际统计分类》第十版（ICD-10）中，BDD被归为疑病症的一种。疑病症患者专注于担心或者认为自己有严重疾病。这种专注以对躯体症状的错误理解为基础，固执己见，对恰当的医学评估置之不理。

将BDD和疑病症进行比较是麻烦的，因为疑病症可能有不同的亚型——一些更像强迫症，一些更像躯体化障碍（见附录二），还有一些更像抑郁症。更像强迫症的亚型疑病症与BDD更相似。

BDD与疑病症的相似之处　BDD和疑病症的一个相似之处是，二者都涉及对躯体的担心和关注，患者都频繁地寻医问药。反复进行躯体检查和反复求证行为在两种障碍中也都很常见。此外，两种障碍的病患的男女比例相近，发病时间都较早，并且在他们的慢性病程中，症状消长的变化也相似。

BDD与疑病症的差异 然而，BDD的焦点是外表而不是疾病。在一些研究中，我发现BDD患者有很高水平的躯体主诉（担心自己的身体健康）。然而，他们的躯体主诉水平并不比抑郁症或其他精神障碍患者更高，表明他们在躯体主诉上没有异常。这和疑病症患者不同，疑病症患者通常有高于一般水平的躯体主诉。另外，这两种障碍通常似乎并不会同时发生（见附录四）。

对BDD和疑病症的治疗反应进行比较受到限制，因为这方面的研究太少了。然而目前的资料表明，虽然疑病症通常对SRIs有响应，但是它也对其他抗抑郁药物有响应，这和BDD是不同的。还有一点和BDD不同的是，它对CBT和其他心理治疗方法都有反应。

总结 总的来说，BDD不同于疑病症，并且不能说BDD是疑病症的一种变体。但是BDD可能与类强迫症的疑病症变体相关。像BDD一样，这种变体近来被认为是一种强迫症谱系障碍。

现实意义 因为BDD与疑病症之间存在一些差别（包括它们在治疗反应上的差别），所以务必对二者进行区分并有针对性地治疗。

精神分裂症

几十年前，一些作者认为BDD与精神分裂症有关，或者认为它是精神分裂症的一种形式。精神分裂症以其一系列症状为特点：妄想、幻觉、前言不搭后语（例如语无伦次）、严重的行为紊乱，以及诸如缺乏感情和积极性等"阴性"症状。

一些作者——包括科尔金（M.V.Korkina）和安德森（E.W.Anderson）——直接将患者的BDD当成精神分裂症。还有一些人则将BDD视为"一种不祥的征兆"——即精神分裂症的前兆。这个理论得到了1978年的一项回顾性研究的支持。这项研究发现，与那些鼻子因为受伤或疾病而需要矫正畸形的人相比，那些接受过鼻部整形手术的疑似BDD患者的人更可能出现精神分裂症。但是多年前美国对精神分裂症的定义比如今的定义更宽泛。因此，在很多这样的病例中，BDD很可能被误诊为精神分裂症。

BDD和精神分裂症的相似之处　BDD和精神分裂症仅有少量相似之处。其中主要的一个相似之处是，近半数的BDD患者是妄想的——他们完全确信自己对外表的信念是准确的，即使其他人不同意他们的观点。另外，很大一部分BDD患者有牵连思维，错误地认为别人会特别注意他们，以及错误地认为自己所在情境发生的事件和自己有特别的关系（例如，别人会嘲笑自己）。妄想和牵连思维二者都可能出现在精神分裂症中。

BDD和精神分裂症的差异　重要的是，BDD的妄想通常并不像精神分裂症的那样荒诞。另外，精神分裂症的其他症状（显著的幻觉、前言不搭后语、严重的行为紊乱和阴性症状）都不会出现在BDD中。有关这两种障碍同时出现的数据有力地证明了二者不存在密切关系：在我的BDD患者组中，没有一位患者被诊断为精神分裂症（见附录四）；也没有其他研究者发现BDD患者同时患有精神分裂症。同样，我们也没有在BDD患者的一级亲属中发现精神分裂症患者。

它们的治疗反应也不相同。抗精神病药物（神经阻滞剂）是治疗精神分裂症的主要药物，而且通常都很有效。相比之下，SRIs似乎对BDD最有效，而仅服用抗精神病药物似乎对BDD患者无效（见第十三章）。

总结　总的来说，BDD似乎不是精神分裂症的症状，它也并不与精神分裂症密切相关。

现实意义　虽然现在BDD被误诊为精神分裂症的情况比以前少得多，但是还是存在。治疗师务必区分这两种障碍，这样才能有效治疗。如果有人同时患有这两种障碍，那么每一种都应该被分别诊断和有针对性地治疗。

嗅觉牵连综合征：体臭引发的痛苦

体臭是尼基（Nikki）生活的中心，虽然没有一个人能闻见。从十八岁开始，她就认为自己身上有难闻的气味。最初，她认为自己身上有汗味，后来又担心想象中的口臭。"我认为我真的很臭，"她说，"实在很难描述那种味道——就像辣酱玉米饼，每个人都能注意到。"

尼基每天要洗五次澡，换五次衣服。她大量使用肥皂、香水、除臭剂和漱口水，不停地嚼口香糖、吃薄荷。她反复通过朝手心哈气来检查口气。为了清除想象中的臭味，她会吃一些特别的食物，而且会把舌头和口腔刮到流血。同时，她认为别人会特别注意到她的臭味。"距离我十米以内的每个人都能闻到。不然他们为什么会那样对我皱眉头，并且评论说'这里空气不好'？为什么当我和他们在一起的时候，他们要开窗户或者讨论肥皂？"

尼基的先占观念和牵连思维导致她无法工作。她尝试做过很多工作，但当她认为人们在谈论她的臭味的时候，她就会离职。她变得与社会隔绝。她也拜访过非常多的医生，但是她的痛苦并没有得到缓解。最后，尼基因先占观念而出现了失能，变得抑郁，甚至考虑自杀。

嗅觉牵连综合征患者认为他们的体臭闻起来像屁臭、口臭、汗臭、肛门或生殖器的气味，或者甚至像一些非身体的气味（如氨气味或者辣酱玉米饼味）。患者通常认为气味来自于肛门、口腔、皮肤、脚、腋窝或生殖器。就如其他人根本无法察觉或几乎不会察觉BDD患者的身体缺陷一样，人们也不会闻到嗅觉牵连综合征患者的体臭。

这种病症目前还没有得到充分研究，因此我们很难评估其与BDD的异同。然而它们的一个相似之处是，二者都以牵连思维为特征。对于嗅觉牵连综合征而言，其他人做出的跑开、开窗户、表情厌烦、说出单词"气味"、与他们保持距离地坐，或者在他们面前看报纸等行为，都是对讨厌的气味的反应。另外，他们也热衷于与BDD症状相似的某些行为——频繁检查气味是否

存在，反复询问其他人能否闻到气味，过量使用除臭剂、香水或漱口水来进行
掩饰，过度淋浴清洗或换衣服。因为他们确信自己的问题是躯体层面的，所以
他们通常向非精神病学的医学专家寻求帮助——认为口臭的找牙医，认为阴道
有气味的找妇产科医生，认为肛门有气味或者胃肠胀气的找直肠病学家，或者
他们会做手术摘除散发臭味的扁桃体。与BDD患者的情况一样，他们的这些
治疗通常是无效的。

这两种疾病如此相似，因此有些人认为嗅觉牵连综合征可能是BDD的一
种形式，或者认为BDD和嗅觉牵连综合征都是社交恐惧症的一种类型，因为
二者都有社交逃避和社交障碍的特点。

虽然关于嗅觉牵连综合征的治疗研究非常少，但是这些为数不多的病例
报告表明，嗅觉牵连综合征不仅对SRI和很多抗抑郁药物（包括不属于SRIs的
药物）有反应，而且对单独使用抗精神病药物匹莫齐特的治疗、联合使用抗抑
郁症药物与抗精神病药物的治疗也有反应。这些都与BDD不同。

总的来说，关于嗅觉牵连综合征的研究太少，因此难以判断它和BDD的
关系。然而这种未被充分认识且会对人造成损害的障碍，似乎和BDD有很多
相似之处，但也存在一些差异。

恐缩症：对阴茎回缩的恐惧

当恐缩症（Koro）发作时，患者会带着恐惧冲进急诊室。他们担心自己
会因阴茎回缩而丧命，于是会恳求家庭成员和医生通过拉住他们的阴茎来拯救
他们。

"Koro"，马来语"海龟的头"，这个词包含了一个错误的信念，认为
人体的阴茎会回缩，甚至会突然缩进腹部，而当它完全缩进腹部的时候，人就
会死掉。强烈的焦虑和恐惧导致他们用各种办法去阻止阴茎回缩：绑、紧握，
或者用像钳子一样的器械把它钳住。恐缩症几乎不曾发生在女性身上，没有人

担心她们的乳房或者阴唇会回缩。它通常发生在东南亚的部分人群中，世界上的其他地区——例如印尼、印度、泰国以及英国——也有对类似症状的报道。

BDD患者和恐缩症患者都有对外表自感缺陷的、会唤起焦虑的先占观念。有些男性BDD患者会担心他们的生殖器。然而东南亚的恐缩症病例在许多方面与BDD患者不同。恐缩症患者相信他们的身体正在发生剧烈的变化，这在我所接触的BDD病例中是比较罕见的。还有，恐缩症患者担心阴茎的回缩会导致死亡，而这不会发生在BDD中。此外，和BDD不同，恐缩症通常是突然发作，病程短，作为一种流行病发生，而且通常反复保证就可以解决问题。

而西方国家的恐缩症患者大多没有这些特点，他们的症状与BDD有很多相似之处。在这些病例中，他们担心阴茎太小或者会回缩，但是通常不会认为它会真的缩进腹部，导致死亡。西方国家的恐缩症往往是长期的（持续几十年），而且不是一种流行病。有些病例的症状与BDD症状非常相似，或许将其诊断为BDD可能比恐缩症更加准确。尽管发生在东南亚的以流行病形式发作的恐缩症在许多方面不同于BDD，但是我们并不清楚它究竟是有别于BDD的另一种障碍，还是BDD在不同文化中的变体？这是众多有待解决的BDD谜题中的一个。

BDD的妄想变体

BDD和其妄想变体之间的关系具有争议，而且也很重要。在DSM-Ⅳ中，非妄想型BDD被归为躯体形式障碍——一种涉及身体不适的障碍；然而妄想型BDD（坚信自己的外表信念是正确的）则被归为妄想症[①]。但是当我和同事

---

① 在《精神疾病诊断与统计手册》第五版中，这种分类已被弃用，现在BDD被归入"强迫及相关障碍"，不再区分妄想型和非妄想型。——译者注

对BDD的这两种形式进行比较的时候，我们发现，它们在被诊查的几乎所有特征上都是相似的，据此我们推断它们实际上是同一种障碍，只是妄想变体更加严重——妄想型BDD患者通常有更严重的BDD症状，功能受到更严重的损伤，生活质量更差。

这些有待检验的研究发现表明，BDD和它的妄想变体应该被归为同一种障碍。事实上，这已经在DSM-Ⅳ中有所体现：尽管它们仍被分别归类，但是它们也可能是双重性的。换言之，如果一个人患有妄想型BDD，那么他会被同时诊断为BDD和妄想症。虽然这个折中令人有些为难，但这毕竟强调了BDD和其妄想变体可能实际上是同一种障碍。

BDD跨越了一个自知力的"连续谱"——从良好，到贫乏，再到无（妄想）。整个连续体似乎构成了这种单一的障碍。BDD患者的自知力会在这个连续谱上起伏波动，非妄想型的有时候会变成妄想型的，反之亦然。另外，患者的自知力会随着治疗而改善。这些观察资料进一步支持了妄想型和非妄想型BDD是同一种障碍的推断，因为患者的自知力在这个区间内变动，不能被认为是两种不同的障碍。而且有时候人们难以区分妄想型和非妄想型先占观念，这也为连续谱模型提供了支持。

妄想型—非妄想型问题也存在于其他障碍中，例如强迫症、神经性厌食症、疑病症以及社交恐惧症。就像BDD一样，这些障碍似乎也存在一个自知力连续谱，而且患者的自知力有时候会在这个连续谱上波动。这是一个十分有意义的课题，需要进一步研究，这对许多精神障碍的分类和治疗具有重要意义。

从临床角度来说，我会考虑将妄想型和非妄想型BDD视作同一种障碍，并且通常采取同样的方法来进行治疗。尤其是，正如我在第十三章中讨论过的，我建议用SRI来治疗妄想型BDD，尽管这并不是其他妄想型障碍常用的治疗方法。我还建议不要单独使用安定药来治疗妄想型BDD（以及非妄想型BDD）。用CBT治疗这两种类型的BDD的效果在总体上是相似的，但是妄想型BDD患者可能尤其能从强调认知重建和行为实验的治疗中获益（虽然这个问题还没有被研究）。尽管妄想型和非妄想型BDD是相似的，但是应该牢牢记住，妄想型BDD患者通常病情更加严重，也更容易自杀，同时也可能更不愿意接受精神科治疗。

BDD和人格

BDD患者几乎可以有任何类型的人格特质：一些人是安静甚至孤僻的，另一些人则是开朗外向、活泼大胆的；一些人比较多疑，另一些人则比较容易相信别人；一些人拘谨而小心，另一些人则易冲动、喜欢寻求刺激和新奇。这个清单还可以继续列下去。

尽管BDD患者的人格特质多种多样，但是他们通常有一组特质非常显著。他们通常用害羞、安静、不自然、谦逊、低自尊，以及对拒绝很敏感来描述自己。在已发表的病例报告中，患者的害羞和强迫性人格特质特别突出。我使用大五人格量表（NEO-Five Factor Inventory，NEO-FFI）对100名BDD患者进行了人格特质评估。这个量表评估的是五种人格特质：神经质、外向性、尽责性、开放性和宜人性。神经质反映的是各种消极情绪和认知——尤其是焦虑、愤怒、沮丧、情感脆弱性和自我意识。BDD患者这个群体在这个测量中的得分非常高，这在意料之中。因为很多BDD患者说过他们经常会体验到这类消极情绪。

外向性反映的是合群、热情、自信、活力以及追求刺激的倾向，BDD患者在这一方面的平均得分较低。因此，BDD患者通常是内向的、安静的、少言寡语的。该调查结果与较高比例的BDD患者同时患有社交恐惧症这一情况是一致的。在尽责性方面，BDD患者的得分低于平均水平，尽责性反映的是个体对自我的严格要求，为了目标努力奋斗直到成功。他们在经验开放性（审美敏感、求知欲、创造性以及乐于尝试新事物）方面的得分处于平均水平，而在宜人性（利他的、信任的、和善的、愉悦的；与抵触的、急躁的、小气的和挑剔的相反）方面的得分处于较低的平均水平。在其他研究中，我发现BDD患者通常不自信，并且对拒绝很敏感（在自信方面，女性得分低于第15百分位数，男性得分低于第10百分位数）。

值得一提的是，这些分数都是平均值，有些BDD个体的得分与这些平均值差别很大。同时，这些分数告诉我们：例如，低外向性与BDD相关，但是这并不意味着BDD和内向性之间有因果关系。

我和其他一些研究者还对BDD个体存在的人格障碍进行了评估（见附录二）。这些研究发现，40%—100%的参与者有人格障碍，其中回避型人格障碍最常见（回避型人格障碍的特点是社会抑制、不足感，以及对消极评价格外敏感）。自恋型人格障碍的比例很低。这些发现与我的临床观察相符，多数BDD患者都不是虚荣或者自我中心的；相反，他们更多是自觉的、焦虑的以及害羞的。

似乎很清楚的是，BDD并非人格问题的症状或者反映。很多BDD患者都没有人格障碍。而且，当BDD被成功治疗后，所谓的人格问题有时候会消失，表明其实际上是BDD的症状，或者由BDD导致。尽管如此，正如我们在第十章讨论过的，特定人格特质可能会促进BDD的发展。

就像BDD的许多其他方面一样，关于BDD和人格特质（正常的和有问题的）的关系的研究还太少，因此还需进一步研究。更多的研究将有助于解答这样的问题：是否存在某种人格特质使人易患BDD，或者BDD是否改变了个体的人格。

总结思考

总而言之，BDD与其他任何精神障碍都不完全相同，也不能说BDD是其他任何精神障碍的症状。但是它与其他很多障碍有许多相似之处，因此它可能与其他障碍有关，特别值得注意的是强迫症、社交恐惧症、抑郁症、进食障碍和嗅觉牵连综合征。然而BDD很有可能是一种异质性疾病，有各种不同的形式。因此也许某种形式的BDD与某种障碍（比如强迫症）的相关程度更高，而其他形式的BDD则与其他障碍（如进食障碍）的相关程度更高。

在考虑BDD与其他精神障碍之间的关系的时候，其中一种方法是将之视为相关障碍"家族"中的一个成员。我前面提到过，BDD被广泛认为是"强迫症谱系障碍"中的一种——一个假设的与强迫症有密切关系的家庭中的一员。BDD也曾被认为是一种"情感谱系障碍"，这是一组范围更广的障碍，它包括了强迫症以及强迫症谱系障碍中的很多障碍。

这些结论的现实意义体现在应该对存在的BDD进行识别和诊断，而不是假设它是另一种障碍的症状。据我们所知，能够有效治疗BDD的方法在某些方面不同于治疗其他精神障碍的方法。如果BDD没有被识别并对症治疗——如果BDD被误诊为其他障碍或者完全被忽略——治疗可能会是无效的。然而，正如我在第十二章到第十四章中详细说明的，如果治疗针对的是BDD本身，那么它就可能有效改善BDD症状。

在未来，当我们对BDD和其他障碍的病因有了更多了解的时候，我们对这些障碍之间的关系会有更清楚的认识。这种认识将帮助我们对它们进行更准确的分类、诊断，以及更有效的治疗。

第十七章
家庭成员和朋友

"至少有一个人是有耐心的、能够理解他们的和有爱的，不让他们感到孤独。"

——一位母亲

你能做些什么？

BDD给很多人造成了影响。患者的家庭成员和朋友通常也是受害者。看着心爱的人在这种痛苦而使人备感折磨的疾病中挣扎，是一件非常痛苦的事。你会感到无助，因为无论你怎样努力想施以援手，都不起作用。你会感到挫败甚至愤怒，因为你无法让你的家人不再担心外表，停止仪式化行为，走出房间和你一起做些事情，或者获得正确的治疗。你会感到被冷落，因为他们深陷于BDD之中，以至于看起来忽视了你。你可能感到孤独，认为这个世界上没有人会和你一样面对这种问题。BDD让患者的家人和朋友感到巨大的压力，以至于会引发严重的冲突、敌意以及愤怒，甚至会导致关系、友谊破裂，以及离婚。

我将在本章中讨论一些方法，BDD 患者的伴侣、家人、朋友可以利用这些方法帮助患者和自己，更好地处理这种难以对付的疾病。表17-1列出的是一些可能有帮助的方法摘要，后文我将详细讨论这些方法。

表17-1　应对BDD：家人和朋友能做些什么

（1）　识别BDD症状，重视这些症状，坦诚谈论BDD。

（2）　鼓励和支持患者进行精神科治疗。

（3）　如果BDD患者不愿意进行精神科治疗，那么要留意他们的痛苦和出现问题的功能。

（4）　不要一直讨论"缺陷"，也不要试图说服患者放弃他们关于外表的信念。

（5）　营造一个支持性的家庭环境。

（6）　不要让自己卷入BDD仪式化行为。

（7）　不要反复保证。

（8）　鼓励患者改善功能，也要认识到他们的局限性。

（9）　鼓励患者参与家庭活动。

（10）　即使患者只有微小的进步，也要给予表扬。

（11）　在评估进步的时候，要看整体情况。

（12）　当患者处于压力之中时，你可能需要调整你的期望值。

（13）　要有耐心。

（14）　尽量控制愤怒。

（15）　如果BDD患者正在考虑自杀，要立即进行精神科护理。

（16）　尽可能保持正常的家庭日常生活。

（17）　给自己留一些时间。

（18）　不要自责。

（19）　记住，你并不孤单。

（20）　保持希望！

"自私的疾病"：丈夫的观点

"我无数次想过要离开我的妻子，"山姆（Sam）告诉我，"我是一个非常忠诚的人，而且很爱她。但有时候真是太难以忍受了。当我们要外出的时候，她总是拖拖拉拉，有时就干脆不去了。她把自己困在自己的想法里，完全看不到我。她无法给予孩子必要的照顾。BDD是一种自私的疾病。"

在妻子贝斯（Beth）接受治疗期间，山姆有时候会陪妻子一起过来，告诉我他是怎样应对他妻子的疾病的。"我妻子患上这种病已经很多年了，"他说，"没有人知道到底是怎么回事。"令贝斯感到苦恼的是她的鼻子，而且她曾为此做过很多次没有效果的手术。先占观念导致她在照顾孩子方面感到困难。孩子们长大之后，她又发现自己在工作时难以集中注意力。她想去工作，但大部分时间都处于失业状态。

"这个问题也影响到了家人，"山姆告诉我，"我知道这个问题给我的妻子带来了巨大的痛苦——我没有忽视她在这方面所承受的痛苦。但是这也严重地影响到了我。我希望我这样不是太自私，但有时候我认为，我所承受的痛苦并不比她少。"

山姆和贝斯已经结婚十年。贝斯的前夫因为她的病症离开了她。"你可能会怀疑那就是原因——我太担心我的鼻子了，"她告诉我，"一些人认为那是个借口——他离开我的真正原因是其他事情。但最主要的还是因为BDD。我整天缠着他，恳求他帮我再找一个外科医生，而且不断地谈论手术可能会解决的外表问题。我们几乎没有社交生活。当我们要外出的时候，我都会拖延很多时间。我会一直坐在镜子前化妆，反复整理头发，想让鼻子看上去小一点。有时候我完全不去参加社交活动，因为我认为自己的样子太糟糕了。这实在是把他逼疯了。"

"我设法照顾我的孩子，我真的想把这件事做好，但非常困难。我不知道怎样才能做到。我太注意我的鼻子了。我无法停止想它。这对我丈夫来说也很痛苦，因为他在做完两份工作之后还要照顾孩子。我不想让你认为我完全就是个废人——我不是的，但是因为鼻子的问题，我的生活太艰难了。最终他受够了，离开了我。"

和贝斯的前夫一样，山姆也被完全卷进了她的疾病中。在她的一再坚持下，山姆手持镜子并且照明，以方便她查看鼻子，这种仪式化行为消耗的时间每天会超过一个小时。贝斯也经常向他谈起自己的鼻子，说她想做手术，或者询问她的鼻子是否变好看一点了。"这个问题真的太难回答了，"山姆告诉我，"无论我怎么回答，她都不会真正相信我。她只是一遍又一遍地问我！我真不知道该说什么。"他们不参加家庭聚会，朋友也很少，因为他的妻子总是认为自己太丑了，不愿意和其他人在一起。有那么几次，山姆甚至开车送她到急诊室，因为她照着镜子想自杀。

"世界上再也没有比BDD更糟糕的疾病了，"山姆多次这样对我说，"那些没有亲身经历过的人是不会理解的。这真的是世界上最具破坏性的事情。我见过死亡，见过谋杀。但这个病真是太糟糕了……也许我比妻子更加艰难，因为我比她更无助。我无法为此做点什么。"

最令山姆感到难受的是孤独。"我感觉非常孤独，因为朋友们和家人都不理解我。我只能靠自己应付这些事情。我曾鼓起勇气告诉我的几个亲戚，但是他们并不理解，甚至认为这是无稽之谈。但它的确就是一种最具有毁灭性的疾病。"

和贝斯的前夫一样，山姆曾想过离开他的妻子。但是他还是决定留在妻子身边。最终，在贝斯服用舍曲林之后，情况有了很大改善，他们婚姻生活的压力也减少了。

山姆的故事并不罕见。我见过不计其数的和BDD患者一起生活的丈夫、妻子、女朋友、男朋友、父母及其他朋友。他们都因患者的这种疾病被深深影响，而且一直在想办法和它做斗争。

我没见过克雷格（Craig）的妻子，因为她已经离开他很多年了。"她离开我，是因为我太担心自己的皮肤了，"他告诉我，"我完全被困住，有时候情况不太糟，但是一旦它变得很糟糕，我就会逃避工作，不再外出，甚至整个周末都躺在床上。我觉得活着没什么意思，也完全忽视了我的妻子。我完全陷在这种想法中，无法自拔。"

"我们在是否生孩子这个问题上无法达成一致意见。我妻子想生，但是我担心我会因为自己的症状而无法对孩子尽责。我所有的时间都得用来照顾自己。我的妻子仍然为此坚持了几年。但最终她再也无法忍受了，就离开了我。

如果不是因为这个病，我想我们今天还在一起生活。"

BDD导致的离婚并不罕见。这是这种疾病给BDD患者亲属造成痛苦的一种极端表现，我从许多人那里听到了相似的故事。在每一个故事里，我们都能看到BDD以各种各样的形式对生活造成干扰，引发巨大的痛苦。丈夫、妻子、女朋友、男朋友、儿子、女儿、好朋友以及与患者相识的人都可能亲身感受到这种疾病。虽然有时候他们并不清楚到底是什么原因造成了这些困难（由于患者对自己的症状保密，他们不知道BDD正是问题的根源），尽管如此，他们仍然感受到了这种疾病带来的影响。

你可能还记得本书一开始描述的那些深受BDD影响的家庭成员和朋友。德维恩的女朋友拿着一把刀威胁他，如果不停止谈论做手术，她就要伤害他。乔纳森的症状太严重了，妻子不堪忍受，离开了他。我还听过很多故事，他们无法出席重要典礼和重要活动（不能参加毕业典礼或者婚礼或葬礼），或者不去看望即将去世的好朋友。

还有一些例子没有那么引人注目，但是他们的痛苦不减半分。泰德（Ted）的妻子恳求丈夫尝试药物治疗，这可能会减少他的症状；但是他更愿意尝试"自然疗法"，尽管这种疗法在过去十五年的治疗中并没有产生效果。结果，他们在婚姻生活中备受折磨。伊凡（Ivan）的女朋友努力让他和她一起去参加聚会，并且告诉他，他看起来挺好的——非常英俊，而且除了他自己之外，没有人会注意他的头发，但最后通常都是她一个人出门。教师们也可能经历过这样的挫折，他们想尽办法让患有BDD的学生努力学习，却无法理解他们的成绩为什么一直下降或他们为什么经常缺课。老板可能很疑惑为什么他的雇员上班迟到，而且经常请病假。他们所有人都受到了BDD的影响。

"自私的疾病"——山姆的描述——反映了许多BDD患者家人的切身感受。由于BDD患者陷入自己的先占观念中无法自拔，忽视了其他家庭成员。BDD患者似乎把自己的需要放在第一位——避开社交活动，忘记婚礼，花很多金钱在美容产品上，只谈论他们的外表，对其他事情没有兴趣。纵然BDD

患者没有这些表现，他或她看起来总是有距离的、偏执的，只顾自己、不关心身边的人。但是，正如我在全书所强调的，BDD患者几乎无法控制他们的强迫观念。如果他们可以把心思从外表上解脱出来，他们一定会这样做。对于其他人来说，BDD患者似乎是自私的，但是BDD并不是一个自私问题。有效果的治疗通常能终结这种"自私"——这些看起来自私的行为，只是BDD症状的结果。

"我知道我女儿有些不对劲"：父母的观点

"她在浴室里一待就是一个小时，而且出来的时候很苦恼，这时我就知道我女儿有些不对劲了。"这位母亲非常努力地帮助她的女儿应付BDD。虽然她采取的一些方法并不成功，例如反复保证，其他方法也不起作用。最后她女儿同意去看精神科医生，而且对帕罗西汀反应良好。

患者的父母可能会遭受很大痛苦。他们可能不得不面对十四岁的女儿成绩每况愈下，而且避开朋友和活动；他们可能要照顾三十五岁的儿子，因为他不能养活自己或无法独立生活；他们可能最后在绝望中不得不带着他们英俊的青春期儿子去做下巴填充手术，因为他们再也无法忍受儿子不断地恳求，但最后却发现他甚至比手术前还不开心。

珍妮弗的母亲一直为她的女儿操心——怎样才能使她回到学校去，怎样才能帮助她找到一份工作，怎样才能让她不再担心她的外表。其他患者的父母也大抵如此。"我们告诉女儿，她的外表是正常的，不要那么担心外表，"莫利（Molly）的父母告诉我，"我们不愿意看到她闷闷不乐。""我知道我快把他们逼疯了。我问他们我看起来是否正常，而且对他们说我很丑，"莫利回应道，"但是当他们说我很漂亮的时候，我很恼火。他们爱我，想让我安心，因此他们说我看起来还不错。但是我很丑。"

对于患者父母来说，处理BDD问题尤其困难，因为你可能觉得自己应该对孩子的问题负责任。是你造成了孩子的问题吗？是你过分强调了外表的重要性吗？在你抚养孩子的过程中有什么异常吗？这些自责只会加重你的痛苦。

一位母亲在帮助儿子处理头发的时候感到很无助，而且自责。"头发让他太苦恼了，他都无法正常工作。我们试着不去安慰他，但他那么绝望，我们必须给他安慰。只要他认为头发变得更糟了，就会发脾气。我们不知道该怎么办。"

她的儿子也告诉我，他对于外表的担心如何引发了家人的痛苦。"我不喜欢和他们在一起，因为我的长相令我太苦恼了，"他说，"和他们在一起，我甚至无法过一个愉快的圣诞节。我忍不住要问他们'我的头发看起来怎么样？会不会太少？'他们会对我说'不要把圣诞节给破坏了。'但是我忍不住要问。然后我感觉更难受了，因为是我让他们闷闷不乐。我把他们带到了痛苦的深渊。"

我曾收到一位母亲的来信，她的孩子因为认为自己太丑而自杀了。那个男孩曾去看过很多医生，但是没有人诊断出BDD。她写道："经过这么多年，我对儿子已失去了耐心。因为他本来是一个十分英俊的男孩，却整天盯着镜子，说他很丑。他曾对我说，'到底是什么把我弄成这样，妈妈？'在他自杀的前一晚，他说我根本不理解他。那的确是事实。他已经完全绝望了。"

"我知道，要去撼动一些BDD患者的想法几乎是不可能的，但是至少有一个人是有耐心的、能够理解他们的、有爱的，不让他们感到孤独……我的悲剧在于我过去不懂而且也没有告诉他那不是他的错。"

给BDD患者的家庭成员和朋友的建议性指导原则

在这个部分，我将介绍BDD患者的家庭成员和朋友普遍会遇到的一些问题，以及处理这些问题的方法。BDD的表现形式多种多样（因为每个个体和每个家庭成员对BDD的感受在某些方面有所不同），因此这些建议可能无法解决你遇到的某些问题。但是我希望这已经涵盖了大多数情况，而且希望这些处理策略对你有帮助。

下面的这些原则说起来容易，但是执行起来并非易事。事实上，有些还会令人沮丧，感到为难。但是所有这些都值得尝试。记住这些原则会是有帮助的，因为如果患者对药物或认知行为治疗至少有部分反应的话，这些建议能使治疗更容易产生效果。

这里讨论的大多数方法，就其本身而言是不能治疗疾病的。治疗要靠5-羟色胺再摄取抑制剂和认知行为疗法。我将要讨论的应对策略都是辅助方法，这些辅助方法可能会提高BDD的治疗效果，并且使疾病更容易被接受。这些策略至少可以预防症状的恶化，因为恶化有时候是由于家庭成员和朋友出于好意的回答和干预引起的。这些策略也可以帮助你消减无助感、愤怒、沮丧以及孤独感。虽然你在应对BDD时可能感到无能为力，但你还是可以在很多方面为患者提供帮助。

（1）识别BDD症状，重视这些症状，坦诚谈论BDD。

这是关键的第一步。正如我在本书中一直强调的，BDD症状很容易被误认为是正常外表关注或者甚至是虚荣。你可能很容易忽视警告信号，认为你所爱的人只是自我中心或固执己见。你可能认为一个青少年BDD患者只是在经历一个特殊的"时期"。BDD还可能被误诊为其他精神障碍（见第四章）。

不要忽视BDD的警告信号。不要因为他们太关注外表而愤怒、批评或嘲笑他们；也不要反复向他们保证他们的外表正常。取而代之的是，你要去了解BDD。如果他们具有我在第四章提到的任何BDD征兆，不要批评或责备他们，要以支持的态度询问他们担心的是什么，倾听他们，和他们谈论BDD。越早帮助你所爱的人认识到问题所在，康复的进程就越早开始。你可能会担心，告诉他们这些问题可能是精神方面的，会对他们产生消极的反作用。他们有可能会有这样的反应，但是很多人都不会。事实上，很多人在了解到他们可能患的是一种已知的和能治疗的疾病，而且他们并非一个人之后，会感到巨大的放松。识别BDD是帮助你和患者应对这种疾病的关键第一步。

（2）鼓励和支持他们去寻求精神科治疗。

获得正确的治疗是关键。不要对患者说"振作起来""继续努力"或"别担心了"。如果他们有心脏病，你是不会这样说的。说这些话只会使他们疏远你，让他们感觉不被理解。当然，至关重要的是尽力获得正确的治疗（SRI或CBT），全面积极参与治疗。继续努力本身并不能治疗疾病。鼓励患者尝试SRI或CBT，并且坚持治疗。提议预约有资质的专业人士，并且陪伴他们去做评估。你的鼓励和支持具有重要意义。

在鼓励患者进行精神科治疗方面，你能提供很多帮助。虽然很多BDD患者愿意接受这种治疗，因为这种治疗会给他们带来减轻痛苦的希望，但是也有些人不愿意接受这种治疗。你的支持可以使患者对于这一问题认识产生本质上的差别。你可以提醒患者，服药是不会产生副作用的，即使产生，其副作用也是轻微的和暂时的。耐心等待一段时间，副作用过去之后，药物也开始发挥作用。如果副作用的确造成了问题，那么就应该尝试另一种药物。在没有咨询医生之前，不要让他们停药。有时候，认知行为疗法具有挑战性，做起来很困难，这时你要鼓励患者牢记这种情况是意料之中的——如果它具有挑战性，那么它就越有可能起作用。另外，在治疗师的指导下，你可以参与到患者的暴露、行为实验以及反应预防的治疗环节中去。你的鼓励和支持可以使回避型患者取得很大进步。

支持精神病学的治疗，而非外科手术治疗，有时候很困难。BDD患者可能极度渴望获得手术治疗，而且可能苦苦哀求家庭成员在这方面给予他们金钱上或者精神上的支持。虽然还需要更多科学严谨的研究，但目前我们已有的证据表明，这是不能有效治疗BDD的，而且BDD患者通常不会对治疗结果感到满意。很多人报告称他们希望当时有人（包括他们的家庭成员）能够劝服他们不要做手术。

根据我们目前所知，最好的建议就是鼓励BDD患者避免外科手术治疗。我的这个建议尤其针对那些已经做过多次手术，但是对外表的关注却丝毫没有减少的人。至少先尝试充分的精神科治疗，这是慎重之举。鼓励你关心的人首先尝试这种治疗。精神科治疗不会有显著的负面影响，更可能产生效果，而且它的风险比手术治疗的小。

（3）如果BDD患者不愿意进行精神科治疗，那么要留意他们的痛苦和出现问题的功能。

如果BDD患者不愿意接受诊断或获得帮助，这会令人非常苦恼。多数BDD患者缺乏自知力或者完全没有自知力，因此这个问题十分普遍。虽然这个问题不容易解决，但是如下方法可能会有帮助：

·不要长篇大论地指责他们，保持心平气和，提供有关BDD的信息并支持他们寻求精神科治疗。

·强调给他们的生活带来巨大影响的正是他们对于外表的担心。不要和患者争论他们的外表如何，让他们知道他们之所以如此痛苦，是因为他们太过担心自己的外表，他们的担心过度了。他们强烈的先占观念干扰了他们的功能和人际关系，剥夺了他们的理想和正常生活。先占观念的控制力非常强大。他们可以不喜欢自己的外表，但是这不应该控制他们的生活，或者导致他们如此痛苦。治疗可以使这一切有所改观。

·强调治疗会在很大程度上减轻他们的痛苦，改善他们的功能和生活质量。有效治疗是值得被尝试的。只是尝试一下，并不一定要进行终生治疗。另外，有效果的药物通常比较容易接受。向精神健康专家咨询——如何让患者尝试精神科治疗——有时候也是有帮助的。定期提醒患者，你愿意提供帮助，而且他们的情况会有所好转。

有效果的治疗意味着患者重新获得控制力。他们——而不是对于外表的先占观念——是主宰。他们想思考什么就能够思考什么。他们将能够和其他人交流，从痛苦中解放出来，他们曾是痛苦思维的囚徒。将我的一些患者在对精神科治疗有反应之后所说的那些话转述给他们。卡珊德拉曾把自己描述为被关在笼子里的动物——强迫思维控制了她，把她困在一个既没有自由又没有快乐的地方。有效果的治疗让她得到了解脱，她能够重新掌控自己的生活了。

另一位患者说："治疗让我彻底获得了自由——它解除了那些巨大的负担。我后悔耽误了这么多年才进行治疗。"这位患者过去从不关注精神科治疗。他更喜欢整体分析法，并且尝试这种方法已经二十年。最后他对这种自我治疗的方法感到厌倦，因为这个方法不起作用，他感到疲倦，这不是他想要的生活。过去的二十年他一无所获。

（4）不要一直讨论"缺陷"，也不要试图说服患者放弃他们关于外表的信念。

有些家庭成员和朋友试图说服BDD患者放弃他们的信念，这是可以理解的。BDD患者的外表本来就是正常的，为什么不直接这样解释呢？为什么不直接向他们讲理由？毕竟他们在其他方面是理智的。也许说服他们只需要一个令人信服的理由，或者一次发自内心的尝试。

这种方法是不可能有效治疗BDD的，它还会无穷无尽地消耗你的时间。通常，每一个使用这种方法的人最后都铩羽而归。对于那些妄想型BDD患者来说，这种方法尤其可能无效——他们完全确信自己关于缺陷的观点是正确的。你可能还记得史蒂夫的话："我确信自己看到了什么，就像你能确信你看到这张桌子上的盒子是长方形的，而不是圆的一样。"如何与这种强大的坚定信念争辩！采取刚刚提到的第三条的建议可能更有帮助。

尽管如此，现实核查的方法有时候可能会对某些BDD患者有帮助。对于那些具有一定自知力——能够认识到自己关于外表的信念是扭曲的或由精神障碍导致的——的患者来说，如果你提醒他们，他们的观点是扭曲的，是BDD导致了这种扭曲，可能能帮到他们。提醒他们不要以己度人，这样可以帮助他们理清头绪，但是不要试图和那些对自己的认知偏差没有自知的患者争辩，或者试图说服他们。

随着药物或认知行为治疗开始发挥作用，患者的自知力会有所改善。也就是说他们关于的外表观点会变得更加现实。到那时再提醒他们——他们的观点是不准确的——会有帮助。他们的大脑戴了一副雾蒙蒙的眼镜，妨碍了他们的自我观察。

总的来说，越少谈及外表越好。例如，如果有人因鼻子问题而困扰，那就不要对他说"你的鼻子正常，但是可以改变一下发型"。这些善意的评论通常都是没有帮助的，它们会引发严重的痛苦，甚至新的外表困扰。

（5）营造一个支持性的家庭环境。

BDD特别难以处理，因此你可能很容易批评患者或对其表现出愤怒，最好避免这种情况的发生。相反，尽你最大努力创造一个支持性的家庭环境。帮助他谈论他的焦虑、抑郁、羞耻感和孤独感。表达你对他的支持，帮助他和BDD做斗争。不要评判、批评或者怀有敌意。向他解释，如果你参与他的仪式化行为或帮助他逃避（如社交场合），只会使他的病情更加严重。让患者知道，在整个康复过程中，你会给予他关心，你会尽力理解他并提供支持。

（6）不要让自己卷入BDD仪式化行为。

这是BDD患者的家人和朋友最容易陷入的误区。你会被卷入他的仪式化行为，这看起来似乎是没道理的，甚至很奇怪。你会被要求参与这些行为，使其更容易执行这些行为或使这些行为具有被执行的可能。尽管许多BDD仪式化行为是安静的、私密的、不会涉及其他人，但是实际上可能涉及任何一个人。你可能被要求手持镜子，以方便他多角度观察缺陷，或者当他在检查缺陷的时候，要求你提供照明。或者因为他执行检查和整饰这样的仪式化行为，你可能每天都有几个小时无法使用浴室。

你可能被要求帮助他测量身体的某个部位，或者被要求确认某个测量结果是否正常或标准。你可能被要求帮他修剪或梳理头发，整饰。你可能被要求确认某件衣服是否有吸引力，或者被要求支付价格不菲的商品，例如假发、服装、美容产品或外科手术。你可能被要求去一个寒冷的地方度假，因为他在那里可以穿很多衣服遮掩缺陷。一些BDD患者强迫性地抠抓家人和朋友的皮肤。当BDD患者被拒绝时，他们会变得非常烦恼。正如一位女士所说："他们通常都屈服了，让我这样做，"她说，"对于他们来说，这是最容易做到的事情。"

对于你和BDD患者来说，最好的选择是不参与他的仪式化行为。你的参与会助长他的BDD并使其得以维持。协助仪式化行为还会耗费你自己的时间和精力。你可能愿意参与，因为你希望能帮到他。毕竟，你关心的人正在遭受极端痛苦。你希望你的参与会有好的结果——如果能够如愿以偿地照镜子，他的焦虑就会消失。但是参与BDD仪式化行为从来不会，而且也永远不会治疗这种疾病，反而会因为强化了这些行为而使他们的病情恶化。

不要帮助他照明以使他的视野更佳。不要帮助他整饰或梳理头发。不要对他的"缺陷"或衣着给予反复保证。不要再为他的另一套衣服付款，或者为一次又一次的手术付款。不要允许他抠抓你的皮肤。当他们在检查的时候，限定你等待的时间。始终如一，善意，坚定信心！始终如一尤其重要，因为这会让BDD患者知道他或她的行为是不会被接受或是有用的。帮助他们计划替代活动，当他们非常想执行仪式化行为的时候，他们可以执行替代活动。

不参与仪式化行为并非易事，最佳的方法是去咨询CBT治疗师。BDD患者会坚持要求其他人参与他的仪式化行为，如果遭到拒绝，患者可能会心烦意乱，甚至生气。重要的是，首先应该和他讨论，并让他知道你不会参与他的仪式化行为，因为这样做对他没什么好处。向他解释你知道他的痛苦，但是你的参与实际上会增加他的先占观念和焦虑。这些行为并不会打败BDD，反而会使BDD得以维持。即使仪式化行为减轻了焦虑，这种减轻也只是暂时的。从长远来看，对抗强迫行为才是更好的选择。虽然坚持原则通常很困难，但是你可以这样解释：你理解他们的痛苦，你正在通过不参与仪式化行为来帮助他们控制疾病。所有家庭成员在这一点上应该达成共识。尽量避免愤怒和敌意，努力表达理解和支持。幸运的是，药物或CBT治疗通常会减少患者的仪式化行为，同时也会减少他们对其他人参与仪式化行为的要求。

（7）不要反复保证。

反复求证是最常涉及其他人的BDD仪式化行为。它也是使家庭成员最受折磨的行为。如果患者的询问不频繁，可能就不会有什么问题。一些人克制自己不去反复求证，因为他们知道这样会使人感到烦恼，但是另一些人却无法控制——他们根本无法抗拒询问的冲动。有一对父母，他们二十岁的女儿患有BDD。他们告诉我："我们不知道该怎么处理，无论我们说什么，她都没完没了地询问。我们爱我们的女儿，想告诉她，她看起来很好。她认为我们在说谎，但是我们没有。我们不知道该怎么办了。"

对这种仪式化行为（和对其他所有仪式化行为）的最好的反应是不要参与。换句话说，不要对患者反复保证他们的外表没问题——尽管的确没问题。你的回答只会促进并维持BDD的发展。

典型的——也是可以理解的——反应是，向BDD患者反复保证。毕竟BDD患者的外貌本来就是正常的，这也是自然而然的回答。通常的回应包括："你看起来挺好的""我一点也看不出来""几乎看不见"或者"并不像你想象的那样糟糕——它一点也不明显"。这些回应存在的问题在于，虽然它们都是真实的，但是根本不可能长时间阻止他们再次询问。而且反复保证并不能终结他们对于外表的担心。

事与愿违，你为了使患者安心而做出的回应可能反而会使反复求证这种行为永久化。如果你的回应的确暂时减轻了患者的焦虑，那么这会激发患者再次询问以求解脱。尽管拒绝回应看起来残酷无情，但是事实恰好相反。因为它实际上会阻止反复保证这种既消耗时间又消耗精力的行为。

我通常会和BDD患者一起与他们的家庭成员见面，除了讨论BDD的一般情况之外，还会特别讨论反复保证行为。所有人都要形成共识，反复保证是没有用的，对任何人都没有益处。BDD个体通常都会承认，他们得到的反复保证并不会使他们真正安心，而家庭成员也知道，无论他们说什么，实际上都是没有帮助的。接着我们还要达成共识：为患者着想，家庭成员将不再回应患者的反复求证。如果有必要，他们将会提醒患者，询问是一种仪式化行为——是疾病的一部分，回应是没有帮助的，并且他们先前已经就此达成共识。

不同的家庭回应的方式各有不同。也许有作用的回应是："抱歉，我知道你很痛苦，但是我不会回答你的问题""我们已经达成共识了，我对你提供保证是帮不到你的""反复求证是BDD的症状"或者"我知道你很焦虑，但是我的反复保证对你而言没有帮助"。要点是在回应的时候避免评论患者的外表。在给出这样的回应之后，和患者一起从事一些活动——例如出去散步、玩游戏或看电影——会很有帮助。如果可能，要尽量避免给予他们反复保证。即使只是偶尔的回应（例如，他们问十次只回应两次）也足以强化和维持他们的反复求证行为。还有，最好不要带BDD患者找外科医生、皮肤科医生或其他医学专家寻求保证，或者带着他们去做不会真正减轻他们痛苦的手术或其他医学治疗。

有时候，由于极度沮丧，家庭成员可能会说他们的缺陷看起来很恐怖——虽然他们知道自己说的不是真话，只是出于愤怒或者因为反复保证毫无作用。我同样建议避免这样的回应，因为这会引发他们巨大的痛苦，并且会使BDD症状恶化。

（8）鼓励患者改善功能，也要认识到他们的局限性。

你可能正在督促BDD患者按时上班或上课，找工作或上学，和朋友外出，或者离开家独立生活。在一些病例中，本应独立生活的BDD患者，在成年之后的很长时间里，仍与家庭成员住在一起，靠家庭成员照顾。

根据我的经验，家庭成员通常都十分乐意给予这种支持，然而这种支持可能会给他们造成明显的压力，接着你会怀疑你的做法是否正确。让BDD患者和你一起生活，或者让他在经济上依赖你，这是在帮倒忙吗？你应该要求他独立生活吗？你在某种程度上"助长"了这种疾病吗？

亚历山德拉（Alexandra）的父母描述了这种窘境。"我们的女儿三十三岁了，本应该独立生活。但是我们担心，如果我们要求她离开，她无法自食其力。我们以前尝试过，但是不起作用。我们想知道，继续让她和我们一起生活，这样做是否正确。"

最好的情况是，鼓励患者改善功能，同时认识到他们的局限性。鼓励他们走出家门并参加社交活动，鼓励他们参与家庭活动、拜访朋友、找工作或者上学。

鼓励患者保持忙碌同样是有帮助的，虽然这不会治愈他们的疾病。无所事事会使他们的先占观念更加严重，因为他们有太多时间用来强迫性地思考和执行仪式化行为。你可以提出一些活动建议，或者参与制定一份活动清单，使患者可以在无所事事或沉迷于自己执念的时候进行这些活动。工作或上学可以减少BDD症状，因为时间被有意义的活动占据，留给BDD的时间变少了。

鼓励你所爱的人尽可能地自我激励，以使他们的功能处在最佳水平。但是不要给他们过多压力，这只会造成更多的紧张和焦虑。这是一个微妙的平衡过程，需要你做出判断。要在多大程度上给予他们鼓励和压力呢？可以尝试采取第十四章介绍的暴露和反应预防的一般方法。鼓励他们循序渐进（从易到难）的练习这些技术，并且增加练习的频率。鼓励他们做那些他们曾经能够胜任但具有一定挑战性的事情。还要鼓励他们做一些更有难度的事情。鼓励那些一直没有工作的人开始工作，从志愿者工作开始，到兼职工作，再到全职工作。当BDD患者在面对这些改变和挑战的时候，你的支持和鼓励是非常有帮助的。

许多BDD患者功能的改善，除了与恰当的治疗方法有关，还与家庭的鼓励和支持密不可分。但是情况也不总是如此。也许有些患者的症状太严重了，以至于无法取得有意义的进步。在这种情况下，鼓励和支持似乎是徒劳的，这样的患者应该得到精神科治疗——可以是精神科门诊，半住院治疗（即病人白天接受治疗，晚上回家），或者住家护理院接受治疗（病人接受治疗的同时也在此生活）。那些功能非常差的患者还应该采取药物治疗和CBT治疗。由家庭成员来看护和照顾功能受损非常严重的患者，而不是坚持让他们获得充分的治疗，在我看来并非明智之举。如果患者对治疗的确有反应，他们的功能会有显著改善——能够去上学或者工作，能够自食其力。患者的家庭成员和提供治疗的专业人员见面，讨论推进这个过渡时期的方法，会很有帮助。如果BDD患者是成年人，应该把目标定为最终能自食其力。充分的药物精神科治疗和认知行为治疗是成功的关键。

（9）鼓励患者参与家庭活动。

避开家庭聚会或者毕业典礼、婚礼或葬礼等重要活动，这种情况在BDD患者中并不罕见。因为在这些场合，他们必须直面他人，他们担心他人会因外表而对他们做出消极评价，他们预见自己在这些活动中会感到强烈的恐慌。"我弟弟的婚礼让我感到惊恐，"一位男士告诉我，"如果我的头发在那个时候还没有长出来的话，我就不会去参加婚礼。虽然我的家人会非常难过，但我还是会拒绝参加婚礼。"

最好鼓励BDD患者参加家庭活动。提醒他们，在婚礼上，人们关注的是新郎和新娘，而不是他们。鼓励他们在与人相处的时候直面自己的恐惧。当他们真的这样做了之后，最终，他们的恐惧将会减少。在那之后，他们甚至会感觉更好，因为他们没有缺席活动。避开社交场合只会使他们的BDD症状得到强化。

BDD患者在与人相处的时候会遇到困难，这时CBT治疗师会有所帮助。他或她可以帮助患者在社交场合进行暴露，帮助他们待在他们想要回避的情境中。

（10）即使患者只有微小的进步，也要给予表扬。

对于你来说，控制照镜子梳理一小时头发的冲动，坚持一天不反复求证，或者去超市购物，这些似乎都不是什么大事，但它们可能是某些BDD患者的主要成就。认识到这一点，并且对他们微小的进步也给予表扬。表扬比批评更有积极意义。

识别并支持BDD患者在对抗BDD仪式化行为中的每一个进步：参与活动、走出家门、改善工作或学习功能。不要期待他们的BDD症状会在一夜之间消失。对他们的任何改善给予支持，无论这种改善多么有限。就像你不能在一天之内学会驾车一样，BDD患者也不可能在一天之内恢复正常功能。这需要时间和练习。鼓励BDD患者持之以恒，即使他们正在经历糟糕的一天或一个星期。

不要将BDD患者与那些功能良好的人进行比较。多数BDD患者都希望能够像其他人那样具有正常的功能，但是如果仅靠希望就能做到，他们早就好了。务必根据患者现有的功能水平来判断他们进步与否。当一个足不出户的患者第一次离开家的时候，他是不可能去参与棒球运动的，而去信箱收取信件是他可以做的。

（11）在评估进步的时候，要看整体情况。

当某人正在努力克服BDD、改善功能的时候，要从整体角度看待这个情况。他们努力的方向对吗？他们的仪式化行为在逐渐减少吗？他们开始越来越多地出门做事了吗？不要以每天的改变为基础来判断患者是否有进步，而要看总体趋势。在这个过程中，患者的症状一般会有反复，不要因此而气馁。BDD症状通常是时好时坏的，也许在一段时间的改善之后，接着就迎来令人沮丧的日子。不要掉进这样的陷阱里：发现某天的情况变遭了就认为前功尽弃。

与其问患者今天比昨天进步了多少，不如问他们，平均而言过去几周的症状比六个月之前或情况最严重的时候改善了多少？进步不像一根直线一样稳步向前推进。相反，整个改善的过程是一条有起有落的曲线。提醒BDD患者退步并不意味着前功尽弃，是有益的。然而，如果退步是持续的或严重的，明智的做法是请治疗者给予指导，可能需要改变治疗方案。

（12）当患者处于压力之中时，你可能需要调整你的期望值。

BDD症状会在患者感到压力时加重。几乎任何类型的——积极的和消极的——改变都会带来压力。如果BDD患者在他们感到压力的时候出现暂时的退步，不要泄气。在这段时期，你可能需要降低你的期望值。坚持执行本章的建议（例如鼓励进步，对微小进步也给予表扬），同时也别忘了，他们的改善可能进展缓慢，甚至会在压力大的情况下出现停滞。此时，你的鼓励、支持和理解会非常有帮助。

（13）要有耐心。

保持耐心是非常有帮助的！你们需要耐心等待药物治疗发挥作用。虽然一些患者对药物的响应较快（几周之内），但大多患者需要更长时间。这些药物一般会在三个月甚至更长时间之后才会发挥作用。如果第一种药物没有效果，你们应该再尝试另一种药物。有时候，患者可能要尝试很多种药物才能找到适合自己的。在这种情况下，必须坚持并保持耐心。

CBT起作用也需要时间。你们要找到有效果的认知和行为策略，对患者及其症状有充分的了解，还要有创新思维。像药物治疗一样，你们可能需要尝试多次。

当你在执行本章的这些建议时，在等待患者的症状和功能好转的过程中，你也要保持耐心。一些患者进步得非常快，另一些患者则需要较多时间。在患者感到压力期间，如果症状突然爆发，你也需要保持耐心。

对于不愿意进行充分治疗的患者来说，应该谨记，时间和家庭的持续支持会使结果大有不同。我治疗过的很多BDD患者，在多年——甚至数十年——的痛苦折磨之后，最终还是决定尝试精神科治疗。对于这些病例中的多数人来说，家庭成员的耐心和持续支持起到了关键作用。

（14）尽量控制愤怒。

突然爆发的愤怒，或者我的一些患者所说的"乱发脾气"，会对家人造成严重影响。这是BDD特别难以应对的一面。BDD患者突然发脾气，通常是因为他们对BDD导致的精神痛苦、孤独以及生活中断感到挫败和愤怒。

有时候，这种愤怒是由痛苦的事件触发的，例如感觉被嘲笑。我的一些患者通常会在做了"糟糕的"发型之后变得非常愤怒。不幸的是，你要承受这种挫败感和愤怒的冲击。

要理解这种行为与BDD有关。很多BDD患者不会故意对你发脾气，只不过当他们感到失望时，你碰巧在场。识别出哪些事物会导致他们发脾气，并设法在未来避免这种情况的发生，是有益的。如果讨论或争论缺陷是否真实——或者外表是否真的难看——会使他们发怒的话，那么就尽可能避免类似讨论。为了做到这一点，你可以使用我在前文提到的应对反复求证的方法。对具有破坏力的行为加以限制，鼓励患者讲出他们的感受，而不是通过愤怒的行为或者攻击性的语言来表达情绪，这种方法也是值得推荐的。当治疗开始发挥作用的时候，患者的愤怒通常也会减少。

大家一起与实施治疗的精神科医生或者治疗师讨论这些突然爆发的怒火以及它们对家庭的影响是有帮助的。专门为你的家庭安排家庭会议或家庭治疗会是富有成效的策略，它可以使处理患者的愤怒变得更容易。

（15）如果BDD患者正在考虑自杀，要立即进行精神科护理。

没有什么比自杀想法或行为更可能引发家庭危机的了，而这并不罕见。如果出现这种情况，你也许能帮上忙。你最应该做的就是让其获得精神科治疗：联系专业的精神科医生或治疗师，联系最近的精神病医院、社区精神健康中心或医院急诊室。不要自行处理。自杀想法和行为是严重的警示信号：患者正在遭受极大的痛苦，而且会以实际的自杀行为终结这种痛苦。

患者的家人通常会否认或严重低估患者的自杀想法。这本是一个需要直面的非常艰难的情况，但你可能会因为认为这种情况会自行消失而未予理会。但是忽视这些警示信号或推测患者的自杀想法会自行消失，是一个严重的错误。如果患者没有得到治疗，它们不但不会自行消失，而且可能变得更严重。如果BDD患者表现出严重的抑郁症状，明智的做法是去询问患者，是否认为人生毫无价值，是否有自残的想法，或者是否在计划结束生命。问这样的问题并不会让他们产生自杀想法，反而可能挽救他们的生命。

自杀想法通常与潜在的精神疾病有关，例如BDD或者抑郁症，这些都应该进行精神科治疗。坚决要求你所爱的人接受精神科治疗（包括药物治疗）。通常，药物治疗不但对BDD症状有效，而且对伴随的抑郁、焦虑以及自杀想法有效。

（16）尽可能保持正常的家庭日常生活。

如果BDD扰乱了你的家庭生活，那么要努力使其恢复正常可能需要一些时间。如果它没有扰乱你的家庭生活，那么就要尽力预防这种情况的发生。当BDD控制或破坏了你的生活时，对任何人都没有好处。对你和BDD患者而言，尽可能保持正常的生活状态是最好的。例如，如果你正计划和亲戚们一起过感恩节，但是你女儿此时的情况很糟糕，不想见任何人，那么就去赴晚宴吧，并且鼓励你的女儿一起参加。当你在这样做的时候，不要愤怒，不要批评，也不要为此感到内疚。保持正常生活对每一个人都有好处，你并没有助长她的BDD症状。并且，你不会怨恨她，有更多的精力帮助她，同时也更享受自己的生活。如果你在处理BDD的时候需要更多支持和帮助，那么就要考虑寻求专业帮助。

（17）给自己留一些时间。

重要的是，为你的职责所需和喜欢的事情留一些自己的时间。不要把这些时间用于参与BDD仪式化行为，或者给予BDD患者过分的关注。有些家庭成员觉得有必要无时无刻给予患者关心，但是对他们的过度保护和完全卷入他们的生活（不够关心你自己）可能使你在无意中传达了这样的信息：他们无法更好地改善功能，他们不能自己做那些事情。这会渐渐损害他们的自信和自我价值感。你实际上应该通过鼓励他们靠自己的力量做事情来提升他们的自信。从BDD中暂时脱身也会使你感觉好一些，还可能会使你的支持更有效果。因此不要因为留时间给自己而感到内疚。如果BDD患者的确需要特别护理和非常密切的监测（例如因为他们抑郁、有自杀倾向，或功能严重受损），你可能需要让他们得到特别的精神科护理。不要回避或放弃BDD患者，要让他们知道你在关心和支持他们，想协助他们战胜BDD。

（18）不要自责。

一些家庭成员——尤其是父母——怀疑他们应该对BDD负责。虽然我们还不知道BDD的病因，但是它不大可能（即便有可能）是你某些不当行为的结果。与其回顾过去和责备自己，不如关注当下和未来——尽自己所能，帮助BDD患者克服他们的症状。

（19）记住，你并不孤单。

家庭成员在处理BDD时可能会感到孤立无援。BDD是一种仍未被充分认识的疾病，而且一些人会因为自己所爱的人患有精神障碍而感到耻辱。如果向其他人倾诉这件事，你可能会遭到质疑，其他人可能无法理解你的担心，而此类反应可能会使你感到更加孤独。

认识到你并不孤单。记住，BDD并非罕见的疾病。成千上万的患者家属都在尝试理解和处理这种疾病。将你与这种疾病抗争的感受告诉给你信赖的人，其他人的支持会很有帮助。向你的支持者普及有关BDD的知识，能帮助他们更好地理解问题所在。

我希望BDD可以被越来越多的人认识到，进而形成地方和全国性的互助组织。其他精神障碍（如抑郁症、双相障碍和强迫症）领域已经出现了这种互助组织。很多患者的家人和朋友发现，这些互助组织在提供信息和支持方面很有用。在专门针对BDD的互助组织发展起来之前，一些已经存在的针对其他精神障碍的互助组织会对你有帮助。

与此同时，记住你并不孤单。你可能会想到，你并不知道还有谁在应对BDD，但是你的确不孤单，因为BDD影响了成千上万的人。

（20）保持希望！

永远不要放弃希望。多数患者都对精神科治疗有反应的。虽然他们的症状可能没有完全消失，但通常在治疗后得到了改善。有时候第一次治疗尝试就产生了效果，有时候是第三次、第四次甚至第五次才产生效果。需要谨记是，要找到一种对特定的某个患者最有效果的治疗方法，是需要时间和耐心的。尽管一些患者对目前的治疗方法可能都没有反应，但是我们对于BDD治疗反应方面的了解还处在非常初级的阶段。毋庸置疑，在未来，我们将会对BDD有更多的了解，知道更多有效的治疗方法。

第十八章
为BDD寻求帮助

寻求治疗

如果你患有BDD，请务必从熟知BDD并能提供本书所荐疗法的有执照的专业人员那里获得治疗。我建议你不要自行治疗。训练有素且在治疗BDD方面有经验的专业人员包括：精神科医生（在精神障碍方面经过专业训练且有处方权的医师）、执业心理学家、初级保健医生、持执照的临床社工、有高级学位的护理人员。

理想的情况是，找精神科医生进行评估，判断你是否患有BDD，然后再考虑选择什么药物。对多种药物都没有反应的人，可以去找在药理学方面特别专业的精神科医生，因为在开精神类疾病的药物时时，经验和创造性会是有益的。如果你无法找到在BDD方面专业的精神科医生，那么你可以去看强迫症方面的专业医生，因为这两种障碍有很多相似之处。

如果你决定尝试认知行为治疗（CBT），那么要找那种不仅熟知BDD，并且训练有素、经验丰富的认知行为治疗师。多数治疗师都没有经过CBT训练。虽然专长于治疗BDD的认知行为治疗师还比较少，但是数量在不断增加。如果你无法找到专长于治疗BDD的治疗师，那么去找一位在强迫症或社交恐惧症方面受过专业训练的认知行为治疗师，也不失为明智之举。

这里有一些资源，你可以从这里找到一位在治疗BDD方面有经验的持执照的专业人员：

·这是罗德岛与普罗维登斯庄园州普罗维登斯市布朗大学布朗医学院的网址：*www.Body Image Program.com*。我的网站直通巴特勒医院（Butler Hospital）的网站和关心新英格兰医疗系统（Care New England）的网站，另外还提供关于BDD的一般信息，以及我正在进行的研究（*www.butler.org/body.cfm?id=123*）。这个网站中有一份世界各地在治疗BDD方面有经验的专业人员的推荐列表。我会经常更新这份列表。这份列表并不完善，因为还有很多我不知道的能治疗BDD的专业人士。请务必记住，你应该去找一位熟悉BDD及其治疗方法的有执照的专业人员。我的网站还对我正在进行的研究进行了介绍，这些研究通常包括治疗研究，有资格的个人可以免费获得研究性治疗。

·强迫症基金会（Obsessive Compulsive Foundation）有一份治疗强迫症的精神科医生和其他临床医生的列表。由于BDD和强迫症有一些共同的特点，如果你无法找到在BDD方面有经验的专业人员，那么就可以考虑去咨询在治疗强迫症方面经验丰富的专业人员。你可以通过致电或写信给强迫症基金会以获得他们的推荐列表（OC Foundation, Inc., 337 Notch Hill Road, North Branford, CT 06471;Telephone: 203-315-2190;*www.ocfoundation.org*）。

·你可以联系美国行为治疗促进协会(American Association for Advancement of Behavior Therapy)，找到一位经验丰富的CBT治疗师（305 7th Avenue, New York, NY 10001;Telephone:212-647-1890;*www.aabt.org*）。

·你还可以尝试致电本地的精神病学组织，请他们为你介绍一位在BDD

或强迫症方面经验丰富的精神科医生。

·如果你生活在医学院附近，你可以致电其精神科，看是否有在治疗BDD或强迫症方面有经验的教员或雇员。

·奈萨·简躯体变形障碍基金（Neysa Jane Body Dysmorphic Disorder Fund）是一个致力于推进与BDD有关的教育、治疗和研究的非营利组织（Email: neysabdd@comcast.net; Telephone: 239-594-5421）。

另外需要考虑的是是否要住院，是在日间诊所接受治疗还是在住家护理院接受治疗。在门诊就诊的情况通常是：认知行为治疗每周一次，药物治疗从每周一次到一年数次（是否需要调整药物根据你的具体情况及其他因素而定）。部分住院治疗（在日间诊所治疗）通常是每周五到七天，每天大部分时间在医院接受治疗，晚上回到自己家。住院治疗，则要在医院过夜并且接受更密集的治疗。至于在住家护理院接受治疗，你需要在治疗环境中生活较长一段时间。

目前，多数精神科治疗采取门诊形式，这也适用于BDD。其他治疗形式则提供更为密集的治疗。通常，住院治疗是针对那些有强烈自杀倾向的患者。据我所知，在美国不再有针对BDD的住院治疗计划，主要是因为报销问题。因此，在住院病房接受BDD治疗的情况是不常见的，虽然住院治疗的确能够提供及时更换或调整药物的机会。在美国，预留给BDD的住院治疗，主要目的是保障那些处于自伤危险之中的患者的安全。部分住院计划通常不对BDD提供专门治疗，但是可以对那些非常痛苦和功能严重受损的人提供有益的支持，而且在对药物治疗的监测方面，也比门诊更为直接。

在为BDD寻求治疗时的注意事项

·寻求有执照的专业人员的治疗，他们需同时具备丰富的BDD及其疗法的相关知识。

·不要试图自行治疗。

·告知专业人员你读过本书并且认为自己可能患有BDD；把你的身体意象的困扰告诉他们，不要只谈你的抑郁、焦虑或其他症状或问题。

·基于目前的了解，可选择5-羟色胺再摄取抑制剂和认知行为疗法治疗BDD。

·务必记住本书的治疗指南，同时也要认识到对你的治疗需要"量体裁衣"。

·虽然有些网站提供了有关BDD的有用的、准确的信息，但是也有些网站提供的信息未必准确。作为用户，我们是难以区分的。有些网站推荐的治疗方法没有科学依据，不太可能有帮助。

·在寻求和尝试本书推荐的疗法的时候要坚持不懈。多数BDD患者都会康复！

有关BDD的其他读物

在这里提供一些有关BDD的推荐读物。这包括为公众写的书，你会发现这种书非常有帮助。我在这里所列出的文章是写给专业人员的（例如精神病学家和心理学家），它们已被发表在专业期刊上。你也可以从这些专业出版物中获益。

有关BDD的研究正在大幅增加，毫无疑问，我们的知识会逐年增长。随着关于BDD的研究越来越多，更多的文章将会被发表在专业期刊上。阅读这些文章是了解这个领域的最新发展以及获取治疗建议的好办法。你可以通过在网络上搜索各种数据库来获得发表在期刊上的这类文章的列表（虽然这些数据库并未包含所有书籍的章节内容、所有已出版的论文和研究报告）。我推荐PubMed（文献服务检索系统），它是国家医学图书馆的一个服务机构。PubMed提供从二十世纪六十年代中期以来的、数量超过一千两百万的MEDLINE（美国联机医学文献分析和检索系统）引文和其他生命科学期刊。PubMed还可以链接到很多网站，这些网站提供论文的全文检索，和其他相关资源。其网址是*www4.ncbi.nlm.nih.gov/PubMed/*。登录网站，键入"body dysmorphic disorder"，你会找到很多已发表的有关BDD的研究报告。

下面列出的是写给公众的有关BDD的书籍，可能会对你有所帮助；如果书架上没有这些书，你可以向书店预定。还可以从"亚马逊"等网上供应商那里获得这些书。

· *The Adonis Complex: How to Identify, Treat, and Prevent Body Obsession in Men and Boys*, by Harrison G. Pope, Jr., M.D., Katharine A. Phillips, M.D., and Roberto Olivardia, Ph.D., The Free Press, 2002

该书介绍了各种影响男性的身体意象强迫。包括肌肉上瘾症、其他形式的BDD，以及进食障碍。该书提供了实用的方法来克服这些通常是隐蔽的、普遍的、会造成困扰的担心。

· *Cruel Reflections: Sefl-Help for Body Image Disturbance*, by Sabine Wilhelm, Ph.D.

该书由在BDD和CBT方面的权威研究专家撰写。详细介绍了BDD患者如何使用认知和行为方法自助。这本书对患者和治疗师都非常有帮助。

· *The BDD Workbook*, by James Claiborn, Ph.D., and Cherry Pedrick, R.N., New Harbinger Publications, 2002.

该书也介绍了针对BDD的基于认知行为原则的自助方法。

· *The Body Image Workbook: An 8-Step Program for Learning to Like Your Looks*, by Thomas F. Cash, Ph.D., New Harbinger Publications, 1997.

该书和《身体意象工作手册》（The Body Image Workbook，见下个条目）介绍了基于认知行为原则的自助方法，可能对轻度BDD和更为一般的外表关注有帮助。

· *The Body Image Workbook*, by Thomas F. Cash, Ph.D., Fine Communications, 1998.

见上个条目的描述。

· *Feeling Good: The New Mood Therapy*, by David D. Burns, M.D., Avon Books, 1980.

这是一本优秀的自助书，介绍了基础的认知疗法。尽管该书侧重于抑郁症，但是该书对于读者理解认知疗法，应对BDD以及相关抑郁症状都非常有帮助。

以下参考文献是写给专业人士的，它们被发表在专业期刊上。这份参考文献已经包括了在PubMed发表的或2004年中期出版的具有代表性的期刊论文样本，应该具有较强的时效性（这份列表并不全面）。这份列表只包括了最近的文献综述，因为它们在不断更新（虽然本书的内容已经涵盖了这些文章的信息）。我还列出了研究性论文，本书内容也涵盖了这些论文的研究发现，但是你可能想对这些研究进行更详细的了解。我会在我的网站上定期更新这份列表（*www.BodyImageProgram.com*；*http://www.butler.org/body.cfm?id=123*）。

写给专业人士的参考文献列表

General Overviews and Reviews

Phillips KA. Body dysmorphic disorder: recognizing and treating imagined ugliness. World Psychiatry 2004;3:12–17

Phillips KA. "I'm as ugly as the elephant man": How to recognize and treat body dysmorphic disorder. Current Psychiatry 2002;1:58–65

Veale D. Body dysmorphic disorder. Postgraduate Medical Journal 2004;80:67–71

Phillips KA. Body dysmorphic disorder. In: Somatoform and Factitious Disorders. Edited by Phillips KA. (Review of Psychiatry Series, Volume 20, Number 3; Oldham JM and Riba MB, series editors). Washington DC: American Psychiatric Publishing, 2001

Phillips KA, Castle DJ. Body dysmorphic disorder. In: Disorders of Body Image. Edited by Castle DJ, Phillips KA. Hampshire, England: Wrightson Biomedical, 2002

Phillips KA, Dufresne RG Jr. Body dysmorphic disorder: a guide for primary care physicians. Primary Care 2002;29:99–111

Phillips KA, Dufresne RG Jr. Body dysmorphic disorder: a guide for dermatologists and cosmetic surgeons. American Journal of Clinical Dermatology 2000;1:235–243

Hadley SJ, Greenberg J, Hollander E. Diagnosis and treatment of body dysmorphic disorder in adolescents. Current Psychiatry Reports 2002;4:108–113

Phillips KA, Castle DJ. Body dysmorphic disorder in men. British Medical Journal 2001;323:1015–1016

Olivardia R, Phillips KA. Body dysmorphic disorder in men: facing the man in the mirror. Primary Psychiatry 2001;8:32–36

Grant JE, Phillips KA. Captive of the Mirror: "I pick at my face all day, every day." Current Psychiatry 2003;2:45–52

Arnold LM, Auchenbach MB, McElroy SL. Psychogenic excoriation. Clinical features, proposed diagnostic criteria, epidemiology and approaches to treatment. CNS Drugs 2001;15:351–359

Phillips KA. Body dysmorphic disorder and depression: theoretical considerations and treatment strategies. Psychiatric Quarterly 1999;70:313–331

Phillips KA. Body dysmorphic disorder: the distress of imagined ugliness. American Journal of Psychiatry 1991;148:1138–1149

Symptoms and Clinical Features of BDD

Phillips KA, McElroy SL, Keck PE, Pope HG, Hudson JI. Body dysmorphic disorder: 30 cases of imagined ugliness. American Journal of Psychiatry 1993; 150:302–308

Hollander E, Cohen LJ, Simeon D. Body dysmorphic disorder. Psychiatric Annals 1993;23:359–364

Phillips KA, McElroy SL, Keck PE Jr, Hudson JI, Pope HG Jr. A comparison of delusional and nondelusional body dysmorphic disorder in 100 cases. Psychopharmacology Bulletin 1994;30:179–186

Veale D, Boocock A, Gournay K, Dryden W, Shah F, Wilson R, Walburn J. Body dysmorphic disorder. A survey of fifty cases. British Journal of Psychiatry 1996;169:196–201

Phillips KA, Menard W, Fay C, Weisberg R. Demographic characteristics, phenomenology, comorbidity, and family history in 200 individuals with BDD. Psychosomatics, 2005

Phillips KA. Quality of life for patients with body dysmorphic disorder. Journal of Nervous and Mental Disease 2000;188:170–175

Phillips KA, Menard W, Fay C, Pagano ME. Psychosocial functioning and quality of life in body dysmorphic disorder. Comprehensive Psychiatry, 2005

Cansever A, Uzun O, Donmez E, Ozsahin A. The prevalence and clinical features of body dysmorphic disorder in college students: a study in a Turkish sample. Comprehensive Psychiatry 2003;44:60–64

Phillips KA, Diaz S. Gender differences in body dysmorphic disorder. Journal of Nervous and Mental Disease 1997;185:570–577

Perugi G, Akiskal HS, Giannotti D, Frare F, Di Vaio S, Cassano GB. Gender-related differences in body dysmorphic disorder (dysmorphophobia). Journal of Nervous and Mental Disease 1997;185:578–582

DeMarco LM, Li LC, Phillips KA, McElroy SL. Perceived stress in body dysmorphic disorder. Journal of Nervous and Mental Disease 1998;186:724–726

Phillips KA, McElroy SL. Insight, overvalued ideation, and delusional thinking in body dysmorphic disorder: theoretical and treatment implications. Journal of Nervous and Mental Disease 1993; 181:699–702

Albertini RS, Phillips KA. 33 cases of body dysmorphic disorder in children and adolescents. Journal of the American Academy of Child and Adolescent Psychiatry 1999;38:453–459

Horowitz K, Gorfinkle K, Lewis O, Phillips KA. Body dysmorphic disorder in an adolescent girl. Journal of the American Academy of Child and Adolescent Psychiatry 2002;41:1503–1509

Pope HG Jr, Gruber AJ, Choi P, Olivardia R, Phillips KA. Muscle dysmorphia:

an underrecognized form of body dysmorphic disorder. Psychosomatics 1997;38:548–557

Olivardia R, Pope HG Jr, Hudson JI. Muscle dysmorphia in male weightlifters: a case-control study. American Journal of Psychiatry 2000;157:1291–1296

Hitzeroth V, Wessels C, Zungu-Dirwayi N, Oosthuizen P, Stein DJ. Muscle dysmorphia: a South African sample. Psychiatry and Clinical Neuroscience 2001;55:521–523

Ung EK, Fones CS, Ang AW. Muscle dysmorphia in a young Chinese male. Annals of the Academy of Medicine, Singapore 2000;29:135–137

Phillips KA, Taub SL. Skin picking as a symptom of body dysmorphic disorder. Psychopharmacology Bulletin 1995;31:279–288

Wilhelm S, Keuthen NJ, Deckersbach T, Engelhard IM, Forker AE, Baer L, O'Sullivan RL, Jenike MA: Self-injurious skin picking: clinical characteristics and comorbidity. Journal of Clinical Psychiatry 1999;60:454–459

Cotterill JA, Cunliffe WJ: Suicide in dermatological patients. Br J Dermatol 137: 246–250, 1997

Phillips KA, Coles ME, Menard W, Yen S, Fay C, Weisberg RB. Suicidal ideation and suicide attempts in body dysmorphic disorder. Journal of Clinical Psychiatry, 2005

Gunstad J, Phillips KA. Axis I comorbidity in body dysmorphic disorder. Comprehensive Psychiatry 2003;44:270–276

Phillips KA, McElroy SL. Personality disorders and traits in patients with body dysmorphic disorder. Comprehensive Psychiatry 2000;41:229–236

Zimmerman M, Mattia JI. Body dysmorphic disorder in psychiatric outpatients: recognition, prevalence, comorbidity, demographic, and clinical correlates. Comprehensive Psychiatry 1998;39:265–270

McKay D, Neziroglu F, Yaryura-Tobias JA. Comparison of clinical characteristics in obsessive-compulsive disorder and body dysmorphic disorder. Journal of Anxiety Disorders 1997;11:447–454

Phillips KA, Gunderson CG, Mallya G, McElroy SL, Carter W. A comparison study of body dysmorphic disorder and obsessive-compulsive disorder. Journal of Clinical Psychiatry 1998;59:568–575

Saxena S, Winograd A, Dunkin JJ, Maidment K, Rosen R, Vapnik T, Tarlow G, Bystritsky A. A retrospective review of clinical characteristics and treatment response in body dysmorphic disorder versus obsessive-compulsive disorder. Journal of Clinical Psychiatry 2001;62:67–72

Eisen JL, Phillips KA, Coles ME, Rasmussen SA. Insight in obsessive compulsive disorder and body dysmorphic disorder. Comprehensive Psychiatry, 2004;45: 10–15

Rosen JC, Ramirez E. A comparison of eating disorders and body dysmorphic disorder on body image and psychological adjustment. Journal of Psychosomatic Research 1998;44:441–449

Veale D, Riley S. Mirror, mirror on the wall, who is the ugliest of them all? The psychopathology of mirror gazing in body dysmorphic disorder. Behavior Research and Therapy 2001;39:1381–1393 al-Adawi S, Martin R, al-Naamani A, Obeid Y, al-Hussaini A. Body dysmorphic disorder in Oman: cultural and neuropsychological findings. East Mediterranean Health Journal 2001;7:562–567

Turkson SN, Asamoah V. Body dysmorphic disorder in a Ghanaian male: case report. East African Medical Journal 1999;76:111–114

Phillips KA, Pinto A, Jain S. Self-esteem in body dysmorphic disorder. Body Image 2004;1:385–390

Soriano JL, O'Sullivan RL, Baer L, Phillips KA, McNally RJ, Jenike MA. Trichotillomania and self-esteem: a survey of 62 female hair pullers. Journal of Clinical Psychiatry 1996;57:77–82

Phillips KA, Siniscalchi JM, McElroy SL. Depression, anxiety, anger, and somatic symptoms in patients with body dysmorphic disorder. Psychiatric Quarterly, 2004;75:309–320

Medication Treatment for BDD

Phillips KA, Albertini RS, Rasmussen SA. A randomized placebo-controlled trial of fluoxetine in body dysmorphic disorder. Archives of General Psychiatry 2002;59:381–388

Hollander E, Allen A, Kwon J, Aronowitz B, Schmeidler J, Wong C, Simeon D. Clomipramine vs desipramine crossover trial in body dysmorphic disorder: selective efficacy of a serotonin reuptake inhibitor in imagined ugliness. Archives of General Psychiatry 1999;56:1033–1039

Phillips KA, Rasmussen SA. Change in psychosocial functioning and quality of life in body dysmorphic disorder with fluoxetine versus placebo. Psychosomatics 2004;45:438–444

Phillips KA. A placebo-controlled study of pimozide augmentation of fluoxetine in body dysmorphic disorder. American Journal of Psychiatry, 2005

Phillips KA, Albertini RS, Siniscalchi JM, Khan A, Robinson M. Effectiveness of pharmacotherapy for body dysmorphic disorder: a chart-review study. Journal of Clinical Psychiatry 2001;62:721–727

Phillips KA, Najar F. An open-label study of citalopram in body dysmorphic disorder. Journal of Clinical Psychiatry 2003;64:715–720

Phillips KA, Dwight MM, McElroy SL. Efficacy and safety of fluvoxamine in body dysmorphic disorder. Journal of Clinical Psychiatry 1998;59:165–171

Phillips KA, McElroy SL, Dwight MM, Eisen JL, Rasmussen SA. Delusionality and response to open-label fluvoxamine in body dysmorphic disorder. Journal of Clinical Psychiatry 2001;62:87–91

Perugi G, Giannotti D, Di Vaio S, Frare F, Saettoni M, Cassano GB. Fluvoxamine in the treatment of body dysmorphic disorder (dysmorphophobia). International Clinics of Psychopharmacology 1997;11:247–254

Hollander E, Cohen L, Simeon D, Rosen J, DeCaria C, Stein DJ. Fluvoxamine treatment of body dysmorphic disorder (letter). Journal of Clinical Psychopharmacology 1994;14:75–77

Phillips KA. An open study of buspirone augmentation of serotonin-reuptake inhibitors in body dysmorphic disorder. Psychopharmacology Bulletin 1996; 32:175–180

Hollander E, Liebowitz MR, Winchel R, Klumker A, Klein DF. Treatment of body-dysmorphic disorder with serotonin reuptake blockers. American Journal of Psychiatry 1989;146:768–770

O'Sullivan RL, Phillips KA, Keuthen NJ, Wilhelm S. Near-fatal skin picking from delusional body dysmorphic disorder responsive to fluvoxamine. Psychosomatics 1999;40:79–81

Grant JE. Successful treatment of nondelusional body dysmorphic disorder with olanzapine: a case report. Journal of Clinical Psychiatry 2001;62:297–298

Cognitive-Behavioral Therapy for BDD

Veale D. Cognitive behaviour therapy for body dysmorphic disorder. In: Disorders of Body Image. Edited by Castle DJ, Phillips KA. Hampshire, England: Wrightson Biomedical 2002

Neziroglu F, Khemlani-Patel S. A review of cognitive and behavioral treatment for body dysmorphic disorder. CNS Spectrums 2002;7:464–471

Neziroglu FA, Yaryura-Tobias JA. Exposure, response prevention, and cognitive therapy in the treatment of body dysmorphic disorder. Behavior Therapy 1993;24:431–438

Veale D, Gournay K, Dryden W, Boocock A, Shah F, Willson R, Walburn J. Body dysmorphic disorder: a cognitive behavioural model and pilot randomized controlled trial. Behavior Research and Therapy 1996;34:717–729

Rosen JC, Reiter J, Orosan P. Cognitive-behavioral body image therapy for body dysmorphic disorder. Journal of Consulting and Clinical Psychology 1995; 63:263–269

Wilhelm S, Otto MW, Lohr B, Deckersbach T. Cognitive behavior group therapy for body dysmorphic disorder: a case series. Behaviour Research and Therapy 1999;37:71–75

McKay D. Two-year follow-up of behavioral treatment and maintenance for body dysmorphic disorder. Behavior Modification 1999;23:620–629

McKay D, Todaro J, Neziroglu F, Campisi T, Moritz EK, Yaryura-Tobias JA. Body dysmorphic disorder: a preliminary evaluation of treatment and maintenance using exposure with response prevention. Behavior Research and Therapy 1997;35:67–70

Rosen JC. The nature of body dysmorphic disorder and treatment with cognitive behavior therapy. Cognitive and Behavioral Practice 1995;2:143–166

Treatments That Appear Ineffective for BDD

Phillips KA, Grant J, Siniscalchi J, Albertini RS. Surgical and non-psychiatric medical treatment of patients with body dysmorphic disorder. Psychosomatics 2001;42:504–510

Cotterill JA. Body dysmorphic disorder. Dermatology Clinics 1996;14:457–463

Veale D. Outcome of cosmetic surgery and "DIY" surgery in patients with body dysmorphic disorder. Psychiatric Bulletin 2000;24:218–221

Dufresne RG, Phillips KA, Vittorio CC, Wilkel CS. A screening questionnaire for body dysmorphic disorder in a cosmetic dermatologic surgery practice. Dermatologic Surgery 2001;27:457–462

Harth W, Linse R. Body dysmorphic disorder and life-style drugs. Overview and case report with finasteride. International Journal of Clinical Pharmacological Therapy 2001;39:284–287

Sarwer DB, Crerand CE, Didie ER. Body dysmorphic disorder in cosmetic surgery patients. Facial and Plastic Surgery 2003;19:7–18

Veale D, DeHaro L, Lambrou C. Cosmetic rhinoplasty in body dysmorphic disorder. British Journal of Plastic Surgery 2003;546–551

Castle DJ, Honigman RJ, Phillips KA. Does cosmetic surgery improve psychosocial wellbeing? Medical Journal of Australia 2002;176:601–604

Sarwer DB, Crerand CE. Psychological issues in patient outcomes. Facial and Plastic Surgery 2002;18:125–133

Sarwer DB. Awareness and identification of body dysmorphic disorder by aesthetic surgeons: results of a survey of American Society for Aesthetic Plastic Surgery members. Aesthetic Surgery Journal November/December, 2002

Honigman RJ, Phillips KA, Castle DJ. A review of psychosocial outcomes for patients seeking cosmetic surgery. Plastic and Reconstructive Surgery 2004; 113:1229–1137

Koot VCM, Peeters PHM, Granath F, Grobbee DE, Nyren O. Total and cause specific mortality among Swedish women with cosmetic breast implants: prospective study. British Medical Journal 2003;326:527–528

Castle DJ, Molton M, Hoffman K, Preston NJ, Phillips KA. Correlates of dysmorphic concern in people seeking cosmetic enhancement. Australian and New Zealand Journal of Psychiatry 2004;38:439–444

Prevalence of BDD

Bienvenu OJ, Samuels JF, Riddle MA, Hoehn-Saric R, Liang KY, Cullen BA, Grados MA, Nestadt G. The relationship of obsessive-compulsive disorder to possible spectrum disorders: results from a family study. Biological Psychiatry 2000;48;287–293

Faravelli C, Salvatori S, Galassi F, Aiazzi L, Drei C, Cabras P. Epidemiology of somatoform disorders: a community survey in Florence. Social Psychiatry and Psychiatric Epidemiology 1997;32:24–29

Otto MW, Wilhelm S, Cohen LS, Harlow BL. Prevalence of body dysmorphic disorder in a community sample of women. American Journal of Psychiatry 2001;158:2061–2063

Bohne A, Wilhelm S, Keuthen NJ, Florin I, Baer L, Jenike MA. Prevalence of body dysmorphic disorder in a German college student sample. Psychiatry Research 2002;109:101–104

Bohne A, Keuthen NJ, Wilhelm S, Deckersbach T, Jenike MA. Prevalence of symptoms of body dysmorphic disorder and its correlates: a cross-cultural comparison. Psychosomatics 2002;43:486–490

Mayville S, Katz RC, Gipson MT, et al. Assessing the prevalence of body dysmorphic disorder in an ethnically diverse group of adolescents. Journal of Child and Family Studies 1999;8:357–362

Biby EL. The relationship between body dysmorphic disorder and depression, self-esteem, somatization, and obsessive-compulsive disorder. Journal of Clinical Psychology 1998;54:489–499

Phillips KA, Dufresne RG Jr, Wilkel C, Vittorio C. Rate of body dysmorphic disorder in dermatology patients. Journal of the American Academy of Dermatology 2000;42:436–441

Uzun O, Basoglu C, Akan A, Cansever A, Ozsahin A, Cetin M, Ebrinc S. Body dysmorphic disorder in patients with acne. Comprehensive Psychiatry 2003; 44:415–419

Sarwer DB, Wadden TA, Pertschuk MJ, Whiataker LA. Body image dissatisfaction and body dysmorphic disorder in 100 cosmetic surgery patients. Plastic and Reconstructive Surgery 1998;101:1644–1649

Grant JE, Kim SW, Crow SJ. Prevalence and clinical features of body dysmorphic disorder in adolescent and adult psychiatric inpatients. Journal of Clinical Psychiatry 2001;62:517–522

Nierenberg AA, Phillips KA, Petersen TJ, Kelly KE, Alpert JE, Worthington JJ, Tedlow JR, Rosenbaum JF, Fava M. Body dysmorphic disorder in outpatients with major depression. Journal of Affective Disorders 2002;69:141–148

Phillips KA, Nierenberg AA, Brendel G, Fava M. Prevalence and clinical features of body dysmorphic disorder in atypical major depression. Journal of Nervous and Mental Disease 1996;184:125–129

Perugi G, Akiskal HS, Lattanzi L, Cecconi D, Mastrocinque C, Patronelli A, Vignoli S, Bemi E. The high prevalence of "soft" bipolar (II) features in atypical depression. Comprehensive Psychiatry 1998;39:63–71

Brawman-Mintzer O, Lydiard RB, Phillips KA, Morton A, Czepowicz V, Emmanuel N, Villareal G, Johnson M, Ballenger JC. Body dysmorphic disorder in patients with anxiety disorders and major depression: a comorbidity study. American Journal of Psychiatry 1995;152:1665–1667

Wilhelm S, Otto MW, Zucker BG, Pollack MH. Prevalence of body dysmorphic disorder in patients with anxiety disorders. Journal of Anxiety Disorders 1997;11:499–502

Simeon D, Hollander E, Stein DJ, Cohen L, Aronowitz B. Body dysmorphic disorder in the DSM-IV field trial for obsessive-compulsive disorder. American Journal of Psychiatry 1995;152:1207–1209

Grant JE, Kim SW, Eckert ED. Body dysmorphic disorder in patients with anorexia nervosa: prevalence, clinical features, and delusionality of body image. International Journal of Eating Disorders 2002;32:291–300

Other Topics

Rauch SL, Phillips KA, Segal E, Makris N, Shin LM, Whalen PJ, Jenike MA, Caviness VS Jr, Kennedy DN. A preliminary morphometric magnetic resonance imaging study of regional brain volumes in body dysmorphic disorder. Psychiatry Research 2003;20;122:13–19

Hanes KR. Neuropsychological performance in body dysmorphic disorder. Journal of the International Neuropsychological Society 1998;4:167–71

Deckersbach T, Savage CR, Phillips KA, Wilhelm S, Buhlmann U, Rauch SL, Baer L, Jenike MA. Characteristics of memory dysfunction in body dysmorphic disorder. Journal of the International Neuropsychological Society 2000;6:673–681

Veale D, Kinderman P, Riley S, Lambrou C. Self-discrepancy in body dysmorphic disorder. British Journal of Clinical Psychology 2003;42:157–169

Buhlman U, McNally RJ, Wilhelm S, Florin I. Selective processing of emotional information in body dysmorphic disorder. Journal of Anxiety Disorders 2002; 16:289–298

Buhlmann U, Wilhelm S, McNally RJ, Tuschen-Caffier B, Baer L, Jenike MA. Interpretive biases for ambiguous information in body dysmorphic disorder. CNS Spectrums 2002;7:435–443

Veale D, Ennis M, Lambrou C. Possible association of body dysmorphic disorder with an occupation or education in art and design. American Journal of Psychiatry 2002;159:1788–1790

Phillips KA, Menard W. Body dysmorphic disorder and art background (letter). American Journal of Psychiatry 2004;161:927–928

Klesmer J. Mortality in Swedish women with cosmetic breast implants: body dysmorphic disorder should be considered. British Medical Journal 2003;7; 326:1266–1267

Barr LC, Goodman WK, Price LH. Acute exacerbation of body dysmorphic disorder during tryptophan depletion. American Journal of Psychiatry 1992; 149:1406–1407

Buhlmann U, McNally RJ, Etcoff NL, Tuschen-Caffier B, Wilhelm S. Emotion recognition deficits in body dysmorphic disorder. Journal of Psychiatric Research 2004;38:201–206

Hanes KR. Serotonin, psilocybin, and body dysmorphic disorder: a case report. Journal of Clinical Psychopharmacology 1996;16:188–189

Phillips KA, Hollander E, Rasmussen SA, Aronowitz BR, DeCaria C, Goodman WK. A severity rating scale for body dysmorphic disorder: development, reliability, and validity of a modified version of the Yale-Brown Obsessive Compulsive Scale. Psychopharmacology Bulletin 1997;33:17–22

Eisen JL, Phillips KA, Baer L, Beer DA, Atala KD, Rasmussen SA. The Brown Assessment of Beliefs Scale: reliability and validity. American Journal of Psychiatry 1998;155:102–108

结束语

我希望我已经传达了我的患者们希望你了解的有关躯体变形障碍的情况。躯体变形障碍影响生活的方方面面，它引发了巨大的痛苦。某些精神科治疗可能对它非常有效，而且给BDD患者带来了很多希望。

BDD是一种普遍但容易被漏诊的障碍。患者通常不愿意提及这种痛苦，甚至对他们所爱的人也保守秘密。告诉别人通常需要勇气。尽管这种障碍会引起巨大的痛苦，但它很容易被忽视。许多这种障碍的患者感到孤独无助。

一位患有BDD的女士为本书贡献了这首诗。这首诗也传达了很多BDD患者的感受：

美丽与哀愁

四下无声，她被封锁镜中。

日复一日，岁月何曾不同。

如果醒来，醒来已是午后。

臃肿的双眼，就像灯尽后的死灰。

告诉她闭上眼就没有光亮，又有什么用。

长发试图遮掩，日渐低垂。

撕扯直到乱作一团，缺陷无可遁形。

恶心，天旋地转，刺痛针锥。

再次上妆、对抗，但每一次都是谎言。

兰蔻还是水润唇蜜全是白费。

嘴里有金属片的味道，身体正在破碎。

她不知道什么时候可以不再化妆，妆容永远不能隐藏。

疤痕和羞耻，无法掩藏的烟灰缸的黄色或地毯的老额。

医生真的能消除它们吗？不要只是说不再让她掉眼泪。

已经掉了太多眼泪。

——AEP

我希望本书忠实而清楚地再现了实际情况。希望阅读本书的BDD患者和他们的家庭成员，在了解到他们并不孤单之后能获得一点宽慰。

保持希望！虽然对于BDD和BDD疗法，我们还有许多东西需要了解，但是我在本书中国介绍的精神科治疗会使BDD患者的生活产生巨大的不同——在某种程度上，是生与死的差别。

毋庸置疑，将来我们会对BDD有更多的了解。我和其他研究者正在迅速学习，而且越来越多的研究者正在着手研究。五年、十年或者二十年之后，我们将掌握其发病原因的更多线索，到那时，我们也将知道更多的治疗方法。随着更多的药物被研制出来，人们对认知行为疗法的更多研究，以及可能出现的其他治疗对策，所有这些都会使新的治疗方法变得更加有效。在未来，随着人们对BDD有了更加深入的理解、更加准确的诊断，以及当更多的患者尝试过精神科治疗后，这种疾病引发的痛苦和折磨将会减少。

永不放弃！大多数尝试接受精神科治疗的BDD患者都将受益。记住我的一些患者所说的话，他们中的一些人也曾对精神科治疗非常迟疑，但是后来都对治疗有非常好的反应：

纳撒尼尔（Nathaniel）："我不再感觉和我交谈的人在盯着我看。我可以更容易地从镜子前离开了，受到困扰的时间也比较少了，即使出现，我也能轻易地消除这些想法。我可以说服自己，我的那些想法是不理性的——我告诉自己'甩掉这些想法吧'！在别人面前，我很少感到不自在。对于现在的我来说，这再也不是一个性命攸关的问题了。"

克里斯蒂娜："我以前看不清楚自己。我现在感觉更冷静、更快乐、更自信。药物导致我发生了这么大的变化，真是难以置信，但是事实就是如此。我又找回了患上BDD之前的感觉。感觉太棒了！"

桑迪："药物的确抑制了那些强迫观念。它解除了生活的阻塞。以前我的生活就像一条充满了成千上万巨石和木头的河流——水流不畅，现在它能自由流通了。我感觉自己充满了能量和创造力。"

詹森："经过CBT治疗后，我真的感觉好转了。我不再被BDD控制了！告诉人们'不要害怕寻求帮助'！"

卢克："现在，自杀是我最不可能考虑的事情。我现在生活得非常愉快。感谢上帝，我获得了治疗。多亏了治疗，我才活了下来。"

保特（Pat）："告诉你认识的每一位BDD患者，永远都不要放弃！我差一点就放弃了。感谢上帝，我没有那样做。现在，经过了这些年，我感觉真的很好！告诉他们，还有希望。"

BDD患者的人口统计学特点

在下面的表格中，我总结了我的两组BDD病例的人口统计学调查结果。除了年龄、性别和种族外，所有的数据都仅限于成人：

表1　BDD患者的人口统计学特点

人口统计学特点	第一组病例（307人）	第二组病例（200人）
年龄	平均年龄：31 67%在20到42岁之间 最小6岁，最大80岁	平均年龄：32 67%在20到45岁之间 最小14岁，最大64岁
性别	56%女性 44%男性	69%女性 33%男性
种族和人种	87%白人 7%非裔美国人 7%西班牙裔 1%美国印第安人或阿拉斯加原住民 1%亚洲裔	86%白人 7%非裔美国人 7%西班牙裔 6%美国印第安人或阿拉斯加原住民 1%亚洲裔 1%夏威夷原住民或太平洋岛民
婚姻状况	68%未婚 20%已婚 12%离婚	64%未婚 25%已婚 12%离婚

表1　BDD患者的人口统计学特点（续）

人口统计学特点	第一组病例（307人）	第二组病例（200人）
教育（最高学历）	5%高中肄业 15%高中 34%大学肄业 7%两年制大学 23%四年制大学 7%研究生院肄业 10%研究生	13%高中肄业 16%高中 30%大学肄业 6%两年制大学 22%四年制大学 5%研究生院肄业 9%研究生
就业	34%全职 12%兼职 16%学生 38%失业	39%全职 23%兼职 22%学生 36%失业
经济支持	36%自立 22%部分自立 20%依靠他人支持 9%因BDD失能 2%因其他原因失能	26%自立 35%部分自立 40%依靠他人支持 8%因BDD失能 10%因其他原因失能
生活状态	43%和配偶，同伴，室友等生活 33%和父母生活 20%独居 4%生活在为精神障碍患者设置的有监管的环境里	50%和配偶，同伴，室友等生活 27%和父母生活 23%独居 1%生活在为精神障碍患者设置的有监管的环境里

注：

1. 在两组病例中，90%是成年人（十八岁及以上），10%是青少年。

2. 部分类别数据的总和不等于100%，这是因为还存在一小部分杂项"其他"，或者有些人符合一个以上分类（例如，种族）。

附录二
相关精神障碍的简要说明

简要说明本书提到的精神障碍，以《精神疾病诊断与统计手册（第四版）》（DSM-Ⅳ）的定义为根据。《精神疾病诊断与统计手册》是定义和描述精神障碍的官方手册。

心境障碍

重性抑郁症（Major Depression）　该抑郁症的特征是情绪低落、失去兴趣或快乐以及其他症状。例如不正常的睡眠或饮食（太多或太少）、疲倦、缺乏自信或无价值感、内疚、难以集中精神，以及认为人生毫无意义。

非典型亚型（Atypical Subtype）　重性抑郁症的一种，这种类型的抑郁除了有情绪反应（即可以对实际的或潜在的积极事件做出正面的情绪反应）之外，还有以下特点：体重或食欲明显增加、嗜睡、"铅样瘫痪"（感觉手臂或腿像铅一样沉重），以及因对拒绝非常敏感而难以融入社会或投入工作。

双相障碍（Bipolar Disorder，Manic Depressive Illness）　这种心境障碍除了具有抑郁症的特点，还有躁狂或轻度躁狂（躁狂的一种温和形式）的特点。躁狂是指在一段明确的时期内不正常的而且持续不断的情绪高涨，过度兴奋，易激惹，并伴随下列症状：睡眠减少、言语增多、精力旺盛、自信心膨胀、夸张、思维奔逸、注意力分散、活动增多或好动不安，以及过度沉浸在极可能产生痛苦结果的愉快活动中（例如毫无节制的购物或纵欲）。

心境恶劣障碍（Dysthymic Disorder） 在过去两年里至少有一半的时间有轻度抑郁症状。抑郁的同时还必须有以下症状中的两个或更多：食欲不振或贪食、难以入睡或嗜睡、精力不足或疲乏、缺乏自信、注意力不集中、难以做出决定、感到绝望。

焦虑症

惊恐障碍（Panic Disorder） 由悲伤引发的周期性惊恐发作。并且由于以下一种（或多种）原因，导致接下来的一个月或数月内出现至少一次惊恐发作：担心出现更多的发作、担心发作带来的后果，或者与发作相关的行为出现明显变化。惊恐发作的特点是个体间或感到强烈的恐惧或不安，这种恐惧或不安在10分钟之内会达到极限，并且伴随着很多躯体症状，如心悸、流汗、战栗或发抖、呼吸急促、胸痛或不适、眩晕，以及恐惧死亡。

广场恐惧症（Agoraphobia） 因为将要进入那种逃离困难或者令人难堪的、不容易得到帮助的地方或情境而焦虑，在这种情况下，患者会惊恐发作或出现类似惊恐的症状。广场恐惧症患者通常对独自离开家、站在人群中或桥上、乘坐公共汽车、乘汽车或火车旅游而感到焦虑，因此会尽量避免这些情境。

社交恐惧症（Social Phobia，Social Anxiety Disorder） 对一种或多种社交或表演情境感到显著而持续的恐惧。在这些情境中，患者被暴露在陌生人面前或者会被其他人审视。患者害怕在别人面前显得焦虑，或者担心会做出丢脸或尴尬的事情来。恐惧通常发生在社交场合（一般类型），或者发生在特定情境中（例如害怕当众讲话）。

特定恐惧症（Specific Phobia） 因为存在或预期会出现的某种特定的对象或情境——例如飞行、在高处或蜘蛛——而产生的显著而持续的恐惧。

强迫症（Obsessive Compulsive Disorder，OCD）　强迫症以强迫观念和强迫行为为特征，它会引发显著的痛苦、耗费时间（每天超过一个小时），或者导致功能明显受损。强迫观念是反复的、持续的、侵入式的思维、冲动或图像。强迫行为是一种反复的行为（例如洗手或者检查）或心智活动（例如计算），是对强迫观念的一种反映，目的是减轻痛苦或预防担心的事情发生。

创伤后应激障碍（Post-Traumatic Stress Disorder，PTSD）　创伤后应激障碍是在经历创伤事件后发生的。它的特征是持续地对创伤事件的再体验（例如反复出现的噩梦），持续回避与创伤事件相联系的刺激物，总体反应麻木，刺激增加会导致症状持续（例如难以入睡或嗜睡，或者出现过度的惊吓反应）。

广泛性焦虑症（Generalized Anxiety Disorder）　对很多事情或活动（例如上学或工作）过度焦虑和担心。这种担心难以控制，而且伴随着很多症状，例如肌肉紧张或者烦躁不安。这些症状会引发具有临床意义的痛苦或者功能损伤。

物质相关障碍

物质相关障碍（Substance-Related Disorders）由药物——包括酒精和其他药物［例如可卡因、大麻、阿片类药物（例如海洛因）以及致幻剂（例如迷幻药）］——滥用或依赖构成。

躯体形式障碍

躯体化障碍（Somatization Disorders）　这种障碍由多种身体不适构成，但是这些身体不适又不能用身体疾病来充分解释。患者多在三十岁之前发病，病程持续多年。该障碍最终会导致患者的显著的功能损伤或使患者寻求治疗。它的症状包括疼痛、胃肠道症状、性症状以及神经系统症状。

疼痛障碍（Pain Disorder） 疼痛是患者寻求治疗的主要原因，而且疼痛引发了显著的痛苦或者功能损伤。心理因素被认为是这种疼痛产生、持续以及恶化的重要原因。

疑病症（Hypochondriasis） 以对躯体症状的误解为基础，担心自己已经患上或者将要患上严重疾病的一种先占观念。即使已经得到了相应的医学评估和保证，这种先占观念仍然会持续，并引发具有临床意义的痛苦或功能损伤。

进食障碍

神经性厌食症（Anorexia Nervosa） 拒绝维持正常范围内的体重，并且非常担心体重增加或者变胖，尽管其重量已经低于标准体重。它还包括身体意象失调——患者对自己的体重或体形的体验失调，自我评价受体重和体形的不当影响，或者拒绝承认体重过低的严重性。女性患者还会出现闭经（至少连续三个月没有月经）。

神经性贪食症（Bulimia Nervosa） 周期性暴饮暴食，为了防止体重增加而进行反复的补偿行为（例如自诱导的呕吐），身体意象失调（自我评价受到体重和体形的不当影响）。

暴食症（Binge Eating Disorder） 周期性地暴饮暴食，并且伴随以下情况：比正常进食速度快很多，即使没有饥饿感也吃得很多，而且吃到实在不能再吃为止。在进食过程中会出现显著的痛苦。（这种疾病已经被列入DSM，有人正在进行相关研究，但是目前还没有正式的诊断。）

精神病性障碍

妄想症（Delusional Disorder） 这种障碍由至少持续一个月的非怪诞类妄想（换言之，妄想场景是发生在现实生活中的）构成。但精神分裂症的诊断标准不适合这种障碍。

嗅觉牵连综合征（Olfactory Reference Syndrome，ORS） 错误地认为自己散发出臭味或者令人不愉快的体味（妄想症的一种类型）。

精神分裂症（Schizophrenia） 精神分裂症的症状包括妄想、幻觉、语无伦次、行为严重紊乱或不正常（例如无缘由的激动），以及情绪、行为缺乏等症状。这些症状会造成功能损伤。

其他精神失常 包括具有幻觉或者妄想等特点的其他障碍。包括分裂情感性障碍（schizoaffective disorder）。

其他障碍

恐缩症（Koro） 恐缩症主要发生在东南亚地区。患者认为自己的阴茎正在回缩，并且将会缩进腹部，最后会导致死亡。

拔毛发癖（Trichotillomania） 反复拔除毛发，导致毛发显著减少，以及具有临床意义的痛苦或者功能损伤。

强迫性购物（Compulsive Shopping） 痴迷于购物，忍不住要购买（即使是根本不需要的东西），导致显著的痛苦，影响社交或工作，出现财务或家庭问题。（这不是正式被列在DSM-Ⅳ中的障碍，但它被广泛认为是一种典型的冲动—控制障碍。）

妥瑞氏症（Tourette's Disorder） 持续存在动作（例如眨眼或耸肩）和声音（例如喊叫或者咳嗽）的抽搐。这种抽搐是突然的、快速的、反复发生的、非节律性的和刻板的。

人格障碍（Personality Disorder） 人格障碍是一种长久持续的内心体验和行为模式，这种内心体验和行为模式严重偏离了个体文化预期，具有渗透性且难以更改，并且会导致痛苦或身心损害。人格障碍通常发病于青少年时期或成年早期，随着时间推移会更加稳固。

附录三
BDD的评估工具（量表）

BDD诊断模型：临床医生诊断BDD的专用工具

当你要做出精神病学诊断的时候，建立在多年职业训练和经验基础之上的临床判断是必不可少的。一些工具可以很好地帮助你做出诊断。这些工具（通常被称为诊断指南或量表）确定诊断是依照公认的准则和标准做出的。这些诊断指南通常由问题构成，临床医生可以用这些问题询问病人，或者这些问题被以自我报告的形式（问卷）组织起来，可以让患者自行填写。这些指南列出的问题都很详细，当要确定患者是否患有某种精神障碍的时候，就用其中的特定问题来询问病人。这些工具在临床环境下是非常有用的，它们可以帮助临床医生确定自己的诊断是否正确；而在研究领域，它们可以确保不同的研究者使用相同的问题做出诊断。

在用来诊断各种精神障碍的工具中，DSM-Ⅳ结构化临床访谈（Structured Clinical Interview for DSM-Ⅳ，简称SCID）被应用得最为广泛，其前身是DSM-Ⅲ-R[①]结构化临床访谈。这些工具由哥伦比亚大学的罗伯特·斯皮策、珍妮特·威廉斯、米里亚姆·吉本以及迈克尔·弗斯特开发。SCID专供临床医生使用，临床医生通过询问指定问题，来判断特定障碍是否符合诊断标准。

---

① 即DSM第三版的修订版。——编者注

　　因为SCID是精神病学的标准诊断工具，但是DSM-Ⅲ-R版本的 SCID还不包含BDD，所以我为BDD开发了一个类SCID诊断指南（见表2、表3），表2适用于成年人，表3适用于青少年。这个工具依照SCID的格式，右边列出的是疾病的DSM诊断标准，左边是临床医生用以确定患者是否符合相应标准的提问，这些问题与诊断标准一一对应。如果患者对于左边问题的回答是"是"，则表明符合对应疾病的诊断标准，接着询问下一个问题。回答的"是"越多，就越应该进一步询问接下来的问题。如果患者不符合诊断标准，就不用继续询问。如果患者符合某种疾病的所有诊断标准（对于所有问题的回答都是"是"），那么就可以诊断他或她患有这种疾病。

表2　成人版BDD诊断模型

你对于外表有任何形式的担心吗？ 如果回答是"是"：你担心的是什么？你认为（某个身体部位）特别不好看吗？	**标准A**　专注于想象中的外表缺陷。如果存在轻微的外表异常，那么个体的担心明显是过度的。
你的面部、皮肤、头发、鼻子的外观如何？你躯体其他部位的形状、大小或其他方面怎么样？	**注意：**即使患者对这些问题的回答是否定的，也应给出一些相关的例子。 举例：担心皮肤（痤疮、疤痕、皱纹、肤色苍白），担心毛发（稀少），或者担心鼻子、下巴、嘴唇等的大小和形状。还要考虑到手、生殖器或者其他任何身体部位的自感缺陷。
你因这些担心而感到困扰吗？也就是说，你会经常想到它，但希望自己能少担心一些吗？（其他人说过你不应该这么担心吗？）	
这种担心对你的生活产生了什么影响？它给你带来了很多痛苦吗？	**标准B**　BDD的先占观念引发了具有临床意义的痛苦，或者导致患者在社交、工作或其他重要领域出现功能损伤。
你的担心给家庭或朋友带来了什么影响？	**注意：**如果患者存在轻微的身体缺陷，这种担心明显是过度的。
（如果患者的担心完全可以归因为进食障碍，就不能将其诊断为BDD。）	**标准C**　对于这种先占观念，其他精神障碍无法给出更合适的解释。（例如，神经性厌食症中的对体形的不满意。）

表3　青少年版BDD诊断模型

你很担心你的外表吗？ 如果回答是"是"：你不喜欢的身体部位是什么？你认为（某个身体部位）真的不好看吗？	**标准A**　专注于想象中的外表缺陷。如果存在轻微的外表异常，那么个体的担心明显是过度的。
	注意：即使患者对这些问题的回答是否定的，也应给出一些相关的例子。
你还有其他不喜欢的地方吗？ 你的面部、皮肤、头发、鼻子或躯体其他部位的形状、大小或其他方面怎么样？	**举例**：担心皮肤（痤疮、疤痕、皱纹、肤色苍白），担心毛发（稀少），或者担心鼻子、下巴、嘴唇等的大小和形状。还要考虑到手、生殖器或者其他任何身体部位的自感缺陷。
你会对（某个特定身体部位）考虑很多吗？你希望自己在这方面少担心一点吗？（有人说过你不应该如此担心吗？）	**注意**：列出所有担心的身体部位。
外表问题对你的生活产生了什么影响？它让你感到很苦恼吗？	**标准B**　BDD的先占观念引发了具有临床意义的痛苦，或者导致患者在社交、工作或者其他重要领域出现功能损伤。
你的担心影响到你的家庭或朋友了吗？	**注意**：如果患者存在轻微的身体缺陷，这种担心明显是过度的。
（如果担心继发于进食障碍，得分为"1"。）	**标准C**　对于这种先占观念，其他精神障碍无法给出更合适的解释。（例如，神经性厌食症中的对体形的不满意。）

　　左边的问题或调查项是必须询问的正式问题，但是如果为了明确患者是否符合标准，就有必要询问更多问题。以功能损伤为例，应该提出一些问题来确定损伤是否存在，以及损伤的严重程度。需要询问的附加问题由访谈医生依据临床判断来决定。

　　为了简要检查诊断模型的问题，与标准A对应的提问都采取直接提问的方式询问个体对外表的先占观念。可以换一种方式提问："有些人对自己的外表感到非常烦恼，你有这方面的问题吗？和我谈一谈。"接着就可以问："你经常想到这个吗（例如，每天至少一小时）？"

　　患者的担心必须与外表有关，且他们会用丑陋的、有缺陷的或"不对劲的"等词形容自己的身体外观。正如模型中所显示的，有必要给出一些通常不被喜欢的身体部位作为例子，如："你觉得自己的脸、皮肤、头发、鼻子或者身体其他任何部位的形状或大小怎么样？"因为一些患者对自己担心的内容感到羞耻，不愿意和盘托出。如果患者不能明确地说出具体的身体部位，但是却表现出不喜欢整个面部或整个身体外观，那么这些反应仍符合BDD的诊断。

最后，如果患者符合诊断标准A，那么接下来就应该询问关于先占观念的问题。括号里的问题是非强制性的。一些BDD患者对这个问题的回答会是"否"，因为他们从未将他们的担心告诉过任何人。因此，这样的回答不能被认为不符合诊断。

在判断患者是否感到痛苦或存在功能损伤（诊断标准B）的时候，访谈者通常需要提一些附加问题。要求患者多谈一些与痛苦有关的内容，并要求他举例说明自己的损伤，以便判断其病情的严重程度。

诊断标准C没有对应的提问，因为访谈医生应该很熟悉进食障碍及其诊断标准，这些内容详见DSM-Ⅳ。我在附录二中也对进食障碍进行了简单的介绍。根据诊断标准C，那些没有任何身体意象担心的进食障碍（如神经性厌食症）患者不应该被诊断为BDD。但是患者也有可能同时患有BDD和进食障碍。例如，一个明显体重偏低却认为自己太胖（厌食症症状）的人也可能有BDD先占观念，比如认为自己有一颗巨大而丑陋的痣。虽然诊断标准C通常很容易被评估，但有时候也比较困难。正如我在第十六章中提到的，BDD与神经性厌食症和贪食症之间在临床判断上的区别有时候很复杂。

如果一个人——依据诊断模型中的提问以及访谈者制定的相关附加提问——符合A、B、C三项诊断标准，那么就可以判断其患有BDD。

现有资料表明，BDD诊断模型有良好的评分者间信度。也就是说，使用诊断模型对同一患者进行独立诊断的两位临床医生，他们倾向于在是否要做出BDD诊断方面达成共识。

访谈者很容易对多数病例做出诊断，但也有少数病例，访谈者在对其进行BDD诊断时——尤其是在确定患者的痛苦和损伤是否已经达到精神疾病诊断标准时——需要进行大量临床判断。实际上，诊断标准B要求痛苦或者损伤必须具有"临床意义"。临床判断在确定具体的身体意象担心到底是进食障碍的特征还BDD的特征时同样有用。BDD的症状越严重、越典型，诊断也就越可能正确。临床判断在评估非典型病例——例如同时具有BDD特征和进食障碍特征的病例和轻度BDD患者（必须将轻度BDD症状与正常外表关注加以区分）——的时候非常重要。总的来说，虽然评估主要依据的病人的报告，但是最终的评估依据是访谈医生的临床判断。

BDDQ：BDD自陈式检查工具

BDDQ，躯体变形障碍问卷，是一个由患者填写的BDD自陈式检查工具（问卷内容见第四章）。下面提供了适用于青少年的版本。如果你根据这个工具判断自己可能患有BDD，那么最好去找临床医生确认诊断——判定缺陷确实是不存在的或者微小的，痛苦或损伤是否具有临床意义，以及对BDD和进食障碍进行鉴别（如果你无法确定的话）。

现有资料表明，在关于BDD是否存在（使用BDD诊断模型评估）的判断上，BDDQ的结果和临床医生的判断高度一致。我和我的同行——哈佛医学院的凯瑟琳·阿塔拉和哈里森·蒲柏——发现，BDDQ在66例精神科门诊病人中有100%的灵敏度和89%的特异度。这意味着，被临床医生确诊患有BDD的一组患者，BDDQ可以准确确定100%的个体患有BDD；而被临床医生判断为没有BDD的一组，BDDQ可以准确确定89%的个体没有BDD。

乔恩·格兰特博士有同样的发现，在一项针对122例精神病院住院病人的研究中，BDDQ有100%的灵敏度和93%的特异度。布朗医学院的雷·杜福瑞斯和我在皮肤科得到了非常相似的研究结果。我们使用的是经过稍微修正的

BDDQ。这个修正版本和第四章的那个版本最主要的差别是有些"是或否"的问题被以5分制计分，分值为3、4、5的回答等价于前面版本的"是"。我们对求诊皮肤科的46例患者进行了测量，结果发现新版本的BDDQ有100%的灵敏度和93%的特异度。

青少年版BDDQ

本问卷用于评估你对于外表的担心，请仔细阅读每一个问题，圈出最能描述你感受的答案，并在相应的横线上做出回答。

1.你非常担心自己的外表吗？（是或否）

如果你的回答是"是"：

（1）你经常考虑自己的外表问题，但是希望自己少担心一点吗？（是或否）

如果你的回答是"是"：

（2）请列出你不喜欢的身体部位：＿＿＿＿＿＿＿＿＿＿＿＿

＿＿＿＿＿＿＿＿＿＿＿＿＿＿＿＿＿＿＿＿＿＿＿＿＿＿＿＿

＿＿＿＿＿＿＿＿＿＿＿＿＿＿＿＿＿＿＿＿＿＿＿＿＿＿＿＿

例如：皮肤（痤疮、疤痕、雀斑、皱纹、苍白、发红），头发（脱发、变少），鼻子的形状或大小，嘴，下巴，嘴唇，腹部，臀部，手，生殖器，乳房或其他任何身体部位。

（注意：如果你对上面任何一个问题的回答是"否"，就结束这个调查。否则请继续。）

2.你主要担心的是不够苗条或者变得太胖了吗？（是或否）

3.外表问题对你的生活造成了什么样的影响？

（1）它经常使你感到很苦恼吗？（是或否）

（2）它经常阻碍你交朋友或约会吗？（是或否）

如果你的回答是"是"：它是如何影响你的？

＿＿＿＿＿＿＿＿＿＿＿＿＿＿＿＿＿＿＿＿＿＿＿＿＿＿＿＿

（3）它给你的学业和工作造成了影响吗？（是或否）

如果你的回答是"是"：这些影响是什么？

＿＿＿＿＿＿＿＿＿＿＿＿＿＿＿＿＿＿＿＿＿＿＿＿＿＿＿＿

4.你是否因外表问题而回避某些事？（是或否）

如果你的回答是"是"：这些事是什么？

＿＿＿＿＿＿＿＿＿＿＿＿＿＿＿＿＿＿＿＿＿＿＿＿＿＿＿＿

5.你每天平均要花多长时间思考你的外表？（所花时间的总和，选择下列一项）

A.少于1小时　　　　　　B.1—3小时　　　　　　C.超过3小时

因此，总的来说，皮肤科、精神科门诊和住院部都可以使用BDDQ筛查BDD。前面的数据表明BDDQ可能对BDD有轻微的过度诊断。筛查工具通常都有这样的特点。最好的情况是，如果某人BDDQ的结果显示他可能患有BDD，接下来应由临床医生通过面谈来确诊。

与临床医生专用BDD诊断模型相比，BDDQ优越的地方在于：在无法使用诊断模型的情况下，临床医生可以用BDDQ来评估个体患有BDD的可能性；BDDQ是一个简洁的自陈式工具，便于很多人进行自我评估；另外，采取自我报告的方式，一些人可能不会那么局促不安，因而更愿意透露他们的担心。

BDD-YBOCS：严重程度的测量

评估BDD的严重程度的方法有很多，包括耶鲁-布朗强迫症量表BDD修改版（BDD-YBOCS）、临床总体印象量表（Clinical Global Impression Scale）和躯体变形障碍自评量表（Body Dysmorphic Disorder Examination）。

BDD-YBOCS在评估BDD严重程度的时候特别有用，它被大多数BDD治疗研究用来进行基本的结果测量。BDD-YBOCS以1980年被开发出来、用于评估强迫症严重程度的Y-BOCS为依据。由于BDD和强迫症有很多共同点，我和郝兰德尔对Y-BOCS略加修改，用来评估BDD当前的严重程度。

BDD-YBOCS对个体过去一周BDD症状的严重程度进行评级。前五个项目对与BDD相关的想法进行评级，接下来的五个项目对与BDD相关的行为进行评级。BDD-YBOCS还包括自知力项目和回避项目。

与BDD诊断模型一样，这个评级量表是一个临床半结构化访谈，即访谈者使用量表问题向来访者提问，对列出来的对应项目进行评估。然而，为了澄清来访者的反应，应该询问一些附加问题。总的来说，虽然评级的依据应该是病人的报告，但最终评级依据的是访谈医生的临床判断。

如果评估对象在访谈过程中自愿提供一些信息，那么访谈者应该将这些信息考虑进去。评级主要依据的是病人在访谈过程中的报告和医生的观察。每一个被评级的项目所针对的时间段应该是访谈前一星期（包括访谈时段在内）。分数应该反映每个项目在整个星期的平均情况。项目1—5（对与BDD相关的想法进行评级）是对个体担心的所有身体部位的总体（综合的）影响的评级。项目6—10（对与BDD相关的行为进行评级），是对个体所有行为的总体（综合的）影响的评级。

耶鲁–布朗强迫症量表BDD修改版

请查看每一个项目，圈出最能反映你**过去一星期**的主要特点的对应数字。

1.考虑身体缺陷所花费的时间

你每天用多长时间考虑你的外表缺陷或瑕疵？（列出你担心的身体部位。）

0=无
1=轻度（每天少于1小时）
2=中度（每天1—3小时）
3=重度（每天3—8小时）
4=极重度（每天超过8小时）

2.关于身体缺陷的想法在多大程度上造成了干扰

你关于身体缺陷的想法在多大程度上干扰了你的社交或工作？你是否因此而不做或者不能做某些事情？

0=无
1=轻度，轻度影响社交或工作，但整体活动未受影响
2=中度，明显影响社交或工作，但是仍然可以控制
3=重度，对社交或工作造成重大损害
4=极重度，失能

3.由关于身体缺陷的想法导致的痛苦程度

你关于身体缺陷的想法引发了你多大程度的痛苦？

0=无
1=轻度，较少烦恼
2=中度，烦恼
3=重度，非常烦恼
4=极重度，极端痛苦，以至于什么事情都不能做

耶鲁–布朗强迫症量表BDD修改版（续）

4.与关于身体缺陷的想法进行对抗

你做过多少努力来对抗这些想法？一旦这些想法出现，你多少次试图转移注意力或不去理会它？（只对做出对抗的努力进行评级，无论事实上你在与这些想法的对抗中是成功了还是失败了。）

0=一直努力对抗，或者症状轻微而无须积极对抗

1=多数时间都在试图对抗

2=做过一些努力

3=屈服于所有想法，不试图去控制，但是这种屈服是勉强的

4=完全而且乐意屈服于所有想法

5.对关于身体缺陷的想法的控制程度

你能在多大程度上控制与身体缺陷有关的想法？你能在多大程度上成功阻止或者转移这些想法？

0=完全能控制，或者想法太微不足道而无须控制

1=基本能控制，能够通过做些努力和集中注意力阻止或者转移想法

2=部分能控制，有时能阻止或者转移想法

3=较少能控制，很少成功阻止想法，难以通过转移注意力摆脱想法

4=无法控制，完全没有意识到这些想法，极少能够转移注意力，即使只暂时的

6.用在与身体缺陷有关的行为上的时间

与外表有关的**行为**占用了你多少时间？（阅读该患者的BDD仪式化行为清单↓）

BDD仪式化行为清单（检查提供的所有项目）
　——查看镜子或其他反光物
　——更换或挑选服饰
　——整饰行为
　——化妆
　——仔细审视其他人的外表或与其他人的外表进行比较
　——向其他人询问有关你外表的问题或与他人讨论你的外表
　——抠抓皮肤
　——触碰身体部位
　——过度锻炼
　——其他

0=无
1=轻度（每天少于1小时）
2=中度（每天1—3小时）
3=重度（每天3—8小时）
4=极重度（每天超过8小时都在执行相关行为）

耶鲁–布朗强迫症量表BDD修改版（续）

7.受到与身体缺陷有关的行为的干扰程度

这些**行为**对你的社交或工作（角色）造成了多大程度的干扰？你是否因此而无法做某些事情？

0=无

1=轻度，轻度干扰社交、工作或角色活动，但整体活动未受影响

2=中度，明显影响社交、工作或角色表现，但仍可以控制

3=重度，对社交、工作或角色表现造成重大损害

4=极重度，失能

8.与身体缺陷有关的行为导致的痛苦

如果不执行相关**行为**，你会有怎样的感觉？你会在多大程度上感到焦虑？（如果行为被突然打断，患者会在多大程度上感到痛苦或挫败，对此进行评级。）

0=无

1=轻度，行为受阻后仅有轻度焦虑

2=中度，如果行为受阻，焦虑会增加，但是仍然可以控制

3=重度，如果行为受阻，焦虑会显著增加，而且越来越不安

4=极重度，任何旨在改变相关行为的干预都会导致无法承受的焦虑

9.对抗强迫行为

你做过多少努力来对抗强迫**行为**？（仅评估患者对抗这些行为的努力程度，而无论其是否实际控制了这些行为。）

0=一直努力对抗，或者症状轻微而无须积极对抗

1=多数时间都在试图对抗

2=做过一些努力

3=屈服于所有强迫行为，不试图去控制，但是这种屈服是勉强的

4=完全而且乐意屈服于所有这些行为

10.对强迫行为的控制程度

你执行这些行为的愿望有多强烈？你能在多大程度上控制这些行为？

0=完全能控制，或者症状轻微而无须控制

1=基本能控制，感到有压力，要去执行强迫行为，但通常能自主控制

2=部分能控制，感到强大压力，必须执行强迫行为，很难控制

3=较少能控制，有很强烈的愿望要去执行强迫行为，费力控制也只是推迟行为发生的时间

4=无法控制，完全不由自主地执行强迫行为，即使暂时延迟行为也几乎是不可能的

耶鲁–布朗强迫症量表BDD修改版（续）

11.自知力 你的缺陷是否有可能并不像你认为的那样明显或丑陋？ 你在多大程度上确信，你的缺陷部分就像你认为的一样丑陋？ 有人能说服你其实"缺陷"看起来并不是那么糟糕吗？	0=非常好的自知力，完全理性 1=自知力良好，容易认识到与缺陷有关的想法或行为的荒谬或者非理性；除了担心引发的焦虑外，不完全确信外表有问题 2=自知力一般，不愿意承认相关想法或行为是非理性的，但是态度摇摆不定 3=自知力差，坚持认为相关想法或行为不是非理性的 4=无自知力，妄想，坚信相关想法和行为是理性的，对相反的证据毫无反应
12.回避 你曾因为与身体缺陷有关的想法或行为而回避做什么事情、去什么地方或者和什么人相处吗？（如果回答是"是"，则接着提问：你经常回避吗？对患者有意回避这些事情的程度进行评级。不包括回避照镜子或仪式化行为。）	0=没有回避的想法 1=轻度，较少有回避想法 2=中度，明显存在一些回避想法 3=重度，较多回避想法，回避行为明显 4=极重度，非常多回避想法，患者几乎回避所有活动

在向评估对象提出前五个问题之前，评估者应该首先确定这个人患有BDD——必须已经识别出评估对象对身体部位的担心是过度的。你可以通过前文介绍的BDD诊断模型对此进行鉴别。而通过项目6—10评估的BDD行为，同样应该在你们进行BDD-YBOCS评估之前就被确认——可以询问他们是否做过一些与前面提到的担心有关的任何行为。应该就下列行为详细询问，以确定评估对象是否存在这些行为。

· 查看镜子或其他反光物（或者不需要镜子直接查看）

· 反复向他人求证或和他人讨论与身体部位的外观有关的问题

· 要求其他人查看或证实"缺陷"的存在

· 要求手术、皮肤科治疗或其他治疗

· 与其他人进行比较

· 触摸身体部位

· 整饰行为（例如梳理头发、为头发做造型，或者刮脸）

· 抠抓皮肤

· 洗脸以及其他清洁仪式

· 化妆

· 伪装（耗时的）

· 为了隐藏"缺陷"，反复整理衣服或者挑选衣服

· 换衣服

· 其他与BDD相关的任何行为（例如测量、阅读、节食、过度锻炼、举重，或者寻找关于如何改善自感缺陷的信息）

　　在重测时，应该对个体担心的身体部位和与之有关的行为进行复查。在整个治疗过程中都可以使用BDD-YBOCS，以评估个体症状的缓解或者恶化。

　　这个量表具有合格的心理测量学特性，具有足够的评分者间信度和重测信度、项目应答率、内部相容性和效度。该量表在测量治疗后的症状缓解方面也是灵敏的。

　　超过500位BDD患者参与了我的研究（在评估的时候，大多数人完全符合BDD诊断标准），BDD-YBOCS平均得分为31分。其中三分之二的人分数在25—37分之间。虽然BDD-YBOCS没有给出判断具有临床意义的BDD的实证标准，但是合理的指标应该是，如果总分在20分及以上的话，就大体可以做出BDD诊断。总分在24分及以上通常表明个体至少患有中度BDD。20—29分通常指向轻度到中度BDD，30—39分通常指向中度到重度BDD，而40分以上则指向极重度BDD。

测量严重程度的其他方法

临床疗效总评量表（Clinical Global Impression，CGI）与BDD-YBOCS不同的地方在于它使用的是单一等级总体评估疾病的严重程度——例如，"中度疾病"。它没有区分项目，也不为临床医生提供用来询问的问题。临床疗效总评量表是一个七点量表，用于多种精神疾病的研究。它能测量疾病当前的总体严重程度，同时被用来评估治疗后症状的缓解或者恶化。

躯体变形障碍自评量表（BDDE）是一种半结构化临床访谈工具，由詹姆斯·罗森博士开发，既可用于诊断BDD，也可用于评估其严重程度。这个量表的优点在于它涵盖了BDD诊断模型中没有的各种BDD临床特征，它可以评估个别BDD行为的严重程度。此量表最主要的缺点是它更适合轻度BDD患者，而且该量表实施起来相当耗时。

附录四
BDD和其他障碍同时出现

　　表4显示了BDD在其他精神障碍患者中的流行程度。这些数据的来源见表注。这些研究大多可以从第十八章的参考文献中获得。

　　与表4相反，表5显示了其他精神障碍在BDD患者（由我和我的团队做出的评估）中出现的百分比。这些同时存在的障碍是依据DSM-Ⅲ-R或DSM-Ⅳ（SCID）的临床结构化访谈做出的诊断（见附录三）。如果个体过去一个月的情况符合某疾病诊断标准，我们就认为它"当前"患有这种疾病。"终身"反映的是这种疾病是否曾经出现过，无论是过去还是现在。

　　表5有两套不同的数据。第一栏"临床样本"包括307例BDD患者（175例向我寻求临床咨询，132例参与了我的药物治疗研究）。第二栏"访谈样本"包括200例BDD患者，他们参与了我对BDD的病程研究（BDD患者在患病过程中的表现）。这个样本比第一栏的样本分布更广泛，因为只有三分之二的参与者在访谈时寻求或接受精神病学治疗，所以可能更类似于社区中的BDD患者。其他研究者对很小的样本进行了共病评估，虽然他们的研究各不相同，但研究结果与表4的情况大体相似（参考文献见第十八章）。

表4 其他障碍患者同时患有BDD的百分比

精神障碍	百分比（%）
重性抑郁症	8%（28/350）
非典型抑郁症	14%（11/80）
	42%（36/86）
社交恐惧症	11%（6/53）
	12%（3/25）
强迫症	37%（25/68）
	24%（158/646）
	19%（30/161）
	15%（9/62）
	12%（51/442）
	8%（3/40）
	8%（4/53）
	3%（6/231）
拔毛发癖	26%（6/23）
惊恐障碍	2%（1/47）
广泛性焦虑症	0%（0/32）
创伤后应激障碍	20%（11/55）
神经性厌食症	39%（16/41）
精神分裂症	4%（4/110）
精神科各种障碍住院患者	13%（16/122）
重性抑郁症	21%（12/57）
物质使用障碍	26%（16/61）

数据来源：

1.Nierenberg AA, Phillips KA, Peterson, et al., 2002; the rate of BDD in people with atypical depression (14%) was higher than in those with non-atypical depression (5%)

2.Phillips KA, Nierenberg AA, Brendel G. et al., 1996

3.Perugi G, Akiskal HS, Latanzi L, et al., 1998

4.Brawman-Mintzer O, Lydiard RB, Phillips KA, et al., 1995

5.Wilhelm S, Otto MW, Zucker BG, et al., 1997

6.Hollander E, Cohen LJ, Simeon D, 1993

7.Hantouche EG, Bourgeois ML, Bouhassira M, et al. (the 646 subjects had definite or probable OCD or an OCD-spectrum disorder〔e.g., trichotillomania〕)

8.Diniz JB, Rosario-Campos MC, Shavitt RG, et al., 2004

9.Phillips KA, Gunderson CG, McElroy SL, et al., 1998

10.Simeon D, Hollander E, Stein DJ, et al., 1995

11.Jaisoorya TS, Reddy J, Srinath S,2003

12.Soriano JL, O'Sullivan RL, Baer L, et al., 1996

13.Zlotnick C, Phillips KA, Pearistein T

14.Grant JE, Kim SW, Eckert ED, 2002

15.Poyurovsky M, Kriss V, Weisman G, et al., 2003

16.Grant JE, Kim SW, Crow SJ, 2001

表5　BDD成人患者同时患有其他障碍的百分比

精神障碍	临床样本		访谈样本	
	当前（%）	终身（%）	当前（%）	终身（%）
心境障碍				
重性抑郁症	58%	76%	35%	75%
躁郁症	8%	9%	16%	8%
恶劣心境障碍	6%		8%	
总计	69%	87%	46%	84%
焦虑症				
惊恐障碍	7%	13%	9%	20%
广场恐惧症	3%	3%	1%	2%
社交恐惧症	32%	37%	32%	39%
特定恐惧症	8%	10%	16%	20%
强迫症	25%	32%	24%	33%
创伤后应激障碍			4%	9%
广泛性焦虑症	0%		4%	
总计	55%	64%	56%	70%
精神病性障碍				
精神分裂症	0%	0%		
分裂情感性障碍	0%	0%		
总计	0%	0%		3%
物质相关障碍				
酒精	7%	20%	8%	43%
其他药物	7%	17%	11%	34%
总计	13%	18%	16%	48%

表5 BDD成人患者同时患有其他障碍的百分比（续）

精神障碍	临床样本		访谈样本	
	当前（%）	终身（%）	当前（%）	终身（%）
躯体形式障碍				
躯体化障碍	1%		0%	
疼痛障碍	3%		0%	
疑病症	5%		2%	
总计	7%		2%	
进食障碍				
神经性厌食症	1%	3%	1%	9%
神经性贪食症	3%	8%	3%	7%
总计	4%	10%	4%	15%
拔毛发癖	2%	2%	1%	3%
妥瑞氏症	0%	0%		3%
嗅觉牵连综合征				4%

注：

1. 这些研究结果来自我的两组BDD病例。临床样本使用的是DSM-Ⅲ-R标准；访谈样本使用的是DSM-Ⅳ标准。

2. "当前"指过去一个月。"终身"指以往，包括过去一个月。

3. 物质相关障碍的总计数据只依据寻求临床咨询的患者的报告，它没有统计参与治疗研究的患者，因为参与治疗研究的患者不包括这些障碍的患者。心境障碍的总计患有这种障碍的情况也有临床咨询组数据，因为参与治疗研究的患者不包括双相障碍患者。

4. 恶劣心境障碍处有两栏空白，这是因为我们只对患者当前或终身数据进行评估，或者该障碍没有在所有研究中被评估。

5. 因为在目前的障碍分类中，有些患者不止患一种障碍，所以一些类型的障碍的总计数据可能比该类患者数据的总和小。

6. 社交恐惧症的结果只适用于"基本的"社交恐惧症——并非主要由BDD导致的社交恐惧症。如果把因BDD导致的社交恐惧症也包括在内，该组数据会更高。

7. 我们只对访谈样本进行了创伤后应激障碍的评估。

8. 精神病性障碍不包括妄想型BDD；在访谈研究中，我们没有对个体的精神病性障碍诊断。

术语表

杏仁核（Amygdala） 大脑底部的一个杏仁状结构。它对于加工刺激——社会情境中的情绪信号（比如面部表情）——而言很重要。它还会对环境中可能存在的威胁进行评估，唤起个体的恐惧和行为反应（例如逃跑）。

强化（Augmentation） 在"基本"药物中加入其他药物以提高其效果。在对抑郁症和其他障碍的治疗中，这种方法被广泛使用。

耶鲁–布朗强迫症量表BDD修改版（BDD-YBOCS） 用来评估个体过去一星期BDD症状严重程度的量表。见附录三。

行为实验（Behavioral experiment） 这是一种由个体设计并实施的，通过收集证据以支持或反对某一特定假设的实验。目的是客观判断该假设正确与否。这种技术被运用于认知行为治疗中。

苯二氮卓类（Benzodiazepine） 主要被用来治疗焦虑和失眠的一类药物。

丁螺环酮（Buspirone，Buspar） 对5-羟色胺产生影响的一类抗焦虑药物。在人们治疗BDD的时候，有时被用来强化SRI的效果。

尾状核（Caudate） 尾状核是位于大脑核心底部的一个"C"形结构，调节自主运动、习惯和认知（例如记忆）。它可能与BDD有关。

西酞普兰（Citalopram，Celexa） 一种5-羟色胺再摄取抑制剂（一类具有抗强迫属性的药物）。

氯丙咪嗪（Clomipramine，Anafranil） 一种5-羟色胺再摄取抑制剂

（一类具有抗强迫属性的抗抑郁药物）。

认知行为疗法（Cognitive-behavioral therapy，CBT） 一个广义的术语，包括许多具体的治疗方法。认知疗法致力于认知——即想法和信念，它的目标是识别和改变扭曲的和不现实的思维方式。行为疗法致力于有问题的行为，例如过度检查和社交回避。它的目标是终止这些行为，并替换为健康的行为。认知疗法和行为疗法通常被结合在一起使用——因此人们通常使用术语"认知行为疗法"或CBT。CBT被用来治疗抑郁症、恐惧症、急性焦虑症、强迫症、进食障碍以及其他障碍。目前，它是BDD的治疗选择之一。

认知偏差（Cognitive errors） 又被称为思维偏差。是指扭曲的思维方式激起了消极自动化思维。认知偏差的例子有读心术、预言、灾难化等。个体在进行认知重建时首先识别出认知偏差，然后产生更合理、更有益的替代信念。

认知重建（Cognitive restructuring） 它是认知疗法的一个组成部分，也是认知行为疗法的一个组成部分。认知重建要求学习识别和评估消极思维和信念，以及认知偏差，在这个过程中产生更准确、更有益的信念。

认知疗法（Cognitive therapy） 认知疗法是一种非常实用的"此时此地"疗法，这种疗法教给患者专门的技术，并告诉他们如何使用认知方法去学习。它被用来治疗包括BDD在内的多种精神障碍。认知重建就是一种认知疗法。在对BDD和很多其他障碍进行的治疗中，人们常将认知疗法与行为疗法组合使用，因此又有"认知行为疗法"这样的术语。

强迫行为（Compulsion） 反映强迫观念的重复的行为（例如洗手和检查）或心智活动（例如计算），其目的是减轻痛苦或预防可怕的事情发生。它也可以被称为"仪式"。人们通常难以对抗或控制强迫行为。是强迫症和BDD的特征（例如照镜子和反复求证）。

对照研究（Controlled study） 一种研究类型。在这种类型的研究中，研究者将治疗组与"对照组"进行比较。对照组可能不接受治疗（例如对照组被试的名字可能出现在候补名单中），或者接受已被证明有效的标准治疗、与治疗组相反的实验处理或安慰剂治疗。在药物试验中，安慰剂是一种惰性物质（例如"糖丸"）——类似于调查治疗。如果在对照研究中，治疗被证明与标准治疗一样有效，或者比安慰剂更有效，这是该治疗方案有效的强有力的证据。

妄想思维（delusional thinking） 建立在对外部现实的错误推理基础之上的一种错误信念。持有这种信念的人相信几乎所有人都支持他的信念。

妄想型BDD（Delusional BDD） BDD的一种类型，这种类型的患者坚信自己有缺陷。妄想型BDD可能与非妄想型BDD是同一种障碍。非妄想型BDD患者能认识到他们关于缺陷的观点可能是扭曲的或不准确的。

诊断工具（Diagnostic instrument） 由患者填写的调查问卷，或者临床医生用来诊断精神障碍的一组问题。这些问题通常被用来确定某种障碍是否符合DSM诊断标准。适用于BDD的诊断工具见第四章和附录三。

多巴胺（Dopamine） 一种大脑神经递质（在神经元之间起传导作用的化学信使）。多巴胺在某些运动障碍和很多精神障碍中扮演重要角色，特别是那些以妄想思维和幻觉为特征的障碍。

DSM 《精神障碍诊断和统计手册》的简称。它包含美国对精神障碍的正式分类和命名系统。DSM中提到的障碍都是被以描述障碍本质特征的诊断标准来定义的。

畸形恐惧（Dysmorphophobia） 在"BDD"一词出现之前的一个术语。它的含义有时比BDD更广泛。它不仅可以指代具体的BDD，其含义还包括对外表轻微的或者不存在的缺陷的任何过度关注。

电休克疗法（Electroconvulsive therapy，ECT） 又被称为休克疗法，是一种对治疗抑郁症非常有效的方法。这种疗法通常被用来治疗那种对抗抑郁药物没有反应的重度抑郁症。

艾司西酞普兰（Escitalopram，Lexapro） 一种5-羟色胺再摄取抑制剂

（一类具有抗强迫属性的抗抑郁药物）。

暴露（Exposure） 认知行为疗法的一个组成部分，对治疗强迫症和其他障碍有效。暴露包括直面令个体感到恐惧的和回避的情境——例如，社交场合或工作。人们通常将暴露与反应预防组合使用。反应预防的目标是不再执行强迫行为。在治疗BDD时，人们也通常将暴露与行为实验组合使用。

暴露等级（Exposure hierarchy） 暴露疗法的一个步骤，由导致焦虑的情境清单构成。患者依据这些情境所引发的焦虑程度和程度和自身对它们的回避程度对它们进行评级。

氟西汀（Fluoxetine，Prozac） 一种5-羟色胺再摄取抑制剂（一类具有抗强迫属性的抗抑郁药物）。

氟伏沙明（Fluvoxamine，Luvox） 一种5-羟色胺再摄取抑制剂（一类具有抗强迫属性的抗抑郁药物）。

GABA（γ-amino-butyric acid） 大脑中众多神经递质（化学信使）中的一种。GABA普遍存在于人们的大脑中，是主要的抑制性神经递质。

习惯反向（Habit reversal） 一种可以有效治疗拔毛发癖的方法。它越来越多地被用来治疗其他有问题的习惯，例如抠抓皮肤。它包括意识训练、学习对抗反应、放松、奖励自己，以及学习在各种情境中使用习惯反向。

幻觉（Hallucination） 在没有外部感官刺激的情况下，发生的近乎真实的感官知觉。幻觉可能是视觉上的、听觉上的、躯体上的、触觉上的、嗅觉的或味觉上的。

牵连观念（Ideas of reference） 相信偶发事件和活动对特定的人有特殊意义，是牵连思维的一种类型。

错觉（Illusion） 错误知觉，或者对真实外部刺激的一种误解，例如把流水的声音当成窃窃私语。

洞见取向心理治疗（Insight-oriented psychotherapy） 又称心理动力学疗法或者探究心理疗法，是一种"谈话疗法"。这种疗法通过观念探究和人际互动，以增加个体的自我觉知，进而引起行为改变（例如改善与其他人的关系）。

失眠症（Insomnia） 主诉人睡困难。

奇幻思维（Magical thinking） 一种错误信念，认为一个人的思维、语言或行为在某种意义上将会引发特定结果或防止特定结果的出现，拒绝以常见的理解方式来解释事件的原因和结果。

单胺氧化酶抑制剂（MAO inhibitor，MAOI） 一种抗抑郁药物。

米诺蒂尔（Minoxidil） 促进头发生长的药物。

正念（Mindfulness） 正念技术是心理上和行为上的冥想练习，源自东方的灵性训练。这是一种特别的方法，通过以不做评判的方式对"当下"进行观察和有意识地觉察自己的思维和情绪来治疗特定的精神障碍。它有可能是BDD核心疗法CBT的有效辅助疗法。

镜像重训练（Mirror retraining） 认知行为疗法的一种技术，它致力于：在看镜子的时候，学习看你的整个面部或身体（不仅仅是不喜欢的地方）；在看镜子的时候，学习客观地（而不是消极地）描述你的身体。

形态磁共振成像（Morphometric magnetic resonance imaging，MRI） 这是一种在医学上被广泛使用的大脑成像技术，它可以提供大脑结构的图像。功能磁共振成像则提供大脑活动的图像。

肌肉上瘾症（Muscle dysmorphia） BDD的一种形式。个体——通常是男性——认为自己太矮小、瘦弱或肌肉不够发达，尽管他们形体正常或者甚至异常强壮。

神经阻滞剂（Neuroleptic） 用来治疗妥瑞氏症、妄想症、精神分裂症、双相障碍（躁狂抑郁症）以及其他障碍的药物。神经阻滞剂还可以与其他药物联合使用，用来治疗强迫症和重性抑郁症。有时候还被用来治疗胃肠疾病。这种药物又被称为抗精神病药，虽然它们被广泛用来治疗精神疾病以外的其他问题。

神经心理学研究（Neuropsychological studies） 该研究使用神经心理学测量以评估大脑功能。这些测量通常包括认知（例如语言、记忆或注意力）或感觉运动（例如知觉、画线能力、手指敲击）任务。

神经递质（Neurotransmitter） 大脑的一种化学信使，在神经元（神经细胞）之间传递信息。大脑中有很多种神经递质，包括5-羟色胺、去甲肾上腺素及多巴胺。许多神经和精神障碍与大脑神经递质的非正常运行有关。

强迫观念（Obsession） 一种具有反复性、持久性和侵入性的思维、冲动或者图像，给人造成干扰，并且难以消除。强迫观念既是强迫症的特点，也是BDD的特点。

强迫症谱系障碍（OCD-spectrum disorders） 根据在症状和其他特点上与强迫症的相似性，从而被推断为与强迫症有关的一组障碍。BDD与强迫症有很多相似之处，因此BDD被认为是强迫症谱系障碍中的一种。

枕颞皮质（Occipitotemporal cortex） 位于大脑后部枕叶和颞叶之间的一个区域。它包括梭状回面孔区，该区域对人类面部视觉图像进行选择性反应。它还包括外纹体身体区，该区域对人类身体和非面部体区视觉图像进行反应。这些区域在BDD中可能很重要。

开放式研究（Open study） 一种无对照研究，在这种研究中，患者和医生都知道患者接受的治疗是什么。

眶额皮层（Orbitofrontal cortex） 大脑前端底部的一个区域，与记忆和社交功能有关。这个区域在强迫症中扮演了重要角色，可能对BDD也很重要。

眶额—纹状体—丘脑回路（担心回路）（Orbitofrontal-striatal-thalamic circuit，"worry loop"） 这个大脑回路连接着眶额皮层、纹状体、丘脑以及其他附近的大脑结构。它在强迫症中发挥重要作用，也可能与BDD有关。

超价观念（Overvalued idea） 一种非理性的持久信念，但是还未达到妄想的程度（即个体能够认识到自己的信念有可能是错误的）。是缺乏自知力的同义词。

顶叶（Parietal lobe） 大脑上侧靠近后部的一个区域，有很多功能。它对身体意象而言很重要，对BDD而言可能也很重要。

帕罗西汀（Paroxetine，Paxil） 一种5-羟色胺再摄取抑制剂（一类具有抗强迫属性的抗抑郁药物）。

匹莫齐特（Pimozide，Orap） 一种神经阻滞剂。

安慰剂（Placebo） 药物试验过程中的一种惰性物质，有时被称为"糖丸"，外形与治疗研究的真药相似。患者无法区分安慰剂药片和真正的药物，而且不知道自己会接受哪种治疗。在"双盲"实验中，医生也不知道患者接受的是安慰剂治疗还是真正的药物治疗。这种实验设计预防了效果评估偏差。如果治疗研究的药物比安慰剂有效，那么就有力地证明了该药物是有效的。

前瞻性研究（Prospective study） 一种"面向未来"的研究。换句话说，这种研究所要测量的特征或者事件是在研究开始之后发生的。相对地，回顾性研究是"面向过去"的，这种研究所收集的信息都是已经发生过的相关事件信息。

牵连思维（referential thinking） 相信偶发事件对于某个人而言有特殊意义。包括牵连观念和关系妄想。

再聚焦（Refocusing） 这个技术是指把你的注意力和思维集中到你周围发生的事情上来，而不是集中到BDD思维上。它是BDD核心疗法CBT的有效辅助疗法。

反应（仪式）预防［Response（ritual）prevention］ 行为疗法的一种技术。在反应预防中，过度查看镜子等反复行为是被阻止的。

回顾性研究（Retrospective study） 一种"面向过去"的研究。换句话说，这种研究所收集的信息都是已经发生过的相关事件信息，与前瞻性研究相反。

仪式（Ritual） 强迫行为的另一种说法。

选择性5-羟色胺再摄取抑制剂（Selective serotonin-reuptake inhibitor，SSRI） 5-羟色胺再摄取抑制剂（SRI）的一种类型，对5-羟色胺有显著影响，但是对其他神经递质影响甚微。SSRIs有氟西汀、氟伏沙明、帕罗西汀、舍曲林、艾司西酞普兰以及西酞普兰。

5-羟色胺（Serotonin） 大脑众多神经递质（化学信使）中的一种。5-羟色胺在情绪、睡眠、食欲、疼痛以及其他身体功能方面扮演重要角色。5-羟色胺功能异常与各种精神障碍——包括抑郁症、强迫症和进食障碍等——有关，它可能在BDD中也起着重要作用。

5-羟色胺再摄取抑制剂（Serotonin-reuptake inhibitor，SRI） 一类具有抗强迫属性的抗抑郁药物，对5-羟色胺有显著影响。这是一个包含狭义术语SSRI的广义术语。与其他抗抑郁药物不同，SRIs具有抗强迫属性，对治疗强迫症有效果。美国目前销售的SRIs有氯丙咪嗪、氟西汀、氟伏沙明、帕罗西汀、舍曲林、西酞普兰以及艾司西酞普兰。

5-羟色胺转运体基因（Serotonin transporter gene） 该基因编码的一种蛋白质（5-羟色胺转运体）就像分子"吸尘器"，吸收大脑神经细胞之间（突触）的5-羟色胺。5-羟色胺转运体也是SRIs的主要目标。非常初步的证据表明该基因可能是BDD的致病因素。

舍曲林（Sertraline, Zoloft） 一种5-羟色胺再摄取抑制剂（一类具有抗强迫属性的抗抑郁药物）。

纹状体（Striatum） 大脑的一个组成部分，包括尾状核和被称为壳核（putamen）的区域。这个区域与调节自主运动、习惯以及认知（例如记忆）有关，它在强迫症和其他障碍中很重要，可能在BDD中也很重要。

支持性心理治疗（Supportive psychotherapy） 一种谈话疗法，重点是建立稳定的情感支持，重视与患者之间的关系。治疗师做得更多的是提供支持，而非使患者更加理解自身的情况。这种治疗方法通常由建议、教授新的社交技能以及协助解决问题构成。